中原城市群水资源承载能力及调控研究

吴泽宁　管新建　岳利军　焦建林　著

黄河水利出版社
·郑州·

内 容 提 要

本书系统分析了中原城市群现状水资源开发利用和水资源系统情况;对中原城市群规划水平年进行了供需水预测分析;构建了中原城市群水资源系统网络图和中原城市群水资源优化配置模型;在对水资源承载能力影响因素进行分析的基础上,建立了水资源承载能力评价指标体系和综合评价模型;从供水结构类型、产业结构调整和水资源高效利用三个方面,提出了可行的水资源承载能力调控方案,并对各种不同调控方案进行了效果评价,最后针对提高水资源承载能力提出了一些合理性建议,为中原城市群的建设及发展提供决策参考和技术支持。

本书可供从事水文水资源等相关专业的科技和管理人员、高等院校相关专业的师生阅读参考。

图书在版编目(CIP)数据

中原城市群水资源承载能力及调控研究/吴泽宁等著.—郑州:黄河水利出版社,2015.9

ISBN 978-7-5509-1237-3

Ⅰ.①中… Ⅱ.①吴… Ⅲ.①城市群-水资源-承载力-研究-河南省②城市群-水资源-协调控制-研究-河南省 Ⅳ.①TV213.4

中国版本图书馆 CIP 数据核字(2015)第 220422 号

出 版 社:黄河水利出版社

地址:河南省郑州市顺河路黄委会综合楼 14 层　　邮政编码:450003

发行单位:黄河水利出版社

发行部电话:0371-66026940、66020550、66028024、66022620(传真)

E-mail:hhslcbs@126.com

承印单位:郑州瑞光印务有限公司

开本:787 mm×1 092 mm　1/16

印张:24.25

字数:560 千字　　印数:1—1 000

版次:2015 年 12 月第 1 版　　印次:2015 年 12 月第 1 次印刷

定价:86.00 元

前 言

水资源承载能力是指在某一具体历史发展阶段下,以可预见的技术、经济和社会发展水平为依据,以可持续发展为原则,以维护生态与环境良性循环发展为条件,经过合理的优化配置,水资源对该区经济社会发展的最大支撑能力。它主要是研究水资源供需平衡情况,进而分析评价水资源对当地人类生活水平、工农业生产乃至整个经济社会发展和环境的支持能力与影响效果。

中原城市群地处我国中心地带,具有明显的区位优势和综合资源优势,在促进中原崛起和中原经济区建设中发挥着不可替代的作用。水资源时空分布不均、水资源与生产力分布不匹配、人均占有水资源量偏少、水污染严重等问题,已成为该区实现经济社会可持续发展的重要制约因素。到 2014 年,南水北调中线工程建成通水后,以骨干河流为骨架,以各类河道和渠系为输水线路,以湖泊和水库为调蓄中枢,形成多库互联、水系联网、城乡一体,集蓄、滞、泄、排、调、供、节于一体的中原城市群水资源工程网络,为中原城市群内水资源的统一调度、优化配置、高效利用提供了良好的基础,也为提高中原城市群的水资源承载能力提供了一定的空间。因此,全面分析中原城市群的水资源现状及开发潜力,明确中原城市群水资源对经济社会可持续发展的保障程度,合理评价水资源所能承载的社会经济规模,明确水资源对社会经济支撑能力的限度,可为中原城市群建设和中原经济区建设提供有力支撑。

鉴于以上认识,本书以河南省水资源费项目为依托,以中原城市群为研究对象,以中原城市群水资源承载能力及其提高措施为目标,系统收集研究区相关资料,并对中原城市群所属各市进行了实地调研;系统分析了现状水资源开发利用和中原城市群水资源系统结构和功能;对中原城市群规划水平年进行了供需水预测分析;构建了中原城市群水资源系统网络图;考虑城市群系统、城市群水资源系统的特点,构建了城市群水资源优化配置模型;在对水资源承载能力影响因素进行分析的基础上,建立了水资源承载能力评价指标体系和综合评价模型,提出了评价方法;从供水结构类型、产业结构调整和水资源高效利用三个方面,提出了可行的水资源承载能力调控方案,并对其调控效果进行了分析评价;从水资源利用、水资源可持续利用水平、城市群协调发展状况和承载能力等方面,分析了各调控方案下水资源对社会经济支撑能力情况,提出相应提高中原城市群承载能力的措施。项目参与单位和主要完成人为郑州大学吴泽宁、管新建、曹建成、胡珊、董淼蕾,河南省水文水资源局岳利军、赵彦增、崔新华、杨明华和河南省水利厅焦建林。

全书共分九章。具体编写分工如下:第 1 章绪论由吴泽宁、岳利军、焦建林编写;第 2 章中原城市群水资源及其开发利用现状分析由赵彦增、崔新华和杨明华编写;第 3 章中原城市群水资源系统结构分析和网络构建由吴泽宁、管新建和崔新华编写;第 4 章供需水分析预测与供需平衡分析由管新建、曹建成、赵彦增和杨明华编写;第 5 章中原城市群水资源优化配置研究由管新建和胡珊编写;第 6 章中原城市群水资源承载能力研究由吴泽宁、管新建和曹建成编写；第7章中原城市群水资源承载能力调控措施与方案由吴泽宁和岳利军编写；第8章中原城市群水资源承载能力调控效果评价由吴泽宁和管新建编写；第9章研究结论及建议由吴泽宁、岳利军、焦建林和管新建编写；附表由吴泽宁、管新建、曹建成、胡珊、董淼蕾编写。全书由吴泽宁、管新建统稿。

本书的研究成果得到了国家自然科学基金（51379191）的资助，并得到了郑州大学水利与环境学院、河南省水利厅、河南省水文水资源局的领导和专家的指导与支持，在此一并表示感谢！

限于研究者的水平等原因，书中难免存在许多不足甚至纰漏之处，敬请读者批评指正。书中对于他人的论点和成果都尽量给予了引证，如有不慎遗漏之处，恳请相关专家谅解。

作　者

2015年10月

目　录

第1章　绪　论

本章主要对中原城市群的出现、发展以及演变过程进行了简单的阐述,介绍了国内外有关城市群水资源配置、承载能力(承载力)以及调控情况的研究进展,并对所要研究的内容和思路进行了概括。

1.1　研究背景及意义

1.1.1　研究背景

城市群的出现是一个历史发展的过程,是城市区域化和区域城市化过程中出现的一种独特的地域空间组织形式,是城市化发展到一定水平的标志和产物。一般来说,城市是一个区域的中心,通过极化效应集中了大量的产业和人口,从而获得快速的发展。伴随着经济全球化、区域一体化进程的加快,城市规模逐渐扩大,实力随之增强,对周边区域产生辐射带动效应,形成一个又一个城市圈或都市圈。城际之间的交通条件不断得到改善,相邻城市辐射的区域不断接近并有部分重合,城市之间的经济联系越来越密切,相互影响越来越大,就可以认为形成了城市群。一个内部经济发展协调的城市群可以使地理位置、生产要素和产业结构不同的各等级城市承担不同的经济功能,在区域范围内实现单个城市无法达到的规模经济和集聚效应。

城市群是城镇化进程中出现的一种高级城镇空间组织形式,是一个由不同层次、等级的城市所组成,各城市之间高度关联、协作紧密,以经济、社会以及生态联系为核心而形成的一体化过程不断加深的区域。城市群在区域经济社会发展过程中发挥着巨大的牵引和推动作用,其具有以下一些特性:结节性与等级性、一体化与特色化、集聚性与辐射性、动态性与开放性。

结节性与等级性体现了城市群的空间组成特点。城市群是一个特殊区域,可抽象为一个平面,各组成主体分别是不同规模、不同性质的亚区域,如特大城市、大城市、中等城市、小城市、镇、乡村等,可抽象为一组异质节点,不同类别的节点其所处层次、等级不同,而各节点之间的相互作用、相互关联可抽象为节点间的联系纽带,城市群便是由不同规模、等级的异质节点功能性地联结在一起的有机整体。

一体化与特色化的特性表明城市群的发展具有两面性。城市群一体化主要是指城市群中各城市在发展过程中相互影响、相互配合、紧密协作,力求使城市群的发展速度和发展质量得到最大的提高。从经济发展的角度来看,城市群一体化有利于各城市间生产要素的流通、分工协作的进行以及生产规模的整合和扩大等,从而提高生产效率和降低生产成本。从社会发展的角度来看,当今社会追求可持续发展、和谐发展,只有打破区域壁垒,才能使各种资源得到合理配置,人民生活水平得到提高,从而使社会发展得以持续。城市群特色化是指各城市在不断加强一体化发展的同时,力求保持各自的特色,在有机整体中承担不同的功能。城市群特色化能使城市群的发展具有一定的多样性和梯次性,从而在加快城市群发展的同时还能提高抗风险能力。一体化与特色化使城市群中各城市相互依存、共同发展,是城市群的魅力所在,是城市群发展有别于单个城市发展简单相加的重要因素。

城市群的集聚性体现在城镇节点空间分布密集,劳动力、产业、信息、技术等高度聚集,这种高度集聚性有力地促进了城市群整体竞争力的提高。城市群辐射性是指从不同的空间尺度来看,城市群内中心城市对周边地区有辐射与带动作用,城市群整体可能对周边地区乃至整个国家有辐射与带动作用,城市群发展可能对国际经济社会具有一定的影响和带动作用。

城市群的动态性是指城市群处于不断变化的过程中。从地理位置来说,在城市发展初期,各城市的基本形态为团块状,随着城市的发展和扩张,毗邻城市达到了地域上的连接,城市群逐步发育成熟。从城市群内部发展来说,城市群内部各种生产活动都处于动态的过程中,各种生产要素的配置会随着时间和空间的变化而变化。城市群可以说是一个庞大的区域经济—社会—生态环境复合系统,它的形成和发展离不开外部世界的支持,区际间的各种物资交换及技术交流必然会频繁进行。所以,城市群必须是开放的,只有加大开放程度,才能使城市群的发展活力和竞争力得到提高。

中原城市群的概念最早形成于20世纪90年代初期,此后历经城市系统的雏形阶段、城市群萌芽阶段、城市群发展停滞阶段和城市群网络形成阶段等四个时期后,已初具雏形,并于2003年7月在《河南省全面建设小康社会规划纲要》中明确界定了中原城市群的范围。2006年河南省印发的《中原城市群总体发展规划纲要》指出:中原城市群是以郑州为中心,含洛阳、开封、新乡、焦作、许昌、平顶山、漯河、济源共9市在内的城市密集区。区划内现辖14个县级市、33个县、340个建制镇,地跨黄河、淮河、海河、长江四大流域,土地面积5.87万 km^2,占全省面积的35.1%。

《中原城市群总体发展规划纲要》的实施,为中原城市群的近期发展规定了目标,努力使之形成布局优化、结构合理、与周边区域融合发展的开放型城市体系,经济与人口、资源、环境协调发展,要素集聚和承载能力全面增强,建成一批特色鲜明、适宜居住、社会和谐、生活富裕的资源节约型和环境友好型城市,进一步凸显城市经济在区域经济中的主体作用。着力构建以郑州为中心,洛阳为副中心,其他省辖市为支撑,大中小城市"结构有序、功能互补、整体优化、共建共享"的城市发展体系。

2008年下半年,根据全国和河南省经济社会发展的新形势,河南省政府对中原城市群的空间概念进行了拓展,提出"一极两圈三层"中原城市群新的发展格局。"一极"即以"郑汴新区"作为带动全省经济社会发展的核心增长极;"两圈"即以郑州综合交通枢纽为中心,以城际轨道交通体系和高铁客运专线为纽带,形成"半小时交通圈"和"一小时交通圈";"三层"即中原城市群核心层、紧密层、辐射层。核心层指郑汴一体化区域,紧密层包括洛阳、新乡、焦作、许昌、平顶山、漯河、济源等7市,辐射层包括南阳、鹤壁、濮阳、三门峡、安阳、商丘、信阳、周口、驻马店等周边9个省辖市。促进中原城市群快速发展,对于构筑河南省乃至中部地区具有强劲集聚效应和辐射带动作用的核心增长极,带动中原崛起,具有十分重要的现实意义和深远的历史意义。

2009年由社会科学文献出版社出版的《中国中部地区发展报告(2008)——开创城市群时代》指出,中原城市群经济社会发展的战略目标是:经济社会率先发展,年均经济增长速度达到10%左右,比全省高2个百分点,提前5年实现人均国内生产总值比2000年翻两番的目标,支撑全省实现中原崛起。到2015年,中原城市群国内生产总值占全省的比重由2000年的52%提高到75%左右,人均国内生产总值达到28 500元,高出全省13 000元以上,为全省平均水平的180%。到2020年,中原城市群国内生产总值占全省的比重进一步提高到80%左右,人均国内生产总值达到42 000元,为全省平均水平的190%,按当年价折合突破6 000美元,跨入高收入国家发展阶段。2020年,区内总人口达到4 500万人,城市化水平达到70%左右,比全省平均水平高15个百分点。

中原城市群地处我国中心地带,具有明显的区位优势和综合资源优势,经过多年的发展,中原城市群地区已形成了以机械、纺织、食品、化工、能源、煤炭、电力和原材料等为主的优势传统产业和综合发展的多门类工业体系,其中能源、食品、铝工业在全国具有明显的竞争优势,是我国中西部地区重要的农产品生产基地,能源、原材料基地和装备制造业基地。2010年省政府拟定扩大中原城市群的范围,把全省均纳入中原城市群的体系范围内,拓展城市群的发展空间,提高集聚辐射效应。

随着工业化、信息化、城镇化、市场化、国际化深入发展,中原城市群一体化进程全面推进,对水资源质量和数量提出了更高的要求。水是人类赖以生存和发展的重要资源,是自然环境的重要组成部分,是支撑社会经济系统发展不可替代的资源,在人类社会繁荣与发展过程中发挥着重要的支撑和保障作用,是可持续发展的基础条件,关系到子孙后代的长远利益。经济社会的迅速发展能提高人民的生活水平,但同时又带来各种各样的水问题。

中原城市群地跨黄河、淮河、海河、长江四大流域,水资源条件、水环境状况、供水工程和水资源开发利用程度存在差异。水资源时空分布不均、水资源与生产力分布不匹配、人均占有水资源量偏少、水污染严重等问题,已成为该区实现经济社会可持续发展的制约因素之一,并直接影响到城市群可持续发展能力和整体竞争力的提升。到2014年,南水北调中线工程建成通水后,沟通了城市群所在四大流域中城市之间的水力联系,以骨干河流为骨架,以各类河道和渠系为输水线路,以湖泊和水库为调蓄中枢,形成多库串联、水系联网、城乡一体、配套完善,集蓄、滞、泄、排、调、供、节于一体的中原城市群水利工程网络,使逐步实现水资源的联合调度、优化配置、高效利用成为可能。因此,应摸清中原城市群的水资源现状及开发潜力,开展中原城市群现状条件下、未来规划条件下水资源承载能力研究,通过城市群内水资源整合、互补,保证社会经济建设的顺利进行。为进一步明确中原城市群水资源对经济社会可持续发展的保障程度,迫切需要合理评价水资源所能承载的社会经济规模,明确水资源对社会经济支撑能力的限度。

1.1.2 研究意义

城市群是在工业化和城市化进程中形成的一种高级空间组织形式,是区域实现经济发展的增长极和区域参与国际竞争的战略点。从国际竞争的角度来看,一个国家能真正参与到国际竞争的,实际上是城市群。城市群成为国家参与全球竞争与国际分工的基本地域单元,它的发展深刻影响着国家的国际竞争力,影响一个国家城市化发展的水平和质量,对国家经济持续稳定发展具有重大意义。城市群可持续发展如何与各城市资源环境承载能力相协调,关系到城市群大系统能否顺利实现可持续发展目标。

水资源承载能力是在水与区域社会、经济和生态环境相互作用关系分析基础上,全面反映水资源对区域社会、经济和生态环境存在与发展支持能力的一个综合性指标,是刻画区域水资源丰缺状况的一个相对指标。水资源承载能力研究不但要分析水资源与宏观社会经济系统之间的动态作用关系,也要给出这种关系的结果,一方面为经济发展战略和规划提供现实的支撑依据和限制规模,使政府能据此对中原城市群一体化战略作出合理的规划和调整方案,另一方面也唤起公众节约用水和保护水资源的意识,从而使水资源实现可持续利用。

水资源承载能力的研究不仅是科学管理水资源的基础和依据,也是水利规划和发展的前提。研究水资源承载能力可以找出水资源对人类社会经济发展的贡献和限制因素,动态地表达不同时段的人类社会和经济的发展状况和变化趋势。水资源承载能力是对水资源可持续利用的量的限制和测度,为水利规划和社会经济发展提供重要依据,促进人与自然的和谐相处,协调水资源同社会、经济、生态环境各要素间的分配,以维护生态良性循环为前提,支撑经济社会发展,促使水资源与社会、生态环境和经济的协调发展,保证水资源永续利用,为决策者和管理者提供决策依据,使政策方针的制定符合区域经济发展现状,保证经济社会协调有序可持续发展。

中原城市群水资源承载能力研究是对区域水资源短缺和水环境恶化等综合水问题的直接回应,有利于明确水资源对社会经济支撑能力的有限性及其复杂的内部机制,加深认识南水北调工程通水前后水资源效用整体性和综合性,全面了解水资源的价值,树立正确的水资源开发利用价值观。必须站在科学发展观的高度,以中原城市群建设为平台,以促进中原崛起为目标,将自然因素和人类影响因素相结合,主水和客水相结合,外水和内水相结合,开发利用和节约保护相结合,城市和乡村相结合,工业和农业相结合,资源与环境相结合,近期和远期相结合,全面开展中原城市群水资源承载能力及其提高措施研究。如何通过城市及城市之间水资源的科学开发、优化配置、合理利用、充分节约、有效保护,实现水资源的可持续利用,更好地满足生活、生产和生态用水需求,使水资源承载能力和水环境承载能力与经济社会发展要求相适应,是中原城市群水利现代化发展进程中急需回答的问题,为中原城市群建设和中原崛起提供有力的支撑。因此,本书的研究具有重要的现实意义和实际应用价值。

1.2 国内外研究现状

1.2.1 国外研究

1.2.1.1 水资源优化配置研究

国际上,最早涉及水资源优化配置问题的是20世纪40年代Messe提出的水库优化调度问题,它以水资源优化配置为目的。20世纪50年代以来,国外对水资源领域方面的研究迅速发展。1950年美国总统水资源政策委员会的报告里最早论述了水资源开发利用方面的问题,进一步推动了水资源调查研究工作的发展。60年代初期,科罗拉多的几所大学对计划需水量的估算及满足需水量途径的研究是国外直接对水资源优化配置进行研究的先导。随后,系统分析理论在水资源优化配置中得到广泛应用,主要是线性规划、非线性规划、动态规划等方法在水资源优化配置中的实际应用,系统分析理论与水资源优化配置思想的结合,是水资源优化配置理论及方法得到快速发展的重要推动因素。70年代后,伴随着计算机性能和技术的发展及其在水资源领域的应用,水资源优化配置的应用对象和范围得到快速扩大,水资源优化配置由单一目标发展到多目标,应用范围由水库群优化调度到流域多水源联合配置,各种水资源管理系统模型应运而生。80年代后,水资源分配的研究范围不断扩大,深度不断加深,二次规划、层次分析、利益协商、决策合作等方法或思想应用到水资源优化配置领域。90年代以来,由于水质污染加重,水危机加剧,国外在水资源优化配置的研究中开始加入水质约束、环境效益以及水资源可持续利用研究,如1999年,Kumar,Arun等建立了污水排放模糊优化模型,提出了针对流域水资源管理在经济和技术上的可行方案。这一时期,对水资源优化配置的研究不仅在建立模型上有较大的发展,而且在模型求解方面,一些新的优化算法被引入,如遗传算法(GA)、粒子群算法(PSO)、模拟退火算法(SA)等,这些新算法开始在水资源优化配置中得到应用。

进入21世纪,国外主要考虑水权、水市场、水资源经济效益评估、管理政策和体制等对水资源优化配置的影响。2007年,Lizhong Wang和Keith W. Hipel等建立了由初始水权分配、水量及净效益再分配模型集成的综合水资源优化配置模型,其中利用博弈论的方法成功建立了基于初始水权分配下的水量及效益再分配模型,是水权、水市场、管理政策等在水资源优化配置中的重要体现。2011年,Biju George等建立了整合的水文—经济水资源优化配置模型,重点强调了水资源在不同用途中的效益评估。

1.2.1.2 水资源承载能力研究

目前,水资源承载能力理论研究在国际上作为单项研究的比较少,大部分将其纳入可持续发展中。国外为数不多的研究中,Falkemark等(1997)对水资源的承载限度做了定性描述,并在其后续研究中有所涉及。1998年,URS公司在美国陆军工程兵团(US Army Corps of Engineers)和佛罗里达州社会事务局(Florida Department of Community Afairs)共同委托下对佛罗里达Keys流域的承载能力进行了研究。美国国家研究理事会(National Research Council)在对该项目的中期考察报告中指出,Keys流域的承载能力研究应特别注意研究成果在政策制定方面的作用,而不应仅仅得出一个绝对的承载力值。Joardor等(1998)从供水的角度对城市水资源承载能力进行相关理论和方法研究,并将其纳入城市发展规划当中。Gaterell等(1999)把关键市场学概念运用到水环境领域,并且从自然科学和管理科学两方面统一评估方法,对水环境承载能力进行了研究。Olli Varis等(2001)以水资源开发利用为核心,分析了中国长江地区日益快速的工业化、不断增长的粮食增长需求、环境退化等问题给水资源系统造成的压力,并参照不同地区发展历史把长江流域的社会经济现状与其水资源承载能力进行初步比较。Falkemark等(2009)从粮食安全的角度,对2050年的水资源在维护生态环境良性发展的情况下,粮食产量能供养的人口进行了分析。

1.2.1.3　水资源调控研究

国外对于水资源调控的研究可以追溯到20世纪40年代,Messe将优化理论用于研究水库调度问题。J. L. Cobon 和 D. H. Marks(1974)对水资源多目标问题进行了研究。Watkins David W J(1995)构建了一种基于伴随风险和不确定性的可持续水资源规划模型框架,并运用分解聚合算法求解最终的非线性混合整数规划,建立了一种水资源联合调度模型。Wong Hughs等(1997)提出了多目标、多阶段优化管理的原理和方法,考虑了区域内地表水和地下水,以及区域外调水等多种水源的联合运用,并考虑了针对地下水恶化的防治措施。Jerson(2002)等针对干旱地区社会经济用水量超过水资源承载能力问题,讨论了水资源分配机制,并提出了基于不同用水户机会成本的水资源配置模型。

1.2.2　国内研究

1.2.2.1　水资源优化配置研究

1949年以来,我国水资源配置大致经历了三个阶段:第一阶段(1949~1965年)是供水不收费,水资源由国家按需无偿配置;第二阶段(1965~1978年)是计划经济下的水资源低价配置模式,仅在水资源所有权益和经营权益方面有所体现;第三阶段(1978年至今)是我国水资源产权和配置制度变迁的时期,经济杠杆成为主要调控手段之一,多元化配置机制逐渐发挥效应。第三阶段是我国水资源配置理论及方法研究的重要发展阶段,其中,水资源配置理论经历了"以需定供""以供定需""基于宏观经济系统的配置理论""可持续发展的配置理论"和"基于三条红线的配置理论"等过程,这一过程体现了人们对水资源特性和规律认识的不断深化以及水资源配置理论的与时俱进。配置方法也从线性规划、动态规划发展到多目标及大系统协调理论。优化配置的算法也从一般的优化算法到采用进化算法或模拟计算的方法。由此可见,水资源配置在理论、模型以及算法等方面都进行了许多研究,并取得了不少成果。

中国北方地区由于缺水和社会经济快速发展,导致其生态环境严重恶化,针对这一状况,从"六五"攻关开始,国家相继将北方地区的水资源问题列为国家科技攻关项目,重点研究了水资源配置的基础理论以及与社会经济发展之间的协调关系和相应的解决措施,使得以国家层面的攻关项目为主线的水资源配置的研究形成了比较完整的理论体系,"六五"(1981~1985年)期间,国家对华北地区水资源数量、质量和特点进行了评价,为后期研究水循环规律和水资源配置等奠定了基础;"七五"(1986~1990年)期间,在水资源评价的基础上,考虑了地表水和地下水转换的动态关系,从水源上扩展了配置口径,推进了地表水和地下水的联合调控;"八五"(1991~1995年)期间,建立了基于区域宏观经济的水资源配置理论,定量分析了水资源配置与社会经济需求之间的密切关系,并构建与社会经济目标关联的水资源配置目标,进一步扩大了水资源配置的研究空间;"九五"(1996~2000年)期间,提出了水资源配置需以可持续发展战略为原则,在实现水资源可持续利用和保护生态环境的条件下合理配置水资源,为研究面向生态的水资源配置奠定理论基础;"十五"(2001~2005年)期间,主要研究了水资源的实时调度问题,提出了面向全属性功能的水资源配置概念,多种水源依据其自身属性得到合理配置;"十一五"(2006~2010年)期间,从水循环角度出发,考虑供用排耗过程,将水资源配置从可利用水量推进到耗水量配置，建立了基于ET的水资源整体配置，有利于实现“真实”节水和提高水资源利用效率以及对废污水排放量的有效控制。水资源配置理论和方法除了在这条主线上发展，还有许多学者从其他途径对其进行了大量的研究工作，如基于净效益最大的水资源优化配置、基于承载条件的水资源优化配置、基于广义水资源概念的合理配置、基于协同学原理的水资源合理配置和基于低碳发展模式的水资源合理配置等。

国内水资源配置研究不仅在理论方法上有许多发展，针对不同应用对象，水资源配置的具体应用也存在诸多不同。对应用对象进行分类，主要有水利工程控制单元的水资源配置、区域水资源配置、流域水资源配置和跨流域水资源配置。水利工程是水资源配置的基本单元，结构相对简单，影响和制约因素相对较少，成为水资源配置理论和方法的较早应用对象；区域是社会经济活动中相对独立的基本管理单位，系统结构复杂，影响因素众多，通常以多目标和大系统优化技术为主要研究手段；流域系统是最能体现水资源综合特性和功能的独立单元，也主要以多目标和大系统优化技术为研究手段；跨流域系统的系统结构和影响因素间的相互制约关系比区域和流域更为复杂，仅用数学规划技术难以描述系统的特征，因此仿真模拟技术和多种技术结合使用成为跨流域水资源配置研究的主要技术手段。

1.2.2.2 水资源承载能力研究

国内水资源承载能力研究起步较晚，1989年以施雅风院士为代表的中国科学院水资源新疆课题组首次提出了水资源承载力的问题，但当时的概念、理论和计算方法等都处于萌芽状态。此后我国学者对水资源承载力进行了大量的研究和探讨，并根据所研究的区域提出了相应的研究方法。按照研究范围的大小可分为流域水资源承载力研究、区域水资源承载力研究和城市水资源承载力研究，本书重点介绍城市水资源承载力研究。

贾振邦(1995)在分析水资源承载力概念的基础上，选取了与本溪市水资源有密切关系的6项具体指标，对水资源承载力大小进行了评价，为研究社会经济与水环境协调发展提供了先例。朱湖根等(1997)对淮河水环境承载力的脆弱性进行了研究，并指出对水资源和水环境承载力脆弱性的研究的下一步是将水资源和水环境作为一个系统，考虑其对人类各种社会经济活动的承受能力，以保证可持续发展。洪阳等(1998)以环境容量为基础探讨了环境承载力的概念及其模型框架。崔凤军(1998)采用系统研究方法对城市水资源承载力的概念、实质、功能及定量表达方法作出了分析，并利用系统动力学(SD)模拟手段进行了实证研究，其结果显示水资源承载力指数变化对拟定的调整策略作出预测优化的结果是比较令人满意的。

蒋晓辉(2001)从水资源、人口、经济发展之间的关系入手，分析探讨水资源承载力的内涵，在此基础上，建立了研究区区域水资源承载力的大系统分解协调模型，并将模型应用于关中地区，得到了不同方案下关中地区水资源承载力及提高关中水资源承载力的最优策略。张文国等(2002)运用模糊优选理论对华北某地地下水水资源承载力的变化趋势作了分析、评价，指出模糊优选模型较矢量模法能够更好地反映水资源承载力问题的实质。马文敏等(2002)在论述西北干旱区区域城市水资源基本情况和水资源承载力概念的基础上，分析了该区水资源承载力特点与研究思路，重点对干旱区城市水资源承载力分析方法进行了研究。

王海云(2003)就水环境承载能力调控与水质信息系统模式的建立进行了分析研究,并结合中国实情提出了建模总体框架,并指出水资源承载能力是可持续发展理论的重要体现,它具有很强的动态、时空并用、水量水质兼顾、补偿性等特性,建立水质信息系统基础平台,科学地利用和操纵水环境承载能力,实现水环境保护的目标。卢卫(2003)在对浙江省主要饮用水水源地背景资料进行调查的基础上,运用污染物总量控制指标分析了水源地水环境的承载能力,并提出了提高水源地水环境承载能力的对策,确保各地饮用水水源地保护区水质符合规定的标准,为城乡居民引用安全优质水提供保证,为促进浙江省水资源可持续利用和经济社会可持续发展提供了现实保障。王顺九(2003)利用投影寻踪技术对全国30个省、市、区的水资源承载力进行了综合评价,该方法无须给定权重,避免一地多个衡量指标的人为性,为水资源承载力的综合评价提供了新的途径。

李如忠等(2004)基于水资源承载力概念的模糊性和评价指标的多样性特点,在模糊物元分析的基础上,结合欧氏贴近度概念,建立了基于欧氏贴近度的区域水环境承载力评价模糊物元分析模型,并将其用于地下水资源承载能力评价,通过某城市研究表明了其优越性。赵然杭等(2005)在充分理解水资源承载力内涵及其影响因素的基础上,建立了水资源承载力评价指标体系,对水资源承载力量化方法的研究程度及其存在的问题进行了论述,提出了城市水资源承载力与可持续发展策略的模糊优选理论、模型和方法,并利用实例进行验证,从而为决策提供可靠依据。李如忠等 (2005)针对水环境承载力评价模糊优选模型和矢量模法存在的不足,从水资源—社会—经济系统具有的随机不确定性特征出发,建立了区域水资源承载力评价的模糊随机优选模型,并将该模型应用于北方某区域内5个城市地下水环境承载力状况的比较,取得了较好的研究效果。梁翔宇等(2005)从邵阳市现实出发分析了引起水资源承载力日趋减弱的原因,提出了保护水资源改善水环境、提高水环境承载力的对策。汪彦博等(2006)采用系统动力学方法,建立起石家庄市水资源承载力的模型,并对承载力指标进行量化,针对问题提出不同发展方案,其量化地比较了南水北调工程前后石家庄市水资源承载力大小的不同,预测石家庄市水资源持续利用发展状况,提出有利于石家庄市水资源持续发展最优方案,从而为石家庄市和其他地区水资源的可持续发展提供了科学的决策依据。

袁伟等(2008)针对富阳市水资源状况,建立了反映富阳市水资源承载能力的评价指标体系,然后采用主成分分析法,对评价指标进行降维处理,寻找出影响水资源承载能力驱动因子,建立了相应的水资源承载能力变化驱动因子的多元线性回归模型。宋晓萌等(2010)以水资源可承载的经济和人口为指标对天津的水资源承载力进行了评价,结果显示在未来几年只有采取提高水资源承载力的措施,才能承载增长的人口和经济规模。宰松梅等(2011)运用支持向量机理论,建立了水资源承载力评价支持向量机模型,并根据水资源承载力影响因素,提出了8项指标评价体系,利用水资源承载力指数对新乡市的水资源承载能力了进行了评价。

1.2.2.3　水资源调控研究

我国在水资源科学调配方面的研究起步较迟,主要从20世纪60年代开始,以水库优化调度为手段展开水资源分配研究;同时也开始研究地下水管理以及地下水与地表水联合应用。沈佩君等(1994)以枣庄市水资源系统为实例,研究地面水、地下水及客水等多种水资源的联合调度问题,建立了包含分区管理调度和统一调度模型在内的大系统分析协调模型。谢新民(1995)分析研究了地表—地下水资源系统多目标管理问题和有限方案多目标决策问题,建立了系统的多目标管理模型,并提出一种目标—模糊规划法。

随着研究的深入,研究人员开始动态地对区域宏观经济系统和水资源系统同时进行描述,如唐德善(1994)运用多目标规划的思想,建立了黄河流域水资源多目标分析模型,为协调国民经济各部门对水资源的供需矛盾提供了一条新途径。"十五"攻关时期,中国水利水电科学研究院水资源所首次提出将流域水资源调配层次化结构体系以"模拟—配置—调度"为基本环节,实现流域水资源的基础模拟、宏观规划与日常调度,为流域水资源调配研究提供了较为完整的研究框架体系。

王浩等(2001)在黄淮海水资源合理配置研究中,通过对黄淮海流域面临的严峻缺水形势的客观分析,系统地提出了流域水资源合理配置理论与方法,首次提出基于外调水的"三次平衡"的配置思想。尹明万等(2002)结合安阳市水资源现状及水资源开发过程中存在的主要问题,建立了多层次、多用户和多水源特征的水资源配置动态模拟模型。王慧敏等(2004)重点论证了将供应链理论引入水资源配置与调度中的可行性,并分析了南水北调东线水资源配置与调度供应链的概念模型和运作模式。左其亭等(2003)提出了面向可持续发展的水资源规划与管理所需的基本知识,并系统地介绍了包括水量—水质—生态耦合系统模型、社会经济系统模型、社会经济系统与水量—水质—生态系统的耦合系统模型、可持续量化研究方法以及水资源承载能力计算方法。

1.2.3　存在的一些问题

不可否认,虽然目前有关水资源优化配置以及承载能力的研究取得了丰硕成果,但上述各种理论及计算方法研究还处于探索阶段,还存在不少不尽如人意的地方。

(1)水资源优化配置过程中忽视了城市发展新时期的一些供、需水新特点。

(2)忽视了水资源优化配置前期可供水量预测的可调性。

(3)对城市群水资源优化配置效果评价方法有待进一步研究。

(4)水资源承载能力的定义、研究方法、指标体系各式各样,至今还没有一个统一、公认的定义、理论基础和研究方法。

(5)目前,国内外学者对水资源承载力的研究多局限在对区域、流域和城市的水资源承载力状况进行分析,很少考虑研究区内部区域间水资源承载力状况的差异性。

(6)对提高水资源承载能力方面的研究只是在分析研究区域的水资源承载能力情况后,相应地提出一些提高水资源承载力的措施或者调控模式,很少对提出的措施进行定量的分析和评价。

(7)对于水资源调控的研究虽取得一定的成果,但是综合考虑水资源时空调控方面的研究很少,还难以解决流域水资源调控和管理中的总量控制和动态控制等问题。如水资源调控中的区域生态和环境响应状况问题。

本书以城市群为研究对象,通过对城市群中水资源的优化配置,分析出中原城市群的承载能力状况;充分考虑城市群内城市间水资源承载能力的差异状况,提出了一些技术可行的调控措施来缓解城市间的水资源承载能力的差异,使城市群水资源在保障自身能够可持续开发利用的基础上,以区域内社会、经济、生态环境协调发展为前提,研究所能承载的人口和经济发展规模。

1.3 主要研究内容及思路

随着城镇化进程的加快,城市水问题日益突出,而城市的发展不仅与自身相关,而且与周边城市有着密切的关联。因此,实行单个城市的水资源优化配置并不能有效解决城市水问题,而只有实现城市群水资源优化配置,才能真正有效地解决区域内各个城市的水问题。本书的研究目的是:摸清中原城市群水资源及其开发利用现状,预测中原城市群可供水量和需水量;对中原城市群的水资源进行优化配置;建立水资源承载能力评价指标体系,构建水资源承载能力评价模型,探索模型的求解方法;对中原城市群水资源承载能力进行调控,并对各种不同调控方案进行效果评价;针对提高水资源承载能力提出了一些合理性建议,为中原城市群的建设及发展提供决策参考和技术支持。

1.3.1 本书的主要内容

本书采用系统分析的方法,以大系统递阶分解协调理论为指导,进行了城市群水资源优化配置和水资源承载能力研究,针对城市群承载能力构建了多目标、多分区、多水源的调控方案,并对各种不同调控措施下的方案进行了效果评价,最后提出了一些提高水资源承载力的合理性建议,主要研究内容如下:

(1)中原城市群水资源及其开发利用现状分析。

在收集整理相关资料的基础上,通过现场查看和调研分析,摸清中原城市群各城市水资源家底及其开发利用状况。其内容包括降雨、径流及其分布和变化规律,地下水资源量和可开采量,用水状况和供水状况,用水水平,节水水平和潜力,供水工程及其供水能力,可利用水资源量,地表水和地下水环境质量状况以及水功能区环境状况等。同时,找出中原城市群水资源方面存在的问题,为后续工作提供基础支撑。本书中中原城市群是以郑州为中心,含洛阳、开封、新乡、焦作、许昌、平顶山、漯河、济源共9市在内的城市密集区,下辖14个县级市、33个县、340个建制镇,土地面积5.87万km^2。

(2)中原城市群的供需水量预测。

通过对中原城市群的总体规划,各市的城市规划、发展规划、水资源综合规划,以及水利年鉴、统计年鉴等基础资料的分析,对中原城市群不同水平年的需水量和可供水量进行预测,并进行不同水平年的供需分析,以便为水资源配置提供基础数据;同时,给出了各种类型供需水预测的方法。

(3)中原城市群水资源系统结构分析和网络构建。

通过分析中原城市群水资源大系统的结构和功能以及中原城市群不同水源的特点和水源间的补偿与调节关系、水源和用水户之间的关系、供需水资源系统,构建中原城市群水资源系统网络图,以便明晰供水水源之间、供水水源和用户之间、供水和排水之间的关系,为中原城市群水资源合理配置和调控提供基础条件。

中原城市群水资源系统是一个多水源、多用户、多工程(蓄、引、提、调等结合)的复杂水资源系统，根据城市群水资源系统结构的划分，将中原城市群9个城市分别按中心城区和郊区进行划分，共划分17个计算单元（济源市划分为一个计算分区）。绘制9市的水资源配置系统网络图时，将大型水库、大型引水枢纽作为独立节点，中小型水库、引水枢纽、提水泵站、地下水管井和污水处理厂以计算单元为节点，水源供本单元使用。

(4)中原城市群水资源优化配置模型建立及求解。

在供需水预测和城市群水资源系统结构分析和网络构建的基础上，以可持续发展理论为指导，从水资源优化配置理论出发，考虑经济、社会、生态环境效益三个目标，构建城市群多目标水资源优化配置模型；采用功效系数法，对各目标进行无量纲化处理，并将多目标问题转化为单目标问题；利用Lingo计算软件对城市群水资源优化配置模型进行求解。在对中原城市群主要水资源配置设施和国民经济发展状况分析的基础上，对城市群近远期规划水平年经济发展模式进行了预测分析；考虑到未来经济发展模式受国家调控影响比较大，所以本书只进行了均衡发展模式下水资源配置方案的确定。

(5)中原城市群水资源承载能力研究。

在综合分析中原城市群的水资源条件、经济社会发展状况的基础上，明确了水资源承载能力评价的基本内容，构建了适应中原城市群发展需要，并能反映承载能力状况的水资源配置方案评价指标体系；运用模糊数学理论构建水资源承载能力评价模型，运用模型对水资源基本配置方案承载能力状况进行了系统的评价和分析，为提高中原城市群水资源承载能力提出相应的保障措施提供技术支持。

(6)中原城市群水资源承载能力调控方案的设定。

针对目前的城市群水资源承载能力状况，从自身性、结构性和经济与技术性三个方面对水资源承载能力提出了相应的调控措施；再根据调控措施的分析，从供水结构类型、产业结构调整和水资源高效利用三个方面进行调控方案的设定。

(7)中原城市群水资源承载能力调控效果评价。

根据第7章设定的各种调控措施下的不同方案，从水资源可持续利用水平、协调发展状况和水资源承载能力三个方面进行了水资源承载能力状况的效果评价，并与水资源配置基本方案下水资源承载能力的效果进行对比分析，最后根据目前城市群水资源承载能力状况提出了一些合理性建议。

1.3.2　研究思路

根据拟定的研究内容，总体上采用理论分析与应用研究相结合的研究方法。设置研究思路如下：

(1)对中原城市群进行实地调研，了解社会经济和水资源利用的实际情况，认识区域社会经济特点和水资源问题及其本质，奠定了中原城市群水资源承载能力分析研究的理论基础。

(2)在现状水资源开发利用分析的基础上，从供水和需水两个方面，结合中原城市群发展特点和国家水资源管理的发展趋势，研究生成均衡发展模式下城市群水资源配置的基本方案。

(3)针对基本配置方案，构建水资源优化配置模型，用数学规划理论和模拟相结合的方法对模型求解，得到水资源配置结果。

(4)根据水资源承载能力影响因素分析,建立水资源承载能力评价指标体系,并进行指标体系量化,构建水资源承载能力综合评价模型,对基本配置方案的水资源承载效果进行计算,分析确定水资源承载能力。

(5)对提高水资源承载能力进行调控措施研究,从而进行相应水资源承载能力调控方案的设定,并进行各种不同调控方案水资源调控效果评价,最后给出一些合理性建议。

研究思路见图1-1。

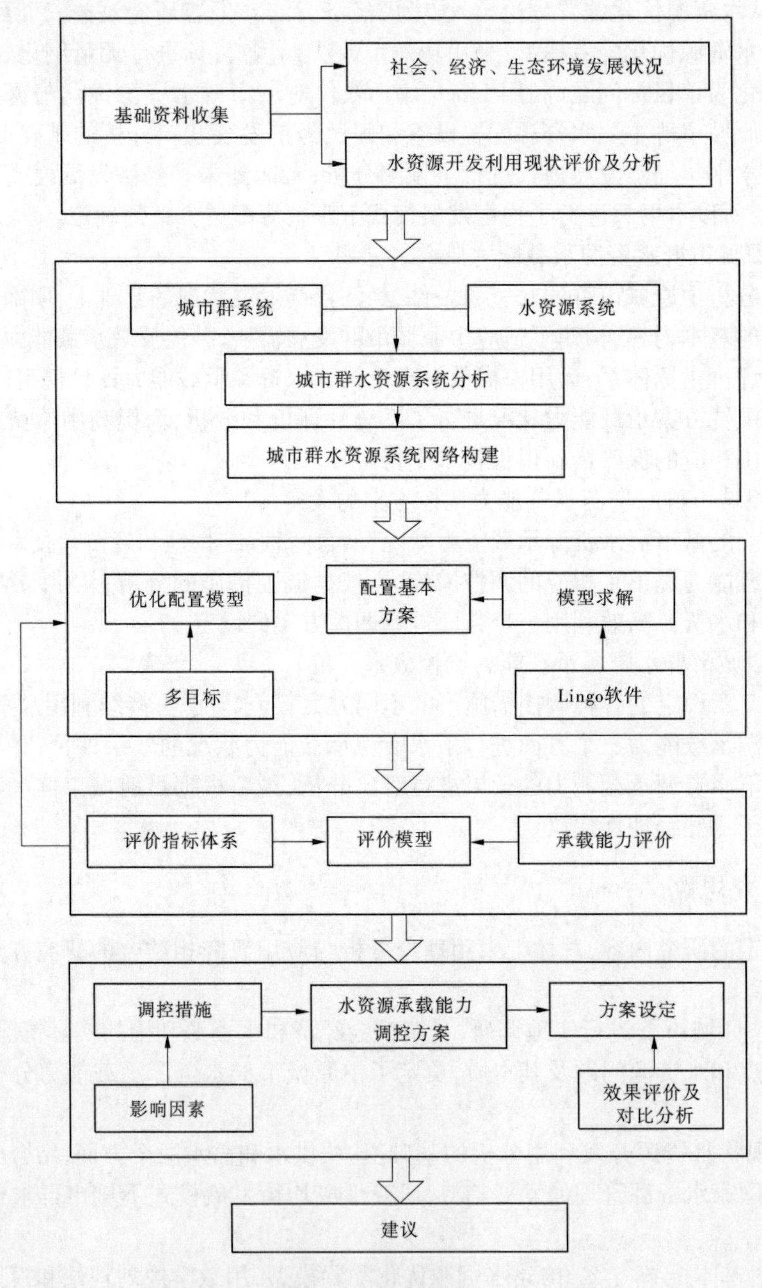

图1-1　研究思路

第 2 章　中原城市群水资源及其开发利用现状分析

本章的主要内容是对研究区域内的水资源及其开发利用现状进行分析,内容包括中原城市群概况及计算分区、研究区水资源状况、入境和跨流域调水情况、泥沙与水质、研究区供水工程、水资源开发利用现状以及水资源开发利用存在的问题。通过查阅相关资料文献,对中原城市群的自然地理概况以及水资源概况进行了详细的说明,并在分析研究区域内水资源概况的基础上,对本区域内的供水情况进行了介绍。通过对本区域内的供水情况以及用水情况的研究,对区域水资源开发利用水平进行了分析,总结出中原城市群在现状年水资源开发利用过程中存在的问题,包括水资源总量不足、水资源时空分布不均、水资源开发利用效率低、水污染严重以及水资源体系尚需进一步完善等。本章主要为城市群水资源承载能力以及调控研究提供基础资料。

2.1　中原城市群概况及计算分区

2.1.1　中原城市群概况

中原城市群位于东经 111°8′～115°15′,北纬 33°24′～35°50′,以省会郑州为中心,包括洛阳、开封、新乡、焦作、许昌、平顶山、漯河、济源在内共 9 个省辖(管)市,位于河南省的中部和北部。其南与驻马店市的西平县、南阳的方城县相邻,东南与周口市的西华县、扶沟县接壤,东与商丘市的民权县、睢县相连,西北与山西的晋城、陵川比邻,西与三门峡的渑池县、义马市相望,西南与南阳的南召县、西峡县相通。其地形西高东低,处于我国第二阶梯和第三阶梯的过渡地带,高差悬殊,海拔为 85～150 m,地貌类型复杂多样。西部海拔高而起伏大,东部地势低且平坦,从西到东依次由中山到低山,再从丘陵过渡到平原。本区河流大部分发源于西部山区,地表形态复杂多样,山地、丘陵、平原、盆地等地貌类型齐全。本区既有山地,又有平原,既有丘陵,又有盆地,丘陵与山地往往相伴分布。其中,山地、丘陵主要分布于济源市、洛阳市、郑州市、焦作市、平顶山市;平原主要分布在新乡市、开封市、许昌市和漯河市(见图 2-1)。

中原城市群分属淮河、黄河、海河和长江四个流域,流域分布情况见表 2-1。

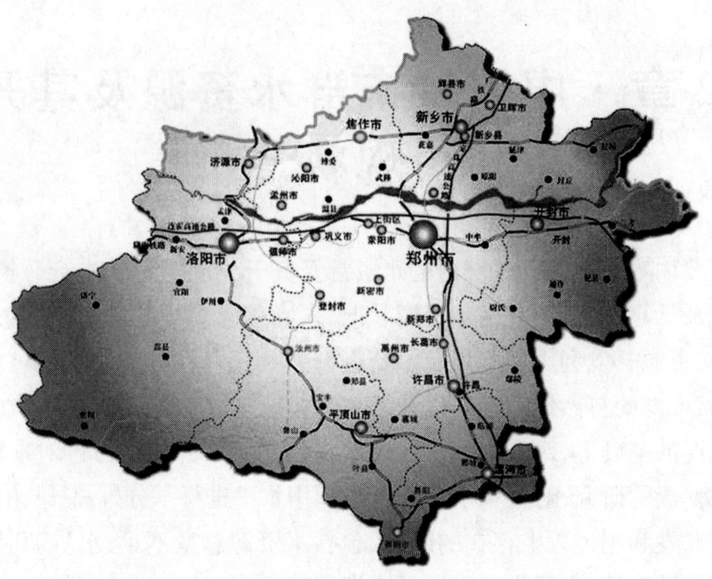

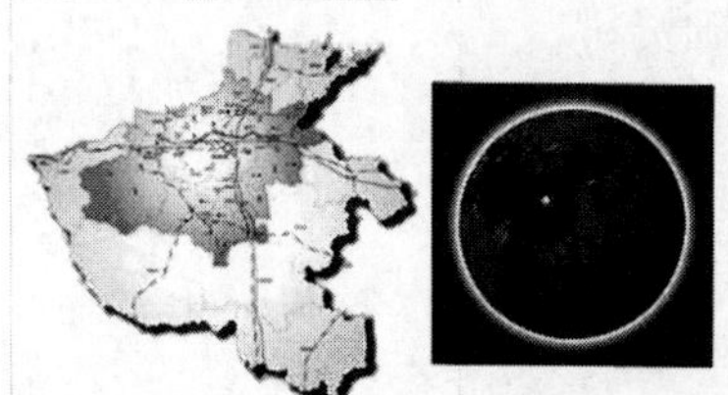

中原城市群以省会郑州为中心，包括洛阳、开封、新乡、焦作、许昌、平顶山、漯河、济源在内共9个省辖(管)市，下辖14个县级市、33个县、340个建制镇。土地面积5.87万km²，人口4 095万人，分别占全省土地面积和总人口的35.3%和41.1%。

图 2-1　中原城市群地理位置图

表 2-1　中原城市群流域分布情况　（单位：km²）

城市	长江流域	黄河流域	淮河流域	海河流域
郑州	0	1 860	5 616	0
开封	0	264	5 913	0
洛阳	527	1 258	2 056	0
平顶山	0	0	7 900	0
新乡	0	4 184	0	3 985
焦作	0	1 923	2 148	0
许昌	0	0	4 996	0
漯河	0	0	2 617	0
济源	0	1 931	0	0
合计	527	11 420	31 246	3 985

从表 2-1 中可以看出，中原城市群属于长江流域的只有洛阳的一部分，流域面积为 527 km^2；属于黄河流域的有郑州、开封、洛阳、新乡、焦作的一部分和济源的全部，流域面积为 11 420 km^2；属于淮河流域的有郑州、开封、洛阳、焦作的一部分和平顶山、漯河、许昌的全部，流域面积为 31 246 km^2；属于海河流域的只有新乡的一部分，流域面积为 3 985 km^2。

中原城市群主要河流有黄河、伊洛河、沁河、沙河、颍河、贾鲁河等，主要水库有小浪底水库、白龟山水库、白沙水库、昭平台水库、故县水库、陆浑水库、孤石滩水库、石漫滩水库等，详见图 2-2。

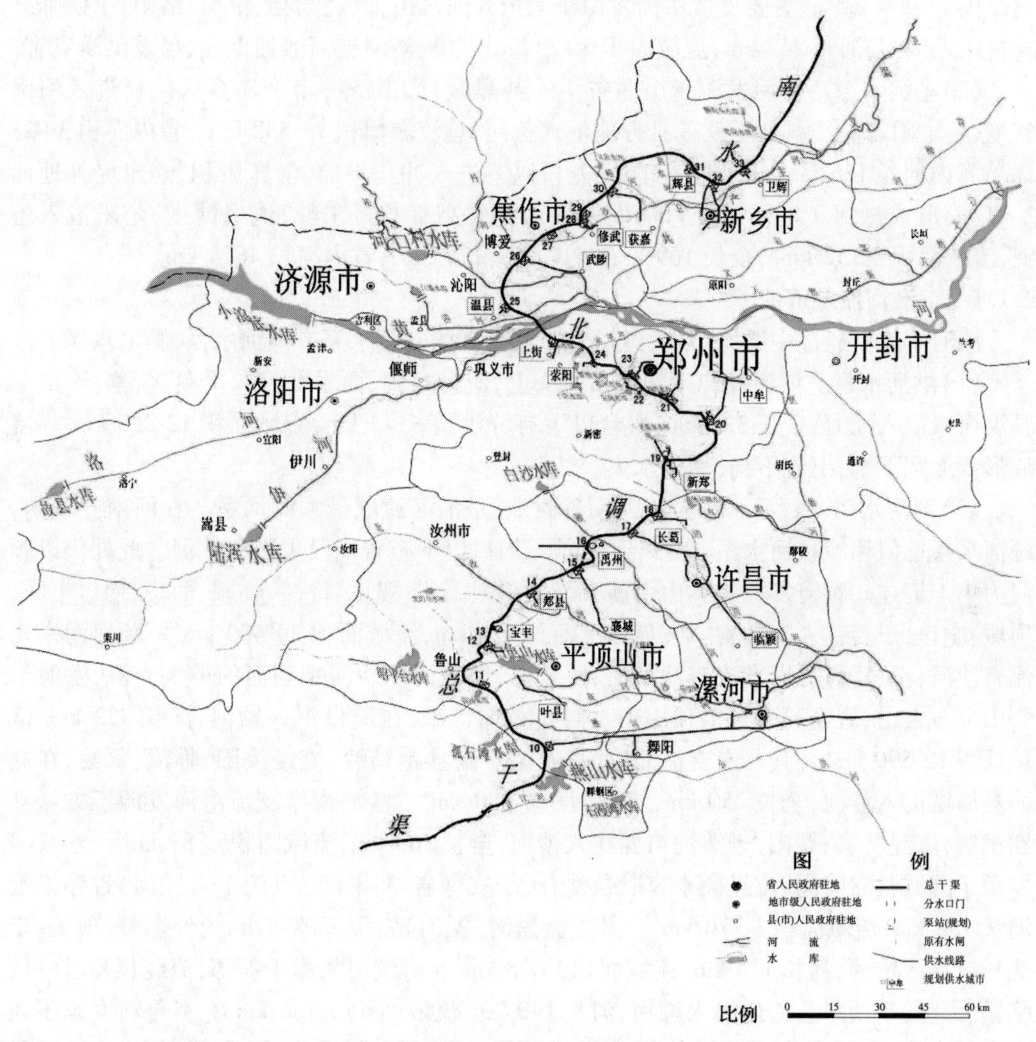

图 2-2　中原城市群水系分布图

2.1.1.1　黄河流域中原城市群区域水系

黄河干流在洛阳市进入中原城市群境内，流经洛阳、济源、郑州、焦作、新乡、开封 6 个城市。黄河干流孟津以西是一段峡谷，水流湍急，孟津以东进入平原，水流骤缓，泥沙大量沉积,河床逐年淤高,两岸设堤,堤距5~20 km,主流摆动不定,为游荡性河流。花园口以下,河床高出大堤背河地面4~8 m,形成悬河,涨洪时期,威胁着下游广大地区人民生命财产的安全,成为防汛的心腹之患。干流流经兰考县三义寨后,转为东北向,基本上成为河南、山东的省界,至台前县张庄附近出省,横贯全省,长达711 km。黄河在中原城市群境内的主要支流有伊河、洛河、沁河、漭河、金堤河、天然文岩渠等。中原城市群区域主要介绍洛河水系和沁河水系:

(1)洛河水系。洛河发源于陕西省蓝田县境内,流经河南省的卢氏、洛宁、宜阳,经洛阳市区到偃师,于巩义市神北村汇入黄河,总流域面积19 056 km^2,省内河长366 km。省内面积17 400 km^2。主要支流伊河发源于栾川县熊耳山,流经嵩县、伊川、洛阳,于偃师县杨村汇入洛河,河长267 km,流域面积6 120 km^2。伊、洛河夹河滩地低洼,易发洪涝灾害。

(2)沁河水系。沁河发源于山西省平遥县黑城村,由济源市辛庄乡火滩村进入河南省境,经沁阳、博爱、温县至武陟县方陵汇入黄河,总流域面积13 532 km^2,省内面积3 023 km^2,省内河长135 km。沁河在济源五龙口以下进入冲积平原,河床淤积,高出堤外地面2~4 m,形成悬河。主要支流丹河发源于山西省高平县丹朱岭,流经博爱、沁阳汇入沁河,流域面积3 152 km^2,全长169 km,省内面积179 km^2,省内河长46.4 km。

2.1.1.2 淮河流域河流

淮河干流不经过中原城市群,经过中原城市群的支流水系有洪河水系、颍河水系。

(1)洪河水系。洪河发源于舞钢市龙头上,流经舞阳、西平、上蔡、平舆、新蔡,于淮滨县洪河口汇入淮河,全长326 km,班台以下有分洪道长74 km,流域面积12 325 km^2。流域形状上宽下窄,出流不畅,易成水灾。

(2)颍河水系。颍河水系位于河南省腹地,是淮河流域最大的河系。在河南省境内,颍河水系也俗称沙颍河水系,以沙河为主干,周口以下至省境段也俗称沙河。此处仍以颍河为主干记述。颍河发源于嵩山南麓,流经登封、禹州、襄城、许昌、临颍、西华、周口市区、项城、沈丘,于界首入安徽省。省界以上河长418 km,流域面积34 400 km^2。颍河南岸支流有沙河、汾泉河,北岸支流有清潩河、贾鲁河、黑茨河。沙河是颍河的最大支流,发源于鲁山县石人山,流经河南省平顶山市、漯河市、周口市,在周口汇入颍河,河长322 km,流域面积12 590 km^2。其北岸支流北汝河,发源于嵩县跑马岭,流经汝阳、临汝、郏县,在襄城县简城汇入沙河,全长250 km,流域面积6 080 km^2。沙河南岸支流澧河发源于方城县四里店,流经叶县、舞阳,于漯河市西注入沙河,全长163 km,流域面积5 787 km^2。汾泉河发源于郾城县召陵岗,流经商水、项城、沈丘,于安徽省阜阳市三里湾汇入颍河,省界以上河长158 km,流域面积3 770 km^2。其支流黑河(泥河)发源于漯河市,流经上蔡、项城,于沈丘老城入汾河,河长113 km,流域面积1 028 km^2。清潩河发源于新郑,流经长葛、许昌、临颍、鄢陵,于西华县逍遥镇入颍河,河长149 km,流域面积2 362 km^2。贾鲁河发源于新密市圣水峪,流经中牟、尉氏、扶沟、西华,于周口市北汇入颍河,全长276 km,流域面积5 896 km^2。其主要支流双洎河发源于密县赵庙沟,流经新郑、长葛、尉氏、鄢陵,于扶沟县彭庄汇入贾鲁河,全长171 km,流域面积1 758 km^2。颍河其他支流尚有清流河、新蔡河、吴公渠等,流域面积1 000~1 400 km^2。黑茨河发源于太康县姜庄,于郸城县张胖店入安徽,省境内河长107 km,流域面积1 214 km^2,原于阜阳市汇入颍河,现改流入茨淮新河,经怀洪新河入洪泽湖。

2.1.1.3 海河流域河流

海河水系的主要河流有卫河干支流和徒骇河、马颊河。徒骇河、马颊河属平原坡水河道。马颊河源自濮阳县金堤闸,流经清丰、南乐进入山东省,省界以上河长 62 km,流域面积 1 034 km^2。徒骇河发源于河南省清丰县东北部边境,流经南乐县东南部边境后入山东省,省界以上流域面积 731 km^2。卫河及其左岸支流峪河、沧河、淇河、汤河、安阳河源自太行山东麓,坡陡流急,下游进入平原,水流骤缓,宣泄能力低,洪水常沿共产主义渠、良相坡、长虹渠、白寺坡、小滩坡、任固坡等坡洼地行洪滞洪,并顶托卫河右岸平原支流汛内沟、杏圆沟、硝河、志节沟排涝,常造成较重的洪涝灾害。

中原城市群境内,属于海河支流的是卫河。卫河发源于山西省陵川县夺火镇,流经中原城市群区域的博爱、焦作、武陟、修武、获嘉、辉县、新乡、卫辉等地。省境以上河长 286 km,流域面积 12 911 km^2。卫河在新乡县以上叫大沙河,1958～1960 年开挖的黄河共产主义渠,在 1961 年停止引黄后,成为排水河道,该渠在新乡县西永康村与大沙河汇合,沿卫河左岸行,截卫河左岸支流沧河、思德河、淇河后下行至浚县老观嘴,复注入卫河。

2.1.2 计算分区

本次对中原城市群水资源承载能力的分析包括水资源现状和供需水量预测分析等内容,根据分析目的及区域特点,确定水资源评价分区的个数,分区应有利于资料收集、统计、分析、计算和汇总,本次水资源供需分析可按行政分区进行划分。按照中原城市群的 9 个城市划分为中心城区和中心城区以外区域,以郑州为例,将郑州划分为两个分区,分别用郑－1 和郑－2 表示,其中郑－1 代表郑州中心城区,郑－2 代表中心城区以外区域,将中原城市群划分为 17 个计算单元(济源市作为一个计算单元)。计算分区及面积见表 2-2。

表 2-2 计算分区及面积 (单位:km^2)

城市	中心城区		中心城区以外区域		总面积
	市辖区	面积	县级市、市辖县	面积	
郑州市	中原区、二七区、管城回族区、金水区、上街区、惠济区	1 010	巩义市、荥阳市、新郑市、登封市、新密市、中牟县	6 436	7 446
开封市	龙亭区、顺河回族区、鼓楼区、禹王台区、金明区	362	杞县、通许县、尉氏县、开封县、兰考县	6 082	6 444
洛阳市	老城区、西工区、瀍河回族区、涧西区、吉利区、洛龙区	544	偃师市、孟津县、新安县、栾川县、嵩县、汝阳县、益阳县、洛宁县、伊川县	14 664	15 208

续表 2-2

城市	中心城区		中心城区以外区域		总面积
	市辖区	面积	县级市、市辖县	面积	
平顶山市	新华区、卫东区、湛河区、石龙区	453	汝州市、舞钢市、宝丰县、叶县、鲁山县、郏县	7 429	7 882
新乡市	红旗区、卫滨区、凤泉区、牧野区	625	卫辉市、辉县市、新乡县、获嘉县、原阳县、延津县、封丘县、长垣县	7 544	8 169
焦作市	解放区、中站区、马村区、山阳区	426	沁阳市、孟州市、修武县、博爱县、武陟县、温县	3 646	4 072
许昌市	魏都区	88	禹州市、长葛市、许昌县、鄢陵县、襄城县	4 908	4 996
漯河市	源汇区、郾城区、召陵区	1 020	舞阳县、临颍县	1 597	2 617
济源市					1 931

2.1.3　水平年确定

按照《中原城市群总体发展规划纲要》中拟定的规划期，确定研究期限为 2010 ~ 2020 年，基准年为 2009 年，以第十二个五年规划末的 2015 年为近期水平年，第十三个五年规划末的 2020 年为远期水平年。

2.2　研究区水资源状况

2.2.1　降雨

2.2.1.1　降水量计算

采用 1956 ~ 2000 年(45 年)系列作为水资源量分析样本，以计算区为单位，采用泰森多边形计算面平均降水量，然后采用面积平均法计算水资源区、行政分区的降水量，并进行典型年降水量计算和时空变化规律分析。研究区多年平均年降水量为 679.9 mm，各行政区多年均值和不同频率的年降水量、特征值见表 2-3。

表 2-3　中原城市群各行政区多年均值和不同频率的年降水量、特征值

城市	计算面积（km^2）	统计参数			不同频率的年降水量(mm)			
		多年均值(mm)	C_v	C_s	20%	50%	75%	95%
郑州	7 534	625.7	0.24	2.0	747.3	613.7	519.0	400.8
开封	6 262	658.6	0.25	2.0	791.7	644.9	541.4	413.1
洛阳	15 230	674.5	0.22	2.5	793.8	661.0	568.4	455.7
平顶山	7 909	818.8	0.22	2.0	965.3	805.6	691.2	546.7
漯河	2 394	772.0	0.29	2.0	951.4	750.5	611.6	444.2
焦作	4 001	590.8	0.25	2.0	710.2	578.5	485.6	370.6
新乡	8 249	611.6	0.26	2.0	739.9	597.9	498.2	375.6
许昌	4 978	698.9	0.22	2.0	823.9	687.7	590.0	466.6
济源	1 894	668.3	0.25	2.0	803.3	654.4	549.3	419.2
城市群	58 451	679.9	0.24	2.1	814.1	666.0	561.6	432.5

2.2.1.2　降水量分布特点

地区分布特点：地形对降水影响程度最大，研究区降水量的地区分布差异主要由地形的差异所致，总体特点为降水量自南部向北呈递减趋势，同纬度的山丘区降水量大于平原区，山脉的迎风坡降水多于背风坡。河南省分割湿润带和过渡带的 800 mm 降水量等值线，西起卢氏县，经伏牛山北部和叶县向东略偏南方延伸到漯河市。此线以南为湿润带，降水相对丰富；以北属过渡带，即半湿润半干旱带，降水相对较少。研究区除平顶山南部外均属于半湿润半干旱带，平顶山市降水量最大，降水量最小的为焦作市，见表 2-3。降水量地区分布丰枯悬殊，枯水年差异更大。

时间分布特点：年内分配主要表现为汛期集中，季节性变化十分明显。多年平均汛期(6～9 月)降水量为 350～700 mm，占全年降水量的 50%～75%。年内降水集中程度自南往北递增，黄河以北最高，为 65%～75%，有些年份降水量往往集中于几场暴雨，而在作物生长最需要水分的春季(3～5 月)降水量较少，有的月份甚至滴水不下，对作物生长十分不利。

降水量年际变化剧烈，具有最大与最小降水量相差悬殊等特点。最大与最小降水量的极值比一般为 2～4，个别站大于 5；极值比最大雨量站为南寨站，1963 年降水量为 1 517.6 mm，1965 年降水量仅有 273.9 mm，年降水极值比达 5.5。年降水量变差系数 C_v 值的大小反映降水量的多年变化规律，河南省年降水量变差系数一般为 0.2～0.4，相比而言，研究区年际变化总体较为稳定，最大为漯河市(C_v 为 0.29)。

2.2.2　地表水资源量

各水资源量均采用《河南省水资源综合规划》《河南省水资源》成果，各行政区不同频

率地表水资源量及特征值如表 2-4 所示。

表 2-4　各行政区不同频率地表水资源量及特征值

城市	计算面积（km^2）	统计参数		C_v	不同频率地表水资源量（万 m^3）			
		水量（万 m^3）	径流深（mm）		20%	50%	75%	95%
郑州	7 534	76 781	101.9	0.60	106 410	63 815	43 470	29 816
开封	6 262	40 439	64.6	0.60	58 213	35 704	22 602	10 277
洛阳	15 230	258 378	169.7	0.48	315 354	235 598	168 224	104 842
平顶山	7 909	156 567	198.0	0.66	230 594	134 514	80 591	32 744
漯河	2 394	33 385	123.9	0.76	50 827	27 224	14 796	4 889
焦作	4 001	40 533	101.3	0.56	57 933	36 293	24 448	14 364
新乡	8 249	75 212	91.2	0.60	108 270	66 405	42 038	19 115
许昌	4 978	41 903	84.2	0.78	64 172	33 779	17 989	5 685
济源	1 894	23 652	124.9	0.52	35 009	22 693	15 738	9 505
城市群	58 451	746 850	117.7	0.62	114 087	72 892	47 766	25 693

地表水资源分布在地区上表现为研究区地表水资源量的地区分布与降水量分布趋势基本一致，南部多于北部，西部山区多于东部平原的特点。研究区地表水资源总量为 746 850万 m^3，折合径流深 117.7 mm，低于全省平均值 182.8 mm。地表水资源量主要产生在汛期，连续最大四个月出现时间稍滞后于降水量。多年平均连续最大四个月地表水资源量出现在 6～9 月，约占全年的 62.5%。年际变化大，丰枯非常悬殊，许昌、漯河市丰枯倍比值均超过 20 倍。各行政区地表水资源量极值见表 2-5。

表 2-5　各行政区地表水资源量极值分析表

城市	计算面积（km^2）	地表水资源量					
		均值（万 m^3）	最大		最小		最大与最小倍比值
			水量（万 m^3）	出现年份	水量（万 m^3）	出现年份	
郑州	7 534	76 781	289 784	1964	28 990	1966	10.0
开封	6 262	40 439	150 646	1964	7 669	1966	19.6
洛阳	15 230	258 378	800 990	1964	99 936	1999	8.0
平顶山	7 909	156 567	433 821	1964	22 416	1966	19.6
漯河	2 394	33 385	111 652	1964	3 932	1978	28.4
焦作	4 001	40 533	126 519	1964	11 164	1997	11.3
新乡	8 249	75 212	262 019	1963	16 025	1986	16.4
许昌	4 978	41 903	181 441	1964	6 447	1966	28.1
济源	1 894	23 652	75 308	1964	8 350	1991	9.0
城市群	58 451	746 850	2 432 180		22 770		17.0

2.2.3　地下水资源量

地下水资源量分为平原区地下水资源量和山丘区地下水资源量进行计算。平原区地下水资源量指近期下垫面条件下，由降水、地表水体入渗补给及侧向补给地下含水层的动态水量。山丘区地下水资源量指山丘区的降水入渗补给量。如表2-6所示，研究区地下水资源量为692 141万m^3(1980～2000年系列)，其中山丘区为330 002万m^3，平原区为435 487万m^3，平原区与山丘区重复计算量为73 348万m^3。按矿化度分区，淡水区地下水资源量为688 519万m^3，占地下水资源总量的99.48%。

表2-6　行政区地下水资源量计算成果　(单位：万m^3)

城市	山丘区地下水资源量	山丘区开采消耗量	平原区地下水资源量	平原区与山丘区重复计算量	分区地下水资源量	淡水区地下水资源量($M\leqslant2$ g/L)	地下水与地表水重复计算量
郑州	76 850	44 224	37 857	7 122	107 585	107 585	40 278
开封	0	0	83 471	5 584	77 887	77 457	7 001
洛阳	115 141	17 805	42 095	11 474	145 762	145 762	114 325
平顶山	51 846	10 334	28 723	1 012	79 557	79 557	49 831
漯河	0	0	37 765	274	37 491	37 491	7 607
焦作	22 300	8 564	44 538	13 617	53 221	52 577	16 669
新乡	27 390	10 504	110 007	26 491	110 906	108 358	36 973
许昌	23 390	9 451	41 843	3 332	61 901	61 901	13 595
济源	13 085	924	9 188	4 442	17 831	17 831	10 440
城市群	330 002	101 806	435 487	73 348	692 141	688 519	296 719

2.2.4　水资源总量

水资源总量指当地降水形成的地表和地下产水量，即地表径流量与降水入渗补给量之和。本书中水资源总量计算采用地表水资源量与降水入渗补给量之和再扣除降水入渗补给量形成的河道基流排泄量的计算方法。

如表2-7所示，1956～2000年多年平均水资源总量为112.6亿m^3，产水模数为19.30万m^3/km^2，产水系数为0.30。行政区产水模数最大的为漯河市(23.76万m^3/km^2)，最小的为济源市(17.39万m^3/km^2)，产水系数最大的为焦作市(0.32)，最小的为许昌市(0.25)。

表 2-7 行政区水资源总量

城市	计算面积（km^2）	降水量（mm）	水资源总量（万 m^3）	产水模数（万 m^3/km^2）	产水系数
郑州	7 534	625. 7	131 844	17. 50	0. 28
开封	6 262	658. 6	114 797	18. 33	0. 28
洛阳	15 230	674. 5	285 866	18. 77	0. 28
平顶山	7 909	818. 8	183 368	23. 18	0. 28
漯河	2 394	772. 0	64 020	23. 76	0. 31
焦作	4 001	590. 8	76 536	19. 13	0. 32
新乡	8 249	611. 6	148 800	18. 04	0. 29
许昌	4 978	698. 9	87 990	17. 68	0. 25
济源	1 894	668. 3	32 931	17. 39	0. 26
城市群	58 451	679. 9	1 126 152	19. 30	0. 30

2. 3 入境和跨流域调水情况

2. 3. 1 入境水量

黄河是中原城市群最重要的过境河流，也是中原城市群主要的地表水源，在促进中原城市群国民经济发展过程中发挥了重要作用。

黄河是资源性缺水河流，水资源供需矛盾十分突出，黄河取水需在国务院批复的“87”分水方案指标框架以内。根据该分水方案，在多年平均情况下，河南省分配黄河水量 55. 4 亿 m^3（对应黄河可供水量 370 亿 m^3）。根据《黄河水资源公报》，河南省 2000 ~ 2009 年逐年黄河水量统计情况见表 2-8。据表 2-8 可知，在多年平均情况下，河南省实际取耗的黄河水量小于河南省分配的指标。

表 2-8 河南省 2000 ~ 2009 年逐年黄河水量统计表 （单位：亿 m^3）

年份	2000	2001	2002	2003	2004	2005	2006	2007	2008	2009	平均
黄河水量	31. 47	29. 42	36. 01	28. 25	26. 07	29. 32	37. 77	33. 64	39. 43	43. 36	33. 47

2009 年河南省水利厅依据《国务院办公厅转发国家计委和水电部关于黄河可供水量分配方案报告的通知》（国办发〔1987〕61 号），按照《黄河水利委员会关于开展黄河取水许可总量控制指标细化工作的通知》（黄水调〔2006〕19 号）要求，制定了《河南省黄河取水许可总量控制指标细化方案》，明确了河南省各市取耗水指标，其中中原城市群取用黄

河干流水的城市有 7 个,总的取水指标为 27.03 亿 m^3,耗水指标为 23.64 亿 m^3(引黄工程向外流域供水的,耗水指标与取水许可指标相同;向流域内供水的,考虑到 25% 的水量退回黄河河道,取水许可指标的 75% 为耗水指标),取水指标最大的城市是新乡,为 10.37 亿 m^3,占总取水指标的 38.36%;中原城市群取用黄河支流水的城市有 5 个,总的取水指标为 21.28 亿 m^3,耗水指标为 16.63 亿 m^3,取水指标最大的城市是洛阳,为 13.30 亿 m^3,占总取水指标的 62.50%。中原城市群黄河水取耗水指标见表 2-9。

表 2-9　中原城市群黄河水取耗水指标　(单位:亿 m^3)

城市	黄河干流		黄河支流	
	取水指标	耗水指标	取水指标	耗水指标
郑州	4.20	3.90	2.40	2.40
开封	5.50	5.50		
洛阳	3.41	2.55	13.30	9.97
新乡	10.37	8.90	0.45	0.40
焦作	2.35	1.76	2.33	1.76
许昌	0.50	0.50		
济源	0.70	0.53	2.80	2.10
合计	27.03	23.64	21.28	16.63

2.3.2　跨流域调水量

跨流域调水只介绍南水北调中线工程,其他跨流域调水工程供水量合并到各分区地表水中一起统计分析。

南水北调中线工程总干渠从陶岔渠首至北京团城湖,全长 1 277 km,其中河南省境内渠道长 731 km,沿线流经中原城市群内的平顶山、许昌、郑州、焦作、新乡 5 个城市,向中原城市群的 6 个城市供水,极大地改善了中原城市群水资源紧缺状况,为城市群经济社会可持续发展提供供水安全保障。中线工程多年平均调水量为 95 亿 m^3,河南省人民政府在《河南省人民政府关于进一步确认南水北调中线一期工程需调水量的复函》(豫政函〔2005〕113 号)中,再次确认:维持总体规划阶段调水规模和分配水量 31.69 亿 m^3(为陶岔渠首水量,总干渠分水口门为 29.94 亿 m^3)不变,中原城市群各城市口门分配总水量为 17.83 亿 m^3,分配水量最多的是郑州,其次是新乡,分配水量分别是 5.17 亿 m^3 和 4.02 亿 m^3,详见表 2-10。

表 2-10 南水北调中线工程中原城市群城市口门分配水量 （单位：万 m^3）

供水城市		口门分配水量	小计
郑州市	郑州市区	32 970	51 700
	新郑机场	1 700	
	中牟县	2 740	
	荥阳市	7 640	
	新郑市	6 650	
漯河市	漯河市区	6 670	10 600
	临颍县	3 930	
焦作市	焦作市区	22 480	28 200
	温县	3 000	
	武陟县	1 200	
	修武县	1 520	
平顶山市	平顶山市区	20 170	25 000
	叶县	2 600	
	宝丰县	1 230	
	郏县	1 000	
许昌市	许昌市区	13 000	22 600
	许昌县		
	禹州市	2 780	
	襄城县	1 100	
	长葛市	5 720	
新乡市	新乡市区	23 300	40 160
	新乡县	5 300	
	辉县市	5 370	
	卫辉市	4 300	
	获嘉县	1 890	
中原城市群			178 260

2.4 泥沙与水质

2.4.1 河流泥沙

2.4.1.1 黄河干流泥沙

黄河流经西北黄土高原，水土流失严重，大量泥沙被挟带入河中。据有关统计资料，黄河年平均含沙量为 24.5 kg/m^3，汛期洪峰时可高达 400 ~ 500 kg/m^3，最低时也有 5 kg/m^3左右。每年由上游进入河南省（进入三门峡库区）的泥沙约为 14.3 亿 t，经库区淤积，流经花园口的泥沙大约为 10.13 亿 t（含伊洛河、沁河 0.4 亿 t），每年大约有 2.6 亿 t 泥沙淤积在河道中，致使花园口以下河道逐年淤高。黄河灌溉引入泥沙约为 1.4 亿 t。

根据《黄河流域水资源调查评价》研究成果，黄河输沙量具有年内集中、年际变化大的特点。年内集中在汛期(7～9月),4个月输沙量占全年的86.7%,而7、8两月占71.2%;大沙年的1967年,最大5天输沙量占全年的33.2%,最大10天输沙量占49.6%。输沙量年际变化也很大,如干流龙门站年输沙量最大值为20.9亿t(1959年),是最小值2.341亿t(1986年)的8.9倍。新中国成立后,特别是改革开放后,加大了对黄河流域水土流失治理力度,输沙量呈现减少的趋势。以花园口站为例,1956～1969年平均年输沙量为13.252亿t,到1990～2000年,减少到6.289亿t,减少了52.5%,详见表2-11。

表2-11　研究区内黄河流域主要控制站输沙量统计表　(单位:亿t)

水系	站名	1956～1969年	1970～1979年	1980～1989年	1990～2000年
黄河	三门峡	14.276	13.980	8.587	7.705
黄河	花园口	13.252	12.361	7.745	6.289
伊洛河	黑石关	0.265	0.069	0.089	0.009
沁河	武陟	0.095	0.041	0.025	0.008

含沙量的年内变化和输沙量变化一致,高含沙量多出现在6～9月,尤其是洪水期。由表2-12看出,不同年代含沙量变化和输沙量变化略有不同,90年代以来的含沙量较80年代有所回升,原因是90年代北洛河发生了几次大洪水,因此含沙量增大。由此说明,含沙量的大小主要和暴雨洪水有关,但含沙量同样存在减小趋势,但是不像输沙量变化有明显的规律性,总体来看,输沙量和含沙量的减少,对黄河水的利用是有利的。

表2-12　研究区内黄河流域主要控制站含沙量统计表　(单位:kg/m^3)

水系	站名	1956～1969年	1970～1979年	1980～1989年	1990～2000年
黄河	三门峡	32.09	39.03	23.15	32.04
黄河	花园口	26.84	32.40	18.81	25.21
伊洛河	黑石关	6.90	3.36	2.94	0.59
沁河	武陟	6.30	6.62	4.58	2.25

2.4.1.2　伊洛河、沁河泥沙

伊洛河、沁河的输沙量比黄河干流小,多年平均分别为0.12亿t、0.046亿t,存在减少的趋势,且减少量大;含沙量也存在减少趋势。

2.4.1.3　研究区其他河流泥沙

区内其他河流多是平原河道,河流含沙量自上游向下游逐渐减少,含沙量一般为0.5～1.0 kg/m^3。高含沙期一般与汛期同步,主要集中在6～10月。

2.4.2　地表水水质

2.4.2.1　黄河流域

1.黄河干流水质

根据2009年《黄河水资源公报》,黄河干流在研究区内自上游到下游水质逐渐变好,

水质类别为Ⅲ～Ⅴ类，超标项目主要是氨氮、化学需氧量，详见表2-13。

表2-13 2009年研究区内黄河干流水体水质状况

站名	水质类别	主要超标项目
潼关	Ⅴ	氨氮、化学需氧量
三门峡	Ⅳ	氨氮、化学需氧量
高村	Ⅲ	

2. 支流水质

伊洛河：上、中游水质好，符合饮用水水源地水质要求，洛阳以下到入黄口的92 km，水质污染严重，基本失去供水功能。

沁河：上游水质较好，中游水质差，仅符合工业或农业用水水质要求；下游污染严重，除汛期能满足工业、农业用水水质要求外，其余各时段均失去各种供水功能，化学需氧量超标。

2.4.2.2 海河流域水质

研究区内属海河流域河流受新乡排污影响，卫河、大沙河、马颊河等水质污染严重，均劣于Ⅴ类，基本失去各种供水功能，主要超标项目是氨氮、化学需氧量、高锰酸钾指数等。

2.4.2.3 淮河流域水质

贾鲁河除西流湖基本符合多种供水功能要求外，其余各河段均受严重污染，失去供水功能。

2.4.3 地下水水质

中原城市群大部分地区地下水天然水质总硬度和矿化度低，水质适于生产、生活及生态用水。山区、岗区和山前倾斜平原中上部为溶滤带，一般为重盐酸型、低矿化度淡水，水质良好。

平原地区绝大部分区域为低矿化度淡水，由于前缘地带地下水位埋深浅，径流滞缓，浅层水中溶解的易溶盐，经径流富集、地面蒸发等垂直交替作用，盐分浓缩，导致地下水化学类型由重盐酸型过渡到重盐酸、硫酸和氯化物型，东北平原部分区域矿化度由低变高，水质由淡水变成微咸水或半咸水。近20年来，由于地表水体严重污染，平原地区沿河两侧和城市区地下水水质遭受污染。从表2-14中可看出，中原城市群平原区地下水Ⅱ类水面积为145 km^2，占总面积的0.53%；Ⅲ类水面积为9 901 km^2，占总面积的36.12%；Ⅳ类水面积为10 166 km^2，占总面积的37.09%；Ⅴ类水面积为7 200 km^2，占总面积的26.27%。其中，新乡地下水水质最差，劣质水（劣于Ⅲ类）面积占93.5%，其次是焦作，占80.0%，洛阳地下水水质最好，劣质水面积仅占22.9%。

表 2-14　中原城市群地下水水质类别分布面积统计表

城市	分区地下水水质类别											
	评价面积（km^2）	Ⅰ		Ⅱ		Ⅲ		Ⅳ		Ⅴ		超标率（%）
		分布面积（km^2）	关键项目	分布面积（km^2）	关键项目	分布面积（km^2）	关键项目	分布面积（km^2）	关键项目	分布面积（km^2）	关键项目	
郑州	1 974	0		0		940		910	总硬度、铁	124	硝酸盐氮、总硬度	52.4
开封	6 262	0		0		2 220		2 695	总硬度、氟化物、高锰酸盐指数	1 347	矿化度、总硬度、氨氮、氯化物	64.5
洛阳	1 537	0		0		1 185		188	氨氮、亚硝酸盐氮	164	氨氮	22.9
平顶山	1 981	0		0		991		800	总硬度、矿化度	190	总硬度	50.0
新乡	6 689	0		0		435		2 773	氨氮、铁、总硬度、亚硝酸盐氮	3 481	总硬度、矿化度、氨氮、挥发酚	93.5
焦作	2 851	0		0		570		1 233	总硬度、矿化度、氯化物、铁	1 048	总硬度、矿化度、氯化物	80.0
许昌	3 118	0		0		1 559		1 426	亚硝酸盐氮、总硬度	133	氨氮、总硬度	50.0
漯河	2 694	0		0		1 981		0		713	总硬度	26.5
济源	306	0		145		20		141	氨氮、铁	0		46.1
城市群	27 412	0		145		9 901		10 166		7 200		63.4

2.5 研究区供水工程

2.5.1 蓄水工程

研究区蓄水工程概况根据河南省水利年鉴资料整理。

2.5.1.1 水库

2009年中原城市群区域内共有大、中、小型水库574座，总库容162.4亿m^3，其中大型水库8座，总库容143.3亿m^3；中型水库47座，总库容11.9亿m^3；小型水库519座，总库容7.2亿m^3（见表2-15）。

表2-15 中原城市群水库统计表

地区	流域	已建成水库		大型水库		中型水库		小型水库	
		座数（座）	总库容（万m^3）	座数（座）	总库容（万m^3）	座数（座）	总库容（万m^3）	座数（座）	总库容（万m^3）
全区	合计	574	1 624 147	8	1 433 000	47	118 680	519	72 467
	海河	28	27 482	—	—	10	24 178	18	3 304
	黄河	200	1 263 700	3	1 209 500	12	26 349	185	27 851
	淮河	346	332 965	5	223 500	25	68 153	316	41 312
郑州	小计	151	55 365	—	—	14	33 621	137	21 744
	黄河	18	7 385	—	—	2	4 566	16	2 819
	淮河	133	47 980	—	—	12	29 055	121	18 925
洛阳	小计	153	173 584	1	132 000	10	22 458	142	19 126
	黄河	138	166 251	1	132 000	8	16 028	129	18 223
	淮河	15	7 333	—	—	2	6 430	13	903
开封	淮河	1	135	—	—	—	—	1	135
平顶山	淮河	168	234 498	4	194 000	9	23 423	155	17 075
漯河	淮河	—	—	—	—	—	—	—	—
焦作	小计	26	14 230	—	—	5	10 863	21	3 367
	黄河	21	8 898	—	—	2	5 755	19	3 143
	海河	5	5 332	—	—	3	5 108	2	224
新乡	小计	23	22 150	—	—	7	19 070	16	3 080
	黄河	—	—	—	—	—	—	—	—
	海河	23	22 150	—	—	7	19 070	16	3 080
许昌	淮河	29	43 019	1	29 500	2	9 245	26	4 274
济源	黄河	21	3 666	—	—	—	—	21	3 666
部属		2	1 077 500	2	1 077 500	—	—	—	—

2009 年中原城市群内建成大型水库 8 座(不包括黄河干流),库容占水库总容量的 52.5%,设计灌溉面积 340.20 万亩(1 亩 = 1/15 hm^2),见表 2-16。

表 2-16　中原城市群大型水库基本情况统计表

水库名称	库容(亿 m^3)			灌溉面积(万亩)		
	总库容	兴利库容	防洪库容	设计	有效	实灌
故县水库	11.75	5.10	4.99	89.33	42.94	23.30
陆浑水库	13.20	5.83	7.37	33.00	20.05	1.20
白龟山水库	9.22	3.02	2.86	66.67	32.67	18.53
昭平台水库	7.13	3.94	4.27	20.67	14.00	10.00
孤石滩水库	1.85	0.66	1.28	4.00	—	—
石漫滩水库	1.20	0.63	0.52	20.20	13.61	6.70
白沙水库	2.95	1.19	1.72	89.33	42.94	23.30
燕山水库	9.25	2.20	7.41	17.00	—	—
合计	56.55	22.57	30.42	340.20	166.21	83.03

2.5.1.2　塘堰坝

中原城市群内塘堰坝共计 3 881 座,总容量 7 707 万 m^3。塘堰坝主要分布在平顶山市、济源市、焦作市、新乡市、洛阳市和郑州市,且主要集中在淮河流域,有 2 424 座,容量为 4 623 万 m^3,占总容量的 59.98%。行政区上,塘堰坝主要集中在平顶山市,有 1 925 座,容量为 3 134 万 m^3,占总容量的 40.66%。具体情况见表 2-17。

表 2-17　中原城市群塘堰坝统计表

市名称	流域	已建成塘堰坝	
		数量(座)	总库容(万 m^3)
全区	合计	3 881	7 707
	海河	451	317
	黄河	1 006	2 767
	淮河	2 424	4 623
郑州	小计	383	1 285
	黄河	162	711
	淮河	221	574
洛阳	小计	754	1 509
	黄河	611	1 216
	淮河	143	293

续表 2-17

市名称	流域	已建成塘堰坝	
		数量(座)	总库容(万 m^3)
开封	淮河	—	—
平顶山	淮河	1 925	3 134
漯河	淮河	—	—
焦作	小计	226	67
	黄河	9	22
	海河	217	45
新乡	小计	234	272
	黄河	—	—
	海河	234	272
许昌	淮河	135	622
济源	黄河	224	818

2.5.2 引水工程

2.5.2.1 支流引水工程

支流引水工程主要统计伊洛河、沁河两大支流的引水工程,其余小支流合并到干流引水工程中一起统计。

伊洛河引水工程:伊洛河水系引水工程主要用于农田灌溉,有 27 处设计灌溉面积在万亩以上的灌区,总设计灌溉面积 233.48 万亩,大、中、小型灌区设计灌溉面积分别占总设计灌溉面积的 57.4%、8.9%、33.7%。具体情况见表 2-18。

表 2-18　伊洛河水系灌区统计表

规模	数量(处)	水源	数量(处)	设计灌溉面积(万亩)	占总比(%)
30 万亩以上	1	水库	1	134.00	57.4
10 万 ~ 30 万亩	2	河道	2	20.81	8.9
1 万 ~ 10 万亩	24	水库	11	35.26	33.7
		河道	13	43.41	
合计	27	水库	12	169.26	72.5
		河道	15	64.22	27.5
		总计	27	233.48	

统计数据表明,伊洛河水系灌溉引水工程主要集中在大、中型灌区,虽然只有 3 处,但其设计灌溉面积占的比例大,特别是陆浑灌区,其设计灌溉面积占 57.4%。在效益上,大型灌区比小型灌区差,亩均用水量也大;水库灌区比河道灌区差,河道灌区水源充裕,地处河谷平原,工程条件较好。

沁河引水工程:引沁河水灌溉目前有 8 处灌区,均从河道引水,总设计灌溉面积 168.09 万亩,大、中、小型灌区设计灌溉面积分别占总设计灌溉面积的 81.2%、10.1%、8.7%。具体情况见表 2-19。

表 2-19　沁河流域农田灌溉引水工程(灌区)统计表

规模	水源	数量(处)	设计灌溉面积(万亩)	占总比(%)
30 万亩以上	河道	2	136.51	81.2
10 万～30 万亩	河道	1	16.91	10.1
1 万～10 万亩	河道	5	14.67	8.7
合计		8	168.09	

2.5.2.2　黄河干流引水工程

干流引水灌溉工程以花园口为界分东西两段。以西为山地丘陵,属于侵蚀河道,低于地面,引水困难;以东为地上河,属沉积堆积河道,高于地面,利于自流引水,所以黄河干流大型引水工程主要集中在东部,而且主要用于农田灌溉。

花园口以西干流(含小支流)引水工程:花园口以西有 13 处,总设计灌溉面积 57.74 万亩,中、小型灌区设计灌溉面积分别占总设计灌溉面积的 27.4%、72.6%。其基本情况见表 2-20。

引水工程在北岸涉及济源市、孟州市,黄河南岸涉及孟津县、偃师市、巩义市、荥阳市等。引水工程大部分在南岸,郑州最多,有 8 处,总设计灌溉面积 25.82 万亩,占总设计灌溉面积的 44.7%。

花园口以东引水工程:花园口以东引水工程是中原城市群东部平原重要的工农业生产和市区居民生活的供水工程,主要为引水闸,少量为引水涵洞和提水泵站。

渠首工程:根据资料统计,研究区主要干流引水工程有 37 处,设计总引水流量 1 498.2 m^3/s,见表 2-21。黄河渠首工程不仅保证黄河灌区的正常灌溉用水,还向区内大中城市和工业供水,以满足城市发展和工业生产对水资源的需求,这已成为部分渠首工程的首要任务,尤其是郑州市区。

灌区工程:万亩以上黄河灌区共 25 处,其中南岸 7 处,北岸 18 处,规划设计灌溉总面积 2 027.30 万亩(含补源面积 961.65 万亩),详见表 2-22。

表 2-20 花园口以西干流(含小支流)灌溉引水工程(灌区)统计表

<table>
<tr><th>规模</th><th>数量
(处)</th><th>所在市</th><th>水源</th><th>数量
(处)</th><th>设计灌溉面积
(万亩)</th></tr>
<tr><td>10 万~30 万亩</td><td>1</td><td>洛阳市</td><td>河道</td><td>1</td><td>15.80</td></tr>
<tr><td rowspan="8">1 万~10 万亩</td><td rowspan="8">12</td><td rowspan="3">济源市</td><td>水库</td><td>2</td><td>5.81</td></tr>
<tr><td>河道</td><td>1</td><td>3.00</td></tr>
<tr><td>小计</td><td>3</td><td>8.81</td></tr>
<tr><td>焦作市</td><td>水库</td><td>1</td><td>7.31</td></tr>
<tr><td rowspan="3">郑州市</td><td>水库</td><td>6</td><td>18.42</td></tr>
<tr><td>河道</td><td>2</td><td>7.40</td></tr>
<tr><td>小计</td><td>8</td><td>25.82</td></tr>
<tr><td colspan="3" rowspan="3">合计</td><td colspan="2">水库</td><td>9</td><td>31.54</td></tr>
<tr><td colspan="2">河道</td><td>4</td><td>26.20</td></tr>
<tr><td colspan="2">小计</td><td>13</td><td>57.74</td></tr>
</table>

表 2-21 现有黄河渠首工程统计表

<table>
<tr><th>位置</th><th>类型</th><th>数量(处)</th><th>设计流量(m^3/s)</th></tr>
<tr><td rowspan="4">北岸</td><td>涵闸</td><td>23</td><td>707.0</td></tr>
<tr><td>虹吸</td><td>3</td><td>13.2</td></tr>
<tr><td>提灌站</td><td>1</td><td>7.0</td></tr>
<tr><td>合计</td><td>27</td><td>727.2</td></tr>
<tr><td rowspan="3">南岸</td><td>涵闸</td><td>8</td><td>741.0</td></tr>
<tr><td>提灌站</td><td>2</td><td>30.0</td></tr>
<tr><td>合计</td><td>10</td><td>771.0</td></tr>
<tr><td colspan="2">南北岸合计</td><td>37</td><td>1 498.2</td></tr>
</table>

表 2-22　花园口以东干流灌溉引水工程(灌区)统计表

位置	规模	数量(处)	设计灌溉面积(万亩)		
			正常	补源	合计
黄河北岸	30 万亩以上	9	483.60	406.33	877.93
	10 万~30 万亩	5	59.29		59.29
	1 万~10 万亩	4	33.21		33.21
	合计	18	576.10	406.33	970.43
黄河南岸	30 万亩以上	5	460.89	555.32	1 016.21
	10 万~30 万亩	2	40.66		40.66
	合计	7	501.55	555.32	1 056.87
全区	30 万亩以上	14	944.49	961.65	1 894.14
	10 万~30 万亩	7	99.95		99.95
	1 万~10 万亩	4	33.21		33.21
	总计	25	1 077.65	961.65	2 027.30

2.5.2.3　研究区内海河、淮河流域引水工程

研究区内有黄河河水外的灌区 7 处,总设计灌溉面积 30.71 万亩,其中中型灌区 1 处,小型灌区 6 处,设计灌溉面积分别占总设计灌溉面积的 32.6% 和 67.4%,详细情况见表 2-23。海河、淮河流域灌区主要集中在海河流域,且水源多样,有泉水、矿井水、水库水和河水等。

表 2-23　海河、淮河流域灌溉引水工程(灌区)统计表

序号	灌区名称	规模	受益地	水源	所属流域	设计灌溉面积(万亩)
1	沧河灌区	10 万~30 万亩	卫辉市	沧河	海河	10.01
小计						10.01
2	群英灌区	1 万~10 万亩	解放区	群英水库	海河	6.00
3	焦东灌区		马村区	矿井水	海河	3.00
4	马坊灌区		修武县	泉水	海河	2.10
5	灵泉灌区		修武县	泉水	海河	2.10
6	马鞍石灌区		修武县	马鞍石水库	海河	5.10
7	焦西灌区		中站区	矿井水	海河	2.40
小计						20.70
合计		7 处				30.71

2.5.2.4 引水工程综述

灌区工程:综上所述,研究区内共有灌区 80 处,设计灌溉总面积 2 517.32 万亩。引水工程有两个特点:一是大型灌区数虽少,但其灌溉面积和引水量占总量的比例大;二是花园口以东从干流引水的灌区数只有 25 处,但其灌溉面积以及引水量在总量中所占的比例很大。

伊洛河市区引水工程:在洛阳市城镇生活和工业供水规划中,规划从陆浑水库引水 3 m^3/s;从故县水库引水,供宜阳 1 m^3/s 和洛阳市 4 m^3/s;从小浪底水库引水,供洛阳市 9 m^3/s;从陆浑水库引水,供伊川第二火电厂等。一期工程已建成从陆浑水库向洛阳市年供水能力 400 万 m^3;向伊川火电厂年供水量 1 700 万 m^3,实际用水量 700 万 m^3,近 60% 损失于渠道等渗漏。

沁河市区引水工程:沁河在河口村水库建成后,也要通过引水工程,承担着向济源市供水和需水量大的电厂如沁北电厂、沁阳紫陵电厂供水的任务。

黄河干流市区引水工程:研究区内有郑州、开封、新乡等大中城市,其生活和工业用水除开发本地水(主要是中深层地下水)外,还大量引用黄河水源。依靠供水工程或灌区工程或沉沙输水工程,将黄河水引到市区,供生活和工业用水。

开封市 1961 年利用黑岗口闸引水供开封市用水,建有独立的沉沙池和输水线路;1979 年又利用柳园口闸引水,目前年供水量在 1 亿 m^3 左右。新乡市从 1966 年开始利用人民胜利渠引水供新乡市用水,目前年引水量在 0.5 亿 m^3 左右。郑州市已建有直接从黄河取水工程 3 处:一是花园口闸后提灌站,以放淤固堤的退水作为一水厂的水源,现已不用;二是邙山提灌站,于 1972 年建成,年引水量 1 亿 m^3;三是白庙水厂,日供水量 10 万 m^3。规划中的傍河取水工程 2 处:一是 95 滩水源地和石佛水厂,日供水量 10 万 m^3;二是北郊水源地和东周水厂,日供水量 20 万 m^3。三义寨灌区规划向兰考县城、民权县城供水 6.2 m^3/s,规划净供水 1.12 亿 m^3。

2.5.3 提水工程

根据统计资料,区内固定提灌站、流动提灌机数目和装机容量见表 2-24。固定提灌站多建在西部山丘区,沿河道、渠道、坑塘分布。东部多数建在灌区地势高的地方,灌区下游、补源区和灌区外围区域相对较少,尤其是黄河南部。固定提灌站最多的是洛阳,其次是郑州,分别占总数的 24.7%、20.4%,郑州装机容量最大,其次是洛阳,分别占总量的 27.2%、25.8%;流动提灌机大多在东部平原,装机容量最大的是新乡,其次是平顶山,分别占总量的 43.5%、29.4%;灌溉面积最多的是新乡,其次是平顶山,分别是 43.45 万亩、30.72 万亩;2006 年机电提灌有效灌溉面积 180.73 万亩,其中固定提灌站有效灌溉面积 134.70 万亩,流动提灌机有效灌溉面积 46.03 万亩,分别占总有效灌溉面积的 74.53% 和 25.47%。

表 2-24　中原城市群提灌工程情况

城市	固定提灌站			流动提灌机		合计	
	数量(处)	装机容量(10^3 kW)	灌溉面积(万亩)	装机容量(10^3 kW)	灌溉面积(万亩)	装机容量(10^3 kW)	灌溉面积(万亩)
郑州	1 119	50.29	19.71	2.27	1.53	52.56	21.24
开封	144	3.37	6.59	8.28	8.30	11.65	14.89
洛阳	1 350	47.69	26.37	3.87	1.64	51.56	28.01
平顶山	1 088	17.77	20.88	28.33	9.84	46.10	30.72
新乡	529	29.19	24.08	41.87	19.37	71.06	43.45
焦作	439	13.76	12.02	2.30	1.04	16.06	13.06
许昌	453	12.20	14.87	0.00	0.00	12.20	14.87
漯河	85	3.92	5.48	7.35	3.71	11.27	9.19
济源	265	6.69	4.70	2.08	0.60	8.77	5.30
城市群	5 472	184.88	134.70	96.35	46.03	281.23	180.73

2.5.4　机电井工程

中原城市群区域内地表水资源匮乏，地下水是主要供水水源，特别是东部广阔平原，浅层地下水含水层水文地质条件好，补给充裕，黄河以南修建大量闸坝蓄水，更有利于河道地表水对地下水的补给。据统计资料，全区共有机电井 42.95 万眼，配套机电井 40.29 万眼，占 93.81%，装机容量 2 693.39 × 10^3 kW，有效灌溉面积 1 871.48 万亩，详见表 2-25。

表 2-25　中原城市群机电井情况

城市	机电井数(眼)	配套机电井		机电井灌溉面积(万亩)
		数量(眼)	装机容量(10^3 kW)	
郑州	43 255	41 017	310.24	210.09
开封	84 458	82 083	432.78	417.03
洛阳	18 182	16 015	182.29	78.68
平顶山	44 157	35 948	268.75	142.13
新乡	75 878	71 266	459.84	359.10
焦作	43 678	42 039	281.07	178.28
许昌	68 751	65 716	355.34	282.90
漯河	47 997	46 465	381.86	194.93
济源	3 102	2 358	21.22	8.34
城市群	429 458	402 907	2 693.39	1 871.48

2.6 水资源开发利用现状

2.6.1 供水情况

2009 年中原城市群总供水量为 106.95 亿 m^3，其中地表水、地下水、其他水源供水量分别是 44.62 亿 m^3、61.84 亿 m^3、0.49 亿 m^3，分别占总供水量的 41.7%、57.8%、0.5%，详见表 2-26。中原城市群各个城市多以地下水源供水为主，地下水源占各自供水量的比例多在 50% 以上，只有济源市低于 50%，为 42.3%，漯河市最高，达 82.3%，详见图 2-3。

表 2-26　2009 年中原城市群各市供、用、耗水量统计表　（单位：亿 m^3）

城市	供水量				用水量				耗水量
	地表水	地下水	其他	合计	农林渔业	工业	城乡生活环境综合	合计	
郑州	6.05	11.02	0.36	17.43	5.98	5.12	6.33	17.43	8.83
开封	7.43	12.13		19.56	15.80	1.98	1.78	19.56	12.16
洛阳	6.97	7.06		14.03	4.22	6.88	2.93	14.03	6.80
平顶山	4.85	5.17		10.02	4.17	4.02	1.83	10.02	4.72
新乡	8.36	9.55		17.91	12.61	3.03	2.27	17.91	10.79
焦作	6.56	7.46		14.02	8.87	3.77	1.38	14.02	8.50
许昌	2.44	5.12		7.56	2.53	2.81	2.22	7.56	4.01
漯河	0.72	3.33		4.05	1.61	1.69	0.75	4.05	2.08
济源	1.24	1.00	0.13	2.37	1.39	0.69	0.29	2.37	1.66
城市群	44.62	61.84	0.49	106.95	57.18	29.99	19.78	106.95	59.55

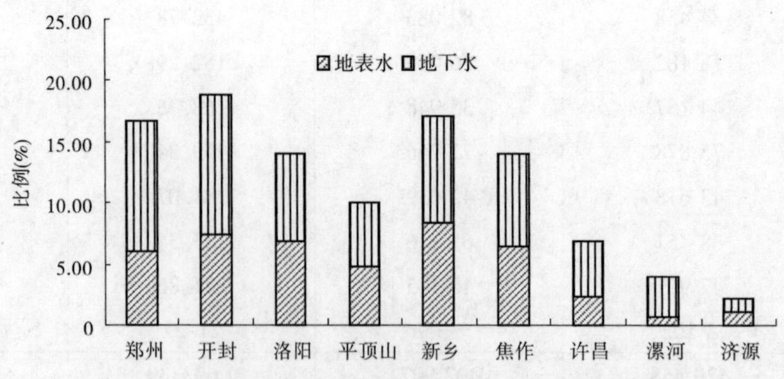

图 2-3　2009 年中原城市群各城市供水量及水源组成

2.6.2　用水情况

2009 年中原城市群总用水量为 106.95 亿 m^3。其中，农林渔业用水量为 57.18 亿 m^3，占 53.5%；工业用水量为 29.99 亿 m^3，占 28%；城乡生活环境综合用水量为 19.78 亿 m^3，占 18.5%，详见表 2-26。

由于各市水源条件、当年降水量、产业结构、生活水平和经济发展状况的差异，其用水量和组成有所不同。开封、新乡、焦作等市农林渔业用水量占总用水量的比例相对较大，在 60% 以上。洛阳、郑州、平顶山、焦作、新乡、许昌和漯河等市工业用水相对较大，占总用水量的比例超过 25%，详见图 2-4。

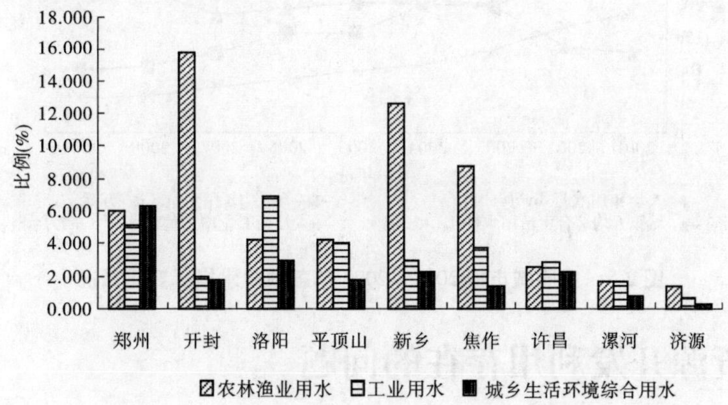

图 2-4　2009 年中原城市群用水量及用水结构

2009 年中原城市群总耗水量为 59.55 亿 m^3，占总用水量的 55.7%。由于各类用户的需水特性和用水方式的差异，其用水消耗量占用水量的百分比(耗水率)差别较大。其中，农林渔业用水消耗量占总耗水量的 69.9%，工业用水消耗量占 9.8%，城乡生活环境综合用水消耗量占 20.3%。

2.6.3　开发利用水平分析

根据水资源量和供用水计算成果，并考虑跨流域调水、引用入过境水、水库蓄水变量及地下水补给量、地下水储蓄变量、平原河川基流排泄量等因素影响，对 2009 年中原城市群各流域地表水控制利用率、水资源总量利用消耗率及平原区浅层地下水开采率进行估算。研究区地表水控制利用率、水资源总量利用消耗率及平原区浅层地下水开采率分别为 27.7%、30.8%、83.6%，详见表 2-27。

表 2-27　2009 年中原城市群各流域水资源利用程度

项目	海河流域	黄河流域	淮河流域	长江流域	中原城市群
地表水控制利用率(%)	92.1	74.4	22.5	3.6	27.7
水资源总量利用消耗率(%)	93.7	45.6	26.0	13.5	30.8
平原区浅层地下水开采率(%)	132.3	85.3	70.6	113.2	83.6

由中原城市群2001～2009年各项用水指标变化情况(见图2-5)可以看出,随着社会经济的发展,居民生活水平逐年不断提高,人均年用水量呈缓慢增长趋势,城镇人均综合生活用水量每年变幅不大;工业用水随着产业规模的不断扩大,用水总量呈现逐年增加趋势,但由于产业结构在不断优化调整,各级政府部门对用水加强管理,各产业部门注重引进新技术、采用新工艺,节水意识不断增强,工业用水增长速度低于工业产值增长速度,近几年中原城市群万元工业增加值用水量及万元GDP用水量指标均呈逐年下降趋势。

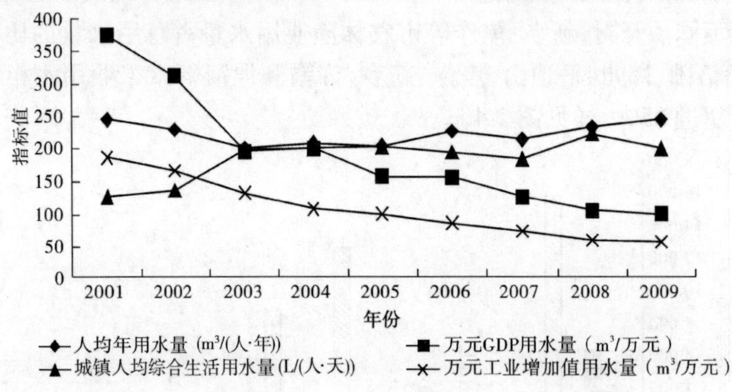

图2-5　中原城市群2001～2009年各项用水指标变化情况

2.7　水资源开发利用存在的问题

2.7.1　水资源总量不足

中原城市群多年平均水资源总量112.6亿 m^3,人均水资源总量386 m^3,仅为全国人均水资源总量的1/5,属于水资源紧缺地区。地表水资源逐年衰减和水污染加重,使得一些地区扩大地下水开采量,来满足经济社会对水的需求。超量开采地下水,形成地下水位下降漏斗区,在一些以井灌为主的地区,由于开采量超过了补给量,形成了大面积的浅层地下水位下降漏斗区。2009年末中原城市群平原区浅层地下水武陟—温县—孟州漏斗面积为500 km^2,漏斗中心水位埋深为20.95 m;许昌漏斗区地下水位在8 m左右。

2.7.2　水资源时空分布不均

中原城市群地形西高东低,60%以上的降水量集中在6～9月。全区水资源量总体呈纬向分布,呈南部多于北部、西部山区多于东部平原的特点。多年平均水资源量洛阳市最大,为28.6亿 m^3,济源市最小,仅有3.3亿 m^3;产水模数漯河市最大,为23.76万 m^3/km^2,济源市最小,为17.39万 m^3/km^2。

2.7.3　水资源开发利用效率低

中原城市群属于水资源短缺的地区,特别是城市群内的海河流域和黄河流域,属于严重资源短缺性缺水区,但实际耗取的黄河水量小于分配的指标,黄河水未得到充分的利用;一些地方还存在浪费的现象,农业灌溉存在大水漫灌,灌溉渠系老化,渠系跑冒、渗漏严重，灌溉水利用系数偏低的情况；一些城市产业结构不太合理，第二产业以高耗水企业为主，对水资源的依赖性小的第三产业发展不足，同时部分工业企业生产设施落后，水的重复利用率偏低。

2.7.4　水污染严重

城市生活污水和工业废水任意排放、不达标排放，造成了环境污染和水体污染，有 50% 以上的河流水质目前未达到水功能区的水质目标要求，地表水供水量中有 30% 达不到水质标准，已威胁到供水安全。特别像中原城市群的北部和东部平原地区，许多河道因水体污染和水资源短缺，水环境和水生生物资源遭到严重破坏。

2.7.5　水资源体系尚需进一步完善

目前，水资源管理的方法、手段尚不能满足现代水资源管理的需要，总量控制及定额管理相结合的水量管理技术体系尚不完善，部分地区水资源无序开发和过度开发还未得到有效遏制，以定额管理为基础的节约用水行为规范还没有全部实行，水资源短缺和用水效率低下的问题并存。随着经济社会的迅速发展，水资源管理任务加重，面临的形势更加复杂，应以中原城市群为整体，实现整个区域水资源优化调配，同时进一步完善水资源管理制度和加强管理体系的建设。

第3章　中原城市群水资源系统结构分析和网络构建

本章主要研究中原城市群水资源大系统的结构和功能以及中原城市群不同水源的特点和水源间的补偿与调节关系、水源和用水户之间的关系、供需水资源系统，在此基础上构建了中原城市群水资源系统网络图，从而明晰供水水源之间、供水水源与用户之间、供水和排水之间的关系，为中原城市群水资源配置模型的结构构建提供思路，也为建立子区间水资源约束条件提供参考和依据，这也是完成水资源优化配置的基础工作之一。

3.1　系统结构特点

3.1.1　城市群的形成

城市群的出现是一个历史发展过程。一般来说，城市是一个区域的中心，通过极化效应集中了大量的产业和人口，从而获得快速的发展。伴随着经济全球化、区域一体化进程的加快，城市规模逐渐扩大，实力随之增强，对周边区域产生辐射带动效应，形成一个又一个城市圈或都市圈。城际之间的交通条件不断得到改善，相邻城市辐射的区域不断接近并有部分重合，城市之间的经济联系越来越密切，相互影响越来越大，就可以认为形成了城市群。

城市群的概念最初是由英国的格迪斯在1915年提出来的，而我国对城市群的研究始于20世纪70年代后期，目前国内较具规模的城市群有长江三角洲、珠江三角洲、京津冀三大城市群。在城市群理论的发展进程中，我国不同学者从不同角度对城市群的概念进行了不同的阐释。经济学者关注的主要是经济活动及资源配置的空间分布情况，认为城市群实际上是一个城市经济区，是由一个或多个不同规模的城市及其周围的乡村地区共同构成的在地理位置上紧密连接的经济区域；社会学者认为城市化及其后来形成的城市群是一种愈来愈明显的社会现象，其空间结构、经济结构、社会结构以及城市功能是密切相关、相互影响和依存的；城市规划学者认为城市群是一定地域内城市分布较为密集的地区，基本上可以看成一群城市的简称；地理学者对城市群的研究相对深入一些，认为城市群是在特定的地域范围内具有相当数量的不同性质、类型和等级规模的城市，依托一定的自然环境条件，以一个或两个超大或特大城市作为地区经济的核心，借助于现代化的交通工具和综合运输网络，发生与发展着城市个体之间的内在联系，共同构成一个相对完整的城市集合体，这种集合体可称之为城市群。

城市群的形成方式主要有两种：自然型和规划型。属于自然型的这类城市群是在长期的历史条件下形成的，是各城市按照一定的秩序有机地组合而成的完整的有机体，城市群中各组成城市在自然环境上具有相对的一致性，在社会文化方面具有一定的同一性，在产业结构上起到相互补充的作用,在经济发展速度上较为同步。属于规划型的这类城市群是政府根据国家或地区一定时期的经济、社会、文化发展目标,从区域一体化角度,将一定数量的城市进行同一规划,从而形成的城市群体。规划型城市群受国家干预的影响较大,通常发展较快,事实上,大多数城市群的发展或多或少都会受到国家或地区规划的影响。

3.1.2　城市群基本特征

城市群是城镇化进程中出现的一种高级城镇空间组织形式,是一个由不同层次、等级的城市所组成,各城市之间高度关联、协作紧密,以经济、社会以及生态联系为核心而形成的一体化过程不断加深的区域。城市群在区域经济社会发展过程中发挥着巨大的牵引和推动作用,具有这样一些特性:结节性与等级性、一体化与特色化、集聚性与辐射性、动态性与开放性。

结节性与等级性体现了城市群的空间组成特点。城市群是一个特殊区域,可抽象为一个平面,各组成主体分别是不同规模、不同性质的亚区域,如特大城市、大城市、中等城市、小城市、镇、乡村等,可抽象为一组异质节点,不同类别的节点所处层次、等级不同,而各节点之间的相互作用、相互关联可抽象为节点间的联系纽带,城市群便是由不同规模、等级的异质节点功能性地联结在一起的有机整体。

一体化与特色化的特性表明城市群的发展具有两面性。城市群一体化主要是指城市群中各城市在发展过程中相互影响、相互配合、紧密协作,力求使城市群的发展速度和发展质量得到最大的提高。从经济发展的角度来看,城市群一体化有利于各城市间生产要素的流通、分工协作的进行以及生产规模的整合和扩大等,从而提高生产效率和降低生产成本。从社会发展的角度来看,当今社会追求可持续发展、和谐发展,只有打破区域壁垒,才能使各种资源得到合理配置,人民生活水平得到提高,从而使社会发展得以持续。城市群特色化是指各城市在不断加强一体化发展的同时,力求保持各自的特色,在有机整体中承担不同的功能。城市群的特色化能使城市群的发展具有一定的多样性和梯次性,从而在加快城市群发展的同时还能提高抗风险能力。一体化与特色化使城市群中各城市相互依存、共同发展,是城市群的魅力所在,是城市群发展有别于单个城市发展简单相加的重要因素。

城市群的集聚性体现在城镇节点空间分布密集,劳动力、产业、信息、技术等高度聚集,这种高度集聚性有力地促进了城市群整体竞争力的提高。城市群的辐射性是指从不同的空间尺度来看,城市群内中心城市对周边地区有辐射与带动作用;城市群整体可能对周边地区乃至整个国家有辐射与带动作用;城市群发展可能对国际经济社会具有一定的影响和带动作用。

城市群的动态性是指城市群处于不断变化的过程中。从地理位置来说,在城市发展初期,各城市的基本形态为团块状,随着城市的发展和扩张,毗邻城市达到了地域上的连接,城市群逐步发育成熟。从城市群内部发展来说,城市群内部各种生产活动都处于动态的过程,各种生产要素的配置会随着时间和空间的变化而变化。城市群可以说是一个庞大的区域经济—社会—生态环境复合系统,它的形成和发展离不开外部世界的支持,区际间的各种物质交换及技术交流必然会频繁进行,所以城市群必须是开放的,只有加大开放程度,才能使城市群的发展活力和竞争力得到提高。

3.1.3　城市群系统结构特点

城市群在区域经济社会发展过程中发挥着巨大的牵引和推动作用,具有结节性与等级性、一体化与特色化、集聚性与辐射性、动态性与开放性等特性。城市群系统结构由多层次的城市地域单元组成,每个城市地域单元又由更小的分区地域单元构成,这些地域单元可抽象为节点,体现了城市群的结节性与等级性;城市群的集聚性使得人口和经济在城市节点上高度集中,导致城市群区域内城乡二元化发展的局面出现;城市群具有特色化发展的基本特征,各城市子系统力求保持各自的特色,并在有机整体中承担不同的功能,随着城市群的逐步发展,各城市的功能定位和发展格局日益明确;城市群动态性和一体化发展的基本特性表明城市群是一个动态发展的系统,其内部各子系统间相互影响、相互配合、紧密协作,力求使城市群在整体上实现协调发展以及内部各城市子系统、各分区子系统间的均衡协调发展。

城市群大系统包括若干不同等级的子系统,每个子系统由经济、社会、自然、环境、政治、文化等要素单元组成,这些要素可抽象为城市节点间的联系纽带,使得城市群子系统之间相互影响、相互制约、相互作用,共同构成一个一体化与特色化并存的、动态开放的、复杂多变的城市群系统,如图 3-1 所示。这一系统具有一般系统的基本特征和其自身的独特特征,可通过强大的人工调控和系统自身的组织发展机制使系统不断走向完善。

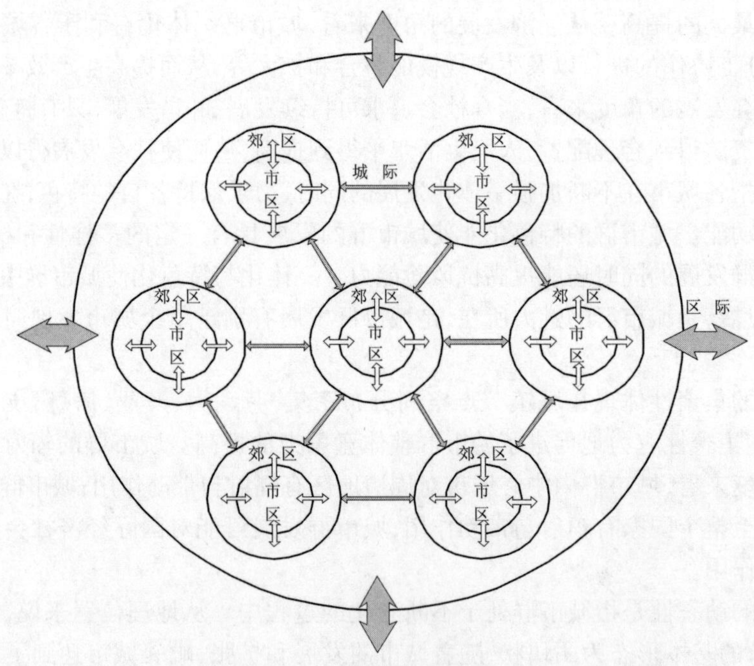

图 3-1　中原城市群系统概化图

图 3-1 是对中原城市群系统的概化。中原城市群大系统抽象为一个圆形区域,与周边区域有着各种密切的区际联系。各城市子系统抽象为较小的圆形节点,每个子系统本身又划分为两个部分,分别为市区和郊区。市区是指该城市的核心区域或中心城区,人口

和经济相对集中;郊区是指该城市的卫星城镇或周边郊区和乡村区域。城市群大系统内进行着各种复杂的物质交换和信息交流,市区和郊区之间的各种经济社会联系最为密切,其次是城市之间的城际联系,各种联系纽带将城市群子系统有机地组合成了大系统。

3.1.4　城市群水资源系统特点

城市群水资源系统是指在城市群区域范围内,以区域内水资源为主体,为实现水资源开发、利用和保护等目标,由相互联系、相互作用、相互制约的若干水资源工程单元和管理技术单元组成的有机体。它与一般水资源系统一样,也是由水资源自然子系统、水资源工程子系统和水资源管理子系统所组成的。城市群水资源自然子系统是指城市群区域内涉及水资源的相关自然地理要素以及水资源本身的自然循环过程。城市群水资源工程子系统是指城市群区域内为实现开发、利用、保护水资源所建造的各种水利工程单元,如水库、大坝、人工河流、输配水系统、给水系统、排水系统、中水回用系统等,是城市群水资源实现人工侧支循环的物质条件。城市群水资源管理子系统由城市群区域内涉及水资源开发、利用和保护的有关机构及相应的管理制度所构成,是城市群水资源实现人工侧支循环的有力保障。

城市群水资源系统具有防洪、除涝、灌溉、供水、发电、航运、旅游等多种功能,也是连接生态环境与社会经济的桥梁,与自然系统和经济社会系统有着密切的联系。实现城市群水资源系统的可持续发展是实现城市群经济—社会—生态环境复合系统协调发展的重要保障,是坚持走人水和谐发展道路的重要体现。

城市群水资源系统除具有一般水资源系统的所有功能和特点外,还具有其自身特有的一些特点。从概念上来看,城市群水资源系统比水资源系统多了一个定语,这个定语赋予了城市群水资源系统更多的含义,归结起来主要有五点:一是规定了水资源系统所属区域为城市群,而不是单个城市或流域;二是城市群水资源系统由不同等级的多个子系统组成;三是城乡社会经济及供水基础设施发展不均衡,在分析城市群水资源子系统时应更多地考虑人类活动的影响,更加强调人工侧支水循环分析;四是各城市子系统在城市群这个有机整体中承担不同的功能,对应的各城市水资源子系统的发展也应体现其城市功能定位和发展格局;五是城市群水资源系统是一个动态发展的系统,其内部各子系统间相互影响、相互配合、紧密协作,力求使城市群水资源在整体上实现可持续利用,以及在内部各城市子系统、各分区子系统间实现均衡利用。

城市群水资源系统是城市群系统的子系统之一,是指在城市群区域范围内,以区域内水资源为主体,由水资源自然子系统、工程子系统和管理子系统构成的有机整体。城市群水资源系统并不是独立存在的,它以城市间水力联系为纽带,通过水资源工程子系统和管理子系统将各城市内部及城市之间的经济、社会、生态环境子系统有机联合起来,共同促进城市群的整体发展。因此,在研究城市群水资源系统的结构时,不能仅分析水资源系统本身构成,还必须研究城市群水资源系统在城市群系统中的作用以及与其他城市群子系统之间的关系。结合前文对城市群系统及水资源系统的结构分析,构建如图3-2所示的中原城市群水资源系统结构概化图。

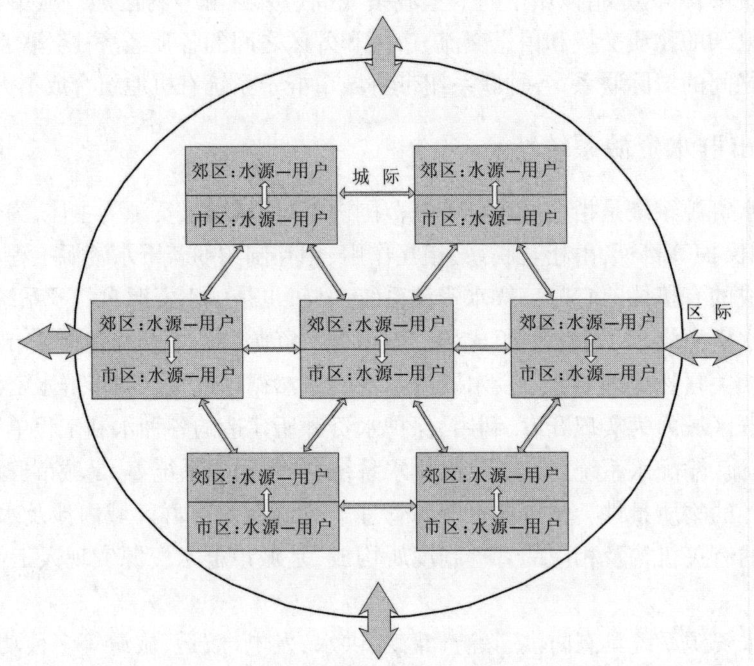

图 3-2　中原城市群水资源系统结构概化图

中原城市群水资源系统由干渠、支渠、水库、调蓄池、天然河道、地下水水源等组成，各个子区之间既相对独立又相互联系，具有如下特点：

(1)系统庞大。中原城市群水资源系统包括以郑州为核心的"郑汴一体化"都市圈，由洛阳、平顶山、许昌、漯河、新乡、焦作、济源组成的紧密圈。区域总面积约为5.87万km^2，占全省的35.1%。区域内人口密集，基准年总人口为4 094.5万。对中原城市群进行水资源计算分区，划分为9个中心城区(包括34个区)和8个郊区(包括48个县级市或市辖县)。

(2)系统结构复杂。从供水水源讲，中原城市群水资源系统包括地表水、地下水、黄河水、南水北调水、水库水、中水以及其他一些非常规水源；从用水部门讲，包括生活、生产、生态环境等用水部门；从供水网络讲，包括黄河干流及支流、南水北调干渠及各口门配水支渠和各种蓄水工程、引水工程、提水工程、机电井工程、城区供水工程等。区域内供水目标多且供水目标间的经济、社会和环境发展不均衡，使得水资源系统尤为复杂。

(3)水资源状况差异较大、污染严重。区域内水资源呈现时空分布不均的特点：降水量南部大于北部，如平顶山的多年平均降雨量在800 mm左右，而新乡的多年平均降雨量在600 mm左右；年降水量相对集中，汛期降水量超过全年降水量的一半以上。区域内郑州的水质污染最为严重，其次是洛阳，主要污染物为BOD_5和氨氮。

3.2　城市群水资源配置系统分析

3.2.1　供水系统

城市群水资源系统作为供水系统,其自然子系统、工程子系统、管理子系统共同决定了供水的水源类型及其可供水量。一般来说,城市群供水水源包括当地地表水、地下水、中水、雨水、跨流域调水、海水等,其主要特点介绍如下。

3.2.1.1　地表水

地表水是河流、冰川、湖泊、沼泽四种水体的总称,亦称陆地水,是人类经济生活用水的重要来源之一。地表水源是水资源的重要组成部分,由于受地形地貌及季风气候的影响,存在时空分布不均的特点,如水资源的南多北少、年内及年际分布不均等现象,需要建设水利设施来实现南水北调或进行来水时段调节。同时,地表水水质受环境因素影响较大,容易受到地面污物的影响,水质污染时有发生。

3.2.1.2　地下水

地下水是储存于包气带以下底层空隙,包括岩石孔隙、裂隙和溶洞之中的水。地下水和地表水一样,也是水资源的重要组成部分,由于地下水水量比较稳定、水质较好,是城市生活、工矿企业用水的重要水源。地下水一般分为浅层地下水和深层地下水,浅层地下水容易开采且更新较快,是可供地下水的主要来源,在合理利用的条件下,可得到一定程度的恢复。深层地下水开采难且更新慢,通常不作为常用水源。地下水由于储存于地下,不易受到污染,但是一旦受到污染,其治理和恢复是非常困难的。

3.2.1.3　中水

中水,即再生水,是指污水经适当处理后,达到一定的水质指标,满足某种使用要求,可以进行有益使用的水。与海水和外调水相比,中水具有明显的优势。从经济角度看,中水的成本低;从环保角度看,中水循环使用既减少了污水的排放量,又增加了可用水资源量,是解决水污染及水短缺的重要措施之一。

3.2.1.4　雨水

这里的雨水是指通过雨水人工资源化过程得到的可供使用的雨水资源。一般情况下,雨水资源化有两种途径:自然资源化过程和人工资源化过程。自然资源化过程是指雨水通过渗入土壤,增加土壤水库储水量,直接供给植物生长的过程;人工资源化过程是指通过规划和设计,采取相应的工程措施,将雨水转化为可利用水源的过程。在农村,雨水资源化的工程措施有修建坎儿井、土窖、人口井、蓄水塘等;在城市,由于下垫面及供水途径较为复杂,雨水资源化过程也更为复杂,一般包括集流、下渗、收集、储存、运输和利用等几部分。

3.2.1.5　跨流域调水

跨流域调水是指修建跨越两个或两个以上流域的引水或调水工程,将水资源较丰富流域的水调到水资源紧缺的流域,以促进缺水区域的经济发展和缓解流域人畜用水矛盾。实行跨流域调水有利于区域水资源的合理配置,有利于促进当地经济社会的发展,对生态环境保护也起着重要的作用。

3.2.1.6 **海水**

海水淡化技术是指用天然或人工合成的高分子薄膜,以外界能量或化学位差为推动力将海水溶液中的盐分和水分离。通过海水淡化技术,可得到能用于人类生活和工业生产的淡化海水资源。在沿海城市和地区,采用海水淡化技术是解决淡水资源短缺的有效途径之一。我国海水淡化技术经过40余年的持续攻关已经日益成熟,每年投产的项目越来越多,较小型的以膜法为主,较大型的以蒸馏法为主。

3.2.2 需水系统

经济子系统、社会子系统、生态环境子系统构成需水系统,按现实需水类型划分,可分为以下几类。

3.2.2.1 **生活需水**

生活需水包括城镇生活需水和农村生活需水。城镇生活需水包括居民家庭用水和公共用水,农村生活需水包括农民家庭生活用水和牲畜用水。生活需水有如下特点:

(1)用水保证率高。由于生活需水与人们的生活息息相关,本着以人为本的思想,生活需水应首先给予保证。

(2)水质要求高。生活需水,尤其是饮用水,事关人们的身体健康,必须符合国家生活饮用水卫生标准的要求。

3.2.2.2 **一产需水**

一产需水即农业生产需水,一般包括农田灌溉和林、牧、渔需水。农田灌溉需水占农业生产需水的绝大部分,一般直接从原水水系取水。农业生产自古以来就是最重要的国民经济生产活动,因此农业生产需水应给予优先保证。

3.2.2.3 **二产需水**

二产需水一般包括工业生产需水和建筑业需水,其中,工业生产需水占绝大部分。工业生产需水是指工矿企业各部门,在工业生产过程中,制造、加工、冷却、空调、洗涤、锅炉等处使用的水及场内职工生活所需用水的总称。现代工业分类复杂,工业产品繁多,用水环节多,工矿企业需水不仅量大,而且对供水水源、水压、水质、水温等有一定的要求。

3.2.2.4 **三产需水**

第三产业是指除第一、第二产业外的其他行业,主要是指服务性产业。第三产业与人们的生活质量息息相关,因此对水质和水量的要求也较高。

3.2.2.5 **生态环境需水**

生态环境需水是指在一定的生态环境建设目标下,维持生态系统及其基本环境功能所需的水资源量,它包括河道内生态环境需水和河道外生态环境需水。满足生态环境需水要求是实现生态环境子系统良性循环发展的必要条件。

当单个地域单元的水资源子系统发生变化时,会影响单元内经济子系统、社会子系统、生态环境子系统的需水满足情况,进而影响这三个子系统的发展;当单个地域单元内需水系统发生变化时,供水系统也会作出适应性的调整,即水资源子系统发生变化。而各地域单元的水资源子系统之间存在水力联系,因此单个地域单元的水资源子系统可以影响其他地域单元内的水资源子系统，进而影响相应的经济子系统、社会子系统、生态环境子系统。综上所述，城市群大系统下各地域单元的水资源子系统是相互联系的，有机地组成了城市群水资源系统，共同影响着城市群经济子系统、社会子系统和生态环境子系统。

3.3 系统网络构建

3.3.1 系统网络节点图概述

系统网络节点图是以水量平衡原理作为制图依据，各节点通过若干条有向弧线连接而构成的网状图形。它能从整体上直观显示区域经济、生态环境、水资源系统的供用耗排关系，具有直观、清晰、易懂、接近实际地理位置等优点。绘制系统网络节点图能为水资源配置模型的结构构建提供思路，也能为建立子区间水量约束条件提供参考和依据，是完成水资源优化配置的基础工作之一。

3.3.2 中原城市群水资源系统网络节点图构建

3.3.2.1 系统网络节点图的组成要素

系统网络节点图主要由节点和连接线组成。其中，节点可分为水源节点、需(用)水节点和分水节点。

水源节点：蓄水工程、引水工程、提水工程、城区供水工程等均为水源节点。蓄水工程包括水库、塘堰坝和水闸；引水工程包括引水闸、引水涵洞等；提水工程包括机电提灌站、提水泵站等；城区供水工程包括自来水厂和污水处理厂。

需(用)水节点：生活、生产、生态环境三类用水户均为需(用)水节点。

分水节点：河流、隧洞、渠道及长距离输水管线的交会点为分水节点。

连接线：人工渠系、天然河道均为连接线，连接线是有向线段，能表明水流流向，是节点间的水力联系纽带。

3.3.2.2 系统网络节点图的表示方法

系统网络节点图是由节点和连接线组成的，为了使水资源系统结构更加清晰，各个计算分区的范围会在节点图上标明。各类节点和连接线为了相互区别，其表示方式不同。绘制中原城市群水资源系统网络节点图时用来表示计算分区、主要节点和连接线的图例如图3-3所示。

3.3.2.3 中原城市群系统网络节点图绘制

中原城市群水资源系统是一个多水源、多用户、多工程(蓄、引、提、调等结合)的复杂水资源系统，根据城市群水资源系统结构的划分，将中原城市群9个城市分别按中心城区和郊区进行划分，共计17个计算单元(济源市划分为一个计算分区)。绘制9市的水资源系统网络节点图时，将大型水库、大型引水枢纽作为独立节点，中小型水库、引水枢纽、提水泵站、地下水管井和污水处理厂以计算单元为节点，水源供本单元使用。

中原城市群地跨黄河、淮河、长江和海河四大流域，黄河干流由西向东，是济源、洛阳、焦作、新乡、郑州、开封和许昌的主要地表水水源，黄河干流上有小浪底水库和西霞院水

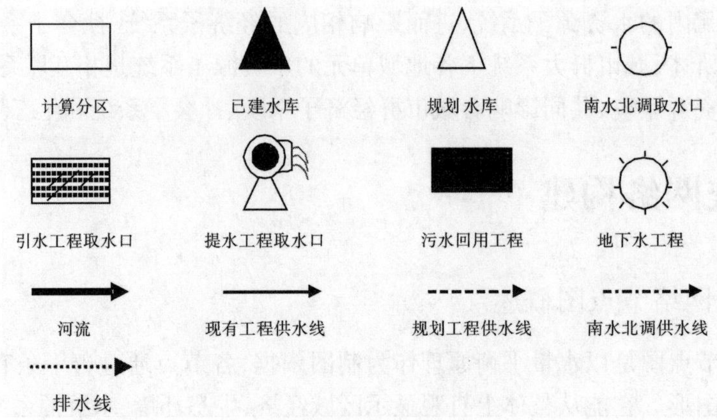

图3-3 系统网络节点图图例

库,支流伊河和洛河上分别建有故县水库和陆浑水库。淮河流域穿越中原城市群大部分城市,建有白沙水库、昭平台水库、白龟山水库、燕山水库、石漫滩水库和孤石滩水库等,其中,故县水库位于洛宁县故县乡,总库容为11.75亿m^3,主要向洛宁县和宜阳县供水;陆浑水库位于嵩县库区乡,总库容为13.2亿m^3,主要向汝州、汝阳、伊川、郑州、洛阳供水;昭平台水库位于鲁山县,总库容为7.13亿m^3,主要向鲁山、叶县、宝丰供水;白龟山水库位于淮河流域沙颍河水系沙河干流上,坝址坐落于平顶山市湛河区,总库容为9.22亿m^3,主要向鲁山县和平顶山市区供水;石漫滩水库位于舞钢市,总库容为1.2亿m^3,主要向舞钢市供水;孤石滩水库位于叶县常村乡,总库容为1.85亿m^3,主要向叶县和鲁山县供水。

南水北调中线工程总干渠从陶岔渠首至北京团城湖,全长1 277 km,其中河南省境内渠道长731 km,沿线流经中原城市群内的平顶山、许昌、郑州、焦作、新乡5个城市,向中原城市群郑州市的郑州市区、新郑机场、中牟县、荥阳市、新郑市,漯河市的漯河市区、临颍县,焦作市的焦作市区、武陟县、温县、修武县,平顶山市的平顶山市区、叶县、郏县、宝丰县,许昌市的许昌市区、许昌县、长葛市、禹州市、襄城县,新乡市的新乡市区、新乡县、辉县市、卫辉市、获嘉县供水,极大地改善了中原城市群水资源紧缺状况,为城市群经济社会可持续发展提供了供水安全保障。

构建中原城市群水资源系统网络节点图的步骤如下:

(1)整理中原城市群区域内关于水源节点、用水节点、连接线的现状资料及规划资料。

(2)绘制系统网络节点图。

先绘出黄河和南水北调"一横一纵"两条主干线,再绘出其他具有代表性的天然河道或人工渠系,如伊河、沙颍河、汝河、贾鲁河等。

在已绘制好骨干连接线的网络图上标出计算分区内部的水源节点和用水节点、计算分区外部的水源节点和用水节点。水源节点包括代表性水源节点(如昭平台水库)及虚拟水源节点(如中小型水库概化节点)。

根据水量平衡原理,先确定计算分区内部各水源节点和用水节点之间的水力联系,再确定计算分区与外部水源节点、用水节点以及其他计算分区间的水力联系,绘制表示这些水力联系的连接线。连接线之间的交会点作为分水点(如南水北调的沿线口门),分水点是水量配置的关键控制点。最终形成中原城市群水资源系统网络节点图(见图3-4)。

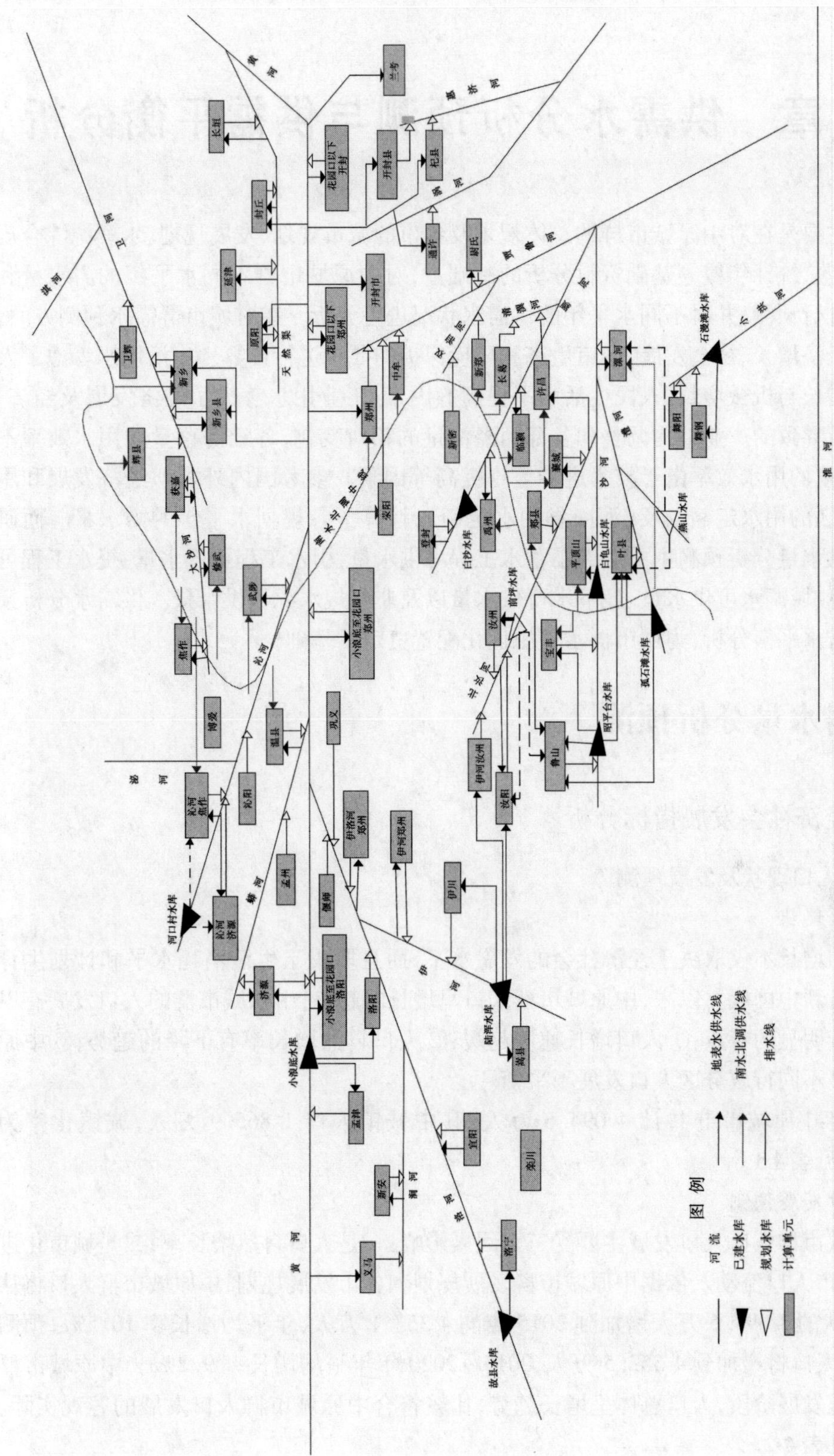

图 3-3　中原城市群水资源系统网络节点图

第 4 章　供需水分析预测与供需平衡分析

本章主要是在对中原城市群的总体规划及各市的城市规划、发展规划、水资源综合规划、水利年鉴、统计年鉴等基础资料分析的基础上，对中原城市群不同水平年的需水量和可供水量进行预测，并对不同水平年的供需水状况进行分析。在对城市群需水预测方面，按照满足经济增长、社会发展、城市生态和环境保护的要求进行计算。生活用水考虑了人口的自然增长与机械增长、人民生活水平提高等因素；工业用水考虑了经济发展及经济、社会发展所导致的产业结构调整和各部门经济量的相对变化，各经济存量的用水效率不变，经济增量的用水效率由于技术进步等将提高等因素。参考国内外类似经济发展和用水水平、地区的用水定额以及《河南省用水定额》，计算了各规划水平年的需水量。而研究区域内供水量分析预测主要考虑了蓄水工程可供水量、引水工程可供水量、提水工程可供水量、跨流域调水可供水量、地下水可供水量以及非常规水源可供水量。供需水分析预测以及供需水平衡分析，为城市群水资源优化配置奠定了基础。

4.1　需水量分析预测

4.1.1　经济社会发展指标分析

4.1.1.1　人口现状及发展预测

1. 人口现状

人口的增长不仅取决于经济社会的发展水平，而且取决于生活消耗水平和计划生育政策等。自新中国成立以来，中原城市群人口呈增长的趋势，中原城市群的人口发展有以下几个比较明显的特点：①人口增长速度趋缓；②人口自然增长率有下降的趋势；③中原城市群各个不同行政分区人口发展不平衡。

2009 年中原城市群共计 4 094. 6 万人，其中城镇人口 1 865. 9 万人，城镇化率为 45. 6%，详见表 4-1。

2. 人口发展预测

中原城市群各市人口发展主要受三个因素影响：一是人口自然增长率；二是城市化进展；三是城市人口流动。依据中原城市群发展规划和各市发展规划，中原城市群人口将从 2009 年现状的 4 094. 6 万人增加到 2015 年的 4 353. 1 万人，年平均增长率 10. 5‰；预测到 2020 年人口将增加到 4 552. 5 万人，2015 ~ 2020 年年平均增长率 9. 2‰。中原城市群正处于快速发展阶段，人口总体呈增长趋势，比较符合中原城市群人口发展的客观实际。具体结果见表 4-2。

表4-1　2009年中原城市群各市人口情况

城市	总人口(万人)	城镇人口(万人)	城镇化率(%)
郑州	752.0	476.9	63.4
开封	486.3	192.5	39.6
洛阳	657.5	283.7	43.1
平顶山	503.7	210.3	41.7
新乡	562.1	225.4	40.1
焦作	348.1	162.2	46.6
许昌	458.4	180.1	39.3
漯河	258.1	101.3	39.2
济源	68.4	33.5	49.0
城市群	4 094.6	1 865.9	45.6

注:以上数据来自《河南统计年鉴》2010年,中国统计出版社。

表4-2　中原城市群人口预测结果

分区	人口(万人)			年平均增长率(‰)	
	2009年	2015年	2020年	2009~2015年	2015~2020年
郑-1	333.1	428.3	502.5	42.8	32.5
郑-2	418.9	452.2	475.9	12.8	10.3
开-1	85.6	89.4	92.1	7.3	6.0
开-2	400.7	417.4	430.1	6.8	6.0
洛-1	147.7	158.8	168.0	12.1	11.4
洛-2	509.8	524.0	535.1	4.6	4.2
平-1	94.1	97.4	100.4	5.8	6.1
平-2	409.6	422.8	434.5	5.3	5.5
新-1	94.1	100.0	105.0	10.3	9.8
新-2	468.0	487.0	500.0	6.6	5.3
焦-1	83.8	89.4	94.1	10.8	10.3
焦-2	264.3	272.6	278.8	5.2	4.5
许-1	39.4	80.0	85.0	125.4	12.2
许-2	419.0	395.0	403.0	-9.8	4.0
漯-1	129.9	135.0	139.0	6.5	5.9
漯-2	128.2	133.3	137.0	6.5	5.5
济源	68.4	70.5	72.0	5.1	4.2
城市群	4 094.6	4 353.1	4 552.5	10.5	9.2

城镇人口预测需要考虑城镇化率,城镇化率受国家政策、经济发展、未来城市发展定位等因素的影响,同时区域所处地域、发展阶段等也是考虑的因素。因此,中原城市群各市城镇化率的预测,既要考虑区域乃至全国的城市化发展趋势,也要考虑其城市人口的自然增长是高于还是低于整个区域的城市化发展速度。当前,中原城市群的总体城镇化水平比较低,随着社会经济的快速发展,中原城市群城镇化水平将会有较大的提高。中原城市群不同水平年城镇化率预测结果见表4-3。中原城市群现状年(2009年)城镇化率为

45.6%，预计到2015年将达到55.5%，2020年将达到62.0%。

表4-3 中原城市群城镇化水平预测结果

分区	2009年年人口(万人)	2009年城镇人口(万人)	城镇化率(%)			城镇人口(万人)	
			2009年	2015年	2020年	2015年	2020年
郑-1	333.1	303.2	91.0	94.0	98.0	402.6	492.5
郑-2	418.9	173.7	41.5	44.3	49.5	200.5	235.5
开-1	85.6	74.8	87.4	89.5	90.1	80.0	83.0
开-2	400.7	117.7	29.4	41.5	47.5	173.4	204.2
洛-1	147.7	137.4	93.0	98.3	98.4	156.1	165.3
洛-2	509.8	146.3	28.7	30.5	37.2	159.7	199.1
平-1	94.1	77.3	82.2	86.0	89.0	83.8	89.4
平-2	409.6	133.0	32.5	46.1	61.9	195.1	269.0
新-1	94.1	83.7	88.9	90.0	92.0	90.0	96.6
新-2	468.0	141.7	30.3	44.2	50.9	215.2	254.3
焦-1	83.8	62.1	74.1	83.8	88.7	74.9	83.5
焦-2	264.3	100.1	37.9	50.9	54.3	138.7	151.5
许-1	39.4	36.2	92.0	92.0	92.0	73.6	78.2
许-2	419.0	143.9	34.3	41.5	47.2	163.9	190.2
漯-1	129.9	59.8	46.1	70.4	75.0	95.0	104.3
漯-2	128.2	41.5	32.4	49.4	54.9	65.9	75.2
济源	68.4	33.5	49.0	65.0	70.0	45.8	50.4
城市群	4 094.6	1 865.9	45.6	55.5	62.0	2 414.2	2 822.2

4.1.1.2 国民经济发展现状分析

1. 中原城市群经济发展概述

自2003年河南省提出中原城市群发展战略构想以来，中原城市群经济实力得到较快增长，整个城市群在河南省经济中的地位得以强化，特别是省政府在2006年发布了关于实施《中原城市群总体发展规划纲要》的通知后，产业集群化趋势越加明显，城市竞争力不断提升，产业结构也在不断升级趋于优化。2010年国家发展和改革委员会公布的《关于促进中部地区城市群发展的指导意见的通知》提出“六大城市群”一体化的概念，进一步明确将中原城市群纳入国家发展战略。

1)中原城市群经济实力增强，保持较高增长势头

2003年中原城市群GDP占全省GDP的比重为55.3%，到2009年这一比重逐步增加为58.4%，提升超过3个百分点；2009年中原城市群GDP为2003年的2.9倍，尤其是第二产业增加至原来的3.2倍，由原来占全省第二产业生产总值的58.4%变为61.2%，提升超过2个百分点；人均GDP由9 972元增长至27 783元，为原来的2.8倍。整个城市群在河南省经济中的地位得以强化（见表4-4）。

表 4-4　中原城市群在全省经济中的地位变化

地区	2009 年					2003 年				
	GDP（亿元）	第一产业（亿元）	第二产业（亿元）	第三产业（亿元）	人均 GDP（元）	GDP（亿元）	第一产业（亿元）	第二产业（亿元）	第三产业（亿元）	人均 GDP（元）
郑州	3 308.5	103.1	1 786.5	1 418.9	43 993	1 102.3	49.3	571.5	481.5	17 063
开封	778.7	168.6	345.8	264.3	16 013	282.1	72.5	106.8	102.9	5 981
洛阳	2 001.5	173.8	1 167.1	660.6	30 441	686.3	69.7	389.6	227.0	10 823
平顶山	1 127.8	105.3	735.1	287.4	22 392	365.7	46.8	202.7	116.1	7 502
新乡	1 054.5	131.8	585.5	337.3	18 762	379.0	63.4	185.5	130.1	6 940
焦作	1 071.5	85.6	721.4	264.4	30 778	341.4	39.6	189.4	112.4	10 115
许昌	1 130.8	136.8	761.0	232.9	24 669	411.7	67.5	239.9	104.3	9 229
漯河	591.7	78.7	407.6	105.4	22 927	221.6	38.7	130.9	52.0	8 868
济源	311.0	14.6	227.0	69.4	45 488	94.2	6.7	61.9	25.6	14 501
城市群	11 376.0	998.3	6 737.0	3 640.6	27 783	3 884.3	454.2	2 078.2	1 351.9	9 972
河南省	19 480.5	2 769.1	11 010.5	5 700.9	20 597	7 018.0	1 222.4	3 560.3	2 235.3	7 570
占全省比例(%)	58.4	36.1	61.2	63.9	134.9	55.3	37.2	58.4	60.5	131.7
城市群三次产业比重(%)	100.00	8.8	59.2	32.0		100.00	11.7	53.5	34.8	

注:以上数据来自《河南统计年鉴》2004 年、2010 年,中国统计出版社。

2)城市化进程稳步推进,城市基础设施不断完善

2003 年河南全省城镇化率为 27. 2% ,到 2009 年全省城镇化率已达到 37. 7% ,中原城市群城市化进程远领先于全省平均水平,城镇化率在 2009 年已达到 45. 6% ,高于全省平均水平 7. 9 个百分点,而首位城市郑州市的城镇化率在 2009 年已达到 63. 4% 。全省城镇建成区面积在 2008 年已达 1 454 km^2,中原城市群各省辖市建成区面积已达 973 km^2,占全省的 67% ,中原城市群各城市的其他城市建设数据总数也占较大比例。

3)城乡居民人均收支均快速增长

2003 年以来,中原城市群城乡居民收入保持快速增长态势,人民生活水平不断提高。2003 ~ 2009 年,中原城市群城镇居民人均可支配收入、农民人均纯收入年均分别增长 13. 1% 、12. 7% 。2009 年,中原城市群城镇居民家庭人均可支配收入达到 14 505 元,较 2003 年增加 1. 14 倍,高出全省平均水平 133 元;农村居民家庭人均纯收入达到 5 918 元,较 2003 年增加 1. 24 倍,高出全省平均水平 1 111 元(见表 4-5)。

表 4-5　2009 年、2003 年中原城市群居民家庭人均收支对比情况　(单位:元)

地区	2009 年				2003 年			
	城镇居民家庭人均		农村居民家庭人均		城镇居民家庭人均		农村居民家庭人均	
	可支配收入	消费性支出	纯收入	生活消费支出	可支配收入	消费性支出	纯收入	生活消费支出
郑州	17 117	10 804	8 121	5 372	8 346	5 932	3 631	2 278
开封	12 318	10 050	4 695	3 045	6 184	4 464	2 047	1 156
洛阳	15 949	11 046	4 961	4 114	7 640	5 603	2 277	1 647
平顶山	14 721	10 340	4 778	2 827	6 693	5 043	2 088	1 439
新乡	14 170	9 812	5 431	4 054	6 231	4 590	2 409	1 658
焦作	14 282	10 279	6 590	4 247	6 605	4 542	2 905	1 802
许昌	13 619	9 753	6 302	3 754	6 172	4 767	2 880	1 600
漯河	13 390	9 840	5 622	3 172	6 398	4 480	2 625	1 392
济源	14 983	8 830	6 763	3 969	6 796	5 166	2 878	1 717
城市群	14 505	10 084	5 918	3 839	6 785	4 954	2 638	1 632
全省	14 372	9 567	4 807	3 388	6 926	4 942	2 236	1 508

注:以上数据来自《河南统计年鉴》2004 年、2010 年,中国统计出版社。

2. 中原城市群产业结构升级现状

任何一个现代经济体的发展都经历过产业结构的调整过程,其中的明显标志就是工业化进程。目前,全国经济高速发展带来产业结构的不断优化升级,这种变化过程从东部沿海经济发达地区向中西部地区推进,产业转移伴随着这一过程从东向西梯度进行。伴随着工业化进程,我国城镇化进程也快速推进,在这两个快速进程中中原城市群产业结构

和城市格局也在快速变化。

1)产业结构升级向纵深演进

从表 4-6 中的数据比较可以看出,中原城市群与河南省整体经济一样,三次产业结构一直都处在“二三一”阶段。这期间,第一产业比重缓慢下降,第二产业比重则不断上升,第三产业比重虽然比 2008 年(30.9%)有所上升,但与 2003 年的 36.4% 相比下降了将近 4.6 个百分点,这是由中原城市群的发展阶段决定的。在工业化发展初期,随着工业化进程的不断深入,第二产业比重处于上升阶段,随着进程推进,第三产业比重会不断增加。当前,内陆的城市群产业结构都存在二产比重持续上升、三产比重有所下降这种逆向调整情况。2006 年长株谭城市群三次产业比重为 9:46:45,2007 年为9:47:44,到了 2008 年演变为 8.2:52.5:39.3。武汉城市圈三次产业结构比例由 2005 年的 12.8:43.4:43.8 调整为 2007 年的 11.5:44.6:43.9,到 2008 年为 10.9:45.5:43.6。产业结构优化的一般趋势是第三产业高速发展,并不断提升在经济中的重要性,而中原城市群产业结构中三产比重过低,随着工业化进程向纵深推进,三次产业结构面临着重要的调整期。

表 4-6　2003 ~ 2009 年中原城市群三次产业结构变动情况　(%)

产业结构	2003 年	2004 年	2005 年	2006 年	2007 年	2008 年	2009 年
第一产业	11.9	12.4	11.5	10.6	9.3	9.1	8.8
第二产业	51.7	53.3	56.1	57.5	58.3	60.0	59.3
第三产业	36.4	34.3	32.4	31.9	32.4	30.9	31.8

注:以上数据来自《河南统计年鉴》2004 ~ 2010 年,中国统计出版社。

2)传统优势产业实力逐步增强

近年来,中原城市群大力推动原材料能源工业、现代农业、食品加工业、装备制造业、汽车及零部件产业和高新技术等产业发展,延伸产业链条,发展精深加工和终端产品,加快传统产业的升级步伐,六大优势产业实力不断增强,2009 年河南六大优势产业增加值占 GDP 的比重超过 20%,而这些产业大多分布在中原城市群内。目前中原城市群内建成了全国重要的食品工业基地。沿京广线食品工业产业带(郑州—许昌—漯河),提升粮食和畜禽加工两大优势,做强做精棉制品、肉制品和淀粉加工产业链,培育壮大乳制品、油脂、休闲食品等高成长性行业,形成了一批在国内外市场具有较大影响和较强竞争力的优势产业和优势产品。逐步建设成全国重要的有色工业基地。不断壮大以铝为主的有色工业,建设郑州、焦作、豫西三大氧化铝基地。不断发展铝的精深加工,重点发展高精度板带箔、压铸件和工业型材等产品。积极争取建设全国的重要化工基地。依托骨干企业,建立石油化工基地,逐步将洛阳石化培育成具有千万吨油、百万吨聚酯及原料生产能力的大型石化联合企业。推进煤化工产业发展,形成甲醇—烯烃、甲醇—炭—化工、煤焦化—焦油深加工、煤制合成氨—精细化工等四条煤化工生产线。逐步做强汽车及零部件产业。沿新乡—焦作—济源沿线促进重型载货车实行规模化生产,建设专用车、低速汽车和摩托车等专业车辆制造体系。装备制造业规模持续壮大。大力发展电力、矿山、纺织、冶金建材、工程建筑等成套设备。提高农机、数控机床和基础件、工具的制造水平。重新振兴纺织服装工业。引导棉纺企业向棉花主产区和棉纺工业聚集区转移,建设优质棉纺基地。积极开发天然纤维产品,完善纺织产业链。以培育和扩大品牌生产为重点,大力发展中高档服装加工。

3)产业集聚程度不断增加

中原城市群产业集群发展已初具规模,产业集群行业分布广泛,整体呈良性发展,对全省经济发展的贡献能力在逐步增强。资料显示,到2004年底,中原城市群产业集群将近100个(亿元以上),其中年产值超过百亿元的有7个,分别是洛阳吉利石化产业集群(188亿元)、漯河源汇区肉类加工产业集群(156亿元)、郑州服装产业集群(150亿元)、郑州食品加工产业集群(135亿元)、平顶山煤炭产业集群(120亿元)、郑州煤炭产业集群(103亿元)、郑州汽车与配件产业集群(100亿元);年产值(销售收入)在50亿~100亿元的产业集群已达12个,10亿~50亿元以上的有44个,产业集群年产值共计为2 359.5亿元,创造利税100多亿元。到2007年底,中原城市群所有产业集群发展为228个,约占全省产业集群总数的59%。2009年河南各级财政投入资本金57亿元、转入政府性优质资产85亿元,搭建产业集聚区投融资平台,全省共建成的集聚区有300多个,完成产业集聚区投资2 479亿元,新开工千万元以上项目2 829个,投产项目1 840个,这对中原城市群的产业集聚形成了良好的支撑和促进作用。

4)产业内部结构不太合理

在一产中农业比重过大,农业中粮食种植比重过大。二产中高耗能高污染业所占比重大,单位工业能耗降幅减少。轻工业多而不强,消费品工业发展相对乏力,不能很好地满足新增需求的需要。轻工产品除食品工业相对较强外,其他行业竞争力更小,行业集中度低,产品同构化严重,资源配置不合理。即使在较强的食品工业内部,也存在类似问题,这使得河南与中部及东部发达省份相比,消费品工业产品种类偏少、档次偏低、竞争力偏弱,不能完全适应后金融危机时期的需求结构变化,不能与国家刺激内需政策有效对接,因此发展相对乏力。重工业中加工工业比重较低,矿产和自然资源优势没有充分发挥。河南省的加工工业占重工业的比重在45%左右,近年来虽稍微有所上升,但与全国平均水平相比仍然有一定的差距。中原城市群的加工工业的比重同样也相对较低,2010年前6个月,作为龙头的郑州市,其主要的加工工业占重工业的比重为30%稍多。重工业中的原材料和采掘业多处在初级加工状态,产业链条短,产品技术水平含量较低。

5)高新技术产业发展水平较低

近年来,虽然河南省及中原城市群的高新技术发展较快,但与沿海城市相比,存在着较大差距。2009年,河南省规模以上高新技术产业实现增加值比上年增长18.5%,增幅高出全省工业增速3.9个百分点,实现增加值占全省工业增加值的比重达到3.8%,比2008年提高0.2个百分点。但全省工业企业中,高新技术产业比重还不足4%。全省11家高新技术产业实现工业总产值2 660亿元,同比增长20.2%;实现工业增加值830亿元,同比增长21%。但与长三角城市群相比,还有不小的差距。仅以长三角城市群中苏州为例,2009年681家国家高新技术企业实现工业总产值3 535.6亿元,占全市工业总产值的14.9%,户均工业总产值达5.2亿元。而河南省超过5亿元的高成长型的高新技术企业共15家,其中中原城市群仅占9家。

3. 中原城市群发展规划

1)总体思路和目标

“十一五”期间,中原城市群的发展目标是初步形成以郑州为中心,东连开封、西接洛阳、北通新乡、南达许昌的大“十”字形核心区,形成区域内任意两城市间两小时内通达的经济圈。区域生产总值突破10 000亿元,占全省的比重超过60%;地方财政一般预算收入占全省的比重达70%左右;人均生产总值超过24 000元;城镇化率达到48%。到2020年,预期区域生产总值占全省的比重超过70%,地方财政一般预算收入占全省的比重超过75%,人均生产总值超过5 000美元,省会郑州市中心城区人口规模突破500万人,洛阳市中心城市人口规模达到350万~400万人,确立在中西部乃至全国城市群中的重要地位,带动全省并辐射周边地区发展。中原城市群的城市体系基本架构为:郑州为中心、洛阳为副中心,其他省辖市为支撑,大中小城市相协调,根据各市现有基础、发展态势各自定位。与中原城市群经济关联度较强的周边城市,特别是鹤壁、安阳、三门峡等市,要调整城市功能定位和产业发展方向,融入中原城市群。

2)城市定位

如图4-1所示,中原城市群九市定位如下:

郑州市:省会,中国历史文化名城,国际文化旅游城市,全国区域性中心城市,全国重要的现代化物流中心,区域性金融中心,先进制造业基地和科技创新基地。

洛阳市:中国历史文化名城,国际文化旅游城市,中原城市群副中心,全国重要的新型工业城市,先进制造业基地,科研开发中心和职业培训基地,中西部区域物流枢纽。

开封市:中国历史文化名城,国际文化旅游城市,纺织、食品、化工和医药工业基地,郑州都市圈重要功能区。

新乡市:高新技术产业、汽车零部件产业、轻纺业、医药工业、职业培训、现代农业示范基地,北部区域物流中心。

许昌市:高新技术产业、轻工业、食品产业、电子装备制造业、特色高效农业示范基地和生态观光区。

焦作市:国际山水旅游城市,能源、原材料、重化工、汽车零部件制造业基地。

平顶山市:中国中部重化工城,重化工、能源、原材料、电力装备制造业基地。

漯河市:中国食品城,轻工业、生态农业示范基地,南部区域物流中心。

济源市:中国北方生态旅游城市,能源和原材料基地。

4.1.1.3　国民经济发展预测

根据国家目前强调的宏观调控政策、《河南省农业和农村经济发展“十二五”规划》、《河南省国民经济和社会发展第十二个五年规划纲要》和中原城市群各市的《国民经济和社会发展第十二个五年规划纲要》所提出发展的主要目标预测中原城市群各市经济发展指标。

1. 国民经济预测

经多因素分析,对中原城市群经济发展作出如下预测:2009~2015年中原城市群GDP年均增长率为11.1%,到2015年GDP总量将达到21 353.2亿元;2015年后,GDP增长速度有所下降,2015~2020年年均增长率为9.3%。在此增长率下,2020年中原城市群的GDP总量为33 263.3亿元,详见表4-7。

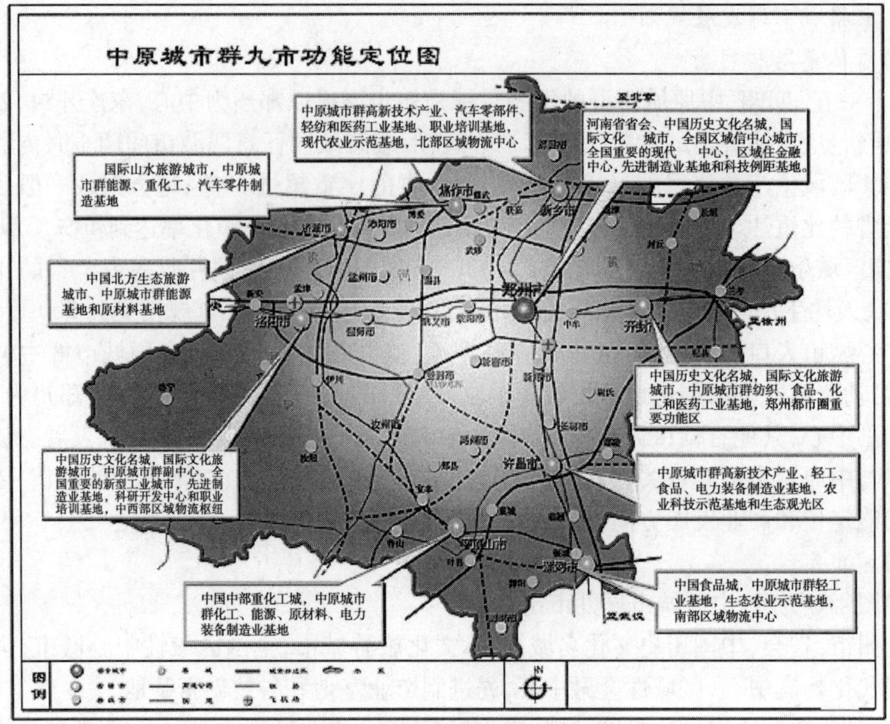

图 4-1　中原城市群九市功能定位图

（注：引用《中原城市群总体发展规划纲要》成果）

表 4-7　中原城市群经济发展预测

分区	2009 年 GDP（亿元）	年均增长率（%）		GDP（亿元）	
		2009～2015 年	2015～2020 年	2015 年	2020 年
郑－1	1 483.5	11.5	9.5	2 850.6	4 487.5
郑－2	1 825.0	9.7	8.2	3 172.3	4 694.8
开－1	190.2	12.5	11.0	385.5	649.7
开－2	588.5	12.2	11.7	1 172.2	2 034.9
洛－1	697.7	10.4	9.2	1 265.4	1 965.7
洛－2	1 303.8	8.2	6.7	2 088.2	2 888.0
平－1	405.9	11.4	12.6	775.8	1 404.2
平－2	721.9	10.9	12.0	1 344.0	2 370.0
新－1	285.2	13.0	9.5	593.9	934.9
新－2	769.3	11.6	8.5	1 487.7	2 238.6
焦－1	221.6	14.4	11.8	496.6	867.4
焦－2	849.9	12.0	8.8	1 675.5	2 551.9
许－1	168.6	13.0	9.5	351.0	552.5
许－2	962.2	11.8	8.7	1 880.9	2 850.1
漯－1	344.7	13.0	9.5	717.6	1 129.7
漯－2	247.0	13.0	7.8	514.3	748.4
济源	311.0	11.0	9.0	581.7	895.0
城市群	11 376.0	11.1	9.3	21 353.2	33 263.3

根据中原城市群各市二产和三产发展方向和相关规划，预估中原城市群各市第二产业增加值和第三产业增加值（见表4-8）。

表4-8　中原城市群第二产业增加值和第三产业增加值　（单位：亿元）

分区	第二产业			第三产业		
	2009年	2015年	2020年	2009年	2015年	2020年
郑-1	473.0	1 120.3	1 543.7	999.7	1 710.3	2 916.9
郑-2	1 313.5	2 312.8	3 047.4	419.2	698.8	1 417.2
开-1	82.8	173.5	311.8	96.5	192.8	305.3
开-2	263.0	574.2	923.1	167.9	368.0	768.5
洛-1	336.9	543.2	816.7	350.6	684.7	1 117.3
洛-2	830.2	1 324.7	1 946.4	310.0	565.9	857.6
平-1	267.9	460.0	625.0	125.8	300.0	755.0
平-2	467.2	790.0	1 100.0	161.6	400.0	1 045.0
新-1	140.4	289.8	439.4	140.2	296.9	486.1
新-2	445.1	875.9	1 306.0	197.1	390.0	624.6
焦-1	120.3	270.2	448.5	98.7	222.5	413.8
焦-2	601.2	1 167.8	1 760.5	165.7	392.2	649.7
许-1	120.3	245.7	375.7	46.2	101.4	171.3
许-2	640.7	1 272.0	1 836.0	186.7	389.6	713.4
漯-1	230.0	532.1	677.8	77.1	164.9	419.1
漯-2	177.5	410.6	542.9	28.3	60.5	144.3
济源	227.0	436.3	581.8	69.4	122.2	286.4
城市群	6 737.0	12 799.1	18 282.7	3 640.6	7 060.7	13 091.5

根据中原城市群各市“十二五”发展规划思路，中原城市群未来经济结构将进行优化升级。近期规划水平年第一产业比重将继续降低，第二产业比重将明显增加，第三产业比重则继续加大，并逐渐与第一产业比重距离拉大，三产结构将继续向“二三一”调整，三产结构由2009年的8.8∶59.2∶32.0转变到2015年7.0∶59.9∶33.1；远期规划水平年第一产业比重将继续降低，第二产业比重将有所降低，第三产业比重则继续加大，2020年三产结构为5.6∶55.0∶39.4。表4-9为中原城市群经济社会发展指标预测结果。

表 4-9　中原城市群经济社会发展指标预测结果

项目		2009 年	2015 年 (2009 ~ 2015 年)	2020 年 (2015 ~ 2020 年)
人口	总人口(万人)	4 094. 6	4 353. 1	4 552. 5
	城镇人口(万人)	1 865. 9	2 414. 2	2 822. 2
	农村人口(万人)	2 228. 9	1 938. 9	1 730. 3
	城镇化率(%)	45. 6	55. 5	62. 0
	人口增长速度(‰)		10. 3	9. 0
增加值	GDP(亿元)	11 376. 0	21 353. 2	33 263. 3
	一产增加值(亿元)	998. 3	1 493. 4	1 889. 2
	二产增加值(亿元)	6 737. 0	12 799. 1	18 282. 7
	三产增加值(亿元)	3 640. 6	7 060. 7	13 091. 5
	人均 GDP(元)	27 783. 0	49 052. 4	73 066. 0
经济增长速度	GDP(%)		11. 1	9. 3
	第一产业(%)		6. 9	4. 8
	第二产业(%)		11. 3	7. 4
	第三产业(%)		11. 7	13. 1
三产结构	第一产业(%)	8. 8	7. 0	5. 6
	第二产业(%)	59. 2	59. 9	55. 0
	第三产业(%)	32. 0	33. 1	39. 4

2. 农业发展预测

灌溉面积的发展与区域的自然地理状况、水资源条件、农产品需求量以及农产品进出口有密切关系。2009 年中原城市群有效灌溉面积为 2 357. 0 万亩，根据中原城市群各市《水资源综合规划》《节水型社会建设“十二五”规划》等成果，预测中原城市群灌溉面积发展及相应指标见表 4-10。

中原城市群牲畜发展预测结果见表 4-11，预计到 2015 年牲畜将达到 3 139. 5 万头，2020 年为 3 275. 6 万头。

表 4-10　中原城市群农业发展预测结果

分区	有效灌溉面积(万亩)		林果地灌溉面积(万亩)		鱼塘补水面积(万亩)	
	2015 年	2020 年	2015 年	2020 年	2015 年	2020 年
郑-1	37.50	38.68	4.17	5.64	3.85	3.85
郑-2	248.50	251.32	4.55	6.01	9.38	9.65
开-1	25.10	27.80	2.30	2.41	1.98	1.98
开-2	463.20	478.50	5.20	5.35	3.03	3.03
洛-1	16.80	17.60	3.80	4.60	2.80	2.90
洛-2	194.60	198.50	30.50	31.00	10.30	10.40
平-1	10.90	12.60	0.70	0.76	3.50	3.50
平-2	253.20	292.10	11.20	11.80	14.00	14.50
新-1	17.00	17.50	0.30	0.60	1.05	1.10
新-2	313.00	317.50	2.80	3.10	14.70	15.44
焦-1	9.45	8.85	1.84	1.64	0.15	0.16
焦-2	236.55	241.15	28.92	30.24	2.33	2.45
许-1	4.86	4.90	0.20	0.20	1.00	1.00
许-2	355.14	360.10	2.73	2.73	14.00	14.00
漯-1	107.23	110.30	4.08	4.10	3.20	3.30
漯-2	125.24	134.50	0.88	1.00	1.50	1.60
济源	45.00	50.00	10.00	18.00	0.46	0.46
城市群	2 463.27	2 561.90	114.17	129.18	87.23	89.32

表 4-11　中原城市群牲畜发展预测结果

分区	大牲畜总头数(万头)		小牲畜总头数(万头)	
	2015 年	2020 年	2015 年	2020 年
郑-1	2.9	3.0	17.0	18.0
郑-2	33.5	37.5	251.9	292.5
开-1	3.5	3.6	15.0	16.0
开-2	58.1	58.6	500.2	499.2
洛-1	1.9	2.2	11.0	11.2
洛-2	70.5	75.1	271.6	277.1
平-1	3.2	3.4	15.3	15.9
平-2	105.7	109.4	440.7	450.6
新-1	1.3	1.5	6.5	7.0
新-2	54.0	56.6	330.7	343.0
焦-1	0.7	1.5	14.4	14.9
焦-2	26.0	27.2	206.4	223.8
许-1	0.3	0.3	4.0	3.9
许-2	56.7	57.7	336.0	341.1
漯-1	5.4	5.5	110.4	111.3
漯-2	9.9	10.3	108.8	109.5
济源	11.0	13.9	55.0	73.3
城市群	444.6	467.3	2 694.9	2 808.3

4.1.2 经济社会需水预测

4.1.2.1 需水预测分类

全国水资源综合规划技术大纲将需水预测的用户分为三类：生活、生产和生态环境，见表4-12。生活需水指城镇居民生活需水和农村生活需水；生产需水指有经济产出的各类生产活动所需的水量，包括第一产业（种植业、林牧渔业）、第二产业（工业、建筑业）及第三产业（商饮业、服务业）。生活需水和生产需水统称为经济社会需水。生态环境需水分为维持生态环境功能和生态环境建设两类，按河道内与河道外需水划分。

表4-12 需水门类分级表

一级	二级	三级	四级	备注
生活	生活	城镇生活	城镇居民生活	城镇居民生活用水（不包括公共用水）
		农村生活	农村居民生活	农村居民生活用水（不包括牲畜用水）
生产	第一产业	种植业	水田	水稻等
			水浇地	小麦、玉米、棉花、蔬菜、油料等
		林牧渔业	灌溉林果地	果树、苗圃、经济林等
			灌溉草场	人工草场、灌溉的天然草场、饲料基地等
			牲畜	大、小牲畜
			鱼塘	鱼塘补水
	第二产业	工业	高用水工业	纺织、造纸、石化、冶金
			一般工业	采掘、食品、木材、建材、机械、电子、其他（包括电力工业中非火（核）电部分）
			火（核）电工业	循环式、直流式
		建筑业	建筑业	建筑业
	第三产业	商饮业	商饮业	商业、饮食业
		服务业	服务业	货运邮电业、其他服务业、城市消防、公共服务及城市特殊用水
生态环境	河道内	维持生态环境功能	河道基本功能	基流、冲沙、防凌、稀释净化等
			河口生态环境	冲淤保港、防潮压碱、河口生物等
			通河湖泊与湿地	通河湖泊与湿地等
			其他河道内	根据具体情况设定
	河道外	维持生态环境功能	湖泊湿地	湖泊、沼泽、滩涂等
		生态环境建设	美化城市景观	绿化用水、城镇河湖补水、环境卫生用水等
			生态环境建设	地下水回补、防沙固沙、防护林草、水土保持等

中原城市群各市需水预测研究的用水户大致按照表4-12分类，在实际计算中，结合本次研究资料收集情况，各部门的分类适当做了如下调整：第一产业农业需水包括农田灌溉和林牧渔业需水，其中林牧渔业需水包括林果地灌溉、牲畜用水和鱼塘补水等三类；第二产业包括工业和建筑业，工业需水预测分高用水工业、一般工业和火电工业三类；第三产业为其他行业综合考虑。生态环境需水是指为维持生态环境功能和进行生态环境建设所需要的最小需水量。

4.1.2.2　需水预测方法

1. 生活需水

生活需水采用人均日用水量方法进行预测。根据经济社会发展水平、人均收入水平、水价水平、节水器具推广与普及情况，结合生活用水习惯和现状用水水平，参照建设部门已制定的城市（镇）用水标准，参考国内外同类地区或城市生活用水定额，拟定规划年城镇和农村居民生活用水净定额；根据供水预测成果以及供水系统的水利用系数，结合人口预测成果，进行生活净需水量和毛需水量的预测。

生活需水计算公式如下：

$$LW_{ni}^{t} = Po_{i}^{t} \times LQ_{i}^{t} \times 365/10\,000 \tag{4-1}$$

$$LW_{gi}^{t} = LW_{ni}^{t}/\eta_{i}^{t} = Po_{i}^{t} \times LQ_{i}^{t} \times 365/\eta_{i}^{t} \tag{4-2}$$

式中　i——用户分类序号，$i=1$为城镇，$i=2$为农村；

t——规划水平年序号；

LW_{ni}^{t}——第i用户第t水平年的生活净需水量，万m^3；

Po_{i}^{t}——第i用户第t水平年的用水人口，万人；

LQ_{i}^{t}——第i用户第t水平年的生活用水净定额，L/(人·d)；

LW_{gi}^{t}——第i用户第t水平年的生活毛需水量，万m^3；

η_{i}^{t}——第i用户第t水平年生活供水系统水利用系数，由供水规划与节约用水规划成果确定。

2. 农业需水

农业需水包括农田灌溉需水和林牧渔业需水。农田灌溉需水根据预测的农田灌溉面积、渠系水利用系数和灌溉定额，分别计算净灌溉需水量和毛灌溉需水量。农田净灌溉定额根据作物需水量和田间灌溉损失量计算，毛灌溉需水量根据计算的农田净灌溉定额和比较选定的灌溉水利用系数计算。农田灌溉定额根据《河南省用水定额》和中原城市群作物种植结构确定。

林牧渔业的灌溉（补水）需水量根据面积和用水定额计算。根据现状典型调查和《河南省用水定额》，分别确定林果地和草场灌溉的净灌溉定额，然后根据灌溉水源及灌溉方式，确定渠系水利用系数；结合林果地与草场发展面积预测指标，计算林果地和草场灌溉净需水量和毛需水量。鱼塘补水量采用亩均补水定额方法计算。牧业需水量根据牲畜数量和单位用水定额计算。

3. 第二产业需水

第二产业需水预测主要采用定额法进行。工业需水预测分高用水工业、一般工业和火（核）电工业三类。高用水工业和一般工业需水采用万元增加值用水量法进行预测，参照国家经济贸易委员会编制的工业节水方案的有关成果。火(核)电工业采用单位发电量(亿 kWh)用水量法进行需水预测,并以单位装机容量(万 kW)用水量法进行复核。在进行工业用水定额预测时,要考虑对用水定额有影响的因素主要有:①行业生产性质及产品结构;②用水水平、节水程度;③企业生产规模;④生产工艺、生产设备及技术水平;⑤用水管理与水价水平;⑥自然因素与取水(供水)条件。建筑业以单位建筑面积用水量法进行需水预测,以建筑业万元增加值用水量法进行复核。

第二产业需水计算公式如下:

$$IW_n^t = SeV^t \times IQ^t/10\ 000 \tag{4-3}$$

$$IW_g^t = IW_n^t/[\eta_s^t \times (1 + R^t)] = SeV^t \times IQ^t/10\ 000/[\eta_s^t \times (1 + R^t)] \tag{4-4}$$

式中 IW_n^t——第二产业第 t 水平年的净需水量,万 m^3;

SeV^t——第二产业第 t 水平年的增加值,万元;

IQ^t——第二产业第 t 水平年的净用水定额,m^3/万元;

IW_g^t——第二产业第 t 水平年的毛需水量,万 m^3;

η_s^t——第二产业第 t 水平年供水系统水利用系数,由供水规划与节约用水规划成果确定;

R^t——第 t 水平年工业用水重复利用率。

4. 第三产业需水

第三产业需水主要采用万元增加值用水量法进行预测,根据产业发展规划成果,结合用水现状分析,预测规划水平年的净需水定额和水利用系数,从而进行净需水量和毛需水量的预测。

第三产业需水计算公式如下:

$$TW_n^t = ThV^t \times TQ^t/10\ 000 \tag{4-5}$$

$$TW_g^t = TW_n^t/\eta_t^t = ThV^t \times TQ^t/10\ 000/\eta_t^t \tag{4-6}$$

式中 TW_n^t——第三产业第 t 水平年的净需水量,万 m^3;

ThV^t——第三产业第 t 水平年的增加值,万元;

TQ^t——第三产业第 t 水平年的需水净定额,m^3/万元;

TW_g^t——第三产业第 t 水平年的毛需水量,万 m^3;

η_t^t——第三产业第 t 水平年供水系统水利用系数,由供水规划与节约用水规划成果确定。

5. 生态环境需水

生态环境需水中河道外需水主要为城市绿地的需水。生态环境需水预测要以漯河市有关生态环境发展规划为指导,根据生态环境所面临的主要问题,拟定生态保护与环境建设的目标,明确主要内容,预测生态环境需水量。

4.1.2.3 需水预测结果

1. 生活需水量

在预测生活需水量时,将生活需水量分为城镇生活需水量和农村生活需水量两部分,生活需水定额也分为城镇生活需水定额和农村生活需水定额。

随着城市管网系统的建设、更新和改造,以及市政基础设施建设、节水措施的不断普及和居民生活水平的不断提高,城镇生活需水定额将呈现出较缓慢的增长趋势。在详细分析中原城市群近几年城镇生活用水量调查统计资料的基础上,综合考虑社会经济发展和居民生活消费水平提高、节水技术的推广和应用、水资源管理水平的不断提高,以及水价政策的调整和暂住人口的变化等,最后分析和确定中原城市群不同水平年城镇生活需水定额,预测结果见表4-13。

表4-13　中原城市群不同水平年城镇生活需水定额预测结果

(单位:L/(人·d))

分区	2009年	基本方案		强化节水方案	
		2015年	2020年	2015年	2020年
郑-1	150	165	170	162	165
郑-2	110	145	150	143	148
开-1	120	155	160	153	156
开-2	108	145	150	143	148
洛-1	110	150	155	148	152
洛-2	100	145	150	143	148
平-1	110	147	150	145	148
平-2	108	140	145	138	143
新-1	110	147	150	145	148
新-2	110	140	145	138	143
焦-1	120	145	150	143	148
焦-2	110	140	145	138	143
许-1	120	145	150	143	148
许-2	110	140	145	138	143
漯-1	110	145	150	143	148
漯-2	100	135	145	138	143
济源	95	140	150	138	148
城市群	116	147	152	145	150

中原城市群各县市农村生活用水水平比较低,随着社会经济的发展和城乡差别的减小、生活水平的不断提高,农村人均生活需水量将会有较大幅度的增长。从近几年中原城市群人均农村生活用水指标变化趋势看,农村生活饮用水条件在不断改善,人均生活用水量持续增长。

基于上述考虑,根据中原城市群各县市水资源条件和开发利用的难易程度以及经济实力等,预测基本方案和强化节水方案的中原城市群城镇生活需水定额如表4-13所示,需水量预测结果见表4-14。农村生活需水定额及需水量预测结果见表4-15。

表 4-14 中原城市群不同水平年城镇生活需水量预测结果 （单位：万 m^3）

分区	2009 年	基本方案		强化节水方案	
		2015 年	2020 年	2015 年	2020 年
郑－1	16 598.2	24 246.7	30 556.5	23 805.9	29 657.8
郑－2	6 974.5	10 613.6	12 892.5	10 467.2	12 720.6
开－1	3 274.1	4 526.0	4 847.2	4 467.6	4 726.0
开－2	4 640.9	9 177.2	11 180.0	9 050.6	11 030.9
洛－1	5 516.6	8 546.8	9 351.3	8 432.8	9 170.3
洛－2	5 340.0	8 451.4	10 900.4	8 334.9	10 755.1
平－1	3 103.6	4 494.4	4 892.2	4 433.2	4 827.0
平－2	5 242.1	9 967.7	14 238.3	9 825.3	14 041.9
新－1	3 358.5	4 829.0	5 288.9	4 763.3	5 218.3
新－2	5 687.6	10 998.8	13 458.8	10 841.6	13 273.2
焦－1	2 719.5	3 964.1	4 569.8	3 909.4	4 508.9
焦－2	4 018.8	7 086.5	8 016.0	6 985.3	7 905.5
许－1	1 586.4	3 895.3	4 281.5	3 841.6	4 224.4
许－2	5 776.8	8 375.3	10 066.3	8 255.6	9 927.5
漯－1	2 401.4	5 026.3	5 707.7	4 957.0	5 631.6
漯－2	1 514.0	3 248.7	3 977.3	3 320.9	3 922.5
济源	1 161.9	2 341.7	2 759.4	2 308.2	2 722.6
城市群	78 914.9	129 789.5	156 984.1	128 000.4	154 264.1

表 4-15 中原城市群不同水平年农村生活需水定额及需水量预测结果

分区	需水定额(L/(人·d))			需水量(万 m^3)		
	2009 年	2015 年	2020 年	2009 年	2015 年	2020 年
郑－1	80	85	90	876.0	797.3	331.8
郑－2	60	78	85	5 369.9	7 165.9	7 458.4
开－1	50	78	85	197.1	267.6	282.3
开－2	45	70	75	4 648.3	6 234.2	6 184.0
洛－1	51	78	85	191.7	74.0	83.8
洛－2	48	70	75	6 368.5	9 307.9	9 198.0
平－1	55	67	72	337.3	332.6	289.1
平－2	56	65	70	5 653.7	5 402.2	4 228.5
新－1	64	67	72	242.9	244.6	220.8
新－2	58	65	70	6 909.9	6 448.5	6 277.6
焦－1	63	67	72	499.0	354.6	278.6
焦－2	60	65	70	3 596.0	3 176.8	3 252.5
许－1	61	67	72	71.2	156.5	178.7
许－2	60	65	70	6 024.7	5 482.8	5 437.0
漯－1	60	67	72	1 535.2	978.2	914.5
漯－2	50	65	70	1 582.3	1 599.1	1 581.5
济源	48	66	71	608.9	597.0	559.0
城市群	55	69	74	44 712.6	48 619.8	46 756.1

预测结果表明,随着城镇化率的提高以及人均用水量的增加,城镇生活需水量增长较快,中原城市群城镇生活需水量将从2009年的78 914.9万 m^3 增加到2015年基本方案的129 789.5万 m^3,年均增长8.6%,之后增长速度相对减缓,2020年城镇生活需水量为156 984.1万 m^3,2015~2020年年均增长3.9%。实行强化节水方案后,2015年城镇生活需水量将减少1 789.1万 m^3,2020年将减少2 720.0万 m^3。

由于农村人口逐渐向城市转移和城镇化进程加快,农村生活需水量增长相对较慢,甚至出现负增长的趋势。2015年和2020年的农村生活需水量分别为48 619.8万 m^3 和46 756.1万 m^3,2009~2015年和2015~2020年农村生活需水量年均增长率分别为1.4%和-0.8%。

同时表明,基本方案下中原城市群2015年生活需水总量为178 409.3万 m^3,2020为203 740.2万 m^3。2009~2015年和2015~2020年中原城市群生活需水总量年均增长率分别为6.3%和2.7%。可见生活需水量增加程度在逐年减小。

2.第二产业需水

中原城市群今后第二产业发展的方向是:依靠科技进步,深化企业改革和创新,在不断优化产业结构和调整工业布局的基础上,大力发展低能耗、低耗水和低污染产业。随着科技进步、生产工艺的不断改进、工业用水重复利用率的不断提高,工业万元增加值用水量将会下降。通过综合分析和对比,预计中原城市群工业万元增加值用水量下降幅度不会太大,水的重复利用率会进一步提高。

第二产业需水量预测,以2009年为基础,结合中原城市群实际情况,以保障中原城市群经济持续稳定发展为目标。在预测中,同时考虑了工业发展中所导致的水需求增长和节水技术的推广应用等因素的综合影响。基本方案和强化节水方案下需水量定额见表4-16,需水量预测结果见表4-17。

表4-16　中原城市群不同水平年第二产业发展需水定额预测结果

(单位:m^3/万元)

分区	现状年(2009年)	基本方案		强化节水方案	
		2015年	2020年	2015年	2020年
郑-1	35	28	27	27	25
郑-2	30	29	28	28	26
开-1	45	35	31	33	29
开-2	45	35	31	33	29
洛-1	40	35	31	33	29
洛-2	40	35	31	33	29
平-1	40	36	32	34	30
平-2	45	36	32	34	30
新-1	39	36	32	34	30
新-2	41	36	32	34	30
焦-1	38	36	32	34	30

续表 4-16

分区	现状年（2009 年）	基本方案		强化节水方案	
		2015 年	2020 年	2015 年	2020 年
焦－2	45	36	32	34	30
许－1	48	36	32	34	30
许－2	39	36	32	34	30
漯－1	40	36	32	34	30
漯－2	38	36	32	34	30
济源	40	36	32	34	30
城市群	39	34	31	32	29

表 4-17　中原城市群不同水平年第二产业需水量预测结果　（单位：万 m^3）

分区	现状年（2009 年）	基本方案		强化节水方案	
		2015 年	2020 年	2015 年	2020 年
郑－1	16 555.9	31 367.7	41 679.8	30 247.4	38 592.4
郑－2	39 404.2	67 070.4	85 328.2	64 757.7	79 233.4
开－1	3 727.4	6 072.4	9 667.1	5 725.4	9 043.4
开－2	11 833.7	20 097.9	28 614.7	18 949.4	26 768.6
洛－1	13 475.7	19 010.5	25 318.4	17 924.2	23 685.0
洛－2	33 206.8	46 364.9	60 339.6	43 715.5	56 446.7
平－1	10 715.8	16 560.0	20 000.0	15 640.0	18 750.0
平－2	21 024.3	28 440.0	35 200.0	26 860.0	33 000.0
新－1	5 475.2	10 432.9	14 060.5	9 853.3	13 181.7
新－2	18 249.1	31 530.9	41 791.8	29 779.2	39 179.8
焦－1	4 570.3	9 725.9	14 350.9	9 185.6	13 453.9
焦－2	27 052.3	42 039.2	56 334.5	39 703.7	52 813.6
许－1	5 775.6	8 844.7	12 023.0	8 353.4	11 271.6
许－2	24 988.0	45 792.0	58 752.2	43 248.0	55 080.2
漯－1	9 201.6	19 156.3	21 690.0	18 092.1	20 334.3
漯－2	6 746.1	14 782.3	17 374.3	13 961.1	16 288.5
济源	9 080.0	15 705.9	18 616.3	14 833.3	17 452.8
城市群	261 082.0	432 993.9	561 141.3	410 829.3	524 575.9

总体来说，随着工业的发展，中原城市群未来第二产业需水量呈增长趋势，基本方案下，2009～2015 年第二产业需水量将由 261 082.0 万 m^3 增加到 432 993.9 万 m^3，年均增长 8.8%；2020 年中原城市群第二产业需水量为 561 141.3 万 m^3，2015～2020 年年均增长 5.3%，2015 年后随着节水水平的提高，第二产业需水量年均增长率下降。

3. 农业需水

农业需水量预测,以 2009 年为基础,结合中原城市群农业发展的实际情况,以保障社会发展和提高农民收入为目标。在预测中,同时考虑了农业生产发展所导致的水需求增长、节水技术推广等因素的综合影响。

根据中原城市群农业用水的影响因素和现有资料条件,对农田灌溉、渔业分别采用不同的预测方法。农田灌溉需水量采用指标预测法,渔业需水量预测采用趋势法。

1)农田灌溉需水量

总体上,中原城市群农业用水量增加很缓慢,而农田灌溉用水量将会呈下降趋势,一方面,由于农业节水技术的推广应用和种植结构调整,农业需水量将逐渐减少;另一方面,由于城市化水平的提高,预计在规划期内将有一部分农田转变为城市用地,城市面积不断扩大,农村面积和耕地面积将缩小,农村人口比例也逐渐降低,导致农业从业人口和农田灌溉需水量下降。

根据中原城市群农业结构调整规划、作物种植结构和相应的灌溉面积及农业灌溉定额,预测分区农业灌溉定额和农业需水量,其基本方案和强化节水方案下的预测结果分别见表 4-18 和表 4-19。

表 4-18　中原城市群不同水平年农田灌溉定额预测结果　(单位:m^3/亩)

分区	现状年(2009 年)	基本方案		强化节水方案	
		2015 年	2020 年	2015 年	2020 年
郑 - 1	185	180	175	178	172
郑 - 2	170	168	164	166	161
开 - 1	245	240	235	235	232
开 - 2	210	205	200	200	197
洛 - 1	215	210	205	205	202
洛 - 2	195	190	185	186	182
平 - 1	195	190	187	188	184
平 - 2	172	168	165	166	162
新 - 1	310	300	290	295	285
新 - 2	310	300	290	295	285
焦 - 1	280	275	270	270	267
焦 - 2	260	255	250	250	245
许 - 1	200	190	186	188	183
许 - 2	172	165	161	162	158
漯 - 1	195	190	186	188	183
漯 - 2	172	170	166	168	163
济源	280	270	265	265	260
城市群	213	207	201	203	198

表 4-19　中原城市群不同水平年农田灌溉需水量预测结果　　（单位：万 m^3）

分区	现状年（2009 年）	基本方案		强化节水方案	
		2015 年	2020 年	2015 年	2020 年
郑－1	6 821.0	6 750.0	6 769.0	6 675.0	6 653.0
郑－2	41 614.3	41 748.0	41 216.5	41 251.0	40 462.5
开－1	5 953.5	6 024.0	6 533.0	5 898.5	6 449.6
开－2	96 138.0	94 956.0	95 700.0	92 640.0	94 264.5
洛－1	3 270.2	3 528.0	3 608.0	3 444.0	3 555.2
洛－2	37 808.6	36 974.0	36 722.5	36 195.6	36 127.0
平－1	1 638.0	2 071.0	2 356.2	2 049.2	2 318.4
平－2	33 495.3	42 537.6	48 196.5	42 031.2	47 320.2
新－1	4 963.1	5 100.0	5 075.0	5 015.0	4 987.5
新－2	96 534.0	93 900.0	92 075.0	92 335.0	90 487.5
焦－1	2 448.6	2 598.8	2 389.5	2 551.5	2 363.0
焦－2	60 898.5	60 320.3	60 287.5	59 137.5	59 081.8
许－1	972.0	923.4	911.4	913.7	896.7
许－2	60 379.7	58 598.1	57 976.1	57 532.7	56 895.8
漯－1	19 348.9	20 372.8	20 515.8	20 158.3	20 184.9
漯－2	21 540.4	21 290.0	22 327.0	21 039.5	21 923.5
济源	8 471.4	12 150.0	13 250.0	11 925.0	13 000.0
城市群	502 295.5	509 842.0	515 909.0	500 792.7	506 971.4

2）渔业及林果地需水量

中原城市群属于缺水地区，渔业不会有太大发展，也不鼓励大幅度发展。结合地方规划，确定中原城市群鱼塘补水面积将有小幅度增长，不同水平年鱼塘补水量预测结果见表 4-20。

表 4-20　中原城市群不同水平年鱼塘补水量预测结果　（单位：万 m^3）

分区	2009 年	2015 年	2020 年
郑 - 1	2 465.9	2 348.5	2 329.3
郑 - 2	6 007.9	5 721.8	5 838.3
开 - 1	1 271.2	1 210.7	1 200.7
开 - 2	1 941.7	1 849.2	1 834.1
洛 - 1	1 793.4	1 708.0	1 754.5
洛 - 2	6 597.2	6 283.0	6 292.0
平 - 1	2 241.8	2 135.0	2 117.5
平 - 2	8 967.0	8 540.0	8 772.5
新 - 1	672.5	640.5	667.0
新 - 2	9 415.4	8 967.0	9 338.2
焦 - 1	96.1	91.5	96.8
焦 - 2	1 492.4	1 421.3	1 482.3
许 - 1	640.5	610.0	605.0
许 - 2	8 967.0	8 540.0	8 470.0
漯 - 1	2 049.6	1 952.0	1 996.5
漯 - 2	960.8	915.0	968.0
济源	294.6	280.6	278.3
城市群	55 875.0	53 214.1	54 041.0

林果地需水量见表 4-21。可见，中原城市群 2009 年林果地需水量 30 140.4 万 m^3，2015 年和 2020 年中原城市群林果地需水量分别为 34 251.0 万 m^3 和 38 108.3 万 m^3。

3）牲畜需水量

牲畜需水量预测采用日需水定额法，分成大牲畜和小牲畜两类。中原城市群现状年（2009 年）大牲畜和小牲畜需水定额分别为 29.9 L/(头·d) 和 9.0 L/(头·d)。一般牲畜用水定额不会有太大的变化，考虑河南省大、小牲畜的需水定额情况，确定中原城市群不同水平年牲畜日需水定额（见表 4-22）。

表 4-21　中原城市群不同水平年林果地需水定额及需水量预测结果

分区	需水定额(m^3/亩)			需水量(万 m^3)		
	2009 年	2015 年	2020 年	2009 年	2015 年	2020 年
郑－1	320	300	295	678.4	1 251.0	1 663.8
郑－2	320	300	295	800.0	1 365.0	1 773.0
开－1	330	300	295	699.6	690.0	711.0
开－2	330	300	295	825.0	1 560.0	1 578.3
洛－1	320	300	295	838.7	1 140.0	1 357.0
洛－2	320	300	295	9 632.0	9 150.0	9 145.0
平－1	320	300	295	224.0	210.0	224.2
平－2	320	300	295	3 296.0	3 360.0	3 481.0
新－1	340	300	295	74.8	90.0	177.0
新－2	340	300	295	918.0	840.0	914.5
焦－1	320	300	295	489.6	552.0	483.8
焦－2	320	300	295	8 416.0	8 676.0	8 920.8
许－1	320	300	295	19.7	60.0	59.0
许－2	320	300	295	812.8	819.0	805.4
漯－1	320	300	295	1 043.2	1 224.0	1 209.5
漯－2	320	300	295	256.0	264.0	295.0
济源	325	300	295	1 116.6	3 000.0	5 310.0
城市群	321	300	295	30 140.4	34 251.0	38 108.3

表 4-22　中原城市群不同水平年牲畜需水定额预测结果　(单位:L/(头·d))

分区	大牲畜			小牲畜		
	2009 年	2015 年	2020 年	2009 年	2015 年	2020 年
郑－1	30.1	30.2	30.5	9.1	9.2	9.3
郑－2	30.1	30.2	30.5	9.0	9.2	9.3
开－1	30.0	30.2	30.5	9.1	9.2	9.3
开－2	30.0	30.2	30.5	9.1	9.2	9.3
洛－1	30.0	30.2	30.5	9.1	9.2	9.3
洛－2	30.0	30.2	30.5	9.1	9.2	9.3
平－1	29.9	30.2	30.5	9.1	9.2	9.3
平－2	29.9	30.2	30.5	9.0	9.2	9.3
新－1	30.0	30.2	30.5	9.1	9.2	9.3
新－2	30.0	30.2	30.5	9.0	9.2	9.3
焦－1	29.5	30.2	30.5	9.1	9.2	9.3
焦－2	29.5	30.2	30.5	9.0	9.2	9.3
许－1	30.1	30.2	30.5	9.1	9.2	9.3
许－2	30.1	30.2	30.5	9.0	9.2	9.3
漯－1	30.0	30.2	30.5	9.1	9.2	9.3
漯－2	30.0	30.2	30.5	9.0	9.2	9.3
济源	30.0	30.2	30.5	9.0	9.2	9.3
城市群	29.9	30.2	30.5	9.0	9.2	9.3

根据牧业发展状况及牲畜日需水定额,计算得出的牲畜需水结果见表 4-23。可见,2015 年和 2020 年中原城市群牲畜需水量分别为 13 948.9 万 m^3 和 14 733.9 万 m^3。

表 4-23　中原城市群不同水平年牲畜需水量预测结果　（单位:万 m^3）

分区	大牲畜		小牲畜		合计	
	2015 年	2020 年	2015 年	2020 年	2015 年	2020 年
郑－1	31.7	33.4	57.0	61.1	88.7	94.5
郑－2	368.9	417.5	845.7	992.9	1 214.6	1 410.4
开－1	38.6	40.1	50.4	54.3	89.0	94.4
开－2	640.7	652.6	1 679.7	1 694.6	2 320.4	2 347.2
洛－1	20.9	24.5	36.8	37.9	57.7	62.4
洛－2	777.1	836.1	912.1	940.5	1 689.2	1 776.6
平－1	35.3	37.9	51.4	54.0	86.7	91.9
平－2	1 165.1	1 217.9	1 479.9	1 529.6	2 645.0	2 747.5
新－1	14.3	16.1	21.8	23.8	36.1	39.9
新－2	595.6	629.5	1 110.5	1 164.3	1 706.1	1 793.8
焦－1	7.6	16.7	48.3	50.5	55.9	67.2
焦－2	286.0	302.8	692.9	759.8	978.9	1 062.6
许－1	3.3	3.3	13.4	13.2	16.7	16.5
许－2	625.0	642.3	1 128.3	1 157.9	1 753.3	1 800.2
漯－1	59.0	61.2	370.7	377.8	429.7	439.0
漯－2	109.5	114.7	365.4	371.7	474.9	486.4
济源	121.3	154.6	184.7	248.8	306.0	403.4
城市群	4 899.9	5 201.2	9 049.0	9 532.7	13 948.9	14 733.9

4）农业需水汇总

根据以上分项预测,基本方案和强化节水方案下农业需水量汇总见表 4-24。预测结果表明,基本方案下,2015 年中原城市群农业需水总量为 611 256.0 万 m^3,2020 年为 622 792.2万 m^3,农业需水量有小幅度增加。

表 4-24　中原城市群不同水平年农业需水量汇总　（单位：万 m³）

分区	基本方案		强化节水方案	
	2015 年	2020 年	2015 年	2020 年
郑－1	10 438.2	10 856.6	10 363.2	10 740.6
郑－2	50 049.4	50 238.2	49 552.4	49 484.2
开－1	8 013.7	8 539.1	7 888.2	8 455.7
开－2	100 685.6	101 459.6	98 369.6	100 024.1
洛－1	6 433.7	6 781.9	6 349.7	6 729.1
洛－2	54 096.2	53 936.1	53 317.8	53 340.6
平－1	4 502.7	4 789.8	4 480.9	4 752.0
平－2	57 082.6	63 197.5	56 576.2	62 321.2
新－1	5 866.6	5 958.9	5 781.6	5 871.4
新－2	105 413.1	104 121.5	103 848.1	102 534.0
焦－1	3 298.2	3 037.3	3 250.9	3 010.8
焦－2	71 396.5	71 753.2	70 213.7	70 547.5
许－1	1 610.1	1 591.9	1 600.4	1 577.2
许－2	69 710.4	69 051.7	68 645.0	67 971.4
漯－1	23 978.5	24 160.8	23 764.0	23 829.9
漯－2	22 943.9	24 076.4	22 693.4	23 672.9
济源	15 736.6	19 241.7	15 511.6	18 991.7
城市群	611 256.0	622 792.2	602 206.7	613 854.3

4. 第三产业需水

基本方案和强化节水方案下中原城市群第三产业需水定额预测结果见表 4-25，据此预测出的需水量见表 4-26。中原城市群第三产业从 2009 年到 2020 年需水定额在逐年减小，然而由于第三产业的不断发展，需水量在不断增长。基本方案下，2015 年和 2020 年的第三产业需水量分别为 35 526.3 万 m³ 和 63 413.7 万 m³。2009～2015 年年均增长率为 10.8%，2015～2020 年年均增长率为 12.3%。

表4-25　中原城市群不同水平年第三产业需水定额预测结果　(单位:m^3/万元)

分区	现状年(2009年)	基本方案		强化节水方案	
		2015年	2020年	2015年	2020年
郑-1	5.0	4.7	4.5	4.5	4.3
郑-2	5.0	4.7	4.5	4.5	4.3
开-1	5.3	5.0	4.8	4.8	4.6
开-2	5.3	5.1	4.9	4.9	4.7
洛-1	5.3	5.0	4.8	4.8	4.6
洛-2	5.3	5.1	4.9	4.9	4.7
平-1	5.5	5.3	5.1	5.1	4.9
平-2	5.5	5.3	5.1	5.1	4.9
新-1	5.5	5.3	5.1	5.1	4.9
新-2	5.5	5.3	5.1	5.1	4.9
焦-1	5.7	5.3	5.1	5.1	4.9
焦-2	5.7	5.3	5.1	5.1	4.9
许-1	5.6	5.3	5.1	5.1	4.9
许-2	5.6	5.3	5.1	5.1	4.9
漯-1	5.8	5.3	5.1	5.1	4.9
漯-2	5.8	5.3	5.1	5.1	4.9
济源	5.5	5.3	5.1	5.1	4.9
城市群	5.3	5.0	4.8	4.8	4.6

表 4-26 中原城市群不同水平年第三产业需水量预测结果 （单位：万 m^3）

分区	现状年（2009 年）	基本方案		强化节水方案	
		2015 年	2020 年	2015 年	2020 年
郑-1	4 998.4	8 038.6	13 125.9	7 696.6	12 542.5
郑-2	2 096.2	3 284.4	6 377.2	3 144.7	6 093.8
开-1	511.3	963.9	1 465.7	925.3	1 404.6
开-2	889.7	1 876.9	3 765.5	1 803.3	3 611.9
洛-1	1 858.3	3 423.4	5 363.0	3 286.4	5 139.5
洛-2	1 643.1	2 886.1	4 202.2	2 772.9	4 030.7
平-1	692.1	1 590.0	3 850.5	1 530.0	3 699.5
平-2	888.6	2 120.0	5 329.5	2 040.0	5 120.5
新-1	770.9	1 573.7	2 479.3	1 514.3	2 382.1
新-2	1 084.1	2 066.9	3 185.3	1 988.9	3 060.4
焦-1	562.6	1 179.2	2 110.2	1 134.7	2 027.5
焦-2	944.7	2 078.7	3 313.3	2 000.3	3 183.3
许-1	259.0	537.6	873.5	517.3	839.3
许-2	1 045.3	2 064.8	3 638.4	1 986.9	3 495.7
漯-1	447.3	873.8	2 137.5	840.8	2 053.7
漯-2	164.3	320.9	736.0	308.8	707.1
济源	381.7	647.4	1 460.7	623.0	1 403.4
城市群	19 237.6	35 526.3	63 413.7	34 114.2	60 795.5

4.1.3 生态环境需水

随着城市化的发展以及人民生活水平的提高，人们对城市生态环境的要求会越来越高，城市生态环境用水量将日趋增加。

根据各市《水资源综合规划》《节水型社会建设“十二五”规划》等成果，2015 年和 2020 年中原城市群生态环境需水量计算结果见表 4-27。

表4-27 中原城市群不同水平年生态环境需水量预测结果 （单位：万 m³）

分区	2015年	2020年
郑-1	27 711.5	30 296.0
郑-2	18 500.0	18 600.0
开-1	5 504.1	6 000.0
开-2	4 028.6	5 500.0
洛-1	9 507.0	10 274.0
洛-2	12 235.0	13 520.0
平-1	1 907.0	2 266.0
平-2	6 944.0	8 230.0
新-1	2 000.0	2 500.0
新-2	3 000.0	3 500.0
焦-1	3 100.0	3 500.0
焦-2	1 000.0	1 500.0
许-1	2 000.0	2 500.0
许-2	1 000.0	1 500.0
漯-1	1 396.9	1 536.5
漯-2	1 344.7	1 479.1
济源	450.0	528.0
城市群	101 628.8	113 229.6

4.1.4 需水预测汇总

在水资源需求方面，按满足经济增长、社会发展、城市生态和环境保护要求计算。生活用水考虑人口的自然增长与机械增长、人民生活水平提高等；工业用水考虑经济发展及经济、社会发展所导致的产业结构调整和各部门经济量的相对变化，各经济存量的用水效率不变，经济增量的用水效率由于技术进步等将提高。

随着人口的增长、城市的发展和各种功能的完善，以及居民居住和生活条件的逐步改善，研究区生活用水量也将逐渐增长。根据用水现状和趋势分析，同时考虑生活节水措施的实施和推广，生活用水定额增长趋势会放缓，参考国内外类似经济发展和用水水平地区的用水定额以及《河南省用水定额》，计算各规划水平年的需水量。

影响需水量预测的因素很多，不同的社会经济发展方案、不同产业结构和用水结构的水资源需求量会有较大的差异。这些差异可通过不同的需水方案来反映。通过上述分析和计算，可得中原城市群各市2015年、2020年需水量预测结果，详见表4-28～表4-31。

表4-28 2015年中原城市群基本方案需水量预测结果汇总 （单位:万 m^3）

分区	生活需水		生产需水			生态环境需水	合计
	城镇	农村	第一产业	第二产业	第三产业		
郑－1	24 246.7	797.3	10 438.2	31 367.7	8 038.6	27 711.5	102 600.0
郑－2	10 613.6	7 165.9	50 049.4	67 070.4	3 284.4	18 500.0	156 683.7
开－1	4 526.0	267.6	8 013.7	6 072.4	963.9	5 504.1	25 347.7
开－2	9 177.2	6 234.2	100 685.6	20 097.9	1 876.9	4 028.6	142 100.4
洛－1	8 546.8	74.0	6 433.7	19 010.5	3 423.4	9 507.0	46 995.4
洛－2	8 451.4	9 307.9	54 096.2	46 364.9	2 886.1	12 235.0	133 341.5
平－1	4 494.4	332.6	4 502.7	16 560.0	1 590.0	1 907.0	29 386.7
平－2	9 967.7	5 402.2	57 082.6	28 440.0	2 120.0	6 944.0	109 956.5
新－1	4 829.0	244.6	5 866.6	10 432.9	1 573.7	2 000.0	24 946.8
新－2	10 998.8	6 448.5	105 413.1	31 530.9	2 066.9	3 000.0	159 458.2
焦－1	3 964.1	354.6	3 298.2	9 725.9	1 179.2	3 100.0	21 622.0
焦－2	7 086.5	3 176.8	71 396.5	42 039.2	2 078.7	1 000.0	126 777.7
许－1	3 895.3	156.5	1 610.1	8 844.7	537.6	2 000.0	17 044.2
许－2	8 375.3	5 482.8	69 710.4	45 792.0	2 064.8	1 000.0	132 425.3
漯－1	5 026.3	978.2	23 978.5	19 156.3	873.8	1 396.9	51 410.0
漯－2	3 248.7	1 599.1	22 943.9	14 782.3	320.9	1 344.7	44 239.6
济源	2 341.7	597.0	15 736.6	15 705.9	647.4	450.0	35 478.6
城市群	129 789.5	48 619.8	611 256.0	432 993.9	35 526.3	101 628.8	1 359 814.3

表4-29　2015年中原城市群强化节水方案需水量预测结果汇总　（单位:万 m^3）

分区	生活需水		生产需水			生态环境需水	合计
	城镇	农村	第一产业	第二产业	第三产业		
郑－1	23 805.9	797.3	10 363.2	30 247.4	7 696.6	27 711.5	100 621.9
郑－2	10 467.2	7 165.9	49 552.4	64 757.7	3 144.7	18 500.0	153 587.9
开－1	4 467.6	267.6	7 888.2	5 725.4	925.3	5 504.1	24 778.2
开－2	9 050.6	6 234.2	98 369.6	18 949.4	1 803.3	4 028.6	138 435.7
洛－1	8 432.8	74.0	6 349.7	17 924.2	3 286.4	9 507.0	45 574.1
洛－2	8 334.9	9 307.9	53 317.8	43 715.5	2 772.9	12 235.0	129 684.0
平－1	4 433.2	332.6	4 480.9	15 640.0	1 530.0	1 907.0	28 323.7
平－2	9 825.3	5 402.2	56 576.2	26 860.0	2 040.0	6 944.0	107 647.7
新－1	4 763.3	244.6	5 781.6	9 853.3	1 514.3	2 000.0	24 157.1
新－2	10 841.6	6 448.5	103 848.1	29 779.2	1 988.9	3 000.0	155 906.3
焦－1	3 909.4	354.6	3 250.9	9 185.6	1 134.7	3 100.0	20 935.2
焦－2	6 985.3	3 176.8	70 213.7	39 703.7	2 000.3	1 000.0	123 079.8
许－1	3 841.6	156.5	1 600.4	8 353.4	517.3	2 000.0	16 469.2
许－2	8 255.6	5 482.8	68 645.0	43 248.0	1 986.9	1 000.0	128 618.3
漯－1	4 957.0	978.2	23 764.0	18 092.1	840.8	1 396.9	50 029.0
漯－2	3 320.9	1 599.1	22 693.4	13 961.1	308.8	1 344.7	43 228.0
济源	2 308.2	597.0	15 511.6	14 833.3	623.0	450.0	34 323.1
城市群	128 000.4	48 619.8	602 206.7	410 829.3	34 114.2	101 628.8	1 325 399.2

表 4-30　2020 年中原城市群基本方案需水量预测结果汇总　（单位:万 m^3）

分区	生活需水		生产需水			生态环境需水	合计
	城镇	农村	第一产业	第二产业	第三产业		
郑-1	30 556.5	331.8	10 856.6	41 679.8	13 125.9	30 296.0	126 846.6
郑-2	12 892.5	7 458.4	50 238.2	85 328.2	6 377.2	18 600.0	180 894.5
开-1	4 847.2	282.3	8 539.1	9 667.1	1 465.7	6 000.0	30 801.4
开-2	11 180.0	6 184.0	101 459.6	28 614.7	3 765.5	5 500.0	156 703.8
洛-1	9 351.3	83.8	6 781.9	25 318.4	5 363.0	10 274.0	57 172.4
洛-2	10 900.4	9 198.0	53 936.1	60 339.6	4 202.2	13 520.0	152 096.3
平-1	4 892.2	289.1	4 789.8	20 000.0	3 850.5	2 266.0	36 087.6
平-2	14 238.3	4 228.5	63 197.5	35 200.0	5 329.5	8 230.0	130 423.8
新-1	5 288.9	220.8	5 958.9	14 060.5	2 479.3	2 500.0	30 508.4
新-2	13 458.8	6 277.6	104 121.5	41 791.8	3 185.3	3 500.0	172 335.0
焦-1	4 569.8	278.6	3 037.3	14 350.9	2 110.2	3 500.0	27 846.8
焦-2	8 016.0	3 252.5	71 753.2	56 334.5	3 313.3	1 500.0	144 169.5
许-1	4 281.5	178.7	1 591.9	12 023.0	873.5	2 500.0	21 448.6
许-2	10 066.3	5 437.0	69 051.7	58 752.2	3 638.4	1 500.0	148 445.6
漯-1	5 707.7	914.5	24 160.8	21 690.0	2 137.5	1 536.5	56 147.0
漯-2	3 977.3	1 581.5	24 076.4	17 374.3	736.0	1 479.1	49 224.6
济源	2 759.4	559.0	19 241.7	18 616.3	1 460.7	528.0	43 165.1
城市群	156 984.1	46 756.1	622 792.2	561 141.3	63 413.7	113 229.6	1 564 317.0

表4-31　2020年中原城市群强化节水方案需水量预测结果汇总　（单位：万 m^3）

分区	生活需水		生产需水			生态环境需水	合计
	城镇	农村	第一产业	第二产业	第三产业		
郑－1	29 657.8	331.8	10 740.6	38 592.4	12 542.5	30 296.0	122 161.1
郑－2	12 720.6	7 458.4	49 484.2	79 233.4	6 093.8	18 600.0	173 590.4
开－1	4 726.0	282.3	8 455.7	9 043.4	1 404.6	6 000.0	29 912.0
开－2	11 030.9	6 184.0	100 024.1	26 768.6	3 611.9	5 500.0	153 119.5
洛－1	9 170.3	83.8	6 729.1	23 685.0	5 139.5	10 274.0	55 081.7
洛－2	10 755.1	9 198.0	53 340.6	56 446.7	4 030.7	13 520.0	147 291.1
平－1	4 827.0	289.1	4 752.0	18 750.0	3 699.5	2 266.0	34 583.6
平－2	14 041.9	4 228.5	62 321.2	33 000.0	5 120.5	8 230.0	126 942.1
新－1	5 218.3	220.8	5 871.4	13 181.7	2 382.1	2 500.0	29 374.3
新－2	13 273.2	6 277.6	102 534.0	39 179.8	3 060.4	3 500.0	167 825.0
焦－1	4 508.9	278.6	3 010.8	13 453.9	2 027.5	3 500.0	26 779.7
焦－2	7 905.5	3 252.5	70 547.5	52 813.6	3 183.3	1 500.0	139 202.4
许－1	4 224.4	178.7	1 577.2	11 271.6	839.3	2 500.0	20 591.2
许－2	9 927.5	5 437.0	67 971.4	55 080.2	3 495.7	1 500.0	143 411.8
漯－1	5 631.6	914.5	23 829.9	20 334.3	2 053.7	1 536.5	54 300.5
漯－2	3 922.5	1 581.5	23 672.9	16 288.5	707.1	1 479.1	47 651.6
济源	2 722.6	559.0	18 991.7	17 452.8	1 403.4	528.0	41 657.5
城市群	154 264.1	46 756.1	613 854.3	524 575.9	60 795.5	113 229.6	1 513 475.5

4.2　供水量分析预测

4.2.1　地表水可供水量预测

按照《全国水资源综合规划技术细则》的划分，地表水可供水量包括蓄水工程（水库、塘坝）可供水量、引提水工程可供水量、规划的大型水源工程和重要的中型水源工程及跨流域调水工程可供水量。

(1)水库可供水量分析:在调查中原城市群区域范围内大型水库、中小型水库的数量、控制面积和可供水量的基础上,将大型和重要的中型水利工程作为研究重点,逐个进行分析和统计,而对于中小型的工程按计算分区进行统计,并概化成一个或多个虚拟工程。其中大型水库和控制面积大、可供水量大的中型水库采用长系列进行调节计算,得出不同水平年、不同保证率的可供水量,并分解到各个计算分区,初步确定其供水范围、供水目标、供水用户等。其他中型水库和小型水库及塘坝工程可简化计算,采用兴利库容乘复蓄系数法估算。复蓄系数可通过对每个地区各类工程进行分类,采用典型调查方法,参照邻近及类似地区的成果分析确定。

(2)引提水工程可供水量分析:在引提水供水情况调查的基础上,根据取水口的取水量、引提水工程的供水能力以及用户需水要求计算出每个引提水工程的可供水量。

(3)规划的大型水源工程和重要的中型水源工程及跨流域调水工程可供水量分析:根据现有城市水利发展规划,统计出规划年拟建设的大型及重要的中型蓄、引、提、调水利工程,并统计工程供水规模、范围、对象和主要技术经济指标等,从而计算出新增可供水量。

研究区域内的跨流域调水主要涉及南水北调中线工程,可根据相应分水方案,初步确定沿途各个分水口门的可供水量以及各个城市总分配水量。

在对中原城市群供水工程分析的基础上,参照中原城市群各个城市相关水资源综合规划成果,对中原城市群地表水可供水量进行预测。

中原城市群地表水可供水量预测,划分为南水北调水、黄河干流水、大型水库水和其余地表水四部分统计分析。各规划水平年的具体预测结果见表4-32和表4-33。

表4-32　2015年中原城市群地表水可供水量预测结果　　(单位:万 m^3)

分区	黄河干流水	南水北调水	大型水库水	其余地表水	合计
郑-1	36 275.0	31 270.0	0	4 021.3	71 566.3
郑-2	5 725.0	20 430.0	3 000.0	22 678.2	51 833.2
开-1	18 946.9	0	0	700.0	19 646.9
开-2	36 528.6	0	0	6 300.0	42 828.6
洛-1	22 600.0	0	5 123.0	6 217.0	33 940.0
洛-2	11 500.0	0	36 518.0	29 356.0	77 374.0
平-1	0	20 170.0	13 870.0	1 814.6	35 854.6
平-2	0	4 830.0	19 991.4	29 145.0	53 966.4
新-1	0	23 300.0	0	1 383.2	24 683.2
新-2	103 700.0	16 860.0	0	21 943.4	142 503.4
焦-1	0	22 480.0	0	2 434.0	24 914.0
焦-2	23 500.0	5 720.0	6 280.0	15 717.4	51 217.4
许-1	0	5 000.0	0	10 945.4	15 945.4
许-2	5 000.0	17 600.0	15 700.0	6 169.0	44 469.0
漯-1	0	6 670.0	5 356.0	1 657.0	13 683.0
漯-2	0	3 930.0	7 516.4	3 081.6	14 528.0
济源	7 000.0	0	9 460.8	25 286.5	41 747.3
城市群	270 775.5	178 260.0	122 815.6	188 849.6	760 700.7

表4-33　2020年中原城市群地表水可供水量预测结果　（单位:万 m^3）

分区	黄河干流水	南水北调水	大型水库水	其余地表水	合计
郑-1	36 275.0	31 270.0	15 000.0	4 021.3	86 566.3
郑-2	9 375.0	20 430.0	7 850.0	22 678.2	60 333.2
开-1	18 946.9	0	0	700.0	19 646.9
开-2	36 528.6	0	0	6 300.0	42 828.6
洛-1	22 600.0	0	5 123.0	9 353.0	37 076.0
洛-2	11 500.0	0	36 518.0	40 337.0	88 355.0
平-1	0	20 170.0	13 870.0	3 139.0	37 179.0
平-2	0	4 830.0	19 991.4	36 259.6	61 081.0
新-1	0	23 300.0	0	4 050.0	27 350.0
新-2	103 700.0	16 860.0	0	22 514.0	143 074.0
焦-1	0	22 480.0	0	2 434.0	24 914.0
焦-2	23 500.0	5 720.0	6 280.0	15 717.4	51 217.4
许-1	0	5 000.0	0	10 945.4	15 945.4
许-2	5 000.0	17 600.0	15 700.0	6 169.0	44 469.0
漯-1	0	6 670.0	5 356.0	1 657.0	13 683.0
漯-2	0	3 930.0	7 516.4	3 081.6	14 528.0
济源	7 000.0	0	9 460.8	26 845.5	43 306.3
城市群	274 425.5	178 260.0	142 665.6	216 202.0	811 553.1

4.2.2　地下水可供水量预测

结合地下水实际开采情况、地下水资源可开采量以及地下水位动态特征来综合分析，确定地下水的开发利用潜力，根据各市《水资源综合评价》《节水型社会建设"十二五"规划》和水资源公报等成果，分析预测地下水可供水量(见表4-34)。

表 4-34 中原城市群不同水平年地下水可供水量预测结果

分区	地下水可供水量(万 m^3)	
	2015 年	2020 年
郑-1	8 332.8	8 332.8
郑-2	48 061.0	48 061.0
开-1	5 817.4	5 817.4
开-2	6 8701.0	68 701.0
洛-1	31 624.0	31 664.0
洛-2	53 671.0	54 420.0
平-1	456.0	479.0
平-2	16 871.0	17 010.0
新-1	11 735.2	11 735.2
新-2	74 611.4	74 611.4
焦-1	16 600.0	16 600.0
焦-2	54 900.0	54 900.0
许-1	4 844.2	4 844.2
许-2	46 435.0	46 435.0
漯-1	10 784.4	10 784.4
漯-2	11 039.8	11 039.8
济源	8 264.0	8 203.0
城市群	472 748.2	473 638.2

4.2.3 非常规水源可供水量预测

非常规水源可开发利用主要考虑雨水集蓄利用、污水处理回用。

4.2.3.1 雨水集蓄利用

雨水集蓄利用主要指收集储存屋顶、场院、道路等场所的降雨或径流的微型蓄水工程,包括水窖、水池、水塘等。在统计各个城市现有及规划集雨工程的基础上,计算各个城市不同水平年集雨工程的可供水量。

4.2.3.2 污水处理回用

一般情况下,城市污水经集中处理后,可用于农田灌溉及作为生态环境用水。对缺水较严重的城市,中水可用于对水质要求不高的工业冷却用水,以及改善城市生态环境的市政用水。统计各个城市的污水处理厂的数量、规模、处理能力以及污水回用的途径来预测中水可供水量。污水回用量采用各水平年污水处理量乘以污水处理率再乘以污水回用率的方法进行测算。

非常规水源雨水集蓄利用和污水处理回用预测结果见表 4-35 和表 4-36。

表 4-35　中原城市群 2015 年非常规水源供水预测结果　（单位：万 m^3）

分区	基本方案			强化节水方案		
	污水处理回用	雨水集蓄利用	合计	污水处理回用	雨水集蓄利用	合计
郑－1	18 686.4	524.5	19 210.9	18 161.9	524.5	18 686.4
郑－2	20 392.1	1 012.5	21 404.6	19 746.5	1 012.5	20 759.0
开－1	2 967.6	1 035.0	4 002.6	2 854.0	1 035.0	3 889.0
开－2	6 455.2	1 896.6	8 351.8	6 174.0	1 896.6	8 070.6
洛－1	7 716.0	500.0	8 216.0	7 380.0	500.0	7 880.0
洛－2	12 087.0	1 000.0	13 087.0	11 477.1	1 000.0	12 477.1
平－1	4 421.4	400.0	4 821.4	4 215.4	400.0	4 615.4
平－2	6 586.9	500.0	7 086.9	6 291.5	500.0	6 791.5
新－1	3 205.0	100.0	3 305.0	3 069.5	100.0	3 169.5
新－2	7 293.8	100.0	7 393.8	6 966.5	100.0	7 066.5
焦－1	2 874.9	7.0	2 881.9	2 749.9	7.0	2 756.9
焦－2	8 425.1	61.0	8 486.1	8 007.2	61.0	8 068.2
许－1	2 675.4	50.0	2 725.4	2 560.9	50.0	2 610.9
许－2	9 289.7	50.0	9 339.7	8 832.9	50.0	8 882.9
漯－1	5 078.3	200.0	5 278.3	4 840.3	200.0	5 040.3
漯－2	3 092.3	200.0	3 292.3	2 963.9	200.0	3 163.9
济源	3 790.0	197.0	3 987.0	3 599.7	197.0	3 796.7
城市群	125 037.1	7 833.6	132 870.7	119 891.2	7 833.6	127 724.8

表 4-36 中原城市群 2020 年非常规水源供水预测结果 （单位：万 m^3）

分区	基本方案			强化节水方案		
	污水处理回用	雨水集蓄利用	合计	污水处理回用	雨水集蓄利用	合计
郑-1	27 937.4	663.6	28 601.0	26 395.8	663.6	27 059.4
郑-2	30 252.0	1 051.2	31 303.2	28 321.8	1 051.2	29 373.0
开-1	4 749.8	1 086.8	5 836.6	4 506.1	1 086.8	5 592.9
开-2	10 446.1	1 991.4	12 437.5	9 922.4	1 991.4	11 913.8
洛-1	11 345.7	500.0	11845.7	10 751.9	500.0	11 251.9
洛-2	18 700.5	1 000.0	19 700.5	17 640.5	1 000.0	18 640.5
平-1	6 272.8	500.0	6 772.8	5 941.4	500.0	6 441.4
平-2	10 382.0	600.0	10 982.0	9 878.8	600.0	10 478.8
新-1	4 876.0	150.0	5 026.0	4 636.8	150.0	4 786.8
新-2	11 602.6	150.0	11 752.6	11 015.1	150.0	11 165.1
焦-1	4 768.0	23.0	4 791.0	4 526.6	23.0	4 549.6
焦-2	13 513.6	120.0	13 633.6	12 751.0	120.0	12 871.0
许-1	4 108.7	100.0	4 208.7	3 905.0	100.0	4 005.0
许-2	14 451.9	100.0	14 551.9	13 651.6	100.0	13 751.6
漯-1	6 904.2	300.0	7 204.2	6 543.4	300.0	6 843.4
漯-2	4 483.8	300.0	4 783.8	4 244.3	300.0	4 544.3
济源	5 386.7	197.0	5 583.7	5 084.2	197.0	5 281.2
城市群	190 181.8	8 833.0	199 014.8	179 716.7	8 833.0	188 549.7

4.2.4 可供水量预测汇总

按照不同水平年（2015 年、2020 年）分别拟订供水方案，其中 2015 年和 2020 年基本方案定义为中原城市群各市规划新建、扩建的供水工程按期完成，南水北调中线工程建成通水并按规划分水方案分水。根据相关统计资料及规划资料，预测基本方案下中原城市群各市 2015 年和 2020 年的可供水量预测结果见表 4-37 和表 4-38。

表 4-37　中原城市群 2015 年可供水量预测结果　（单位：万 m^3）

分区	地表水	地下水	非常规水源供水		合计	
			基本方案	强化节水	基本方案	强化节水
郑 -1	71 566.3	8 332.8	19 210.9	18 686.4	99 110.0	98 585.5
郑 -2	51 833.2	48 061.0	21 404.6	20 759.0	121 298.8	120 653.2
开 -1	19 646.9	5 817.4	4 002.6	3 889.0	29 466.9	29 353.3
开 -2	42 828.6	68 701.0	8 351.8	8 070.6	119 881.4	119 600.2
洛 -1	33 940.0	31 624.0	8 216.0	7 880.0	73 780.0	73 444.0
洛 -2	77 374.0	53 671.0	13 087.0	12 477.1	144 132.0	143 522.1
平 -1	35 854.6	456.0	4 821.4	4 615.4	41 132.0	40 926.0
平 -2	53 966.4	16 871.0	7 086.9	6 791.5	77 924.3	77 628.9
新 -1	24 683.2	11 735.2	3 305.0	3 169.5	39 723.4	39 587.9
新 -2	142 503.4	74 611.4	7 393.8	7 066.5	224 508.6	224 181.3
焦 -1	24 914.0	16 600.0	2 881.9	2 756.9	44 395.9	44 270.9
焦 -2	51 217.4	54 900.0	8 486.1	8 068.2	114 603.5	114 185.6
许 -1	15 945.4	4 844.2	2 725.4	2 610.9	23 515.0	23 400.5
许 -2	44 469.0	46 435.0	9 339.7	8 882.9	100 243.7	99 786.9
漯 -1	13 683.0	10 784.4	5 278.3	5 040.3	29 745.7	29 507.7
漯 -2	14 528.0	11 039.8	3 292.3	3 163.9	28 860.1	28 731.7
济源	41 747.3	8 264.0	3 987.0	3 796.7	53 998.3	53 808.0
城市群	760 700.7	472 748.2	132 870.7	127 724.8	1 366 319.6	1 361 173.7

表 4-38　中原城市群 2020 年可供水量预测结果　（单位：万 m^3）

分区	地表水	地下水	非常规水源供水		合计	
			基本方案	强化节水	基本方案	强化节水
郑 -1	86 566.3	8 332.8	28 601.0	27 059.4	123 500.1	121 958.5
郑 -2	60 333.2	48 061.0	31 303.2	29 373.0	139 697.4	137 767.2
开 -1	19 646.9	5 817.4	5 836.6	5 592.9	31 300.9	31 057.2
开 -2	42 828.6	68 701.0	12 437.5	11 913.8	123 967.1	123 443.4
洛 -1	37 076.0	31 664.0	11 845.7	11 251.9	80 585.7	79 991.9
洛 -2	88 355.0	54 420.0	19 700.5	18 640.5	162 475.5	161 415.5
平 -1	37 179.0	479.0	6 772.8	6 441.4	44 430.8	44 099.4
平 -2	61 081.0	17 010.0	10 982.0	10 478.8	89 073.0	88 569.8
新 -1	27 350.0	11 735.2	5 026.0	4 786.8	44 111.2	43 872.0
新 -2	143 074.0	74 611.4	11 752.6	11 165.1	229 438.0	228 850.5
焦 -1	24 914.0	16 600.0	4 791.0	4 549.6	46 305.0	46 063.6
焦 -2	51 217.4	54 900.0	13 633.6	12 871.0	119 751.0	118 988.4
许 -1	15 945.4	4 844.2	4 208.7	4 005.0	24 998.3	24 794.6
许 -2	44 469.0	46 435.0	14 551.9	13 751.6	105 455.9	104 655.6
漯 -1	13 683.0	10 784.4	7 204.2	6 843.4	31 671.6	31 310.8
漯 -2	14 528.0	11 039.8	4 783.8	4 544.3	30 351.6	30 112.1
济源	43 306.3	8 203.0	5 583.7	5 281.2	57 093.0	56 790.5
城市群	811 553.1	473 638.2	199 014.8	188 549.7	1 484 206.1	1 473 741.0

4.3　供需平衡分析

4.3.1　基本思路及说明

本节所论述的规划水平年供需水分析，是以本章 4.1 节和 4.2 节分别计算的不同水平年（2015 年 、2020 年）需水量、可供水量为基础，通过供需水量计算分析缺水状况。

4.3.2　供需平衡分析

4.3.2.1　规划水平年 2015 年

如表 4-39 所示，在实施南水北调工程（向中原城市群供水 178 260 万 m^3）并引用一定量的雨水、污水的条件下，可供水量为 1 366 319.6 万 m^3，需水量为 1 359 814.3 万 m^3，全区余水量为 6 505.3 万 m^3，余水率为 0.5%。从总体来看，全区不缺水，这是以实施南水北调工程（向中原城市群供水 178 260 万 m^3）为前提得到的结果。假如到 2015 年南水北调工程没有通水，全区缺水量为 171 754.7 万 m^3，缺水率为 12.6%。

如图 4-2 所示为分行政区余、缺水量图，从图中可以看出，此时有郑－1、郑－2、开－2、平－2、焦－2、许－2、漯－1 和漯－2 八个计算分区缺水，缺水分区数目接近计算分区总数的一半。缺水量最大的是郑－2，缺水量 35 384.9 万 m^3；余水量最大的是新－2，说明新－2分区黄河分水指标未利用完。

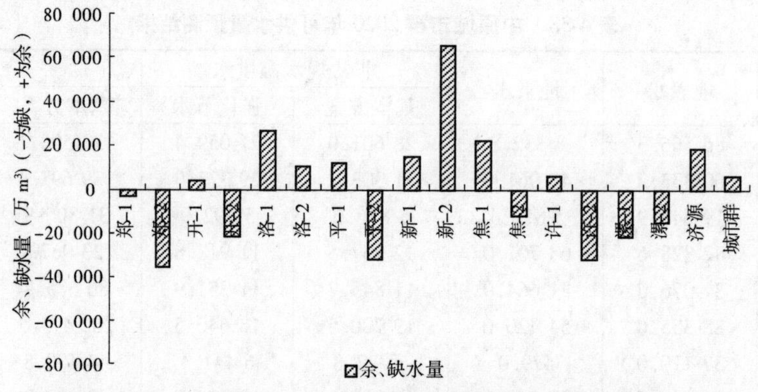

图 4-2　规划水平年 2015 年中原城市群供需分析余、缺水量直方图

4.3.2.2　规划水平年 2015 年强化节水方案情况

如表 4-40 所示，在实施南水北调工程（向中原城市群供水 178 260 万 m^3）并引用一定量的雨水、污水的条件下，可供水量为 1 361 173.7 万 m^3，需水量为 1 325 399.2 万 m^3，全区余水量为 35 774.5 万 m^3，余水率为 2.7%。从总体来看，不缺水，这是以实施南水北调工程（向中原城市群供水 178 260 万 m^3）为前提得到的结果。假如到 2015 年南水北调工程没有通水，全区缺水量为 142 485.2 万 m^3，缺水率为 10.75%。

表 4-39　规划水平年 2015 年中原城市群各分区供需水分析详表

（单位：万 m^3）

分区	需水							供水					余缺水量	余缺水率（%）
	城镇生活	农村生活	一产	二产	三产	生态环境	合计	地表水	地下水	污水回用	雨水利用	合计		
郑－1	24 246.7	797.3	10 438.2	31 367.7	8 038.6	27 711.5	102 600.1	71 566.3	8 332.8	18 686.4	524.5	99 110.0	－3 490	－3.4
郑－2	10 613.6	7 169.59	50 049.4	67 070.4	3 284.4	18 500.0	156 683.7	51 833.2	48 061.0	20 392.1	1 012.5	121 298.8	－35 384.9	－22.6
开－1	4 526.0	267.6	8 013.7	6 072.4	963.9	5 504.1	25 347.7	19 646.9	5 817.4	2 967.6	1 035.0	29 466.9	4 119.2	16.3
开－2	9 177.2	6 234.2	100 685.6	20 097.9	1 876.9	4 028.6	142 100.4	42 828.6	68 701.0	6 455.2	1 896.6	119 881.4	－22 219	－15.6
洛－1	8 546.8	74.0	6 433.7	19 010.5	3 423.4	9 507.0	46 995.4	33 940.0	31 624.0	7 716.0	500.0	73 780.0	26 784.6	57.0
洛－2	8 451.4	9 307.9	54 096.2	46 364.9	2 886.1	12 235.0	133 341.5	77 374.0	53 671.0	12 087.0	1 000.0	144 132.0	10 790.5	8.1
平－1	4 494.0	333.0	4 503.0	16 560.0	1 590.0	1 907.0	29 387.0	35 854.6	456.0	4 421.4	400.0	41 132.0	11 745.3	40.0
平－2	9 967.7	5 402.2	57 082.6	28 440.0	2 120.0	6 944.0	109 956.5	53 966.4	16 871.0	6 586.9	500.0	77 924.3	－32 032.2	－29.1
新－1	4 829.0	244.6	5 866.6	10 432.9	1 573.7	2 000.0	24 946.8	24 683.2	11 735.2	3 205.0	100.0	39 723.4	14 776.6	59.2
新－2	10 998.8	6 448.5	105 413.1	31 530.9	2 066.9	3 000.0	159 458.2	142 503.4	74 611.4	7 293.8	100.0	224 508.6	65 050.4	40.8
焦－1	3 964.1	354.6	3 298.2	9 725.9	1 179.2	3 100.0	21 622.0	24 914.0	16 600.0	2 874.9	7.0	44 395.9	22 773.9	105.3
焦－2	7 086.5	3 176.8	71 396.5	42 039.2	2 078.7	1 000.0	126 777.7	51 217.4	54 900.0	8 425.1	61.0	114 603.5	－12 174.2	－9.6
许－1	3 895.3	156.5	1 610.1	8 844.7	537.6	2 000.0	17 044.2	15 945.4	4 844.2	2 675.4	50.0	23 515.0	6 470.8	38.0
许－2	8 375.3	5 482.8	69 710.4	45 792.0	2 064.8	1 000.0	132 425.3	44 469.0	46 435.0	9 289.7	50.0	100 243.7	－32 181.6	－24.3
漯－1	55 026.3	978.2	23 978.5	19 156.3	873.8	1 396.9	51 410.0	13 683.0	10 784.4	5 078.3	200.0	29 745.7	－21 664.3	－42.1
漯－2	3 248.7	1 599.1	22 943.9	14 782.3	320.9	1 344.7	44 239.6	14 528.0	11 039.8	3 092.3	200.0	28 860.1	－15 379.5	－34.8
济源	2 341.7	597.0	15 736.6	15 705.9	647.4	450.0	35 478.6	41 747.3	8 264.0	3 790.0	197.0	53 998.3	18 519.7	52.2
城市群	129 789.5	48 619.8	611 256.0	432 993.9	35 526.3	101 628.8	1 359 814.3	760 700.7	472 748.2	125 037.1	7 833.6	1 366 319.6	6 505.3	0.5

表 4-40　规划水平年 2015 年强化节水方案中原城市群各分区供需水分析详表

（单位：万 m^3）

分区	需水							供水					余缺水量	余缺水率（%）
	城镇生活	农村生活	一产	二产	三产	生态环境	合计	地表水	地下水	污水回用	雨水利用	合计		
郑－1	23 805.9	797.3	10 363.2	30 247.4	7 696.6	27 711.5	100 621.9	71 566.3	8 332.8	18 161.9	524.5	98 585.5	－2 036.4	－2.0
郑－2	10 467.2	7 165.9	49 552.4	64 757.7	3 144.7	18 500.0	153 587.9	51 833.2	48 061.0	19 746.5	1 012.5	120 653.2	－32 934.7	－21.4
开－1	4 467.6	267.6	7 888.2	5 725.4	925.3	5 504.1	24 778.2	19 646.9	5 817.4	2 854.0	1 035.0	29 353.3	4 575.1	18.5
开－2	9 050.6	6 234.2	98 369.6	18 949.4	1 803.3	4 028.6	138 435.7	42 828.6	68 701.0	6 174.0	1 896.6	119 600.2	－18 835.5	－13.6
洛－1	8 432.8	74.0	6 349.7	17 924.2	3 286.4	9 507.0	45 574.1	33 940.0	31 624.0	7 380.0	500.0	73 444.0	27 869.9	61.2
洛－2	8 334.9	9 307.9	53 317.8	43 715.5	2 772.9	12 235.0	129 684.0	77 374.0	53 671.0	11 477.1	1 000.0	143 522.1	13 838.1	10.7
平－1	4 433.2	332.6	4 480.9	15 640.0	1 530.0	1 907.0	28 323.7	35 854.6	456.0	4 215.4	400.0	40 926.0	12 602.3	44.5
平－2	9 825.3	5 402.2	56 576.2	26 860.0	2 040.0	6 944.0	107 647.7	53 966.4	16 871.0	6 291.5	500.0	77 628.9	－30 318.8	－27.9
新－1	4 763.3	244.6	5 781.6	9 853.3	1 514.3	2 000.0	24 157.1	24 683.2	11 735.2	3 069.5	100.0	39 587.9	15 430.8	63.9
新－2	10 841.6	6 448.5	103 848.1	29 779.2	1 988.9	3 000.0	155 906.3	142 503.4	74 611.4	6 966.5	100.0	224 181.3	68 275	43.8
焦－1	3 909.4	354.6	3 250.9	9 185.6	1 134.7	3 100.0	20 935.2	24 914.0	16 600.0	2 749.9	7.0	44 270.9	23 335.7	111.5
焦－2	6 985.3	3 176.8	70 213.7	39 703.7	2 000.3	1 000.0	123 079.8	51 217.4	54 900.0	8 007.2	61.0	114 185.6	－8 894.2	－7.2
许－1	3 841.6	156.5	1 600.4	8 353.4	517.3	2 000.0	16 469.2	15 945.4	4 844.2	2 560.9	50.0	23 400.5	6 931.3	42.1
许－2	8 255.6	5 482.8	68 645.0	43 248.0	1 986.9	1 000.0	128 618.3	44 469.0	46 435.0	8 832.9	50.0	99 786.9	－28 831.4	－22.4
漯－1	4 957.0	978.2	23 764.0	18 092.1	840.8	1 396.9	50 029.0	13 683.0	10 784.4	4 840.3	200.0	29 507.7	－20 521.3	－41.0
漯－2	3 320.9	1 599.1	22 693.4	13 961.1	308.8	1 344.7	43 228.0	14 528.0	11 039.8	2 963.9	200.0	28 731.7	－14 496.3	－33.5
济源	2 308.2	597.0	15 511.6	14 833.3	623.0	450.0	34 323.1	41 747.3	8 264.0	3 599.7	197.0	53 808.0	19 484.9	56.8
城市群	128 000.4	48 619.8	602 206.7	410 829.3	34 114.2	101 628.8	1 325 399.2	760 700.7	472 748.2	119 891.2	7 833.6	1 361 173.7	35 774.5	2.7

如图4-3所示为分行政区余、缺水量图,从图中可以看出,此时有郑-1、郑-2、开-2、平-2、焦-2、许-2、漯-1和漯-2八个计算分区缺水,缺水量最高的是郑-2,缺水量32 934.7万m^3;余水量最大的是新-2,说明新-2分区黄河分水指标未利用完。

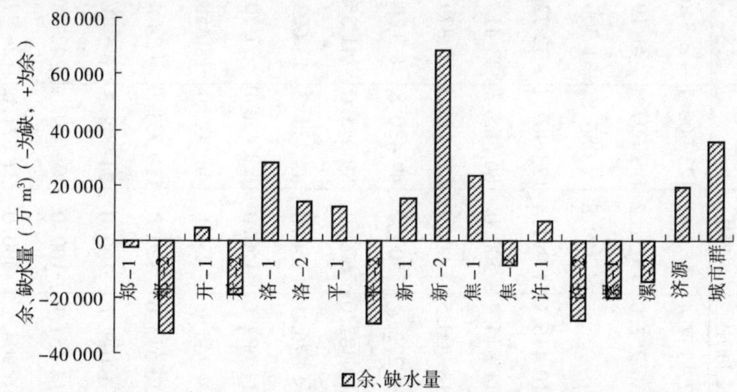

图4-3 规划水平年2015年强化节水方案供需分析余、缺水量直方图

4.3.2.3 规划水平年2020年

如表4-41所示,在实施南水北调工程(向中原城市群供水178 260万m^3)并引用一定量的雨水、污水的条件下,可供水量为1 484 206.1万m^3,需水量为1 564 317.0万m^3,全区缺水量为80 110.9万m^3,缺水率为5.1%。从总体来看,缺水率不高,这是以实施南水北调工程(向中原城市群供水178 260万m^3)为前提得到的结果。

如图4-4所示为分行政区余、缺水量图,从图中可以看出,此时有郑-1、郑-2、开-2、平-2、焦-2、许-2、漯-1和漯-2八个计算分区缺水,缺水分区数目接近计算分区总数的一半。缺水量最大的是许-2,缺水量42 989.7万m^3;余水量最大的是新-2,说明新-2分区黄河分水指标未利用完。

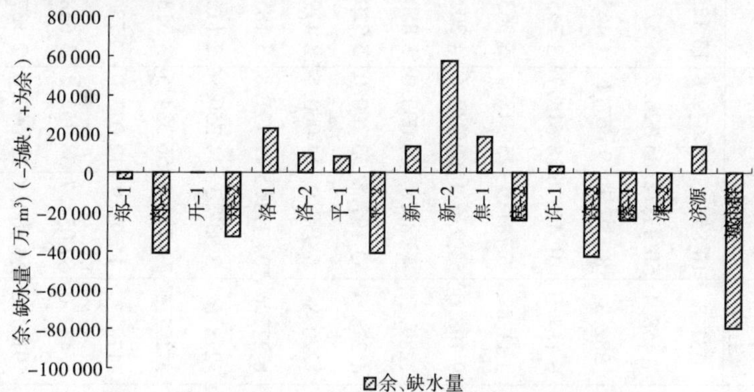

图4-4 规划水平年2020年供需分析余、缺水量直方图

4.3.2.4 规划水平年2020年强化节水方案情况

如表4-42所示,在实施南水北调工程(向中原城市群供水178 260万m^3)并引用一定量的雨水、污水的条件下,可供水量为1 473 741.0万m^3,需水量为1 513 475.5万m^3,全区缺水量为39 734.5万m^3,缺水率为2.6%。从总体来看,缺水率不高,这是以实施南水北调

表 4-41 规划水平年 2020 年中原城市群各分区供需水分析详表

（单位：万 m^3）

分区	需水							供水					余缺水量	余缺水率（%）
	城镇生活	农村生活	一产	二产	三产	生态环境	合计	地表水	地下水	污水回用	雨水利用	合计		
郑-1	30 556.5	331.8	10 856.6	41 679.8	13 125.9	30 296.0	126 846.6	86 566.3	8 332.8	27 937.4	663.6	123 500.1	-3 346.5	-2.6
郑-2	12 892.5	7 458.4	50 238.2	85 328.2	6 377.2	18 600.0	180 894.5	60 333.2	48 061.0	30 252.0	1 051.2	139 697.4	-41 197.1	-22.8
开-1	4 847.2	282.3	8 539.1	9 667.1	1 465.7	6 000.0	30 801.4	19 646.9	5 817.4		4 749.8	1 086.8	31 300.9	499.5
开-2	11 180.0	6 184.0	101 459.6	28 614.7	3 765.5	5 500.0	156 703.8	42 828.6	68 701.0	10 446.1	1 991.4	123 967.1	-32 736.7	-20.9
洛-1	9 351.3	83.8	6 781.9	25 318.4	5 363.0	10 274.0	57 172.4	37 076.0	31 664.0	11 345.7	500.0	80 585.7	23 413.3	41.0
洛-2	10 900.4	9 198.0	53 936.1	60 339.6	4 202.2	13 520.0	152 096.3	88 355.0	54 420.0	18 700.5	1 000.0	162 475.5	10 379.2	6.8
平-1	4 892.2	289.1	4 789.8	20 000.0	3 850.5	2 266.0	36 087.6	37 179.0	479.0	6 272.8	500.0	44 430.8	8 343.2	23.1
平-2	14 238.3	4 228.5	63 197.5	35 200.0	5 329.5	8 230.0	130 423.8	61 081.0	17 010.0	10 382.0	600.0	89 073.0	-41 350.8	-31.7
新-1	5 288.9	220.8	5 958.9	14 060.5	2 479.3	2 500.0	30 508.4	27 350.0	11 735.2	4 876.0	150.0	44 111.2	13 602.8	44.6
新-2	13 458.8	6 277.6	104 121.5	41 791.8	3 185.3	3 500.0	172 335.0	143 074.0	74 611.4	11 602.6	150.0	229 438.0	57 103	33.1
焦-1	4 569.8	278.6	3 037.3	14 350.9	2 110.2	3 500.0	27 846.8	24 914.0	16 600.0	4 768.0	23.0	46 305.0	18 458.2	66.3
焦-2	8 016.0	3 252.5	71 753.2	56 334.5	3 313.3	1 500.0	144 169.5	51 217.4	54 900.0	13 513.6	120.0	119 751.0	-24 418	-16.9
许-1	4 281.5	178.7	1 591.9	12 023.0	873.5	2 500.0	21 448.6	15 945.4	4 844.2	4 108.7	100.0	24 998.3	3 549.7	16.5
许-2	10 066.3	5 437.0	69 051.7	58 752.2	3 638.4	1 500.0	148 445.6	44 469.0	46 435.0	14 451.9	100.0	105 455.9	-42 989.7	-29.0
漯-1	5 707.7	914.5	24 160.8	21 690.0	2 137.5	1 536.5	56 147.0	13 683.0	10 784.4	6 904.2	300.0	31 671.6	-24 475.4	-43.6
漯-2	3 977.3	1 581.5	24 076.4	17 374.3	736.0	1 479.1	49 224.6	14 528.0	11 039.8	4 483.8	300.0	30 351.6	-18 873	-38.3
济源	2 759.4	559.0	19 241.7	18 616.3	1 460.7	528.0	43 165.1	43 306.3	8 203.0	5 386.7	197.0	57 093.0	13 927.9	32.3
城市群	156 984.1	46 756.1	622 792.2	561 141.3	63 413.7	113 229.6	1 564 317.0	811 553.1	473 638.2	190 181.8	8 833.0	1 484 206.1	-80 110.9	-5.1

表4-42 规划水平年2020年强化节水方案中原城市群各分区供需水分析详表

（单位：万 m^3）

分区	需水							供水					余缺水量	余缺水率（%）
	城镇生活	农村生活	一产	二产	三产	生态环境	合计	地表水	地下水	污水回用	雨水利用	合计		
郑－1	29 657.8	331.8	10 740.6	38 592.4	12 542.5	30 296.0	122 161.1	86 566.3	8 332.8	26 395.8	663.6	121 958.5	－202.6	－0.2
郑－2	12 720.6	7 458.4	49 484.2	79 233.4	6 093.8	18 600.0	173 590.4	60 333.2	48 061.0	28 321.8	1 051.2	137 767.2	－35 823.2	－20.6
开－1	4 726.0	282.3	8 455.7	9 043.4	1 404.6	6 000.0	29 912.0	19 646.9	5 817.4	4 506.1	1 086.8	31 057.2	1 145.2	3.8
开－2	11 030.9	6 184.0	100 024.1	26 768.6	3 611.9	5 500.0	153 119.5	42 828.6	68 701.0	9 922.4	1 991.4	123 443.4	－29 676.1	－19.4
洛－1	9 170.3	83.8	6 729.1	23 685.0	5 139.5	10 274.0	55 081.7	37 076.0	31 664.0	10 751.9	500.0	79 991.9	24 910.2	45.2
洛－2	10 755.1	9 198.0	53 340.6	56 446.7	4 030.7	13 520.0	147 291.1	88 355.0	54 420.0	17 640.5	1 000.0	161 415.5	14 124.4	9.6
平－1	4 827.0	289.1	4 752.0	18 750.0	3 699.5	2 266.0	34 583.6	37 179.0	479.0	5 941.4	500.0	44 099.4	9 515.8	27.5
平－2	14 041.9	4 228.5	62 321.2	33 000.0	5 120.5	8 230.0	126 942.1	61 081.0	17 010.0	9 878.8	600.0	88 569.8	－38 372.3	－30.2
新－1	5 218.3	220.8	5 871.4	13 181.7	2 382.1	2 500.0	29 374.3	27 350.0	11 735.2	4 636.8	150.0	43 872.0	14 497.7	49.4
新－2	13 273.2	6 277.6	102 534.0	39 179.8	3 060.4	3 500.0	167 825.0	143 074.0	74 611.4	11 015.1	150.0	228 850.5	61 025.5	36.4
焦－1	4 508.9	278.6	3 010.8	13 453.9	2 027.5	3 500.0	26 779.7	24 914.0	16 600.0	4 526.6	23.0	46 063.6	19 283.9	72.0
焦－2	7 905.5	3 252.5	70 547.5	52 813.6	3 183.3	1 500.0	139 202.4	51 217.4	54 900.0	12 751.0	120.0	118 988.4	－20 214	－14.5
许－1	4 224.4	178.7	1 577.2	11 271.6	839.3	2 500.0	20 591.2	15 945.4	4 844.2	3 905.0	100.0	24 794.6	4 203.4	20.4
许－2	9 927.5	5 437.0	67 971.4	55 080.2	3 495.7	1 500.0	143 411.8	44 469.0	46 435.0	13 651.6	100.0	104 655.6	－38 756.2	－27.0
漯－1	5 631.6	914.5	23 829.9	20 334.3	2 053.7	1 536.5	54 300.5	13 683.0	10 784.4	6 543.4	300.0	31 310.8	－22 989.7	－42.3
漯－2	3 922.5	1 581.5	23 672.9	16 288.5	707.1	1 479.1	47 651.6	14 528.0	11 039.8	4 244.3	300.0	30 112.1	－17 539.5	－36.8
济源	2 722.6	559.0	18 991.7	17 452.8	1 403.4	528.0	41 657.5	43 306.3	8 203.0	5 084.2	197.0	56 790.5	15 133	36.3
城市群	154 264.1	46 756.1	613 854.3	524 575.9	60 795.5	113 229.6	1 513 475.5	811 553.1	473 638.2	179 716.7	8 833.0	1 473 741.0	－39 734.5	－2.6

工程(向中原城市群供水 178 260 万 m^3)为前提得到的结果。

如图 4-5 所示为分行政区余、缺水量图,从图中可以看出,此时有郑 -1、郑 -2、开 -2、平 -2、焦 -2、许 -2、漯 -1 和漯 -2 八个计算分区缺水,缺水分区数目接近一半。缺水量最大的是许 -2,缺水量 38 756.2 万 m^3;余水量最大的是新 -2,说明新 -2 分区黄河分水指标未利用完。

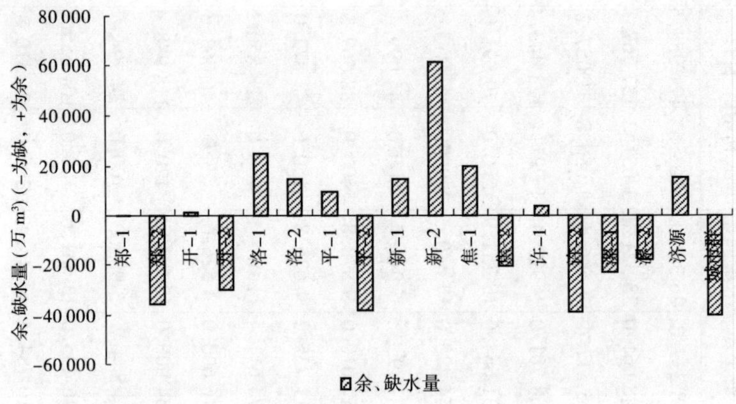

图 4-5　规划水平年 2020 年强化节水方案供需分析余、缺水量直方图

第 5 章　中原城市群水资源优化配置研究

本章的研究内容主要是在供需水预测和城市群水资源系统结构分析及网络构建的基础上,以可持续发展理论为指导,从水资源优化配置理论出发,考虑经济、社会、生态环境效益三个目标,构建城市群多目标水资源优化配置模型。采用了功效系数法对各目标进行无量纲化处理,将多目标问题转化为单目标问题,并利用 Lingo 计算软件对城市群水资源优化配置模型进行求解。在对中原城市群主要水资源配置设施和国民经济发展状况分析的基础上,对城市群近远期规划水平年经济发展模式进行了预测分析。

5.1　基本思路

5.1.1　配置模型构想

随着城市群经济社会的快速发展,水资源的供需格局发生了极大转变,相应的水资源配置方式也从过去的"以需定供"到现在的"以供定需"或"供需协调",供水系统与需水系统间的关系变得日益复杂。在这样的情况下,如何缓解城市群区域内单个地域单元内部、单元之间和城际之间的用水矛盾,实现城市群水资源子系统的可持续利用以及经济、社会、生态环境子系统三者间的协调发展是城市群发展新形势下对水资源优化配置提出的新的要求。根据这样的要求,城市群水资源优化配置模型应是一个多分区、多目标的大系统数学规划模型。

水资源配置的作用就是为最大化地实现供水量和需水量的平衡,但这种最大化并不是指供水量最大化满足需水要求,而是指某种综合效益的最大化,这种综合效益由实际情况而定,目前被大家普遍认可的综合效益包括经济效益、社会效益、生态环境效益,因此目标函数应包括三个子目标,分别是经济发展子目标、社会发展子目标和生态环境发展子目标。水资源优化配置模型的约束条件应根据城市群水资源系统网络结构图中的具体水力联系、节点约束关系等来确定。

城市群水资源系统与一般区域水资源系统相比,还具有其他一些体现自身特色的系统特点,如城市群水资源系统由不同等级的多个子系统组成;各城市子系统在城市群这个有机整体中承担不同的功能,对应的各城市水资源子系统的发展也应体现其城市功能定位和发展格局;城乡社会经济及供水基础设施发展不均衡,在分析城市类水资源子系统时应更多地考虑人类活动的影响,更加强调人工侧支水循环等。这些特点应该在城市群水资源优化配置模型中得到体现,因此考虑在目标函数中设置计算参数 W_{1k}、W_{2k}、W_{3k},分别代表计算分区 k 在经济子目标函数、社会子目标函数、生态环境子目标函数中的权重系数,能在一定程度上体现各计算分区在城市群水资源系统中的等级结构以及发展类型等。在约束条件中设置市区水厂供水能力约束,能在一定程度上体现城乡供水基础设施发展不均衡的现实情况。

对 W_{1k}、W_{2k}、W_{3k} 采用双层的层次分析法进行计算。根据城市群结构层次及发展类型，依据判断准则，对各区的重要性进行判别。

判断准则：

核心城市 > 副核心城市 > 非核心城市，市区 > 郊区；

经济发展型：经济目标占 1/2，社会目标占 1/4，生态环境目标占 1/4；

社会发展型：经济目标占 1/4，社会目标占 1/2，生态环境目标占 1/4；

生态友好型：经济目标占 1/4，社会目标占 1/4，生态环境目标占 1/2；

均衡发展型：经济目标占 1/3，社会目标占 1/3，生态环境目标占 1/3。

由于城市及城市群发展类型受国家政策调控影响比较大，所以本书只计算均衡发展类型下水资源配置的过程和结果，对其他三种类型的发展模型不再一一赘述，其研究方法与均衡发展类型下水资源的配置相同。另外，在进行水资源承载能力调控时也只计算均衡发展类型下各种调控措施的分析与计算，其他三种发展类型下调控措施的分析与计算方法与均衡发展型的计算方法相同。

5.1.2 总体思路

水资源配置是研究中原城市群承载力的前提，它是以“水资源开发利用情况调查评价”为基础，结合“需水预测”“供水预测”等有关部分，以水资源供需分析为基础手段，以水资源配置优化模型为计算手段，借助计算机模拟技术，对中原城市群基本情景下的水资源进行优化配置模拟，以配置结果作为评价基本情景下中原城市群水资源承载能力的基础数据。

水资源优化配置模型的构建包括四个部分：优化配置原则、优化配置基本方案的设定、优化配置模型建立、模型求解方法。制定优化配置原则时考虑区域水资源特点及水利工程状况、用水特点和中原城市群的大系统特点；优化配置基本方案的设定主要考虑城市均衡发展模式下两个规划水平年的基本供水和基本需水条件；优化配置模型在构建时采用的是多目标数学规划方法，分为经济效益目标、社会效益目标和生态环境效益目标，由于目标之间的量纲不同，所以必须对目标进行无量纲化处理；模型求解首先考虑的是模型求解方法，其次是模型的输入数据构建和结果输出格式，模型利用 Lingo 软件进行求解，采用相应的编程语言将优化配置模型程序化，输入数据以 Excel 表格为载体，涉及水资源开发利用现状资料、供需水预测结果和多目标无量纲化处理的实现，输出数据为涉及区域、水源、用水户的三维水量配置结果，以 txt 格式输出以便与水资源承载能力评价模型进行衔接。图 5-1 是对水资源优化配置模型构建过程中相关内容的简要描述。

5.2 水资源优化配置基本内容

5.2.1 主要研究内容

水资源合理配置是针对水资源短缺和用水竞争而提出的，其主要研究内容包括：

(1)社会经济发展问题。探索现实可行的社会经济发展规模，适合本地区的社会经济

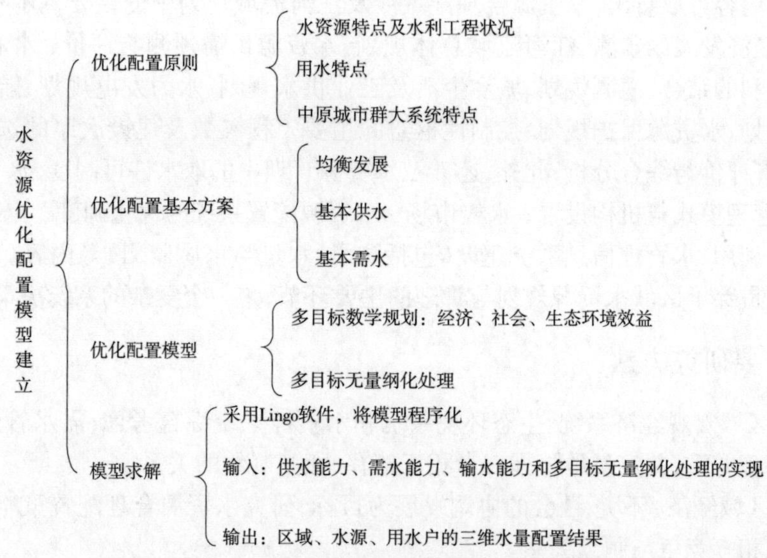

图 5-1　水资源优化配置模型研究内容概要

发展方向，合理的工农业生产布局，社会对粮食、棉花、油料、钢铁、布匹等物资的需求。

(2)水环境污染问题。评价现状的水环境质量，研究工农业生产和人民生活所造成的水环境污染程度，分析各经济部门在生产过程中各类污染物的排放率及排放总量，预测河流水体中各主要污染物的浓度，制定合理的水环境保护和治理标准。

(3)水资源需求问题。研究现状条件下各部门的用水结构、水的利用率，提高用水率的技术和措施，分析未来各种经济发展模式下的水资源需求。

(4)水价问题。研究水资源短缺地区由于缺水造成的国民经济损失，水的影子价格分析，水利工程经济评价，水价的制定依据，分析水价对社会经济发展的影响和水价对水需求的抑制作用。

(5)水资源开发利用方式、水利工程布局等问题。现状水资源开发利用评价，供水结构分析，水资源可利用量分析，规划工程可行性研究，各种水源的联合调配，各类规划水利工程的合理规模及建设次序。

(6)供水效益问题。分析各种水源开发利用所需的投资及运行费用，根据水源的特点分析各种水源地供水效益(包括工业、农业、城市生活和生态环境)，分析水工程的防洪、发电、供水三方面的综合效益。

(7)生态问题。生态环境质量评价，生态保护准则研究，生态耗水机制与生态耗水量研究，分析生态环境保护与水资源开发利用的关系。

(8)供需平衡分析。在不同的水工程开发模式和区域经济发展模式下的水资源供需平衡分析，确定水工程的供水范围和可供水量，以及各用水单位的供水量、供水保证率、供水水源构成、缺水量、缺水过程及缺水破坏深度分布等。

(9)技术与方法研究。水资源合理配置分析模型开发研究，如评价模型、模拟模型、优化模型的建模机制及建模方法，决策支持系统、管理信息系统的开发，GIS 等高新技术应用。

从上述内容可以看出,水资源合理配置涉及江河流域规划中的主要基本资料的收集整编、社会经济发展的预测、江河流域总体规划、水资源供需预测与评价、水利工程运用中防洪与兴利的结合、灌溉规划、城乡生活及工业供水规划、水力发电规划、航运规划、水污染防治规划、水资源保护规划、控制性枢纽的主要工程参数及建设次序的选择、环境影响评价、经济评价与综合分析;此外,还涉及水资源管理中的取水许可制度、水费及水资源费制度、水管理模式与机构设置、水权市场、水资源配置系统的优化调度、控制性枢纽的多目标综合利用、水管理信息系统建设(包括防汛、水量与水质监测)等内容。因此,水资源优化配置贯穿了区域水资源规划与管理的主要环节,是一个复杂的系统决策问题。

5.2.2 主要研究方法

(1)将区域宏观经济系统、生态环境系统和水资源系统综合考虑,需水管理、供水管理与水质管理并重,并定量地把握三者相互依存、相互制约的关系。

(2)以区域经济、环境、社会的协调发展为目标,研究水资源合理配置策略,定量地揭示目标间的相互竞争与制约关系。

(3)采用多层次、多目标、群决策的决策方法,以便在定量的基础上反映不同的优化配置方案对上下游、左右岸、不同地区和不同部门之间的影响,并将各决策者的意愿有机地融入决策过程。

(4)以区域宏观经济的动态投入产出分析为基础,定量地揭示国民经济各行业之间的关系,经济发展与流域总体规划的关系,地区发展与灌溉规划、水力发电规划、城市生活与工业供水规划、水资源保护规划等专业规划间的关系。

(5)在合理配置决策中保持水的需求与供给间的平衡,污水的排放与水污染治理间的平衡,以及水投资的来源与分配间的平衡。

(6)将多层次、多目标、群决策的优化手段与多水源、多用户的复杂水资源系统模拟技术有机地结合起来,利用优化手段反映各种动态联系,利用模拟手段反映经济发展过程中的不确定性和水文连续丰枯变化对优化配置方案的影响。

(7)利用从动态投入产出模型中导出的供水影子价格和从多目标群决策模型中导出的分水原则,作为水资源合理配置的经济杠杆,并辅以取水许可制度等行政法律手段,以保证合理配置方案的实施。

(8)在合理配置的理论与方法指导下建立区域水资源合理配置决策支持系统,作为定量计算工具,同时也可作为各地区的水资源管理信息系统。

5.2.3 水资源优化配置原则

在掌握中原城市群水资源特点及水利工程状况后,绘制系统网络结构图,进一步分析得到中原城市群自身的大系统特点及用水特点。针对中原城市群的具体特点,提出中原城市群水资源优化配置应遵循的原则如下:

(1)多水源联合调配原则。充分考虑各水源节点与用水节点间的关系,实现多种水源间的联合调配。

(2)统一调配原则。将中原城市群区域内的各种水源工程都视作完整的配水系统,利用黄河干流和南水北调中线工程两条水力纽带实现区域内所有水源的统一调配。

(3)优水优用原则。优先保证城区居民生活用水,南水北调水及地下水优先考虑生活用水,其次考虑二产用水和三产用水,盈余部分供给一产用水,最后供给生态用水;中水优先供给工业和生态用水;地表水优先考虑供给一产用水;充分利用当地水。

(4)供水保障率相对均衡原则。各子系统内城市生活和工业供水保证率均应满足各部门供水保证率的最低要求,在枯水时段,优先保证居民生活用水,并实现对其余各用水户的供水保证率相对均衡。

(5)整体最优原则。中原城市群是一个大系统,水资源优化配置要以大系统整体配置效果最优、各子系统协调发展为原则。

每一项原则都会在水资源优化配置模型中得到体现:多水源联合调配原则是实现水资源优化配置的基础原则,根据各水源节点与用水节点的关系,可以确定每类水源具体的供水对象及供水能力,在配置模型的供水能力约束及输水能力约束条件中得到体现;统一调配原则是将中原城市群区域内的各种水源工程都视作完整的配水系统,利用大系统递阶分解协调理论,可以设置不同的供水结构类型以及每类供水结构类型下不同的供水方案,通过水资源承载能力评价模型得到的评价结果可反馈回大系统,为供水方案的下一次调整提供参考;优水优用原则考虑的是水源优先序及用水户的用水公平性系数,采用双层的层次分析法,建立配置水量的综合权重系数矩阵,用在配置模型的目标函数中;供水保证率相对均衡原则是对各类用水设置最低保证率,体现在需水能力约束条件中;整体最优原则要求将各子系统即各个分区看作一个整体,体现在多目标函数中各个目标要以整体最优为目的。

5.3　水资源优化配置模型

中原城市群水资源优化配置模型采用多目标数学规划的方法来进行构建,模型包括变量设置、目标函数和约束条件。

5.3.1　变量设置

5.3.1.1　基本变量设置

(1)k 表示计算分区,根据中原城市群系统结构特点进行划分,$k=1,2,\cdots,17$。

(2)j 表示用水部门,$j=1,2,\cdots,6$,分别表示城镇生活、农村生活、一产、二产、三产和生态环境。

(3)i 表示水源,$i=1,2,\cdots,15$,分别表示南水北调水、黄河水、陆浑水库水、故县水库水、白龟山水库水、孤石滩水库水、昭平台水库水、石漫滩水库水、白沙水库水、燕山水库水、河口村水库水、当地地表水(除去大型水库水)、地下水、中水、雨水。此处没有区分独立水源和公共水源,而是在供水能力约束条件里假设独立水源分配给非供给对象的水量为零。

(4)$x(i,j,k)$ 表示独立水源 i 分配给 k 子区内 j 用户的水量。

5.3.1.2　参数设置与计算

水资源优化配置模型中涉及的参数有配置水量的综合权重系数 Coefficient(i,j,k)、

GDP 效益系数 gdp(i,j,k)、需水能力 Demand(j,k)、供水能力 Water_gross(i,k)、输水能力 Water_delivery(i,k)、最低供水保证率 Rate(j,k)、子区权重 $W(k)$、大系统社会需水量 Water_sdemand、大系统生态环境需水量 Water_edemand。

其中配置水量的综合权重系数考虑的是水源优先序和用户用水公平性，可利用层次分析法计算得到；子区权重是根据子区功能定位，确定各计算指标对经济、社会、生态环境目标的偏向关系，是利用层次分析法计算得到的，是体现城市群结构和功能特点的重要参数；GDP 效益系数是从国民经济预测中得到的；需水能力、供水能力、输水能力、最低供水保证率、大系统社会需水量、大系统生态环境需水量是从供需水预测过程中得到的。

其中配置水量的综合权重系数计算如下：

水源－用户综合权重系数主要体现的是水资源优化配置原则中的优水优用原则，是水源优先序与用户用水公平性系数的综合体现。采用双层的层次分析法计算该系数，分别建立两个层次等级：

第一层次：城镇生活 > 农村生活 > 一产 > 二产 > 三产 > 生态环境。

第二层次：

城镇生活：南水北调水 > 地下水 > 引黄水 > 中型水库水 > 小型水库水；

农村生活：地下水 > 南水北调水 > 引黄水 > 中型水库水 > 小型水库水；

一产：小型水库水 > 引黄水 > 中型水库水 > 地下水；

二产：中水 > 引黄水 > 中型水库水 > 小型水库水 > 南水北调水 > 地下水；

三产：引黄水 > 中水 > 南水北调水 > 中型水库水 > 小型水库水 > 地下水；

生态环境：雨水集蓄 > 中水 > 引黄水 > 中型水库水 > 小型水库水。

根据两个层次中各用户和各水源的重要顺序构建相应的判断矩阵，通过层次分析法计算得到用户用水公平性系数以及各用户对应的水源优先序并进行系数整合，得到任一计算分区配置水源的综合权重系数矩阵：

$$
\begin{bmatrix}
0.158\,2 & 0.069\,2 & 0 & 0.004\,3 & 0.006\,3 & 0 \\
0.055\,2 & 0.042\,1 & 0.058\,0 & 0.020\,7 & 0.024\,5 & 0.002\,7 \\
0.034\,2 & 0.025\,6 & 0.025\,6 & 0.014\,7 & 0.004\,1 & 0.001\,7 \\
0.034\,2 & 0.025\,6 & 0.025\,6 & 0.014\,7 & 0.004\,1 & 0.001\,7 \\
0.034\,2 & 0.025\,6 & 0.025\,6 & 0.014\,7 & 0.004\,1 & 0.001\,7 \\
0.034\,2 & 0.025\,6 & 0.025\,6 & 0.014\,7 & 0.004\,1 & 0.001\,7 \\
0.034\,2 & 0.025\,6 & 0.025\,6 & 0.014\,7 & 0.004\,1 & 0.001\,7 \\
0.034\,2 & 0.025\,6 & 0.025\,6 & 0.014\,7 & 0.004\,1 & 0.001\,7 \\
0.034\,2 & 0.025\,6 & 0.025\,6 & 0.014\,7 & 0.004\,1 & 0.001\,7 \\
0.034\,2 & 0.025\,6 & 0.025\,6 & 0.014\,7 & 0.004\,1 & 0.001\,7 \\
0.034\,2 & 0.025\,6 & 0.025\,6 & 0.014\,7 & 0.004\,1 & 0.001\,7 \\
0.022\,1 & 0.016\,3 & 0.088\,2 & 0.010\,0 & 0.002\,9 & 0.001\,1 \\
0.119\,4 & 0.110\,3 & 0.011\,9 & 0.003\,0 & 0.001\,7 & 0 \\
0 & 0 & 0 & 0.040\,1 & 0.013\,0 & 0.006\,0 \\
0 & 0 & 0 & 0 & 0 & 0.012\,0
\end{bmatrix}
$$

5.3.2　目标函数

中原城市群水资源优化配置模型以区域内可供水资源的利用效益达到最大为目标，但这种效益不仅是经济效益，还包括社会效益和生态环境效益，是一种综合效益，故综合效益目标由三个子目标组成：经济效益目标、社会效益目标、生态环境效益目标。

(1)经济效益目标：选择 GDP 最大为目标。国内生产总值是对区域经济在核算期内所有常住单位生产的最终产品和劳务总量的度量，是衡量一个地区经济实力、评价经济形势的重要综合指标。

$$f_1(x) = \max\{\sum_{k=1}^{K} W_k \times \sum_{j=1}^{J} \sum_{i=1}^{I} [\mathrm{gdp}(i,j,k) \times \mathrm{Coefficient}(i,j,k) \times x(i,j,k)]\} \tag{5-1}$$

(2)社会效益目标：选择中原城市群总缺水量最小为目标。生活用水是人民生存的基本用水，生态环境用水能改善周围生态环境，生活需水和生态环境需水要求是否得到满足是人们生活幸福程度的重要衡量标准；中原城市群作为重要的粮食生产基地，满足农业用水需求，完成粮食生产计划，是保证社会稳定的重要因素；满足二产和三产需水，是区域经济快速增长的重要保证，能够减小失业率，提高人民生活水平，从而保障社会稳定。因此，选择中原城市群总缺水量最小作为社会效益最大化的目标。

$$f_2(x) = \min\{\sum_{k=1}^{K} W_k \times [\mathrm{Water\_sdemand} - \sum_{j=1}^{J} \sum_{i=1}^{I} x(i,j,k)]\} \tag{5-2}$$

(3)生态环境效益目标：选择中原城市群生态环境缺水量最小为目标。生态环境缺水量是生态环境平衡状态的间接度量，在一定限度内，生态环境缺水量越小，生态环境系统的平衡状态越高。

$$f_3(x) = \min\{\sum_{k=1}^{K} W_k \times [\mathrm{Water\_edemand} - \sum_{i=1}^{I} x(i,6,k)]\} \tag{5-3}$$

5.3.3　约束条件

中原城市群水资源优化配置模型包括以下几类约束：

(1)区域供水系统的供水能力约束。

$$\text{分配给各子区的水量之和} \leqslant \text{可供总水量} \tag{5-4}$$

$$\text{分配给 } k \text{ 子区各类用户的水量之和} \leqslant \text{分配给 } k \text{ 子区的总水量} \tag{5-5}$$

(2)区域输水系统的输水能力约束。

$$\text{分配给 } k \text{ 子区 } j \text{ 用户的水量} \leqslant \text{水源的最大输水能力} \tag{5-6}$$

(3)区域用水系统的需水量约束。

$$\text{用户最小需水量} \leqslant \text{分配给 } k \text{ 子区 } j \text{ 用户的水量} \tag{5-7}$$

$$\text{用户最大需水量} \geqslant \text{分配给 } k \text{ 子区 } j \text{ 用户的水量} \tag{5-8}$$

(4)变量非负约束。

$$x_{1j}^{k} \geqslant 0 \tag{5-9}$$

5.4 模型求解

5.4.1 多目标优化算法

本研究所建立的水资源优化配置模型是一个多目标非线性的数学规划模型。求解多目标规划的常用方法是评价函数法,其基本思想是:借助几何或应用中的直观背景,构造评价函数,进而将多目标优化问题转化为单目标优化问题,并把这种转化后的单目标最优解当作多目标优化问题的最优解。

构造评价函数的方法一般有线性加权和法、极大极小法、理想点法、功效系数法等。其中,线性加权和法对权重的依赖性很大,是各个目标的简单相加,当各目标的重要性程度相对模糊时,采用线性加权和法会存在很大的不确定性。而极大极小法和理想点法在解决多目标问题时较线性加权和法更具优势,但在解决各目标量纲不一致的多目标优化问题时,得到的优化结果仍然误差较大。因此,本书采用功效系数法构造评价函数,它的基本思路是:引入"功效系数"的概念,用这个系数来表征一个目标取值的好坏程度,并构建关于功效系数的评价函数,从而将多目标优化问题转化为单目标优化问题。计算功效系数的过程实际上是多目标的无量纲处理化过程,通过功效系数来构建评价函数能极大地减小量纲不一致问题所带来的误差。以下是对功效系数计算及评价函数构建的简要介绍。

功效系数:

一个目标函数 $f_j(x)$ 对应一个相应的功效系数 d_j,d_j 在(0,1)区间内,与 $f_j(x)$ 有两种对应关系(此处考虑的是线性型):

$$(1)\ d_j=\begin{cases}1 & \text{当} f_j(x)=f_{j\min}\text{时}\\ 0 & \text{当} f_j(x)=f_{j\max}\text{时}\end{cases}\qquad \text{有}:d_j=1-\frac{f_j-f_{j\min}}{f_{j\max}-f_{j\min}} \tag{5-10}$$

$$(2)\ d_j=\begin{cases}1 & \text{当} f_j(x)=f_{j\max}\text{时}\\ 0 & \text{当} f_j(x)=f_{j\min}\text{时}\end{cases}\qquad \text{有}:d_j=1-\frac{f_j-f_{j\min}}{f_{j\max}-f_{j\min}} \tag{5-11}$$

评价函数:

$$\min H(D(x)) = \sum_{j=1}^{3}\lambda_i(d_j-1)^2 \tag{5-12}$$

其中,λ_i 是三个子目标对应的权重系数。由于各子区的权重系数已经考虑了子区的功能定位,即各子区在三个子目标中更偏向于哪个目标,且城市群优化配置强调的是大系统均衡承载,均衡承载不仅指各分区间水资源承载状态的均衡性,也强调经济、社会、生态环境系统间的均衡发展,因此在城市群水资源优化配置模型求解过程中,构建评价函数时各子目标按等权重设置。

5.4.2 模型求解软件及求解过程

模型求解采用 Lingo10.0 软件,Lingo 软件是一个由美国 LINDO 公司开发的利用线性和非线性最优化方法将复杂的大型规划问题转化为简明公式的工具,具有简单、实用的特点。同时,Lingo实际上还是一种适用于最优化问题的建模语言,它包括许多常用的可供建立优化模型时使用的函数,并提供与其他数据文件的接口,能方便地输入、输出数据,易于与其他求解工具联合分析和求解大规模优化问题。

Lingo软件内部有四个基本的求解程序:直接求解程序(Direct Solver)、线性优化求解程序(Linear Solver)、非线性优化求解程序(Nonlinear Solver)、分支定界管理程序(Branch and Bound Manager)。当在Lingo软件中输入一个完整的模型时,Lingo软件首先调用直接程序对模型进行预处理,在确定优化模型的类型后再调用相应的程序模块。在求解城市群水资源优化配置模型时,可根据具体问题,人工选择相应的求解程序对模型进行求解,求解步骤如下(见图5-2):

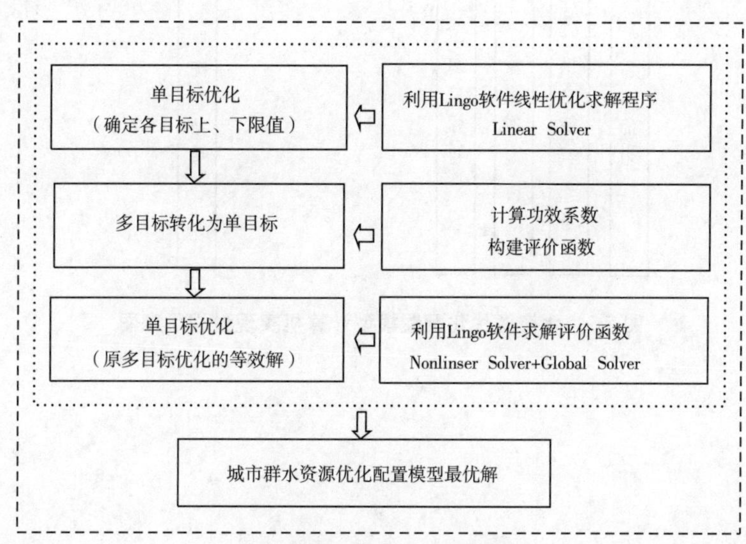

图5-2　配置模型求解步骤

(1)单目标优化,确定各目标的上、下限值。利用Lingo软件中的线性优化求解程序(Linear Solver)首先对单目标寻优,确定各单目标的上、下限值,是功效系数计算的主要部分。

(2)构建功效系数及评价函数。根据式(5-10)和式(5-11)构建各单目标的功效系数,并按式(5-12)构建关于功效系数的评价函数,从而把多目标优化配置模型转化为单目标优化配置模型,即认为此时构造的单目标模型的最优解为原模型的最优解。

(3)模型求解。利用Lingo软件中的非线性优化求解程序(Nonlinear Solver)求解评价函数,进而得到城市群水资源优化配置模型的最优解。在求解非线性规划问题时经常会出现局部最优解,因此在选择非线性优化求解程序(Nonlinear Solver)的同时应选择全局求解器(Global Solver)以避免陷入局部最优。

5.4.3　优化配置模型求解的计算机实现过程

对中原城市群水资源优化配置模型进行求解的计算机实现过程包括数据输入、软件运行和结果输出。输入的数据以Excel文件为载体,Excel文件中主要包括的数据资料有需水能力预测值、供水能力预测值、输水能力值以及为实现多目标无量纲化处理的中间数据(见图5-3)。优化配置结果为配置水量$x(i,j,k)$,结果输出格式为txt文件,以便与水资源承载能力评价模型相衔接。

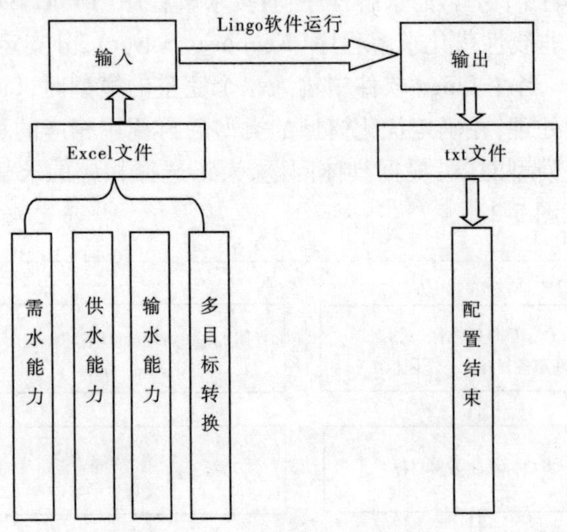

图5-3　水资源优化配置模型计算机实现过程示意图

第 6 章　中原城市群水资源承载能力研究

本章的研究内容主要包括对城市群水资源承载能力的内涵、特性以及主要影响因素的详细介绍；在综合分析中原城市群的水资源条件、经济社会发展状况的基础上，明确了水资源承载能力评价的基本内容以及影响因素，构建适应中原城市群发展需要，并能反映承载能力状况的水资源配置方案评价指标体系；运用模糊数学理论构建水资源承载能力评价模型，并给出了单因素以及综合评价方法；运用已建立的城市群水资源承载能力评价指标体系和评价模型，对城市群 2015 年和 2020 年水资源基本配置方案承载能力状况进行了系统的评价和分析，结果显示中原城市群水资源承载能力状况不容乐观，城市间水资源承载能力差别较大，个别计算分区水资源开发利用已达到极限。通过对中原城市群水资源承载能力的研究，为提高中原城市群水资源承载能力提出相应的保障措施提供技术支持。

6.1　城市群水资源承载能力概述

6.1.1　城市群水资源承载能力内涵分析

迄今为止，关于水资源承载能力的定义及内涵国内外有多种提法，尚未有一个统一的界定。水资源承载能力主要是研究水资源供需平衡情况，进而分析评价水资源对当地人类生活水平、工农业生产乃至整个经济社会发展和环境的支持能力和影响效果。

水资源承载能力的定义应反映以下几个方面的内容：

(1)水资源承载能力的研究是在可持续发展的框架下进行的，要保证经济社会的可持续发展，从水资源的角度看就是首先保证生态环境的良性循环，实现水资源的可持续开发利用；从水资源经济社会系统各子系统关系角度看就是水资源、经济、社会、生态环境各子系统之间应协调发展。

(2)水资源承载能力研究是针对具体的区域或流域进行的，因此区域水资源系统的组成、结构及特点对承载能力有很大的影响；区域水资源承载能力的大小不仅与区域水资源有关，而且与所承载的经济社会系统的组成、结构、规模有关。

(3)水资源的开发利用及经济社会发展水平受历史条件的限制，对区域水资源承载能力的研究是在一定的发展阶段进行的。也就是说，在不同的时间尺度上，区域水资源所承载的系统的外延和内涵都会有所不同。

(4)水资源承载能力是水资源在经济社会及生态环境各部门进行合理配置和有效利用的前提下，区域水资源承载的经济社会规模。

据此，本书根据研究区域的实际情况，将水资源承载力定义为“在某一具体历史发展阶段下，以可预见的技术、经济和社会发展水平为依据，以可持续发展为原则，以维护生态与环境良性循环发展为条件，经过合理的优化配置，水资源对该区经济社会发展的最大支撑能力"。这一定义从水资源承载的客体出发，是目前人们普遍接受的一个定义。水资源承载主体和客体之间的关系见图 6-1。

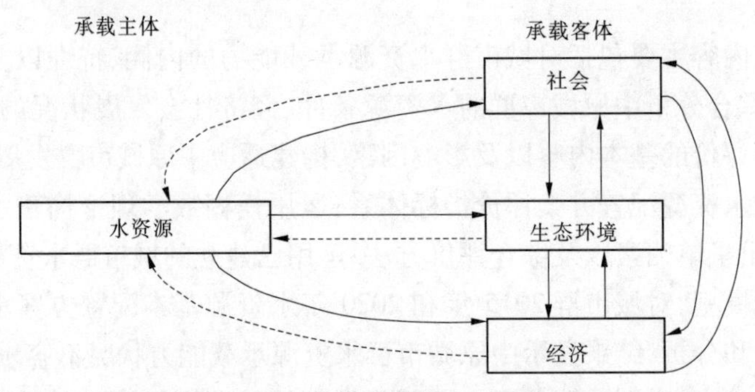

图 6-1　水资源承载关系图

根据水资源承载能力的一般定义对中原城市群水资源承载能力内涵进行界定。中原城市群水资源承载能力是指中原城市群水资源在保障自身能够可持续开发利用的基础上，以区域内社会、经济、生态环境协调发展为前提，所能承载的人口和经济发展规模及其对应的社会经济发展水平。水资源承载能力不仅是资源承载能力的一个具体限制方面，而且是环境承载能力的一个重要影响因素，具有资源承载能力和环境承载能力的双重特性。

6.1.2　城市群水资源承载能力的特性

(1)动态性。水资源承载能力的动态性体现在不同的发展阶段人类开发水资源的能力和利用水资源的水平不同两个方面。随着经济发展和技术进步，人类开发利用水资源的能力越来越强，因而可利用的水资源量越来越大；由于节水技术和用水方式的不断进步，提高了水资源利用率，从而增加了单位水量的承载能力。

(2)模糊性。水资源承载力具有自然、社会双重属性，涉及水资源、宏观经济、社会、人口以及水环境等诸多因素，各因素之间相互制约、相互促进，构成一个复杂的系统。系统存在着许多不确定的因素，如政策、法规、商品市场的运作规律及人文关系等。由于水资源系统的复杂性、不确定性以及人类认识的局限性，水资源承载能力存在着模糊性。

(3)有限性。水资源承载能力的有限性是指在某一具体的历史阶段，水资源承载能力具有有限的特性，即存在可能的最大上限。其有限性表现在水资源量的有限及经济技术能力的约束上，具体包括两个方面：一是一定区域范围内所获得的本地水资源量和外调水资源量是有限的；二是在一定经济技术条件下，水资源利用效率和水环境容量是有限的。

(4)可增加性。由于人类社会对水资源的需求在不断增加，人们一方面不断拓宽水资源利用量的外延，如集蓄雨水、淡化海水、污水回收利用等，另一方面通过调整用水结构、挖掘节水潜力等来增加水资源承载能力，所以说水资源承载能力是可增加的。

6.1.3　城市群水资源承载能力的主要影响因素

水作为生命之源，与人、自然、社会经济有着千丝万缕的关系，其在自然演化、社会进步、经济发展过程中，具有自然、社会和经济等属性。因此，影响城市群水资源承载能力的主要因素大致可分为以下几个方面。

6.1.3.1　水资源基础条件及其开发利用状况

水资源系统作为水资源承载能力的主体，其自身特性是影响水资源承载能力最直接的因素，也决定了水资源承载能力的大小。城市群区域庞大，城市群内不同等级的城市由于降雨、蒸发、地形和社会经济发展状况等差异，水资源数量和质量相差悬殊，开发利用程度差距大。中原城市群处于河南省的核心部位，区域水资源的时空分布非常不均，夏季多出现暴雨，而冬季干旱少雨，南部水资源较北部丰富。中原城市群水资源的这些基础条件在一定程度上决定了该区域的水资源可利用量。中原城市群水资源的开发利用程度较高，该区域目前建有 9 座大型水库（不包括黄河干流），南水北调中线工程河南段穿越该区 6 座城市，改变了原有的供水网络及体系。

6.1.3.2　经济发展水平

中原城市群的经济发展规模和发展速度会影响需水量的增长速度和幅度。区域供水水平在某一时段内是一定的，经济用水的增加必然会影响生活用水、农业生产用水和生态环境用水，各承载主体间是否能协调发展将会影响水资源的整体承载能力。如中原城市群水资源在一定条件下可以承载较低经济水平下的较多人口，也可以承载较高经济水平下的较少人口，其整体承载能力是受经济发展水平影响的。

6.1.3.3　社会发展水平

社会发展水平主要是指人口规模和生活水平，人口规模是水资源最直接的承载对象，人类的生活水平和消费方式是水资源承载多少人口的先决条件。人们对生活水平的要求日益提高，势必增加社会发展用水，影响经济发展，增大生态环境压力，从而影响城市水资源的整体承载能力。

6.1.3.4　生态环境状况

生态环境作为水资源承载能力的承载主体之一，与水资源有着密切的关系。水资源对社会经济的承载并不能单独完成，它必须和生态环境系统中的其他资源结合，共同支撑人类社会的发展。由于过去对经济发展规模和发展速度的盲目追求，不惜以破坏生态环境为代价，在这种情况下，水资源承载能力会受生态环境状况的极大限制和影响。

6.1.3.5　科技水平

科学技术是人类文明的标志，人类社会的每一项进步必伴随着科学技术的发展。人类利用其能更好地认识和利用自然资源，科技水平的高低直接决定了利用自然资源的效益和效率的高低。在较高的科技水平下，人类利用单位水资源数量就能够产生较大的经济效益，同时又不会造成较大的污染，进而可使区域水资源承载能力有较大的提高。

6.1.3.6　国家政策

国家政策在区域社会经济发展和水资源可持续利用中发挥着重要的作用。不同的政策决定了区域的不同社会阶段社会经济发展速度和规模，进而间接影响区域的水资源承载能力；不同的政策也决定了区域水资源事业资金的投入，可提高水务企业供水总量与治理污水的能力；推动用水企业节约用水，减少浪费，减少排污；推动社会调整各产业之间以及产业内部结构的协调，限制或淘汰高耗水、高排污的产业，也丰富了“取、输、用（耗）、排”各环节的内涵，达到宏观调控控制取水总体规模、排污总量与排污浓度，保持水资源的天然循环与人工循环的协调，确保水资源维持再生，进而提高水资源承载能力。

6.1.3.7　其他资源

人类社会生产活动不仅需要水资源，还需要其他资源支持，如矿产、土地、森林、草地等。水资源作为承载主体，在大系统中承载着其他资源，各资源之间相互影响、相互作用，只有将水资源与其他资源在促进经济社会发展过程中合理利用、加强匹配程度，才可以有效地发挥各资源支撑经济社会发展的功能和作用。

从图 6-2 中可看出上述因素之间相互影响，共同对城市水资源承载能力发生作用，充分反映了水资源、社会、经济和生态环境这一复合大系统的复杂性。

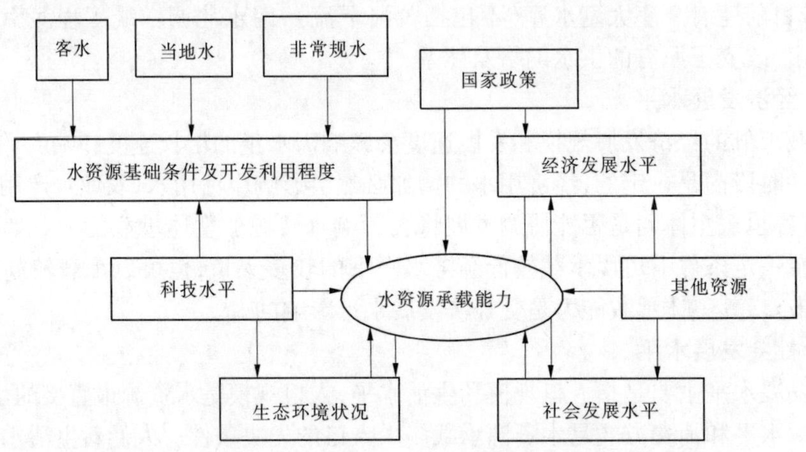

图 6-2　城市群水资源承载能力影响因素关系图

6.2　城市群水资源承载能力评价基本内容

评价是评价主体根据特定的目的，遵循客观经济规律和相应的评价准则，按照一定的原则和标准，运用科学的模型和方法对评价客体的价值进行评定的行为过程。评价的基本要素包括评价主体、评价客体、评价原则和评价方法。只有清晰地界定了水资源承载能力评价的概念，才能更准确地把握城市群水资源承载能力评价基本要素和评价内容。

6.2.1　城市群水资源承载能力评价的内容

所谓水资源承载能力评价，就是评价人按照相应的评价原则，采用一定的评价方法，对一定区域或流域水资源能够支撑经济社会发展规模，即水资源承载能力进行科学客观评价的行为过程。

由定义可知,水资源承载能力评价内容着重体现为水资源承载能力评价主体、评价客体、评价原则和评价方法四个要素。

首先是水资源承载能力评价主体。水资源承载能力评价主体就是承担对水资源承载能力进行评价的自然人、法人机构或专家群体。

其次是水资源承载能力评价客体。显而易见,评价客体就是水资源承载能力。

再次是水资源承载能力评价原则。它是衡量对水资源承载能力评价结果好坏的一个重要标准。本书的水资源承载能力评价坚持水资源可持续发展原则、系统原则和动态分析原则。系统原则就是要把水资源系统作为一个复杂系统,从整体角度分析子系统及子系统间的关系,并以此进行水资源承载能力综合评价。动态原则主要考虑水资源承载能力是一个动态概念,即水资源承载能力与具体的经济社会发展阶段有直接联系,在不同的发展阶段有不同的承载能力,因此要求对水资源承载能力评价必须坚持动态原则。

最后是水资源承载能力评价方法。它是实现水资源承载能力的重要手段与途径,由于水资源承载能力的评价涉及经济、社会、资源、环境等系统,因此对水资源承载能力评价方法的选取必须坚持能体现系统分析思想,从微观到宏观,即通过系统间、子系统间的相互关系全面综合地评价水资源承载能力。

6.2.2 城市群水资源承载能力评价的指导思想

水资源承载能力评价应体现可持续发展这一主导思想,评价指标体系的构建必须与转变经济增长方式相适应、与社会发展战略相适应。构建水资源承载能力评价指标体系的指导思想是:坚持可持续发展观和生态经济发展观,构建生态文明;坚持在实施和决策过程中着重体现国情和区域实际;坚持研究为水资源可持续开发利用与规划服务。

坚持可持续发展观和生态经济发展观,构建生态文明。水资源承载能力是水资源系统与经济社会协调发展安全的支撑界限。由于水资源作为承载体是一种可再生资源,必须要求可持续利用,即一是保证水资源在代际之间的公平分配,经济社会协调发展,二是保证当代人群之间、流域的上下游之间和跨流域之间的水资源合理分配及区域经济、社会与环境的协调发展问题。此外,由于水资源承载能力是一个动态概念,要求对水资源承载能力评价必须坚持可持续发展的原则。坚持生态经济发展观,就是以不因水资源利用而损害生态环境健康为约束。生态经济是一种遵循生态学规律的经济,它是能够满足当代人的需求而又不会危及子孙后代满足其自身之需的经济前景。它强调的是可持续发展,因此生态经济重视的是经济所赖以维持与发展的各生态系统的可持续产出情况。水是人类赖以生存和发展的必不可少的宝贵资源,是可持续发展的基础条件。在考虑水资源承载能力与其他系统间的协调发展时,必须坚持可持续发展观和生态经济发展观,为构建生态文明服务。

坚持在实施和决策过程中着重体现国情和区域实际。水资源承载能力评价研究是从水资源与经济社会之间的关系入手,从本质上反映资源与人类活动的辩证关系,建立经济社会与水资源间的关系纽带,研究不同时期、不同策略下的水资源承载能力的动态变化,为水资源与经济社会协调发展提供科学依据。尽管我国是个人口众多、资源匮乏的国家,但我国的国情仍要求在现阶段坚持以经济发展为中心,因此在研究中必须正视这个问题。

就水资源而言,我国是一个干旱缺水严重的国家。从宏观上看,我国水资源存在时空分布不均匀、淡水资源短缺、水污染严重、水环境恶化等问题;从微观即各个流域看,每个流域都面临其自身的水资源问题,各有其特征,这样就使水资源承载能力评价研究在实施和决策中既要兼顾我国基本国情,又要根据各流域和区域实际开展。

坚持研究为水资源可持续开发利用与规划服务。水资源作为重要的战略资源,必须保障其可持续利用,以支持国民经济和社会的可持续发展。而水资源承载能力评价研究的开展正好为缓解水资源危机、解决水资源开发利用中的突出问题,协调水资源与经济社会之间关系提供了理论和决策支持,进而为水资源可持续开发利用和规划服务。

6.2.3 城市群水资源承载能力评价的基本思路

水资源系统是一个复杂系统,对这样的系统进行承载能力评价必须引入系统科学新的研究成果。在理解开放复杂巨系统概念的基础上,以定性定量综合集成思想和系统工程理论为基础,对水资源承载能力评价进行研究,这是本书的根本出发点。水资源承载能力评价研究是对水资源系统能够支撑经济社会发展规模界限的综合评价,因此基本思路有以下四点。

6.2.3.1 研究过程和学习过程的集成化

一定地区的水资源不但具有可利用水量和水环境容量方面的自然限度,而且有经济社会方面的限度,表现为水资源管理技术和社会生产力的水平是有限的,在一定的历史时期,水资源系统对经济社会发展总有一个客观存在的承载水平,这就是水资源承载能力。对于水资源承载能力评价的研究,就是对经济社会发展支撑规模的界定研究。由于经济社会系统的复杂性导致这一承载往往是不明确的,因此在研究过程中需不断改变这一承载水平。对于水资源系统来说,其承载能力评价研究过程同时也是一个学习过程。通过学习,知识得到累积,加深对系统的认识,同时知识累积可以改变传统行为,即改变水资源系统自身的行为、改变经济社会发展对水资源系统的影响行为,最终改变传统对水资源承载能力的评价行为。

6.2.3.2 定性与定量、静态与动态的综合集成化

在进行水资源承载能力评价时,定性研究必须和定量分析相结合。水资源承载能力研究涉及很多要素,如涉及人们有怎样的生活期望和判断标准,与特定历史时期的水资源开发利用水平、产业结构形式和生产力水平有关,这些因素是不断发展变化和可调节的,所以水资源承载能力的具体承载方式、内容及大小也是动态变化和可调节的,必须重视它的时间和空间变化关系,还要考虑从自然和经济社会两方面对其进行分析,即必须既考虑水资源系统的静态形式,又考虑其动态发展。因此,研究这类系统的承载能力方法应该是定性定量、静态动态相结合的综合集成方法。在这种方法中,通常将科学理论、经济知识和专家判断力相结合,提出经验性假设。而这些经验性假设不能用严格的科学方式加以证明,往往是定性的认识,但可用经验性数据和资料以及模型对其确定性进行检验;这些模型也必须建立在经验和对系统的实际理解上,即对系统的静态与动态发展理解,经过定量计算(包括静态和动态定量方法)和反复对比,最后形成结论,而这样的结论就是我们在现阶段认识客观事物所能达到的最佳水平,是从定性上升到定量的认识。这种方法的

实质,是将定性与定量、静态与动态、科学理论与专家经验、宏观与微观有机结合起来,这四者本身也形成一个整体。这一方法的成功应用,就是对水资源承载能力进行全面分析和客观评价。

6.2.3.3　人与计算机技术的集成化

由于经济社会系统的复杂性,人们早已注意到人与计算机技术的结合在研究中的重要作用。系统动力学方法由于强调人机对话,因而被称为"经济社会实验室",它将现实中不可逆的经济社会系统的运行,以模型仿真模拟的手段在计算机上进行预测与预警性的政策分析试验。人与计算机技术的结合在水资源承载能力评价研究中的应用主要表现在以下方面:数据的管理与分析技术、评价方法建模技术、决策支持系统(DSS)。

6.2.3.4　水资源承载能力评价相对与绝对的方法体系

水资源承载能力评价方法体系是具有相对与绝对性质的。水资源系统是具有等级结构的模块化体系。它的不同层次、不同方面要求对其承载能力研究必须是全面的,有层次性的。上述动静结合的集成评价方法虽然能够弥补静态评价方法不能描述和判断系统层各因素之间协调的动态趋势的不足,但是它只能给出某一区域水资源承载能力的综合发展状态,对同一区域在不同情况下的发展却无法给出说明,这只能是对水资源承载能力评价的一个相对面。既然要求对水资源承载能力的评价是全面的、具体的,就必须对不同社会发展目标和不同经济结构下的水资源承载能力的具体变化情况给出评价分析。系统动力学(SD)方法为解决这个问题提供了新的思路,同时给出了水资源承载能力在绝对面的一个客观评价结果。

6.3　城市群水资源承载能力评价指标体系构建

6.3.1　指标体系构建原则

指标体系是由一系列相互联系、相互制约的指标组成的科学的、完整的总体。指标体系构建应遵循以下基本原则:

(1)系统全面性原则,即建立的指标体系要全面反映承载主体和承载客体(社会、经济、生态环境)。

(2)层次性原则,所选指标体系中既有能反映总体情况的指标,又有能反映各分类、各单项情况的指标。

(3)定性与定量相结合原则,指标体系应尽量选择可量化指标,难以量化的重要指标可采用定性描述指标。

(4)可比性原则,指标尽可能采用标准的名称、概念、计算方法,做到与国际指标有可比性,同时又要考虑中原城市群的实际情况。

(5)可操作性原则,考虑指标能否量化,参照值或阈值是否可获得,资料是否可以获取。只有指标可操作性强,才便于选择统计方法和一定的数学分析方法进行定量评价。

(6)动态性和静态性相结合原则,即指标体系既要反映系统的发展状态,又要反映系统的发展过程。

6.3.2 评价指标体系建立

6.3.2.1 评价指标体系的层次结构

中原城市群水资源承载能力评价指标体系是一个统一的整体,既有上下的层次关系,又有指标间的平行关系。不同的指标由于所反映水资源承载能力的不同侧面,又分属于不同的类别。将中原城市群水资源承载能力评价指标体系分为三个层次:目标层、系统层和指标层。其中,目标层由系统层反映,系统层由指标层反映,指标层由若干具体指标和数值构成。

6.3.2.2 各层次指标选取

分别构建目标层、系统层、指标层的指标。目标层指标是度量水资源承载效果大小的,是配置方案承载效果评价所依据的最终指标。水资源承载效果主要表征在某种经济、人口规模下承载主体和客体的发展状况,即水资源、社会、经济和生态环境这一复合系统的发展状况,这种发展不仅追求目前的发展,还追求可持续的发展,所以复合系统的发展状况可用水资源承载效果来度量。系统层指标要能反映目标层指标,水资源承载能力的影响因素会影响主体、客体的发展状况,所以系统层指标可通过对水资源承载能力的四个主要影响因素的分析来构建。水资源基础条件及其开发利用程度会直接影响水资源的可承载程度,水资源开发利用状况是对水资源发展状况的度量;社会发展水平、经济发展水平和生态环境状况能影响三个承载主体的发展状况,用社会发展水平、经济发展水平和生态环境状况来度量这三个载体。所以,系统层选用水资源可持续利用水平、社会发展水平、经济发展水平和生态环境状况四个综合性指标。指标层指标是单项指标,一般为定量指标,可以通过查阅相关资料或进行计算得到,多个单项指标联合反映系统层的综合指标。

表 6-1 中原城市群水资源承载能力评价指标体系

目标层	系统层	指标层
水资源可持续利用水平		水资源开发率(%)
		浅层地下水开采率(%)
		地表水控制率(%)
		人均可供水量(m^3/人)
		水资源利用率(%)

续表 6-1

目标层	系统层	指标层
复合系统协调发展状况（水资源承载效果）	经济发展水平	人均 GDP(万元)
		万元 GDP 用水量(m^3/万元)
		第二产业用水保证程度(%)
		第三产业比重(%)
	社会发展水平	城镇居民人均生活用水量(L/(人·d))
		农村居民人均生活用水量(L/(人·d))
		生活用水保证程度(%)
		人口密度(万人/km^2)
	生态环境状况	城镇生活污水处理率(%)
		人均污水排放量(m^3/(人·年))
		二产万元 GDP 的 COD 排放强度(kg/万元)
		生态环境用水保证程度(%)

在中原城市群水资源承载能力评价指标体系中,目标层指标中包括两个指标:水资源可持续利用水平和复合系统协调发展状况。这两个指标分别是对承载主体和承载客体的水资源承载能力评价。水资源可持续利用水平体现的是城市群水资源自身对来自经济—社会—生态环境复合系统的用水压力的承载状况,以是否影响水资源自身的可持续利用为标准进行评价。对水资源可持续利用水平的评价能大致体现区域水资源的开发利用情况,能为城市群大系统的供水调整提供参考。由于对水资源的开发利用涉及各种开采、输水、供水工程,总体来说它的开发利用水平多依赖于硬件设施,因此在研究中原城市群水资源承载能力时,是以规划年的规划情况下的水资源为承载主体,对水资源承载能力的评价主要是以它对承载客体的承载效果来描述的。这种承载效果是以经济—社会—生态环境复合系统的协调发展情况来衡量的,若协调发展情况好,则说明水资源的承载效果好;反之,则说明水资源不能承载复合系统的发展规模。

经济—社会—生态环境复合系统协调发展状况对应三个系统层指标,包括经济发展水平、社会发展水平、生态环境状况,这三个系统层指标又各自对应四个指标层指标,而水资源可持续利用水平不包括系统层指标,直接对应五个指标层指标(见表 6-1)。综上所述,总共包含 17 个单指标,对各单指标内涵描述如下。

1. 水资源开发率(%)

水资源开发率是指该区域内的水资源开发量占水资源总量的百分比。该指标反映了评价区域内水资源开发程度,属于逆向指标,指标值越大,说明进一步开发利用水资源的难度越大,水资源自身的可持续利用水平越差。

2. 浅层地下水开采率(%)

浅层地下水开采率是指浅层地下水实际开采量占多年平均浅层地下水资源量的百分

比。该指标反映了浅层地下水资源的开发利用程度，与水资源开发率属于同类型的逆向指标。

3. 地表水控制率(%)

地表水控制率是指当地地表水需水工程年入库水量与当地地表水资源量之比。该指标反映了当地地表水资源的开发利用程度，与水资源开发率、浅层地下水开采率属于同类型的逆向指标。

4. 人均可供水量(m^3/人)

人均可供水量是指区域可供水资源总量与区域总人口的比值。该指标在一定程度上反映了区域可供水量的相对丰富情况，是对区域水资源实际利用效果的评价。

5. 水资源利用率(%)

水资源利用率是指区域实际参加配置的总水量与区域可供总水量的比值。该指标反映的是对区域可开发的水资源量的实际利用情况。

6. 人均 GDP(万元)

人均 GDP 是指区域国内生产总值与区域总人口之比。该指标是反映经济发展状况的重要指标之一。

7. 万元 GDP 用水量(m^3/万元)

万元 GDP 用水量是指区域内配置给经济生产的总水量与实际产生的 GDP 的比值。该指标能从整体上反映各类经济生产活动的用水水平。

8. 第二产业用水保证程度(%)

第二产业用水保证程度是指实际配置给二产的水量与二产的需水量的比值。该指标能反映二产的实际发展情况。

9. 第三产业比重(%)

第三产业比重是指区域内第三产业的 GDP 与一产、二产、三产的 GDP 之和的比值。该指标能从一定程度上反映社会经济结构。

10. 城镇居民人均生活用水量(L/(人·d))

城镇居民人均生活用水量是指区域内实际配置给城镇居民生活的总水量与区域城镇总人口的比值。该指标能在一定程度上体现城镇居民的生活水平。

11. 农村居民人均生活用水量(L/(人·d))

农村居民人均生活用水量是指区域内实际配置给农村居民生活的总水量与区域农村总人口的比值。该指标能在一定程度上体现农村居民的生活水平。

12. 生活用水保证程度(%)

生活用水保证程度是指区域内实际配置给生活用水的总水量与生活需水量的比值。该指标能反映人们对基本生活需求的满足情况，是体现人民生活幸福状况的重要指标。

13. 人口密度(万人/km^2)

人口密度是指区域年末总人口与区域面积的比值。该指标反映了单位国土面积的人口压力。

14. 城镇生活污水处理率(%)

城镇生活污水处理率是指生活污水处理厂的污水处理量与生活污水排放量的比值。

该指标反映了采取水环境保护措施后的人类生活用水对受纳水体的影响程度，同时也反映了评价区域内所具备的处理生活污水的能力。该指标值越大，对受纳水体影响程度就越低，生态环境被破坏的程度就越低。

15. 人均污水排放量(m^3/(人·年))

人均污水排放量是指区域内生产和生活排放的年污水总量与区域内总人口的比值。该指标反映了评价区域内经济生产和居民生活对水环境造成的压力。其值越大，说明经济和社会子系统对生态环境子系统的压力越大。

16. 二产万元 GDP 的 COD 排放强度(kg/万元)

二产万元 GDP 的 COD 排放强度是指区域内第二产业产生的污水经处理后排放的水中含有的 COD 总量与区域二产 GDP 之比。该指标反映了区域经济主体二产的发展对生态环境的污染情况。该指标值越大，表明经济子系统的发展对生态环境子系统的压力越大。

17. 生态环境用水保证程度(%)

生态环境用水保证程度是指配置给生态环境的总水量占生态环境需水量的比值。生态环境用水保证程度是生态环境平衡状态的间接度量，在一定限度内，指标值越大，生态环境系统的平衡状态越高。

指标层指标的选取原因如下：

(1)水资源开发率、浅层地下水开采率、地表水控制率从整体上和不同水源类别上体现水资源自身的开采情况，而人均可供水量、水资源利用率从利用主体和利用水平上来体现水资源的利用情况。

(2)复合系统协调发展状况是对经济发展水平、社会发展水平和生态环境状况协调发展情况的度量。由于评价对象是水资源配置方案，因此评价指标要与水资源优化配置结果紧密结合。经济发展水平从两个方面来体现：一是整体经济发展水平，即人均 GDP 和万元 GDP 用水量；二是局部经济发展水平，包括一产、二产、三产的相应发展情况。由于一产在水资源优化配置中已经设置相应约束条件，故只针对二产和三产设置相应指标，为第二产业用水保证程度、第三产业比重。社会发展水平全面体现了以人为本的思想，有从整体上体现人民生活水平的生活用水保证程度、人口密度两个指标，还选取城镇居民人均生活用水量和农村居民人均生活用水量两个体现城乡客观差距的指标以便进行详细评价；生态环境状况对应的指标层指标的选取从两个方面进行了考虑：污染状况和生态环境用水供给情况，选取城镇生活污水处理率、人均污水排放量和二产万元 GDP 的 COD 排放强度三个指标，体现了生活、生产等方面对生态环境带来的压力，而生态环境用水保证程度是生态环境优劣状态的间接体现。

6.4　城市群水资源承载能力评价模型构建及方法介绍

6.4.1　模糊综合评价模型的构建

目前用于综合评价的方法大致有模糊综合评价法、可变模糊评价法、主成分分析法、灰色系统评价法、人工神经网络法五大类。其中模糊综合评价模型能够较好地对多因素、多层次问题进行综合评价，可以全面地反映城市群水资源承载能力情况。

设定两个有限论域 $U = \{U_1, U_2, \cdots, U_n\}$，$V = \{V_1, V_2, \cdots, V_n\}$，其中 V 表示评语构成的集合，U 表示综合评判因素构成的集合，则综合评价可表示为下列模糊变换：

$$B = AR \tag{6-1}$$

其中，A 为 U 的模糊子集，$A = \{a_1, a_2, \cdots, a_n\}$，$0 \leqslant a_i \leqslant 1$，$a_i$ 为 U 对 A 的隶属度，它表示单因素 U_i 对评定因素所起作用的大小，在一定程度上也就代表 U_i 的评定等级；同时评判结果 B 为 V 的模糊子集，$B = \{b_1, b_2, \cdots, b_n\}$，$0 \leqslant b_j \leqslant 1$，$b_j$ 则为等级 V_j 相对于综合评判所得到的模糊子集 B 的隶属度，即为综合评判得到的结果。

评判矩阵如下：

$$R = \begin{pmatrix} r_{11} & r_{12} & \cdots & r_{1n} \\ r_{m1} & r_{m2} & \cdots & r_{mn} \end{pmatrix} \tag{6-2}$$

其中，r_{ij} 表示 U_i 的评价相对于等级 V_j 的隶属度，矩阵 R 中第 i 行 $R_i = (r_{i1}, r_{i2}, \cdots, r_{in})$ 即为对第 i 个因素 U_i 的单因素评判结果。评价计算中矩阵 A 代表各因素对综合评判重要性的权系数，因此满足 $\alpha_1 + \alpha_2 + \cdots + \alpha_m = 1$，即 $\sum_{i=1}^{m} r_{ij} = 1$。进而模糊变换 AR 也就可以转化为普通的矩阵，再进行计算：

$$b_i = \min\{1, \sum_{i=1}^{m} \alpha_i r_{ij}\} \tag{6-3}$$

6.4.2 指标量化方法及指标等级划分

6.4.2.1 指标量化方法

根据 6.3.2 小节建立的评价指标体系可知，选取了承载主体和承载客体共 17 个指标。在进行效果综合评价前首先对单因素评判矩阵进行计算。

在计算评判矩阵前，首先根据指标的等级标准建立评语集，根据每个因素的影响程度，将其划分为 V_1、V_2、V_3、V_4 四个等级，每个因素各等级的数量指标见表 6-1。其中 V_1 级表示较差，V_2 级表示中，V_3 级表示较好，V_4 级表示好。为了定量反映各级因素对各子系统的影响程度，对 V_1、V_2、V_3 和 V_4 进行 0 ~ 1 之间评分，$a_1 = 0$，$a_2 = 0.6$，$a_3 = 0.8$，$a_4 = 1$，数值越大说明水资源承载能力状况越好。

以水资源承载主体 $\{u_{w1}, u_{w2}, u_{w3}, u_{w4}, u_{w5}\}$ 为例，为了使隶属函数能在各评价等级之间平滑过渡，需对函数进行一次模糊化处理。对于 V_2、V_3 级即中间区间，使函数落在评价等级区间中点的隶属度为 1，而落在评价等级两侧边缘点的隶属度记为 0.5，再对中点向两侧做线性递减处理。对于 V_1 和 V_4 两侧区间，则令距临界值越远属于两侧区间的隶属度越大，进而在临界值上属于两侧等级的隶属度则各为 0.5。然后将四个指标值代入隶属函数，求得相应的隶属度 r_{ij}（$i = 1,2,3,4,5$；$j = 1,2,3,4$），即第 i 个指标隶属于第 j 个评语的程度。评语集中的指标分为两类：一类是随着指标值的增大，指标所属等级正向变化，称为正向指标；另一类是随着指标值的减小，指标所属等级正向变化，称为逆向指标。根据隶属度函数构造方法分别构造关于正向指标和逆向指标的隶属度函数，见式（6-4）~式（6-11），其中，k_1、k_2、k_3 分别代表四个等级间的临界值点，k_4、k_5 分别代表Ⅱ级、Ⅲ级的区间中点。其中 $k_4=(k_1+k_2)/2, k_5=(k_2+k_3)/2$。

根据相对隶属函数原理,对应评价等级,选用相对隶属度函数,其正向指标计算表达式为

$$u_{v1}(u_i)=\begin{cases}0.5[1+(k_1-u_i)/(k_4-u_i)] & (u_i<k_1)\\ 0.5[1-(u_i-k_1)/(k_4-k_1)] & (k_1\leqslant u_i<k_4)\\ 0 & (u_i\geqslant k_4)\end{cases} \tag{6-4}$$

$$u_{v2}(u_i)=\begin{cases}0.5[1-(k_1-u_i)/(k_2-u_i)] & (u_i<k_1)\\ 0.5[1+(u_i-k_1)/(k_4-k_1)] & (k_1\leqslant u_i<k_4)\\ 0.5[1+(k_2-u_i)/(k_2-k_4)] & (k_4\leqslant u_i<k_2)\\ 0.5[1-(u_i-k_2)/(u_i-k_4)] & (u_i\geqslant k_2)\end{cases} \tag{6-5}$$

$$u_{v3}(u_i)=\begin{cases}0.5[1-(k_2-u_i)/(k_3-u_i)] & (u_i<k_2)\\ 0.5[1+(u_i-k_2)/(k_5-k_2)] & (k_2\leqslant u_i<k_5)\\ 0.5[1+(k_3-u_i)/(k_3-k_5)] & (k_5\leqslant u_i<k_3)\\ 0.5[1-(u_i-k_3)/(u_i-k_5)] & (u_i\geqslant k_3)\end{cases} \tag{6-6}$$

$$u_{v4}(u_i)=\begin{cases}0.5[1+(u_i-k_3)/(u_i-k_5)] & (u_i\geqslant k_3)\\ 0.5[1-(k_3-u_i)/(k_3-k_5)] & (k_5\leqslant u_i<k_3)\\ 0 & (u_i<k_5)\end{cases} \tag{6-7}$$

对于逆向指标其隶属度做如下相应的调整,将上述公式右端区间号"<"改为">","≤"改为"≥",其余计算过程表示一致。

逆向指标计算表达式为

$$u_{v1}(u_i)=\begin{cases}0.5[1+(k_1-u_i)/(k_4-u_i)] & (u_i\geqslant k_1)\\ 0.5[1-(u_i-k_1)/(k_4-k_1)] & (k_1>u_i\geqslant k_4)\\ 0 & (u_i<k_4)\end{cases} \tag{6-8}$$

$$u_{v2}(u_i)=\begin{cases}0.5[1-(k_1-u_i)/(k_2-u_i)] & (u_i\geqslant k_1)\\ 0.5[1+(u_i-k_1)/(k_4-k_1)] & (k_1>u_i\geqslant k_4)\\ 0.5[1+(k_2-u_i)/(k_2-k_4)] & (k_4>u_i\geqslant k_2)\\ 0.5[1-(u_i-k_2)/(u_i-k_4)] & (u_i<k_2)\end{cases} \tag{6-9}$$

$$u_{v3}(u_l)=\begin{cases}0.5[1-(k_2-u_i)/(k_3-u_i)] & (u_i\geqslant k_2)\\ 0.5[1+(u_i-k_2)/(k_5-k_2)] & (k_2>u_i\geqslant k_5)\\ 0.5[1+(k_3-u_i)/(k_3-k_5)] & (k_5>u_i\geqslant k_3)\\ 0.5[1-(u_i-k_3)/(u_i-k_5)] & (u_i<k_3)\end{cases} \tag{6-10}$$

$$u_{v4}(u_i)=\begin{cases}0.5[1+(u_i-k_3)/(u_i-k_5)] & (u_i<k_3)\\ 0.5[1-(k_3-u_i)/(k_3-k_5)] & (k_5>u_i\geqslant k_3)\\ 0 & (u_i\geqslant k_5)\end{cases} \tag{6-11}$$

6.4.2.2 指标等级划分

建立指标评价等级,见表6-2。指标的评价等级分为四级,Ⅰ级表示较差,Ⅱ级表示

勉强可以,刚达到及格状态,Ⅲ级表示较好,Ⅳ级表示达到优的状态。其中,根据各指标的内涵以及与所反映的上层指标之间的关系,分为逆向指标和正向指标,正向指标是指标值越大,所反映的水资源可持续利用水平或各子系统发展程度越好,逆向指标与之相反。单指标的评价等级分为四级,由单指标整合的综合指标也应具有这四种等级划分。考虑人们的心理和思维习惯,对单指标和综合指标各等级按表6-2和表6-3进行量化表示。

表6-2 指标评价等级

指标名称	指标等级及量化标准				依据
	Ⅰ [0,0.6]	Ⅱ (0.6,0.8)	Ⅲ [0.8,1.0)	Ⅳ 1.0	
水资源开发率(%)	>60	60~40	40~20	<20	参照国际惯例并结合国内情况
浅层地下水开采率(%)	>75	75~65	65~55	<55	《城市水环境承载力指标体系及评价方法研究》
地表水控制率(%)	>25	25~15	15~5	<5	《区域水资源开发利用程度综合评价》
人均可供水量(m^3/人)	<250	250~300	300~345	>345	《区域水资源开发利用程度综合评价》
水资源利用率(%)	>99	99~90	90~80	<80	参考国际国内城市水资源现阶段实际利用情况
2015年人均GDP(万元)	<5.1	5.1~7.9	7.9~12.3	>12.3	参照《水资源可持续利用指标体系及评价方法研究——以东江流域中下游为例》,并结合国际国内情况及研究区域各城市"十二五"规划
2020年人均GDP(万元)	<9.1	9.1~11.7	11.7~21.7	>21.7	在2015年人均GDP标准的基础上预测未来经济发展情况,估计2020年的人均GDP标准
万元GDP用水量(m^3/万元)	>200	200~100	100~25	<25	参照国际国内标准,并结合《区域水资源可持续利用指标体系及评价方法研究》
第三产业比重(%)	<45	45~65	65~80	>80	《生态环境承载力的一种量化方法研究——以海河流域为例》,并结合各城市"十二五"规划
第二产业用水保证程度(%)	<80	80~90	90~100	>100	参考国内各城市二产用水保证情况现状

续表 6-2

指标名称	指标等级及量化标准				依据
	Ⅰ [0,0.6]	Ⅱ (0.6,0.8)	Ⅲ [0.8,1.0)	Ⅳ 1.0	
城镇居民人均生活用水量（L/(人·d)）	<85	85～180	180～250	>250	《城市居民生活用水量标准》(GB/T 50331—2002)
生活用水保证程度（%）	<90	90～95	95～100	>100	根据生活用水重要性并参考国内各城市生活用水保证情况
农村居民人均生活用水量（L/(人·d)）	<60	60～90	90～120	>120	《基于极大熵的山东半岛城市群水资源承载力评价》
人口密度（万人/km²）	>0.5	0.5～0.4	0.4～0.3	<0.3	《基于极大熵的山东半岛城市群水资源承载力评价》,并结合中原城市群城市现状
生态环境用水保证程度（%）	<60	60～80	80～100	>100	参考国内各城市生态用水保证情况现状及对生态环境用水的重视程度逐年增高
城镇生活污水处理率(%)	<70	70～80	80～95	>95	《中小城镇生活污水处理几个值得关注的问题》
人均污水排放量（m³/(人·年)）	>100	100～70	70～50	<50	《城市水环境承载力指标体系及评价方法研究》
二产万元 GDP 的 COD 排放强度（kg/万元）	>7	7～6	6～5	<5	《城镇污水处理厂污染物排放标准》(GB 18918—2002)

表 6-3　水资源承载效果等级划分

量化标准	[0,0.6]	(0.6,0.8)	[0.8,1.0)	1.0
状态	差	中	较好	好
等级	Ⅰ	Ⅱ	Ⅲ	Ⅳ

6.4.3　指标权重计算

水资源承载能力评价模型中涉及两类权重，一类是 α_i，另一类是 β_i，分别采用层次分析法(简称 AHP)和权重情景设定来确定这两类权重。

6.4.3.1　层次分析法

层次分析法在 20 世纪 70 年代中期由美国运筹学家托马斯·塞蒂正式提出，是在将与决策总式有关的元素分解成目标、准则、方案等层次的基础上，进行定性和定量分析的决策方法。建立指标集合对应的判断矩阵，计算特征值和特征向量，选取最大特征值对应的特征向量，并进行一致性检验，满足检验标准后，可对特征向量进行归一化处理，得到所需权重向量。具体方法如下。

1. 专家组打分

请一些对研究问题有一定研究和认识的专家组成专家组开展调查，调查的目的是应用专家们的集体智慧对评价指标的相对重要性进行评估。向专家发出征询意见表，根据回收的打分表，综合构造判断矩阵。

2. 构造判断矩阵

根据专家反馈的意见，就同层有关指标的重要性进行两两比较判断，判断其相对优劣程度，将两两判断矩阵记为$(a_{ij})_{n\times n}$。

$$a_{ij} > 0,\quad a_{ij} = 1/a_{ji},\quad a_{ii=1}\quad (i,j = 1,2,\cdots,n) \tag{6-12}$$

成对比较矩阵中 a_{ij}的取值，可根据托马斯·塞蒂等的建议，按照表 6-4 中标度进行赋值，在数字 1 ~9 及其倒数中取值。

表 6-4　判断矩阵标度值及含义

标度	含义
1	a_{ij}与 a_{ji}相比，两者重要性相同
3	a_{ij}与 a_{ji}相比，前者重要性稍大于后者
5	a_{ij}与 a_{ji}相比，前者重要性明显大于后者
7	a_{ij}与 a_{ji}相比，前者重要性强烈大于后者
9	a_{ij}与 a_{ji}相比，前者重要性极端大于后者
2,4,6,8	上述相邻判断的中间值
倒数	若因素 i 与因素 j 的重要性之比为 a_{ij}，那么因素 j 与因素 i 重要性之比为 $1/a_{ji}$

3. 重要性排序计算

利用线性代数知识，可精确地求出判断矩阵的最大特征根及其对应的特征向量，所求特征向量就是各评价因素的重要性排序，再通过归一化处理，就可得到权数分配，本书采用方根法。

4. 一致性检验

按式(6-13)计算一致性指标 CI，将判断矩阵的一致性比率定义为 $CR = CI/RI$，其中

RI 为随机一致性指标，可根据 n 值参考表6-5 进行获取。若 $CR < 0.10$，则说明有满意的一致性，结果合理；否则，需对判断矩阵进行调整，直至结果满意。

$$CI = (\lambda_{max} - n)/(n - 1) \tag{6-13}$$

表6-5　随机一致性指标取值

n	1	2	3	4	5	6	7	8	9	10	11
RI	0	0	0.58	0.9	1.12	1.24	1.32	1.41	1.45	1.49	1.51

通过层次分析法计算得到的中原城市群水资源承载能力评价指标的相应权重系数见表6-6。

表6-6　单指标权重系数

指标层	权重系数	
水资源开发率(%)	0.403 0	
浅层地下水开采率(%)	0.136 7	
地表水控制率(%)	0.136 7	
人均可供水量(m³/人)	0.079 1	
水资源利用率(%)	0.244 4	
人均 GDP(万元)	0.160 1	
万元 GDP 用水量(m³/万元)	0.095 4	
第三产业比重(%)	0.277 2	
第二产业用水保证程度(%)	0.467 3	
	中心城区	以外区域
城镇居民人均生活用水量(L/人·d)	0.277 2	0.218 5
生活用水保证程度(%)	0.467 3	0.423 6
农村居民人均生活用水量(L/(人·d))	0.160 1	0.218 5
人口密度(万人/km²)	0.095 4	0.095 4
生态环境用水保证程度(%)	0.467 3	
城镇生活污水处理率(%)	0.095 4	
人均污水排放量(m³/(人·年))	0.277 2	
二产万元 GDP 的 COD 排放强度(kg/万元)	0.160 1	

6.4.3.2 权重情景设定

在量化复合系统协调发展状况时,应根据中原城市群社会经济发展类型来确定经济发展水平、社会发展水平和生态环境状况对应的权重系数:均衡发展型(经济1/3,社会1/3,生态1/3);经济优先型(经济1/2,社会1/4,生态1/4);社会优先型(经济1/4,社会1/2,生态1/4);生态优先型(经济1/4,社会1/4,生态1/2)。

6.4.4 综合评价方法

采用模糊数学的方法,利用模糊数学中的隶属度来定量描述各单指标,然后对单指标隶属度进行整合,综合建立多指标的模糊评价模型。

建立指标集合 $X_k = \{x_{k1}, x_{k2}, \cdots, x_{kn}\}$,$k = 1,2,3,4$ 为各指标集合的指标个数,计算各指标相对于评语集中评价标准的隶属度;将各指标集合的单指标隶属度分别构成对应的隶属度集合 $U_k = \{u_{k1}, u_{k2}, \cdots u_{kn}\}$,$k = 1,2,3,4$。

以 *WKCX*、*JJFP*、*SHFP*、*STFK*、*FHFK* 分别表示水资源可持续利用水平、经济发展水平、社会发展水平、生态环境状况和复合系统协调发展状况。

$$WKCX = A_1 \cdot U_1^{\mathrm{T}} \tag{6-14}$$

$$JJFP = A_2 \cdot U_2^{\mathrm{T}} \tag{6-15}$$

$$SHFP = A_3 \cdot U_3^{\mathrm{T}} \tag{6-16}$$

$$STFK = A_4 \cdot U_4^{\mathrm{T}} \tag{6-17}$$

$$FHFK = JJFP^{\beta_1} + SHFP^{\beta_2} + STFK^{\beta_3} \tag{6-18}$$

在上述式子中,A_k为 X_k上的模糊子集,$A_k = \{a_{k1}, a_{k2}, \cdots, a_{kn}\}(0 \leqslant a_{ki} \leqslant 1)$。$a_i$ 为指标 x_{kn} 相对于更高一级指标的权重系数,满足 $\sum_{i=1}^{n} a_{ki} = 1$ 。β_i 为系统层指标相对于目标层指标的权重系数,满足 $\sum_{i=1}^{3} \beta_i = 1$ 。

6.4.5 评价模型的计算机实现过程

采用VB程序语言对水资源承载能力的综合评价模型进行程序化设计,输入数据包括研究区域的水资源优化配置结果、水资源评价相关数据、供需水预测结果相关数据及指标评价等级。模型输出结果包括单指标隶属度、水资源可持续利用水平、经济发展水平、社会发展水平、生态环境状况、复合系统协调发展状况及对应的人口和GDP,全部以txt文本文件形式输出,其中重点指标还会显示在模型程序界面上,如水资源可持续利用水平、复合系统协调发展状况、人均GDP、可承载人口和GDP规模(见图6-3、图6-4)。

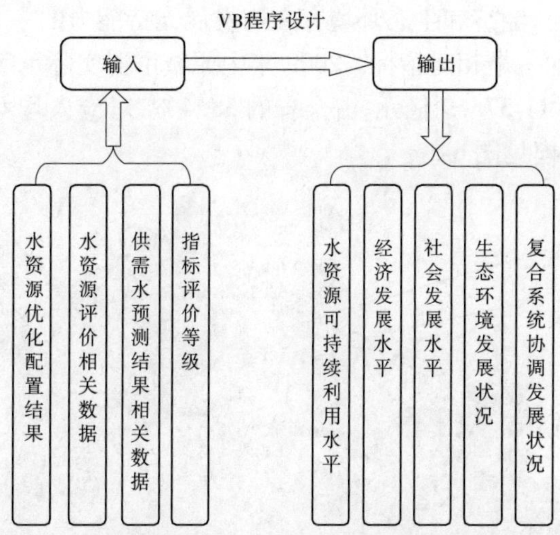

图 6-3　水资源承载能力评价模型计算机实现过程示意图

Form1

方案：20151　　发展类型：均衡发展

	水资源可持续利用水平	协调发展状况	GDP（亿元）	人均GDP（元）	可承载人口（万人）
郑州：	0.508	0.693	4795.87	54468	880.50
开封：	0.381	0.765	1506.62	29728	506.80
洛阳：	0.615	0.746	3353.36	49113	682.78
平顶山：	0.720	0.683	1802.53	34651	520.20
新乡：	0.609	0.737	2081.24	35456	587.00
焦作：	0.536	0.692	1973.00	54503	362.00
许昌：	0.584	0.645	1894.09	39876	475.00
漯河：	0.577	0.575	763.04	28440	268.30
济源：	0.894	0.710	581.60	82497	70.50
城市群：	0.585	0.693	18751.36	43076	4353.08

计算　　结束

图 6-4　水资源承载能力评价结果输出界面

6.5　基本配置方案下城市群水资源承载能力效果评价

6.5.1　城市群现状年水资源承载能力状况

水资源承载能力是在水与区域社会、经济和生态环境相互作用关系分析基础上，全面反映水资源对区域社会、经济和生态环境存在与发展支持能力的一个综合性指标，是刻画区域水资源丰缺状况的一个相对指标。2009 年中原城市群实际承载人口规模为4 094.53 万人，承载经济规模为 11 375.9 亿元，占全省的 58.4%，对应人均 GDP 为 20 597 元。现状年(2009 年)承载规模见图 6-5。

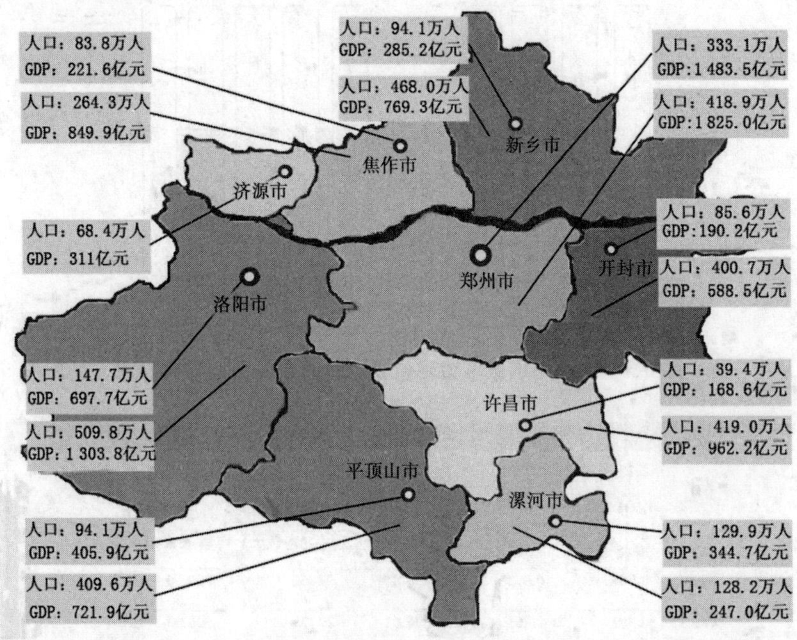

图 6-5　中原城市群现状年(2009 年)水资源承载能力状况

从图 6-5 中可看出，各计算分区经济发展状况差异较大，同一城市中心城区分区的经济发展状况要好于中心城区以外分区；各计算分区承载经济能力和人口规模差异较大，承载经济能力和人口规模较大的分区主要分布在中原城市群的核心城市和副核心城市，其承载的经济规模占城市群的 40% 以上，人口占 30% 以上。

6.5.2　城市群水资源优化配置基本方案的设定

影响水资源配置的因素主要有社会经济发展类型、供水结构类型和需水类型三个。对于社会经济发展类型，前面在建模构想中已经提到由于社会经济发展类型受国家政策调控影响比较大，在这里只进行均衡发展模式下水资源配置方案的设定，其他三种类型的配置方法与此相同。对于供水结构类型，只考虑基本供水方案，指规划新建、扩建的供水工程按期完成，南水北调中线工程建成通水，三大水源按原有分水方案分水。对于需水类型，只考虑基本需水方案，基本方案集中需水预测工作是参考目前已有规划中的人口和经济预测值来进行的。所以，水资源优化配置基本方案可以设定为：均衡发展 + 基本供水 + 基本需水。城市群两个规划水平年 2015 年和 2020 年水资源优化配置基本方案的配置结果如表 6-7 和表 6-8 所示。

表 6-7　均衡发展型 2015 年基本需水与基本供水组合基本方案配置成果　（单位：万 m^3）

分区	郑-1								郑-2							
	城镇生活	农村生活	一产	二产	三产	生态环境	可供	余水	城镇生活	农村生活	一产	二产	三产	生态环境	可供	余水
黄河干流	0	0	0	19 736	8 038	8 501	36 275	0	0	0	0	2 441	3 284	0	5 725	0
南水北调	24 246	0	0	7 024	0	0	31 270	0	10 613	0	0	9 817	0	0	20 430	0
大型水库	0	0	0	0	0	0	0	0	0	0	0	3 000	0	0	3 000	0
地表水	0	0	4 021	0	0	0	4 021	0	0	0	22 678	0	0	0	22 678	0
地下水	0	797	2 928	4 607	0	0	8 333	1	0	7 164	27 371	13 526	0	0	48 061	0
中水	0	0	0	0	0	18 686	18 686	0	0	0	0	2 904	0	17 488	20 392	0
雨水	0	0	0	0	0	524	524	0	0	0	0	0	0	1 012	1 012	0
需水	24 246	797	10 438	31 367	8 038	27 711			10 613	7 164	50 049	67 070	3 284	18 500		
缺水率(%)	0	0	33.4	0	0	0			0	0	0	52.8	0	0		
分区	开-1								开-2							
	城镇生活	农村生活	一产	二产	三产	生态环境	可供	余水	城镇生活	农村生活	一产	二产	三产	生态环境	可供	余水
黄河干流	0	0	7 313	6 072	963	1 502	18 947	3 097	0	0	18 878	15 774	1 876	0	36 529	1
南水北调	0	0	0	0	0	0	0	0	0	0	0	0	0	0	0	0
大型水库	0	0	0	0	0	0	0	0	0	0	0	0	0	0	0	0
地表水	0	0	700	0	0	0	700	0	0	0	6 300	0	0	0	6 300	0
地下水	4 526	267	0	0	0	0	5 817	1 024	9 177	6 234	53 290	0	0	0	68 701	0
中水	0	0	0	0	0	2 967	2 968	1	0	0	0	4 323	0	2 132	6 455	0
雨水	0	0	0	0	0	1 035	1 035	0	0	0	0	0	0	1 896	1 897	1
需水	4 526	267	8 014	6 072	964	5 504			9 177	6 235	100 686	20 098	1 877	4 029		
缺水率(%)	0	0	0	0	0.1	0			0	0	22.1	0	0.1	0		

注：表中供需水数据是在原始数据基础上四舍五入得到的，而缺水率数据是根据原始数据计算得到的。

续表 6-7

分区	洛-1								洛-2							
	城镇生活	农村生活	一产	二产	三产	生态环境	可供	余水	城镇生活	农村生活	一产	二产	三产	生态环境	可供	余水
黄河干流	0	0	216	17 670	3 423	1 291	22 600	0	0	0	0	8 614	2 886	0	11 500	0
南水北调	0	0	0	0	0	0	0	0	0	0	0	0	0	0	0	0
大型水库	0	0	0	1 340	0	0	5 123	3 783	0	0	0	36 518	0	0	36 518	0
地表水	0	0	6 217	0	0	0	6 217	0	0	0	29 356	0	0	0	29 356	0
地下水	8 546	75	0	0	0	0	31 624	23 003	8 451	9 309	24 740	380	0	0	53 671	10 791
中水	0	0	0	0	0	7 716	7 716	0	0	0	0	852	0	11 235	12 087	0
雨水	0	0	0	0	0	500	500	0	0	0	0	0	0	1 000	1 000	0
需水	8 547	75	6 434	19 011	3 423	9 507			8 451	9309	54 096	46 365	2 886	12 235		
缺水率(%)	0	0	0	0	0	0			0	0	0	0	0	0		

分区	平-1								平-2							
	城镇生活	农村生活	一产	二产	三产	生态环境	可供	余水	城镇生活	农村生活	一产	二产	三产	生态环境	可供	余水
黄河干流	0	0	0	0	0	0	0	0	0	0	0	0	0	0	0	0
南水北调	4 494	0	2 565	1 366	0	0	20 170	11 745	2 852	0	0	0	1 978	0	4 830	0
大型水库	0	0	0	13 870	0	0	13 870	0	0	0	753	19 238	0	0	19 991	0
地表水	0	0	1 814	0	0	0	1 815	1	0	0	29 144	0	0	0	29 145	1
地下水	0	333	123	0	0	0	456	0	7 115	5 403	4 353	0	0	0	16 871	0
中水	0	0	0	1 324	1 590	1 507	4 421	0	0	0	0	0	142	6 444	6 587	1
雨水	0	0	0	0	0	400	400	0	0	0	0	0	0	500	500	0
需水	4 494	333	4 503	16 560	1 590	1 907			9 968	5 403	57 083	28 440	2 120	6 944		
缺水率(%)	0	0	0	0	0	0			0	0	40.0	32.4	0	0		

续表 6-7

分区	新-1								新-2							
	城镇生活	农村生活	一产	二产	三产	生态环境	可供	余水	城镇生活	农村生活	一产	二产	三产	生态环境	可供	余水
黄河干流	0	0	0	0	0	0	0	0	0	0	74 497	27 137	2 066	0	103 700	0
南水北调	4 828	0	0	10 432	269	0	23 300	7 771	10 998	0	0	0	0	0	16 860	5 862
大型水库	0	0	0	0	0	0	0	0	0	0	0	0	0	0	0	0
地表水	0	0	1 383	0	0	0	1 383	0	0	0	21 943	0	0	0	21 943	0
地下水	0	244	4 483	0	0	0	11 735	7 008	0	6 447	8 973	0	0	0	74 611	59 191
中水	0	0	0	0	1 304	1 900	3 205	1	0	0	0	4 393	0	2 900	7 294	1
雨水	0	0	0	0	0	100	100	0	0	0	0	0	0	100	100	0
需水	4 829	245	5 867	10 433	1 574	2 000			10 999	6 448	105 413	31 531	2 067	3 000		
缺水率(%)	0	0.4	0	0	0.1	0			0	0	0	0	0	0		

分区	焦-1								焦-2							
	城镇生活	农村生活	一产	二产	三产	生态环境	可供	余水	城镇生活	农村生活	一产	二产	三产	生态环境	可供	余水
黄河干流	0	0	0	0	0	0	0	0	0	0	0	21 422	2 078	0	23 500	0
南水北调	3 964	0	0	9 725	1 179	0	22 480	7 612	5 720	0	0	0	0	0	5 720	0
大型水库	0	0	0	0	0	0	0	0	0	0	0	6 280	0	0	6 280	0
地表水	0	0	2 215	0	0	219	2 434	0	0	0	15 717	0	0	0	15 717	0
地下水	0	354	1 083	0	0	0	16 600	15 163	1 366	3 177	50 357	0	0	0	54 900	0
中水	0	0	0	0	0	2 874	2 875	1	0	0	0	7 486	0	939	8 425	0
雨水	0	0	0	0	0	7	7	0	0	0	0	0	0	61	61	0
需水	3 964	355	3 298	9 726	1 179	3 100			7 087	3 177	71 397	42 039	2 079	1 000		
缺水率(%)	0	0.3	0	0	0	0			0	0	7.5	16.3	0	0		

续表 6-7

分区	许－1								许－2							
	城镇生活	农村生活	一产	二产	三产	生态环境	可供	余水	城镇生活	农村生活	一产	二产	三产	生态环境	可供	余水
黄河干流	0	0	0	0	0	0	0	0	0	0	0	2 936	2 064	0	5 000	0
南水北调	3 895	0	0	0	0	0	5 000	1 105	8 375	0	0	9 225	0	0	17 600	0
大型水库	0	0	0	0	0	0	0	0	0	0	0	15 700	0	0	15 700	0
地表水	0	0	1 610	8 656	0	0	10 945	679	0	0	6 169	0	0	0	6 169	0
地下水	0	156	0	0	0	0	4 844	4 688	0	5 482	40 953	0	0	0	46 435	0
中水	0	0	0	188	537	1 950	2 675	0	0	0	0	8 339	0	950	9 290	1
雨水	0	0	0	0	0	50	50	0	0	0	0	0	0	50	50	0
需水	3 895	157	1 610	8 845	538	2 000			8 375	5 483	69 710	45 792	2 065	1 000		
缺水率(%)	0	0.6	0	0	0.2	0			0	0	32.4	20.9	0	0		
分区	漯－1								漯－2							
	城镇生活	农村生活	一产	二产	三产	生态环境	可供	余水	城镇生活	农村生活	一产	二产	三产	生态环境	可供	余水
黄河干流	0	0	0	0	0	0	0	0	0	0	0	0	0	0	0	0
南水北调	5 026	0	527	1 117	0	0	6 670	0	3 248	0	682	0	0	0	3 930	0
大型水库	0	0	0	5 356	0	0	5 356	0	0	0	563	6 953	0	0	7 516	0
地表水	0	0	1 657	0	0	0	1 657	0	0	0	3 081	0	0	0	3 082	1
地下水	0	978	9 806	0	0	0	10 784	0	0	1 598	9 441	0	0	0	11 040	1
中水	0	0	0	3 009	873	1 196	5 078	0	0	0	0	1 628	320	1 144	3 092	0
雨水	0	0	0	0	0	200	200	0	0	0	0	0	0	200	200	0
需水	5 026	979	23 978	19 156	874	1 397			3 249	1 599	22 944	14 782	321	1 345		
缺水率(%)	0	0.1	50.0	50.5	0.1	0.1			0	0.1	41.9	42.0	0.3	0.1		

续表 6-7

分区	济源								城市群							
	城镇生活	农村生活	一产	二产	三产	生态环境	可供	余水	城镇生活	农村生活	一产	二产	三产	生态环境	可供	余水
黄河干流	0	0	0	6 353	647	0	7 000	0	0	0	100 904	128 155	27 325	11 294	270 775	3 097
南水北调	0	0	0	0	0	0	0	0	88 259	0	3 774	48 706	3 426	0	178 260	34 095
大型水库	0	0	0	5 816	0	0	9 461	3 645	0	0	1 316	114 071	0	0	122 816	7 429
地表水	0	0	15 736	0	0	0	25 287	9 551	0	0	169 741	8 656	0	219	188 850	10 234
地下水	2 341	594	0	0	0	0	8 264	5 329	41 522	48 612	237 901	18 513	0	0	472 748	126 200
中水	0	0	0	3 536	0	253	3 790	1	0	0	0	37 982	4 766	82 281	125 037	8
雨水	0	0	0	0	0	197	197	0	0	0	0	0	0	7 832	7 834	2
需水	2 342	594	15 737	15 706	647	450			129 789	48 620	611 256	432 994	35 526	101 629		
缺水率(%)	0	0	0	0	0	0			0	0	16.0	17.8	0	0		

表 6-8　均衡发展型 2020 年基本需水与基本供水组合基本方案配置成果

（单位：万 m^3）

分区	郑－1								郑－2							
	城镇生活	农村生活	一产	二产	三产	生态环境	可供	余水	城镇生活	农村生活	一产	二产	三产	生态环境	可供	余水
黄河干流	0	0	0	21 454	13 125	1 696	36 275	0	0	0	0	2 998	6 377	0	9 375	0
南水北调	30 556	0	0	714	0	0	31 270	0	12 892	0	0	7 538	0	0	20 430	0
大型水库	0	0	0	15 000	0	0	15 000	0	0	0	0	7 850	0	0	7 850	0
地表水	0	0	4 021	0	0	0	4 021	0	0	0	22 678	0	0	0	22 678	0
地下水	0	330	6 835	1 167	0	0	8 333	1	0	7 459	27 560	13 042	0	0	48 061	0
中水	0	0	0	0	0	27 937	27 937	0	0	0	0	12 702	0	17 549	30 252	1
雨水	0	0	0	0	0	663	664	1	0	0	0	0	0	1 051	1 051	0
需水	30 557	330	10 857	41 680	13 126	30 296			12 893	7 459	50 238	85 328	6 377	18 600		
缺水率(%)	0	0	0	8.0	0	0			0	0	0	48.3	0	0		
	开－1								开－2							
分区	城镇生活	农村生活	一产	二产	三产	生态环境	可供	余水	城镇生活	农村生活	一产	二产	三产	生态环境	可供	余水
黄河干流	0	0	7 649	9 667	1 465	165	18 947	1	0	0	11 086	21 677	3 765	0	36 529	1
南水北调	0	0	0	0	0	0	0	0	0	0	0	0	0	0	0	0
大型水库	0	0	0	0	0	0	0	0	0	0	0	0	0	0	0	0
地表水	0	0	700	0	0	0	700	0	0	0	6 300	0	0	0	6 300	0
地下水	4 847	282	190	0	0	0	5 817	498	11 179	6 182	51 340	0	0	0	68 701	0
中水	0	0	0	0	0	4 749	4 750	1	0	0	0	6 937	0	3 509	10 446	0
雨水	0	0	0	0	0	1 086	1 087	1	0	0	0	0	0	1 991	1 991	0
需水	4 847	282	8 539	9 667	1 466	6 000			11 180	6 183	101 459	28 615	3 766	5 500		
缺水率(%)	0	0	0	0	0.1	0			0	0	32.3	0	0	0		

注：表中供需水数据是在原始数据基础上四舍五入得到的，而缺水率数据是根据原始数据计算得到的。

续表6-8

分区	洛-1								洛-2							
	城镇生活	农村生活	一产	二产	三产	生态环境	可供	余水	城镇生活	农村生活	一产	二产	三产	生态环境	可供	余水
黄河干流	0	0	0	17 238	5 362	0	22 600	0	0	0	0	7 298	4 202	0	11 500	0
南水北调	0	0	0	0	0	0	0	0	0	0	0	0	0	0	0	0
大型水库	0	0	0	5 123	0	0	5 123	0	0	0	0	36 518	0	0	36 518	0
地表水	0	0	6 781	1 386	0	0	9 353	1 186	0	0	40 337	0	0	0	40 337	0
地下水	9 351	84	0	0	0	0	31 664	22 229	10 900	9 198	13 599	10 343	0	0	54 420	10 380
中水	0	0	0	1 571	0	9 774	11 346	1	0	0	0	6 180	0	12 520	18 700	0
雨水	0	0	0	0	0	500	500	0	0	0	0	0	0	1 000	1 000	0
需水	9 351	84	6 782	25 318	5 363	10 274			10 900	9 199	53 936	60 340	4 202	13 520		
缺水率(%)	0	0	0	0	0	0			0	0	0	0	0	0		

分区	平-1								平-2							
	城镇生活	农村生活	一产	二产	三产	生态环境	可供	余水	城镇生活	农村生活	一产	二产	三产	生态环境	可供	余水
黄河干流	0	0	0	0	0	0	0	0	0	0	0	0	0	0	0	0
南水北调	4 892	0	1 461	1 624	3 850	0	20 170	8 343	2 253	0	0	0	2 577	0	4 830	0
大型水库	0	0	0	13 870	0	0	13 870	0	0	0	862	19 129	0	0	19 991	0
地表水	0	0	3 139	0	0	0	3 139	0	0	0	36 259	0	0	0	36 260	1
地下水	0	290	189	0	0	0	479	0	11 985	4 227	798	0	0	0	17 010	0
中水	0	0	0	4 506	0	1 766	6 273	1	0	0	0	0	2 752	7 630	10 382	0
雨水	0	0	0	0	0	500	500	0	0	0	0	0	0	600	600	0
需水	4 892	290	4 790	20 000	3 851	2 266			14 238	4 228	63 197	35 200	5 330	8 230		
缺水率(%)	0	0	0	0	0	0			0	0	40.0	45.7	0	0		

续表 6-8

分区	新-1								新-2							
	城镇生活	农村生活	一产	二产	三产	生态环境	可供	余水	城镇生活	农村生活	一产	二产	三产	生态环境	可供	余水
黄河干流	0	0	0	0	0	0	0	0	0	0	66 976	33 539	3 185	0	103 700	0
南水北调	5 288	0	0	11 534	2 479	0	23 300	3 999	13 458	0	0	0	0	0	16 860	3 402
大型水库	0	0	0	0	0	0	0	0	0	0	0	0	0	0	0	0
地表水	0	0	4 050	0	0	0	4 050	0	0	0	22 514	0	0	0	22 514	0
地下水	0	220	1 908	0	0	0	11 735	9 607	0	6 277	14 631	0	0	0	74 611	53 703
中水	0	0	0	2 526	0	2 350	4 876	0	0	0	0	8 252	0	3 350	11 603	1
雨水	0	0	0	0	0	150	150	0	0	0	0	0	0	150	150	0
需水	5 289	221	5 959	14 060	2 479	2 500			13 459	6 278	104 122	41 792	3 185	3 500		
缺水率(%)	0	0.5	0	0	0	0			0	0	0	0	0	0		
	焦-1								焦-2							
分区	城镇生活	农村生活	一产	二产	三产	生态环境	可供	余水	城镇生活	农村生活	一产	二产	三产	生态环境	可供	余水
黄河干流	0	0	0	0	0	0	0	0	0	0	0	20 187	3 313	0	23 500	0
南水北调	4 569	0	0	13 059	2110	0	22 480	2 742	5 720	0	0	0	0	0	5 720	0
大型水库	0	0	0	0	0	0	0	0	0	0	0	6 280	0	0	6 280	0
地表水	0	0	2 434	0	0	0	2 434	0	0	0	15 717	0	0	0	15 717	0
地下水	0	279	603	0	0	0	16 600	15 718	2 296	3 253	49 351	0	0	0	54 900	0
中水	0	0	0	1 291	0	3 477	4 768	0	0	0	0	12 133	0	1 380	13 514	1
雨水	0	0	0	0	0	23	23	0	0	0	0	0	0	120	120	0
需水	4 570	279	3 037	14 351	2 110	3 500			8 016	3 254	71 753	56 335	3 313	1 500		
缺水率(%)	0	0	0	0	0	0			0	0	9.3	31.5	0	0		

续表6-8

分区	许-1								许-2							
	城镇生活	农村生活	一产	二产	三产	生态环境	可供	余水	城镇生活	农村生活	一产	二产	三产	生态环境	可供	余水
黄河干流	0	0	0	0	0	0	0	0	0	0	1 362	0	3 638	0	5 000	0
南水北调	4 281	0	0	0	719	0	5 000	0	10 066	0	0	7 534	0	0	17 600	0
大型水库	0	0	0	0	0	0	0	0	0	0	0	15 700	0	0	15 700	0
地表水	0	0	1 591	9 354	0	0	10 945	0	0	0	6 169	0	0	0	6 169	0
地下水	0	178	0	1 115	0	0	4 844	3 551	0	5 437	40 998	0	0	0	46 435	0
中水	0	0	0	1 554	154	2 400	4 109	1	0	0	0	13 051	0	1 400	14 452	1
雨水	0	0	0	0	0	100	100	0	0	0	0	0	0	100	100	0
需水	4 281	179	1 592	12 023	874	2 500			10 066	5 437	69 052	58 752	3 638	1 500		
缺水率(%)	0	0.6	0.1	0	0.1	0			0	0	29.7	38.2	0	0		
分区	漯-1								漯-2							
	城镇生活	农村生活	一产	二产	三产	生态环境	可供	余水	城镇生活	农村生活	一产	二产	三产	生态环境	可供	余水
黄河干流	0	0	0	0	0	0	0	0	0	0	0	0	0	0	0	0
南水北调	5 707	0	0	0	963	0	6 670	0	3 930	0	0	0	0	0	3 930	0
大型水库	0	0	553	4 803	0	0	5 356	0	0	0	1 953	5 563	0	0	7 516	0
地表水	0	0	1 657	0	0	0	1 657	0	0	0	3 081	0	0	0	3 082	1
地下水	0	913	9 871	0	0	0	10 784	0	47	1 580	9 412	0	0	0	11 040	1
中水	0	0	0	4 494	1 174	1 236	6 904	0	0	0	0	2 568	736	1 179	4 484	1
雨水	0	0	0	0	0	300	300	0	0	0	0	0	0	300	300	0
需水	5 708	913	24 161	21 690	2 137	1 537			3 977	1 580	24 076	17 374	736	1 479		
缺水率(%)	0	0	50.0	57.1	0	0.1			0	0	40.0	53.2	0	0		

续表 6-8

分区	济源								城市群							
	城镇生活	农村生活	一产	二产	三产	生态环境	可供	余水	城镇生活	农村生活	一产	二产	三产	生态环境	可供	余水
黄河干流	0	0	0	5 540	1 460	0	7 000	0	0	0	87 073	139 598	45 892	1 861	274 425	1
南水北调	0	0	0	0	0	0	0	0	103 612	0	1 461	42 003	12 698	0	178 260	18 486
大型水库	0	0	0	8 021	0	0	9 461	1 440	0	0	3 368	137 857	0	0	142 666	1 441
地表水	0	0	19 241	0	0	0	26 846	7 605	0	0	196 669	10 740	0	0	216 202	8 793
地下水	2 759	559	0	0	0	0	8 203	4 885	53 364	46 748	227 285	25 667	0	0	473 638	120 574
中水	0	0	0	5055	0	331	5 387	1	0	0	0	82 820	4 816	102 537	190 182	9
雨水	0	0	0	0	0	197	197	0	0	0	0	0	0	8 831	8 833	2
需水	2 759	560	19 242	18 616	1 461	528			156 984	46 756	622 792	561 141	63 414	113 230		
缺水率(%)	0	0.2	0	0	0.1	0			0	0	17.2	21.8	0	0		

6.5.3　效果评价

评价结果见表 6-9、表 6-10。从表中可以看出，规划水平年 2015 年中原城市群的水资源可持续利用水平为 0.585，处于差的等级，随着社会经济发展和用水压力的增大，2020 年水资源可持续利用水平为 0.570，处于差的等级，水资源可持续利用水平有所降低；2015 年水资源开发率为 36.4%，2020 年达到 37.9%，说明中原城市群水资源开发程度已很高，进一步开发利用水资源的难度很大；2015 年水资源利用率为 86.7%，2020 年为 89.8%，说明中原城市群内客水实际利用有盈余。各计算分区水资源可持续利用水平相差较大，以 2015 年为例，水资源可持续水平最大的是济源，为 0.894，对应的水资源开发率仅为 21.9%，水资源可持续水平最小的是开 -2，为 0.350，对应的水资源开发率为64.5%，水资源开发程度已达到了相当高的水平。

规划水平年 2015 年中原城市群协调发展状况为 0.693，2020 年为 0.705，均处于中的状态；各计算分区中协调发展状况差异较大，缺水直接影响各计算分区的协调发展状况；各计算分区社会发展水平和生态环境状况均较好，经济发展状况差异较大，同一城市中心城区分区的经济发展状况要好于中心城区以外分区；二产用水保证程度与各计算分区余缺水相对应。

规划水平年 2015 年中原城市群所承载的经济能力为 18 751.4 亿元，对应人均 GDP 为 43 076 元，承载人口 4 353.1 万人；2020 年承载经济能力为 28 899.4 亿元，对应人均 GDP 为 63 480 元，承载人口 4 552.5 万人。各计算分区承载经济能力和人口差异较大，承载经济能力和人口较大的分区主要分布在中原城市群的核心城市和副核心城市，其承载的经济能力占城市群的 40% 以上，人口占 30% 以上。

两个规划水平年的水资源优化配置基本方案的承载能力如图 6-6 和图 6-7 所示。

表 6-9 均衡发展条件下 2015 年基本需水与基本供水组合方案承载能力评价成果

分区	水资源开发率(%)	水资源利用率(%)	水资源可持续利用水平	经济发展水平	社会发展水平	生态环境状况	二产用水保证程度(%)	协调发展状况	承载经济能力(亿元)	人均 GDP(元)
郑-1	53.6	100.0	0.443	0.807	0.847	0.706	100.0	0.784	2 843.7	66 396
郑-2	43.7	100.0	0.572	0.340	0.802	0.802	47.2	0.602	1 952.1	43 170
开-1	65.5	86.0	0.412	0.734	0.856	0.765	100.0	0.783	385.4	43 115
开-2	64.5	100.0	0.350	0.649	0.795	0.807	100.0	0.747	1 121.3	26 862
洛-1	66.1	63.7	0.520	0.805	0.847	0.664	100.0	0.768	1265.3	79 701
洛-2	22.7	92.5	0.710	0.631	0.795	0.753	100.0	0.723	2 088.1	39 847
平-1	17.0	71.4	0.842	0.772	0.832	0.648	100.0	0.747	775.8	79 647
平-2	20.7	100.0	0.597	0.383	0.763	0.808	67.6	0.618	1 026.8	24 285
新-1	63.4	62.8	0.500	0.772	0.833	0.674	100.0	0.756	593.7	59 370
新-2	44.8	71.0	0.719	0.614	0.763	0.788	100.0	0.717	1 487.5	30 545
焦-1	62.5	48.7	0.555	0.753	0.830	0.674	100.0	0.749	496.6	55 544
焦-2	52.4	100.0	0.517	0.516	0.763	0.648	83.7	0.634	1476.4	54 161
许-1	58.5	72.5	0.559	0.647	0.747	0.676	100.0	0.689	350.9	43 856
许-2	39.4	100.0	0.609	0.383	0.763	0.739	79.1	0.600	1 543.2	39 069
漯-1	47.5	100.0	0.540	0.344	0.832	0.798	49.5	0.611	438.4	32 478
漯-2	34.3	100.0	0.614	0.260	0.758	0.789	58.0	0.538	324.6	24 351
济源	21.9	65.7	0.894	0.676	0.823	0.642	100.0	0.710	581.6	82 497
城市群	36.4	86.7	0.585	0.593	0.803	0.728	82.2	0.693	18 751.4	43 076

表6-10 均衡发展条件下2020年基本需水与基本供水组合方案承载能力评价成果

分区	水资源开发率(%)	水资源利用率(%)	水资源可持续利用水平	经济发展水平	社会发展水平	生态环境状况	二产用水保证程度(%)	协调发展状况	承载经济能力(亿元)	人均GDP(元)
郑-1	53.6	100.0	0.448	0.773	0.826	0.691	92.0	0.761	4 363.5	86 836
郑-2	43.7	100.0	0.580	0.432	0.818	0.709	51.7	0.631	3 223.1	67 726
开-1	65.5	98.4	0.311	0.783	0.868	0.680	100.0	0.773	649.5	70 522
开-2	64.5	100.0	0.350	0.718	0.803	0.802	100.0	0.773	1 923.7	44 728
洛-1	66.1	70.9	0.516	0.832	0.858	0.658	100.0	0.777	1 965.6	116 998
洛-2	25.9	93.6	0.691	0.669	0.803	0.688	100.0	0.718	2 888.2	53 975
平-1	27.0	77.9	0.761	0.839	0.848	0.646	100.0	0.772	1 396.7	139 115
平-2	23.9	100.0	0.581	0.406	0.794	0.820	54.3	0.642	1 777.7	40 913
新-1	63.4	69.2	0.498	0.807	0.849	0.659	100.0	0.767	934.8	89 030
新-2	45.1	75.1	0.712	0.636	0.794	0.771	100.0	0.730	2 238.7	44 774
焦-1	62.5	60.1	0.553	0.799	0.848	0.655	100.0	0.763	867.4	92 174
焦-2	52.4	100.0	0.517	0.410	0.794	0.662	68.5	0.600	1 984.7	71 187
许-1	58.5	85.8	0.517	0.716	0.765	0.662	100.0	0.713	624.2	73 435
许-2	39.4	100.0	0.616	0.363	0.794	0.742	61.8	0.598	2 005.5	49 764
漯-1	47.5	100.0	0.541	0.411	0.850	0.774	42.9	0.647	726.0	52 229
漯-2	34.3	100.0	0.615	0.309	0.794	0.811	46.8	0.584	435.1	31 759
济源	21.9	75.6	0.885	0.749	0.851	0.643	100.0	0.743	895.0	124 301
城市群	37.9	89.8	0.570	0.627	0.821	0.710	78.2	0.705	28 899.4	63 480

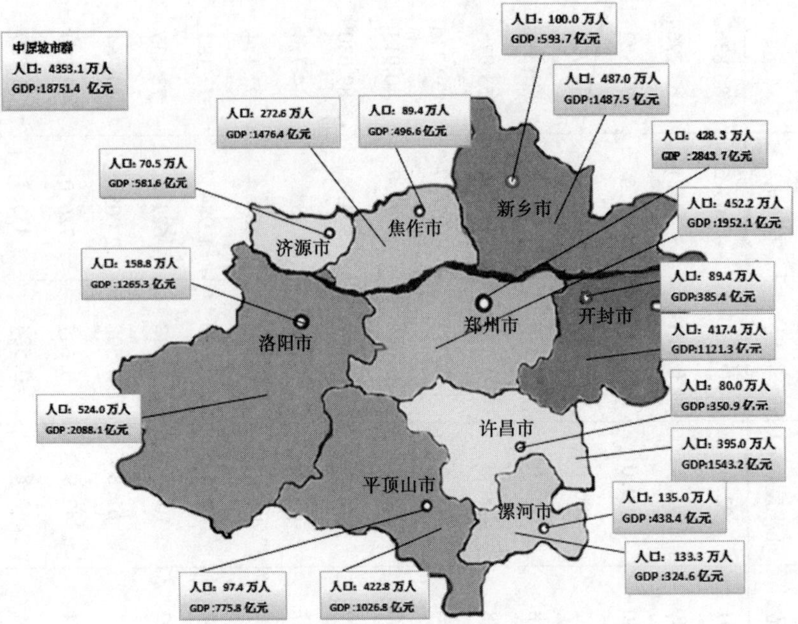

图 6-6　均衡发展条件下 2015 年基本方案承载能力状况

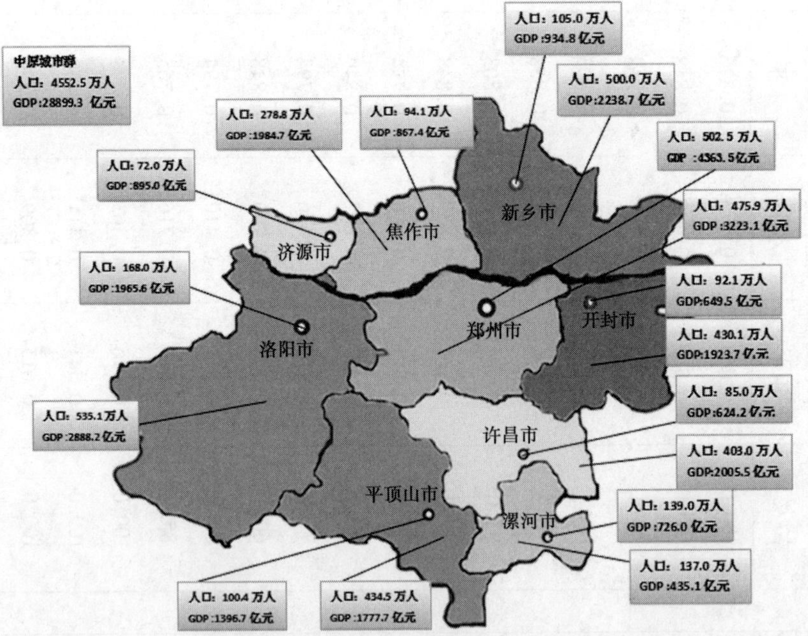

图 6-7　均衡发展条件下 2020 年基本方案承载能力状况

第 7 章　中原城市群水资源承载能力调控措施与方案

水资源承载能力调控是对水资源进行更深入、更全面的控制，在水资源开发、利用和管理的各个过程进行调节，使水资源的利用达到最优、水资源承载能力达到最高。本章首先介绍了水资源调控的基本内容，针对目前的城市群水资源承载能力状况，从自身性、结构性和经济与技术性三个方面对水资源承载能力提出了相应的调控措施。根据中原城市群水资源系统特点以及调控措施的分析，每一规划水平年从供水结构类型、产业结构调整和水资源高效利用三个方面进行调控方案的设定，每一规划水平年有 23 个水资源承载能力调控方案。

7.1　水资源调控的基本内容

在水资源的开发、利用和保护中，为了协调水与经济、社会、生态环境的关系，实现水资源的公平、可持续利用，水利学家们通过对水资源进行科学调控，采用工程或者非工程的措施，实现水资源在时间和空间上的合理分配。水资源综合调控问题已成为当今世界研究的重要科学问题。

为解决水资源短缺、水灾害威胁、水生态退化三大水问题，提升防洪能力和生态功能，要以水资源可持续利用、水生态体系完整、水生态环境优美为主要目标，转变水利发展模式，提高水资源配置和调控能力，用以保障水资源可持续利用，促进经济社会发展与水资源、水环境和水生态的承载能力相匹配，以水资源的可持续利用保障社会经济的绿色发展。要达到以上目标，就必须对水资源系统进行有效的控制调节和合理分配，即实施水资源综合调控。

水资源调控是实现经济社会可持续发展的必要措施，需更加注重水资源开发、配置、调度中的经济、社会和生态三者的协调发展问题，通过对水资源进行科学合理的调控，实现水资源的利用综合效益最优，发挥大自然的自我修复能力，加强水资源与水环境保护。

7.2　水资源承载能力调控措施分析

水资源承载能力研究的目的是缓解区域水资源承载负荷与水资源承载能力间的矛盾，其最终是对区域水资源承载能力调控措施和增强途径的研究；区域水资源开发利用可简化成“水资源量→取水量→利用量→合理利用量”的过程，这个过程分解成四个节点（水资源量、取水量、利用量和合理利用量）和三个流程（开发过程、传输过程和合理利用过程），提高区域水资源承载能力的措施就是要从减少流程中的损失和加大节点的内涵出发，加大节点内涵：增加水资源量、增加取水量、增加可利用量在取水量中的比例、增大合理利用量的比率;减少流程中的损失:减少取水过程、输水过程和利用过程中的损失量。一般调控水资源承载能力的途径有自身性城市群水资源承载能力调控、结构性城市群水资源承载能力调控、经济和技术性城市群水资源承载能力调控。

7.2.1 自身性城市群水资源承载能力调控

自身性城市群水资源承载能力调控指的是开源的范畴,针对城市群区域资源型缺水的现象,在保障区域生态环境必要用水的前提下,通过新建水利工程、增加非常规水资源利用,以调控城市群区域内水资源时空分布的不均性,同时可以增加对雨洪资源的利用,增加城市群水资源可供水量。

7.2.1.1 新建水利工程

水利工程设施是调整区域水资源时空分布不均的一种有效措施,除发挥着防洪、灌溉、供水、发电、航运和休闲娱乐等作用外,还可增加区域水资源可利用量,明显改善区域水资源承载能力效果。因此,缺水地区在保障区域生态环境必要用水、合理安排人口、水资源与社会经济和生态环境协调发展的前提下,统筹安排,适当加大水利工程资金投入,开辟当地新水源。通过新建水库及水土保持工程,提高河道提引水能力,增强山区涵养水源能力,使地下水和地表水联合运用,增加水资源可供水量,提高城市群区域水资源承载能力。

7.2.1.2 增加非常规水资源利用

非常规水资源被视为城市的“第二水资源”,可用在工业冷却水、农田灌溉水、城市绿化用水、环境用水和地面冲洗水等领域。根据城市群的实际情况,可利用人工修建的水窖、水柜等雨水集蓄工程,蓄存雨水以增加淡水总量。在城市群区域内强制推行中水回用,新建污水处理厂,要配套建设中水回用设施;已建污水处理厂,要抓紧中水回用设施的建设,城市景观用水、冲洗水、冷却水等要率先采用中水水源;实施电力企业应与城市污水处理厂开展中水回用合作,强制推行新建电厂冷却水利用中水等措施,增加对非常规水资源的利用。

7.2.2 结构性城市群水资源承载能力调控

结构性城市群水资源承载能力调控是指通过产业结构调整、控制人口增长和人口分布调整、保护生态环境等需水方面节省水资源供给量,或者通过需水地区分布的调整间接缓解水资源分布的不均匀性,发挥区域有限水资源的使用效率和效益,从而提高城市群水资源承载能力。

7.2.2.1 控制人口增长

人是水资源最主要的承载客体,人口数量与区域水资源承载能力成反比。在经济社会发展的各目标中,能反映出经济社会发展水平的重要指标之一即为人均水平,人口增长可以带动经济总量的增加,但同时其他资源消耗总量随之增加,人口增长对水资源总量需求的增加,直接降低了区域有限水资源的承载能力。所以,控制人口是提高区域水资源承载能力的有效措施,同时也是实现区域资源可持续利用和协调发展的重要决策。

7.2.2.2　调整区域内人口分布

城市群区域内核心城市人口密度大,经济发展和城市化进程快,工业布局与当地水资源状况不匹配等已成为核心城市可持续发展重要的制约因素。另外,随着核心城市的快速发展,人口过于集中,随之而来的交通和住房成本增加、生活居住环境的恶化等问题,导致居住在城市内居民的生活质量持续下降,核心城市内的居民将会考虑逐步地由城市内部向核心城市周边居住环境较好的其他城市迁移,这就是发达国家所出现的郊区化现象。核心城市内的人口分布可间接地缓解城市群区域内水资源空间分布不均的状况,进而降低核心城市用水压力,提高城市群水资源承载能力。

7.2.2.3　调整产业结构

不同产业结构层次反映了区域的社会经济发展水平的高低,同时也决定了区域用水结构和用水量。第三产业相对于第一、第二产业单位产值耗水量小,现代服务业对水资源的依赖性很小甚至没有依赖,城市群区域应加强服务业特别是劳动密集型的集体、个体、私营服务业的发展,这样可以有力地活跃经济,吸纳更多的农村过剩劳动力。新兴的高附加值服务业和知识含量更高的第三产业,更能提升城市化的层次。城市群应充分利用其交通便利的优势,积极发展金融保险、旅游休闲、房地产、现代物流、贸易、会展、信息咨询等新兴服务业,促进产业结构升级。

7.2.2.4　保护生态环境

从长远看,要根本解决城市水资源问题,唯一的出路是通过保护及改善生态环境状况,以提高区域自然的造水功能。区域大型河流上游地区,要对山区开发及建设的经验和教训进行总结,对坡耕地进行退耕还林还草,荒坡荒山进行植树造林;地下水位下降严重区域,要限制对地下水的开采,并采用节水技术和措施以减少对地下水的开采,同时要采取工程和生物等措施有效地增加地下水补给量,达到增加区域地下水资源可开采量,最终恢复地下天然水环境的目的。

7.2.3　经济和技术性城市群水资源承载能力调控

经济和技术性城市群水资源承载能力调控指的是加强经济投入和提高科技水平,从节水和管理两个方面提高水资源利用效率来提高城市群水资源承载能力。

7.2.3.1　水资源优化配置

目前,通过研究人们已认识到水资源优化配置是提高区域水资源承载能力的一个有效的技术手段,城市群应采用现代化工程和管理技术,加强现代化水网体系建设,以水利工程网络为基础,把区域地表水、地下水、外调水以及污水处理回用水等各种水源纳入统一的水资源开发利用系统,充分利用好区域内主要的大型水源,实现水资源在时间、空间和用水部门间的优化配置,并达到水资源高效和可持续利用的目的。

7.2.3.2　全面推行节约用水

全面推行节约用水体现在农业、工业和生活部门采取节水措施来减少总的需水量,坚持节水优先的原则,实行严格的用水计划总量控制和定额管理制度,逐步建立和完善促进节约用水的政策体系和价格机制,大力推广应用节约用水技术,倡导节约用水的文明生活方式,最大限度地提高水资源利用效率。在农业用水方面,加强用水管理,推行科学的灌溉制度,大力推广喷灌、滴管、渗灌等节水技术,科学、适时、适量灌溉,严格控制超量灌排,结合农业结构调整,大力发展旱作农业、低耗水农业;在工业用水方面,结合产业结构调整,抓好高耗水企业节水改造示范工程建设,积极进行一水多用,提高间接冷却水循环率、冷却水回用率、工艺水回用率和工业用水重复利用率,积极推进煤矿矿井水资源化利用,降低单位产值耗水量;在生活用水方面,加强城镇节水设施改造,积极创建节水型城市,限制洗浴、洗车等高用水服务行业,对城市居民用水和商业用水实行阶梯水价,加强城镇老旧管网设施改造,降低城市供水管网渗漏损失,提高输配水效率和供水效益。

7.2.3.3　建立水资源统一管理机制

水资源统一管理是遵循水资源自然属性和利用规律的客观要求。水资源的自然属性将其作为一个完整系统进行规划与管理,而不是人为地将其分开进行管理;同时水资源又是区域最重要的战略性资源之一,在加强国家宏观调控的同时,要选择符合水资源自身运行规律的统一管理模式。运用宏观总量调控与微观定额管理相结合的管理模式,以实现区域水资源的有效利用和管理。同时要对用水制度进行改革,明确研究区域内不同水平年、不同保证率下受水区供水水源类别及其对应的分水指标,进而建成和完善同研究区域水资源承载能力特点相适应的、可协调发展的经济结构模式。

7.3　水资源承载能力调控方案的设定

根据以上分析和中原城市群的特点,在调控方案中,从供水结构调整、水资源高效利用和产业结构调整几个方面进行调控方案设定。供水结构调整就是在现状年各城市在原有黄河、南水北调中线工程和大型水库分水指标的基础上,对优化配置后有余水的城市的余水量,按照一定的规则调配到其他城市,使余水发挥效益,从而提高水资源承载能力。水资源高效利用就是通过技术进步和节水措施,提高水资源利用效率,使单方水产生更大的效益,从而提高水资源承载能力。产业结构调整就是在规划水平的基础上,增加第二产业和第三产业的比重。根据中原城市群水资源系统特点和社会经济发展状况,水资源承载能力调控方案主要从供水结构类型、产业结构调整和水资源高效利用三个方面进行考虑。

7.3.1　供水结构类型

供水结构类型主要考虑黄河干流、南水北调中线工程和大型水库三大水源,这三大水源供水范围遍布整个城市群区域,在促进中原城市群经济发展过程中发挥了重要作用。但由于各分区经济社会发展水平和水资源分布差异均较大,原有分水方案不能满足城市群各分区对水资源的需求,水资源利用率低,造成城市群既缺水又余水的情况,这就需要以城市群为整体,在三大水源原有分水方案的基础上,以统一调配为原则,分析原有分水指标下水资源优化配置结果,明晰三大水源原有分水指标下水资源利用情况,根据城市群内城市重要性等级(见图7-1),将各分区三大水源剩余的水量优先供给重要性等级高的分区,其次供给缺水率大的分区,以确定新的分水方案。

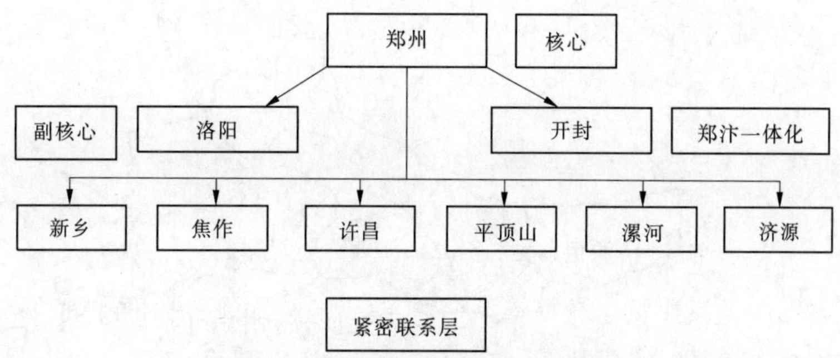

图7-1　中原城市群系统结构层次图

第一层次：郑州都市圈、洛阳副核心、郑汴一体化区域。

第二层次：新乡、焦作、许昌、平顶山、漯河、济源。

城市重要性等级：郑州 > 洛阳 > 开封 >（新乡、焦作、许昌、平顶山、漯河、济源）。

中心城区分区 > 中心城区以外区域分区。

（1）供水基本方案。

供水基本方案指规划新建、扩建的供水工程按期完成，南水北调中线工程建成通水，三大水源按原有分水方案分水。

（2）供水基本方案 + 黄河干流水跨区域调配。

此供水结构类型是在分析供水基本方案水资源优化配置结果，明晰黄河干流原有分水指标洛 -1、洛 -2、济源、焦 -2、郑 -1、郑 -2、新 -2、开 -2 和许 -2 分区水资源利用情况的基础上，根据城市群内城市重要性等级，在不超过输水能力情况下，将各分区黄河干流分水剩余的水量优先供给重要性等级高的分区，其次供给缺水率大的分区，以确定新的分水方案。

（3）供水基本方案 + 黄河干流水跨区域调配 + 南水北调水跨区域调配。

此供水结构类型是在分析供水结构类型（2）水资源优化配置结果，明晰南水北调原有分水指标平 -1、平 -2、漯 -1、漯 -2、许 -1、许 -2、郑 -1、郑 -2、焦 -1、焦 -2、新 -1 和新 -2分区水资源利用情况的基础上，根据城市群内城市重要性等级，在不超过输水能力情况下，将各分区南水北调分水剩余的水量优先供给重要性等级高的分区，其次供给缺水率大的分区，以确定新的分水方案。

（4）供水基本方案 + 黄河干流水跨区域调配 + 南水北调水跨区域调配 + 大型水库联合运用。

此供水结构类型是在分析供水结构类型（3）水资源优化配置结果，明晰陆浑水库原有分水指标洛 -2、郑 -2 和平 -2 分区，白龟山水库原有分水指标平 -1、平 -2、许 -2 和漯 -2 分区，河口村水库原有分水指标济源和焦 -2 分区，燕山水库原有分水指标平 -2、漯 -1 和漯 -2 水资源利用情况的基础上，根据城市群内城市重要性等级，在不超过输水能力情况下，将各分区大型水库分水剩余的水量优先供给重要性等级高的分区，其次供给缺水率大的分区，以确定新的分水方案。三大水源供水范围见图7-2。

图 7-2　三大水源供水范围

7.3.2　产业结构调整

中原城市群正处于快速发展阶段,其三次产业结构处于重要的调整期,不同产业结构下中原城市群用水量和用水结构会发生变化,根据中原城市群发展现状和城市发展相关规划,制订两种产业结构方案。

7.3.2.1　产业结构调整方案一

从 2003 年中原城市群构想首次提出到现状年(2009 年),中原城市群三次产业结构一直都处在“二三一”阶段,这是由中原城市群的发展阶段决定的。随着中原城市群工业化发展进程的推进,产业结构逐步优化,并向着第三产业高速发展的趋势进行,第三产业在经济中的重要性将不断提升。为了充分说明中原城市群三次产业结构逐步优化情况下水资源对经济社会承载的状况,对各规划水平年的产业结构进行调整,近远期规划水平年第一产业和第二产业生产总值与预测值相同,第三产业生产总值规划水平年 2015 年增加 35%,规划水平年 2020 年增加 40%。

7.3.2.2　产业结构调整方案二

2009 年中原城市群区域生产总值 11 375.9 亿元,人均产值 27 783 元,已超额完成规划目标，按照地区生产总值年均 10% 的增长率，2010 年中原城市群的区域生产总值达 12 513.5 亿元，超过目标值的 25.1%；在人口年均增长率 10‰的情况下，2010 年中原城市群人口达 4 098.6 万人，人均生产总值 30 531 元，超过目标值的 27.2%。这说明中原城市群正处于快速发展阶段，经济发展速度相对较快，每个国民经济规划年年末均能超额完成规划目标值。为了充分说明中原城市群超额完成规划目标值情况下水资源对经济社会承载的状况，对各规划水平年的产业结构进行调整，近远期规划水平年第一产业生产总值与预测值相同，第二产业生产总值和第三产业生产总值在规划水平年 2015 年增加 10%，规划水平年 2020 年增加 15%。

7.3.3　水资源高效利用

水资源高效利用措施体现为农业、工业和生活部门采取节水措施来减少总的需水量，坚持节水优先的原则，实行严格的用水计划总量控制和定额管理制度，逐步建立和完善促进节约用水的政策体系和价格机制，大力推广应用节约用水技术，倡导节约用水的文明生活方式，最大限度地提高水资源利用效率，建立节水型社会。

在农业用水方面大力发展节水农业，充分有效地利用水资源，改进灌溉方式，减少渠道渗漏，采用井灌、滴灌以节约用水。加快现有大中型灌区的节水改造步伐，对现有人民胜利渠、陆浑、广利、群库、韩董庄、昭平台、白龟山、白沙等大型灌区进行节水技术改造和续建配套设施，提高渠系水利用系数，2015 年达到 0.681，2020 年达到 0.693。

在工业用水方面积极进行一水多用，提高间接冷却水循环率、冷却水回用率、工艺水回用率和工业用水重复利用率，积极推进煤矿矿井水资源化利用，二产万元增加值用水量 2015 年由 34 m^3/万元降低到 32 m^3/万元，2020 年由 31 m^3/万元降低到 29 m^3/万元；三产万元增加值用水量 2015 年由 5.0 m^3/万元降低到 4.8 m^3/万元，2020 年由 4.8 m^3/万元降低到 4.6 m^3/万元。

在生活用水方面加强节水设施改造，供水管网覆盖率城镇建成区要达到 95% 以上，农村达到 30% 以上，节水器具安装率城镇建成区要达到 72.0%，农村达到 30%；城镇人均生活日用水量 2015 年由 140 L/(人·d)降低到 138 L/(人·d)，2020 年由 150 L/(人·d)降低到 148 L/(人·d)；供水管网渗漏损失率降低 5 个百分点。

7.3.4　调控方案的设定

根据上述方案设置构想，对不同的水资源承载能力调控措施进行组合，可生成若干方案，每一规划水平年选择具有代表性的 23 个水资源承载能力调控方案，两个规划水平年总计 46 个方案，见表 7-1。其中方案 1 ~ 3 从供水结构调整的角度，考虑黄河干流水、南水北调水和大型水库联合调度水在城市群区域内再分配对水资源承载能力的影响；方案 4 ~ 5从产业结构调整的角度，考虑两种产业结构调整措施对水资源承载能力的影响；方案 6 从强化节水角度，考虑水资源高效利用对水资源承载能力的影响；方案 7 ~ 17 综合考虑供水结构调整、产业结构调整和水资源高效利用三种措施两两相互作用的效果；方案 18 ~ 23综合考虑供水结构调整、产业结构调整和水资源高效利用三种措施共同作用的效果。

为了分析不同方案中原城市群水资源承载能力情况，选取能够反映水资源可持续利用水平、城市群协调发展状况、承载能力状况的主要指标，列于评价成果中。其中水资源开发率指标用来分析各分区水资源开发程度；水资源利用率指标反映各分区已开发的水资源利用盈余情况，是用来调整供水结构的主要依据；二产保证程度指标用来分析各分区经济子系统余、缺水情况。

表 7-1　水资源承载能力调控方案设计

调控措施	方案	黄河干流	黄河干流＋南水北调工程	黄河干流＋南水北调工程＋大型水库	产业结构调整方案一	产业结构调整方案二	强化节水
单措施	方案 1	√					
	方案 2		√				
	方案 3			√			
	方案 4				√		
	方案 5					√	
	方案 6						√
两措施	方案 7	√			√		
	方案 8	√				√	
	方案 9	√					√
	方案 10		√		√		
	方案 11		√			√	
	方案 12		√				√
	方案 13			√	√		
	方案 14			√		√	
	方案 15			√			√
	方案 16				√		√
	方案 17					√	√
三措施	方案 18	√			√		√
	方案 19	√				√	√
	方案 20		√		√		√
	方案 21		√			√	√
	方案 22			√	√		√
	方案 23			√		√	√

根据表 7-1 可知，每个水平年的水资源承载能力调控方案分别有 23 种类型，见

表 7-2。

表 7-2　水资源承载能力调控方案类型

调控措施	方案	供水结构类型	需水类型	水资源高效利用
单措施	方案 1	黄河干流水	基本需水	适度节水
	方案 2	黄河干流水 + 南水北调水	基本需水	适度节水
	方案 3	黄河干流水 + 南水北调水 + 大型水库水	基本需水	适度节水
	方案 4	基本供水	产业结构调整方案一	适度节水
	方案 5	基本供水	产业结构调整方案二	适度节水
	方案 6	基本供水	基本需水	强化节水
两措施	方案 7	黄河干流水	产业结构调整方案一	适度节水
	方案 8	黄河干流水	产业结构调整方案二	适度节水
	方案 9	黄河干流水	基本需水	强化节水
	方案 10	黄河干流水 + 南水北调水	产业结构调整方案一	适度节水
	方案 11	黄河干流水 + 南水北调水	产业结构调整方案二	适度节水
	方案 12	黄河干流水 + 南水北调水	基本需水	强化节水
	方案 13	黄河干流水 + 南水北调水 + 大型水库水	产业结构调整方案一	适度节水
	方案 14	黄河干流水 + 南水北调水 + 大型水库水	产业结构调整方案二	适度节水
	方案 15	黄河干流水 + 南水北调水 + 大型水库水	基本需水	强化节水
	方案 16	基本供水	产业结构调整方案一	强化节水
	方案 17	基本供水	产业结构调整方案二	强化节水
三措施	方案 18	黄河干流水	产业结构调整方案一	强化节水
	方案 19	黄河干流水	产业结构调整方案二	强化节水
	方案 20	黄河干流水 + 南水北调水	产业结构调整方案一	强化节水
	方案 21	黄河干流水 + 南水北调水	产业结构调整方案二	强化节水
	方案 22	黄河干流水 + 南水北调水 + 大型水库水	产业结构调整方案一	强化节水
	方案 23	黄河干流水 + 南水北调水 + 大型水库水	产业结构调整方案二	强化节水

在所有设定的 23 个调控方案中方案 1 ~ 6 属于单措施调控方案，此类方案分析供水结构类型、需水类型以及水资源高效利用单方面调整下均衡发展类型中原城市群水资源承载能力的变化情况；方案 7 ~ 17 属于两措施调控方案，此类方案分析供水结构类型、需水类型以及水资源高效利用两方面调整下均衡发展类型中原城市群水资源承载能力的变化情况；方案 18 ~ 23 属于三措施调控方案，此类方案分析供水结构类型、需水类型以及水

资源高效利用三方面同时调整下均衡发展类型中原城市群水资源承载能力的变化情况。

其中,基本供水是指规划、新建的供水工程按期完成,南水北调中线工程建成通水,三大水源按原有分水方案分水;基本需水是指人口增长、经济社会发展以及产业结构按照现状发展水平的城市群需水情况;适度节水是指维持现状年节水力度不变的情况。

第 8 章　中原城市群水资源承载能力调控效果评价

根据前文设定的各种调控措施下的不同方案,从水资源可持续利用水平、协调发展状况和水资源承载能力三个方面进行了水资源承载能力状况的效果评价,并与水资源配置基本方案下水资源承载能力的效果进行对比分析,最后根据目前城市群水资源承载能力状况提出了一些合理性建议。

8.1　基本思路及说明

根据第 6 章建立的评价指标体系和评价模型,对设计的方案进行评价,评价时除各调控措施对应的参数变化外,其他条件和规划水平年基本方案承载能力评价条件相同。

在评价之前,需根据第 7 章设定的调控方案进行水资源的配置,每一种调控方案对应于一种配置方案,得到了 23 个配置结果。在第 5 章对水资源优化配置的研究结果下,以建立的中原城市群水资源优化配置模型为基础,运用计算机进行求解,实现过程包括数据输入、软件运行和结果输出。输入的数据资料有需水能力预测值、供水能力预测值、输水能力值以及为实现多目标无量纲化处理的中间数据,结果输出为城市群以及各分区的配置结果,最终根据输出的 txt 文本制作表格。城市群及各分区的配置结果见本书附表。

为了分析不同方案中原城市群水资源承载能力情况,选取能够反映水资源可持续利用水平、城市群协调发展状况、承载经济能力的指标列于评价成果中。其中水资源开发率指标用来分析各分区水资源开发程度;水资源利用率指标反映各分区已开发的水资源利用盈余情况,是用来调整供水结构的主要依据;二产保证程度指标用来分析各分区经济子系统余缺水情况。根据各方案承载能力评价结果,分别从单措施(方案 1 ~6)、两措施(方案 7 ~17)、三措施(方案 18 ~23)对水资源承载能力的影响来分析其调控效果。

8.2　效果评价

规划水平年 2015 年与 2020 年各种措施方案及其水资源承载能力计算结果部分指标如下:水资源可持续利用水平、协调发展状况、承载经济能力和人均 GDP(见表 8-1)。

表 8-1 各方案城市群水资源承载能力评价结果

方案	水资源可持续利用水平		协调发展状况		承载经济能力（亿元）		人均 GDP（元）	
	2015 年	2020 年	2015 年	2020 年	2015 年	2020 年	2015 年	2020 年
基本方案	0.585	0.570	0.693	0.705	18 751.4	28 899.3	43 076	63 480
方案 1	0.584	0.565	0.695	0.712	19 595.9	30 211.9	45 016	66 363
方案 2	0.577	0.557	0.717	0.717	20 689.2	31 178.3	47 527	68 486
方案 3	0.574	0.553	0.722	0.719	20 855.9	31 499.7	47 910	69 192
方案 4	0.585	0.566	0.702	0.717	21 067.4	33 696.9	48 396	74 018
方案 5	0.583	0.558	0.686	0.702	19 970.0	31 859.7	45 875	69 983
方案 6	0.589	0.567	0.700	0.716	20 273.2	31 192.5	46 572	68 517
方案 7	0.582	0.559	0.704	0.724	21 948.6	35 009.3	50 420	76 901
方案 8	0.578	0.553	0.685	0.707	20 808.8	33 057.5	47 802	72 614
方案 9	0.571	0.498	0.683	0.683	23 183.7	37 406.1	53 258	82 166
方案 10	0.574	0.548	0.725	0.728	23 049.9	36 027.3	52 951	79 137
方案 11	0.572	0.539	0.704	0.704	21 895.4	33 909.7	50 298	74 486
方案 12	0.569	0.497	0.690	0.692	23 541.7	37 771.6	54 080	82 969
方案 13	0.571	0.545	0.731	0.729	23 216.5	36 286.2	53 333	79 706
方案 14	0.571	0.537	0.709	0.705	22 062.0	34 074.9	50 681	74 848
方案 15	0.569	0.497	0.696	0.694	23 686.5	37 939.1	54 413	83 337
方案 16	0.586	0.570	0.709	0.722	21 325.9	34 098.4	48 990	74 900
方案 17	0.579	0.556	0.695	0.693	21 909.6	34 212.1	50 331	75 150
方案 18	0.584	0.561	0.717	0.730	23 358.6	36 891.6	53 660	81 036
方案 19	0.574	0.550	0.716	0.715	22 894.8	35 691.2	52 595	78 399
方案 20	0.581	0.546	0.724	0.736	23 734.1	37 599.0	54 522	82 590
方案 21	0.576	0.538	0.707	0.712	23 193.1	36 516.9	53 280	80 213
方案 22	0.576	0.556	0.736	0.736	23 488.2	36 876.1	53 958	81 001
方案 23	0.575	0.530	0.712	0.717	23 325.0	37 010.9	53 583	81 298

8.2.1 单措施调控效果评价及与基本配置方案的对比分析

8.2.1.1 规划水平年 2015 年

规划水平年 2015 年采用供水结构调整、产业结构调整和水资源高效利用单措施方案评价结果见表 8-2 ~ 表 8-7。单措施调控方案包括：

方案 1：基本方案 + 黄河干流水。

方案 2：基本方案 + 黄河干流水 + 南水北调水。

方案 3：基本方案 + 黄河干流水 + 南水北调水 + 大型水库水。

方案 4：基本方案 + 产业结构调整方案一。

方案 5：基本方案 + 产业结构调整方案二。

方案 6：基本方案 + 强化节水。

表 8-2　均衡发展条件下 2015 年单措施方案 1 承载能力评价结果

分区	水资源开发率(%)	水资源利用率(%)	水资源可持续利用水平	经济发展水平	社会发展水平	生态环境状况	二产用水保证程度(%)	协调发展状况	承载经济能力(亿元)	人均GDP(元)	承载人口(万人)
郑-1	53.6	100.0	0.445	0.807	0.847	0.706	100.0	0.784	2 849.5	66 530	428.3
郑-2	43.7	100.0	0.585	0.485	0.802	0.678	81.5	0.641	2 745.2	60 708	452.2
开-1	65.5	86.0	0.412	0.734	0.856	0.765	100.0	0.783	385.4	43 115	89.4
开-2	64.5	100.0	0.362	0.638	0.795	0.807	100.0	0.742	1 166.9	27 956	417.4
洛-1	66.1	72.5	0.513	0.805	0.847	0.664	100.0	0.768	1 265.3	79 701	158.8
洛-2	22.7	95.2	0.690	0.631	0.795	0.753	100.0	0.723	2 088.1	39 847	524.0
平-1	17.0	71.4	0.842	0.772	0.832	0.648	100.0	0.747	775.8	79 647	97.4
平-2	20.7	100.0	0.597	0.383	0.763	0.808	67.6	0.618	1 026.8	24 285	422.8
新-1	63.4	62.8	0.500	0.772	0.833	0.674	100.0	0.756	593.7	59 370	100.0
新-2	44.8	82.0	0.690	0.614	0.763	0.788	100.0	0.717	1 487.5	30 545	487.0
焦-1	62.5	48.7	0.555	0.753	0.830	0.674	100.0	0.749	496.6	55 544	89.4
焦-2	52.4	100.0	0.517	0.516	0.763	0.648	83.7	0.634	1 476.4	54 161	272.6
许-1	58.5	72.5	0.559	0.647	0.747	0.676	100.0	0.689	350.9	43 856	80.0
许-2	39.4	100.0	0.609	0.383	0.763	0.739	79.1	0.600	1 543.2	39 069	395.0
漯-1	47.5	100.0	0.540	0.344	0.832	0.798	49.5	0.611	438.4	32 478	135.0
漯-2	34.3	100.0	0.614	0.260	0.758	0.789	58.0	0.538	324.6	24 351	133.3
济源	21.9	69.6	0.892	0.676	0.823	0.642	100.0	0.710	581.6	82 497	70.5
城市群	36.4	90.1	0.584	0.601	0.803	0.721	87.5	0.695	19 595.9	45 016	4 353.1

表 8-3 均衡发展条件下 2015 年单措施方案 2 承载能力评价结果

分区	水资源开发率(%)	水资源利用率(%)	水资源可持续利用水平	经济发展水平	社会发展水平	生态环境状况	二产用水保证程度(%)	协调发展状况	承载经济能力(亿元)	人均GDP(元)	承载人口(万人)
郑-1	53.6	100.0	0.445	0.807	0.847	0.706	100.0	0.784	2 849.5	66 530	428.3
郑-2	43.7	100.0	0.592	0.641	0.802	0.663	96.4	0.699	3 090.1	68 334	452.2
开-1	65.5	86.0	0.412	0.734	0.856	0.765	100.0	0.783	385.4	43 115	89.4
开-2	64.5	100.0	0.362	0.638	0.795	0.807	100.0	0.742	1 166.9	27 956	417.4
洛-1	66.1	72.5	0.513	0.805	0.847	0.664	100.0	0.768	1 265.3	79 701	158.8
洛-2	22.7	95.2	0.690	0.631	0.795	0.753	100.0	0.723	2 088.1	39 847	524.0
平-1	17.0	94.4	0.756	0.772	0.832	0.648	100.0	0.747	775.8	79 647	97.4
平-2	20.7	100.0	0.600	0.457	0.763	0.801	80.4	0.654	1 145.0	27 081	422.8
新-1	63.4	83.9	0.439	0.772	0.833	0.674	100.0	0.756	593.7	59 370	100.0
新-2	44.8	85.5	0.674	0.614	0.763	0.788	100.0	0.717	1 487.5	30 545	487.0
焦-1	62.5	73.5	0.530	0.753	0.830	0.674	100.0	0.749	496.6	55 544	89.4
焦-2	52.4	100.0	0.517	0.516	0.763	0.648	83.7	0.634	1 476.4	54 161	272.6
许-1	58.5	72.5	0.559	0.647	0.747	0.676	100.0	0.689	350.9	43 856	80.0
许-2	39.4	100.0	0.626	0.587	0.763	0.674	96.5	0.671	1 765.5	44 695	395.0
漯-1	47.5	100.0	0.574	0.640	0.832	0.660	100.0	0.706	707.4	52 406	135.0
漯-2	34.3	100.0	0.629	0.528	0.758	0.707	91.9	0.657	463.5	34 770	133.3
济源	21.9	69.6	0.892	0.676	0.823	0.642	100.0	0.710	581.6	82 497	70.5
城市群	36.4	93.3	0.577	0.660	0.803	0.703	95.9	0.717	20 689.2	47 527	4 353.1

表8-4 均衡发展条件下2015年单措施方案3承载能力评价结果

分区	水资源开发率(%)	水资源利用率(%)	水资源可持续利用水平	经济发展水平	社会发展水平	生态环境状况	二产用水保证程度(%)	协调发展状况	承载经济能力(亿元)	人均GDP(元)	承载人口(万人)
郑-1	53.6	100.0	0.445	0.807	0.847	0.706	100.0	0.784	2 849.5	66 530	428.3
郑-2	43.7	100.0	0.592	0.641	0.802	0.663	96.4	0.699	3 090.1	68 334	452.2
开-1	65.5	86.0	0.412	0.734	0.856	0.765	100.0	0.783	385.4	43 115	89.4
开-2	64.5	100.0	0.362	0.638	0.795	0.807	100.0	0.742	1 166.9	27 956	417.4
洛-1	66.1	72.5	0.513	0.805	0.847	0.664	100.0	0.768	1 265.3	79 701	158.8
洛-2	22.7	98.7	0.637	0.631	0.795	0.753	100.0	0.723	2 088.1	39 847	524.0
平-1	17.0	94.4	0.756	0.772	0.832	0.648	100.0	0.747	775.8	79 647	97.4
平-2	20.7	100.0	0.602	0.626	0.763	0.785	98.0	0.721	1 283.9	30 366	422.8
新-1	63.4	83.9	0.439	0.772	0.833	0.674	100.0	0.756	593.7	59 370	100.0
新-2	44.8	85.5	0.674	0.614	0.763	0.788	100.0	0.717	1 487.5	30 545	487.0
焦-1	62.5	73.5	0.530	0.753	0.830	0.674	100.0	0.749	496.6	55 544	89.4
焦-2	52.4	100.0	0.517	0.550	0.763	0.645	86.1	0.647	1 504.2	55 180	272.6
许-1	58.5	72.5	0.559	0.647	0.747	0.676	100.0	0.689	350.9	43 856	80.0
许-2	39.4	100.0	0.626	0.587	0.763	0.674	96.5	0.671	1 765.5	44 695	395.0
漯-1	47.5	100.0	0.574	0.640	0.832	0.660	100.0	0.706	707.4	52 406	135.0
漯-2	34.3	100.0	0.629	0.528	0.758	0.707	91.9	0.657	463.5	34 770	133.3
济源	21.9	70.9	0.890	0.676	0.823	0.642	100.0	0.710	581.6	82 497	70.5
城市群	36.4	93.7	0.574	0.672	0.803	0.702	97.3	0.722	20 855.9	47 910	4 353.1

表 8-5　均衡发展条件下 2015 年单措施方案 4 承载能力评价结果

分区	水资源开发率(%)	水资源利用率(%)	水资源可持续利用水平	经济发展水平	社会发展水平	生态环境状况	二产用水保证程度(%)	协调发展状况	承载经济能力(亿元)	人均GDP(元)	承载人口(万人)
郑－1	53.6	100.0	0.443	0.802	0.847	0.698	96.5	0.780	3 400.4	79 393	428.3
郑－2	43.7	100.0	0.572	0.377	0.802	0.802	45.5	0.624	2 157.0	47 700	452.2
开－1	65.5	87.2	0.409	0.761	0.856	0.751	100.0	0.788	453.0	50 678	89.4
开－2	64.5	100.0	0.350	0.700	0.795	0.805	100.0	0.765	1 248.6	29 912	417.4
洛－1	66.1	65.3	0.519	0.826	0.847	0.661	100.0	0.773	1 504.9	94 794	158.8
洛－2	22.7	93.2	0.708	0.674	0.795	0.747	100.0	0.737	2 286.1	43 626	524.0
平－1	17.0	72.8	0.840	0.795	0.832	0.647	100.0	0.754	880.7	90 418	97.4
平－2	20.7	100.0	0.597	0.394	0.763	0.808	65.0	0.624	1 146.2	27 109	422.8
新－1	63.4	64.2	0.500	0.803	0.833	0.669	100.0	0.765	697.7	69 766	100.0
新－2	44.8	71.3	0.719	0.651	0.763	0.786	100.0	0.731	1 624.1	33 350	487.0
焦－1	62.5	49.6	0.555	0.791	0.830	0.670	100.0	0.761	574.3	64 240	89.4
焦－2	52.4	100.0	0.517	0.526	0.763	0.648	82.0	0.638	1 593.6	58 458	272.6
许－1	58.5	73.3	0.558	0.698	0.747	0.674	100.0	0.706	386.3	48 290	80.0
许－2	39.4	100.0	0.609	0.399	0.763	0.739	77.5	0.608	1 659.6	42 015	395.0
漯－1	47.5	100.0	0.540	0.368	0.832	0.798	47.9	0.625	487.7	36 125	135.0
漯－2	34.3	100.0	0.614	0.271	0.758	0.789	57.3	0.545	342.8	25 715	133.3
济源	21.9	66.1	0.894	0.696	0.823	0.642	100.0	0.716	624.4	88 572	70.5
城市群	36.4	87.1	0.585	0.620	0.803	0.726	81.1	0.702	21 067.4	48 396	4 353.1

表 8-6　均衡发展条件下 2015 年单措施方案 5 承载能力评价结果

分区	水资源开发率(%)	水资源利用率(%)	水资源可持续利用水平	经济发展水平	社会发展水平	生态环境状况	二产用水保证程度(%)	协调发展状况	承载经济能力(亿元)	人均GDP(元)	承载人口(万人)
郑 -1	53.6	100.0	0.443	0.757	0.847	0.698	93.6	0.765	3 044.5	71 084	428.3
郑 -2	43.7	100.0	0.572	0.354	0.802	0.802	42.5	0.610	2 010.6	44 463	452.2
开 -1	65.5	88.4	0.405	0.740	0.856	0.736	100.0	0.775	422.1	47 226	89.4
开 -2	64.5	100.0	0.350	0.656	0.795	0.801	100.0	0.748	1 210.5	29 000	417.4
洛 -1	66.1	66.7	0.519	0.811	0.847	0.659	100.0	0.768	1 388.0	87 431	158.8
洛 -2	22.7	95.9	0.685	0.636	0.795	0.719	100.0	0.714	2 277.1	43 453	524.0
平 -1	17.0	75.9	0.836	0.778	0.832	0.645	100.0	0.747	851.8	87 450	97.4
平 -2	20.7	100.0	0.597	0.375	0.763	0.808	60.8	0.614	1 060.9	25 092	422.8
新 -1	63.4	65.8	0.499	0.787	0.833	0.665	100.0	0.758	652.5	65 251	100.0
新 -2	44.8	72.5	0.718	0.617	0.763	0.781	100.0	0.717	1 614.2	33 146	487.0
焦 -1	62.5	51.2	0.555	0.768	0.830	0.665	100.0	0.751	545.9	61 058	89.4
焦 -2	52.4	100.0	0.517	0.387	0.763	0.648	75.6	0.576	1 509.9	55 389	272.6
许 -1	58.5	76.5	0.553	0.653	0.747	0.667	100.0	0.688	385.6	48 203	80.0
许 -2	39.4	100.0	0.609	0.332	0.763	0.739	71.5	0.572	1 576.5	39 913	395.0
漯 -1	47.5	100.0	0.540	0.356	0.832	0.798	44.6	0.618	452.6	33 527	135.0
漯 -2	34.3	100.0	0.614	0.254	0.758	0.789	52.6	0.534	329.8	24 737	133.3
济源	21.9	68.7	0.892	0.682	0.823	0.640	100.0	0.711	637.5	90 426	70.5
城市群	36.4	88.1	0.583	0.585	0.803	0.721	78.6	0.686	19 970.0	45 875	4 353.1

表 8-7　均衡发展条件下 2015 年单措施方案 6 承载能力评价结果

分区	水资源开发率(%)	水资源利用率(%)	水资源可持续利用水平	经济发展水平	社会发展水平	生态环境状况	二产用水保证程度(%)	协调发展状况	承载经济能力(亿元)	人均GDP(元)	承载人口(万人)
郑 - 1	53.6	100.0	0.443	0.807	0.868	0.714	100.0	0.794	2 845.6	66 439	428.3
郑 - 2	43.7	100.0	0.570	0.589	0.796	0.660	88.7	0.676	2 911.6	64 386	452.2
开 - 1	65.5	96.6	0.331	0.733	0.864	0.711	100.0	0.766	385.5	43 131	89.4
开 - 2	64.5	98.4	0.372	0.641	0.765	0.789	100.0	0.729	1 172.0	28 078	417.4
洛 - 1	66.1	77.1	0.508	0.802	0.860	0.614	100.0	0.751	1 265.3	79 701	158.8
洛 - 2	22.7	85.2	0.733	0.631	0.682	0.793	100.0	0.699	2 088.0	39 845	524.0
平 - 1	17.0	67.9	0.844	0.773	0.815	0.660	100.0	0.746	775.7	79 637	97.4
平 - 2	20.7	100.0	0.597	0.367	0.752	0.796	57.8	0.604	966.1	22 851	422.8
新 - 1	63.4	62.5	0.499	0.773	0.895	0.683	100.0	0.779	593.8	59 378	100.0
新 - 2	44.8	75.6	0.713	0.613	0.796	0.796	100.0	0.730	1 487.5	30 544	487.0
焦 - 1	62.5	47.7	0.555	0.753	0.824	0.314	100.0	0.580	496.5	55 538	89.4
焦 - 2	52.4	100.0	0.516	0.333	0.773	0.688	63.4	0.562	1 241.8	45 554	272.6
许 - 1	58.5	87.9	0.509	0.656	0.822	0.610	100.0	0.690	396.5	49 559	80.0
许 - 2	39.4	96.4	0.650	0.622	0.796	0.755	100.0	0.721	1 835.1	46 459	395.0
漯 - 1	47.5	100.0	0.537	0.645	0.722	0.731	100.0	0.698	716.5	53 078	135.0
漯 - 2	34.3	81.3	0.741	0.601	0.658	0.789	100.0	0.678	514.1	38 568	133.3
济源	21.9	57.9	0.897	0.679	0.817	0.618	100.0	0.700	581.6	82 490	70.5
城市群	36.4	86.7	0.589	0.648	0.795	0.689	90.9	0.700	20 273.2	46 572	4 353.1

1. 按调控措施类别分析

根据表 8-1 可知，就供水结构调整措施而言，采取黄河干流水 + 南水北调水 + 大型水库水城市群区域内水源再分配方案 3 调控效果好于方案 1 和方案 2。虽然在这种方案下水资源可持续利用水平相对其他方案有所降低，但是其协调发展状况、承载经济能力以及人均 GDP 均高于基本方案、方案 1 和方案 2。方案 3 下水资源可持续利用水平低于基本方案0.011，协调发展状况高出 0.029，承载经济能力高出 2 104.5 亿元，对应人均 GDP 高出 4 834 元。

就产业结构调整措施而言，方案 4 调控效果好于方案 5，方案 4 下水资源可持续利用水平与基本方案持平，协调发展状况高出基本方案 0.009，承载经济能力高出 2 316.0 亿元，对应人均 GDP 高出 5 320 元。

就水资源高效利用措施而言，方案 6 水资源可持续利用水平高出基本方案 0.004，协调发展状况高出 0.007，承载经济能力高出 1 521.8 亿元，对应人均 GDP 高出 3 496 元。

2. 按水资源可持续利用水平分析

由表 8-2 ~ 表 8-7 可以看出，均衡发展条件下 2015 年单措施调整方案中原城市群水资源开发率均为 36.4%，水资源开发程度已很高，进一步开发利用水资源的难度大，水资源自身的可持续利用水平比较低，水资源可持续利用水平均处于差的等级。基本方案的水资源可持续利用水平为 0.585，各调整方案中水资源可持续利用水平最高的是方案 6，为 0.589，最低的是方案 3，为 0.574；6 个单措施调控方案中仅有方案 4 和方案 6 的水资源可持续利用水平等于或者高于基本方案，方案 1、方案 2、方案 3 和方案 5 的水资源可持续利用水平都低于基本方案，详见图 8-1。

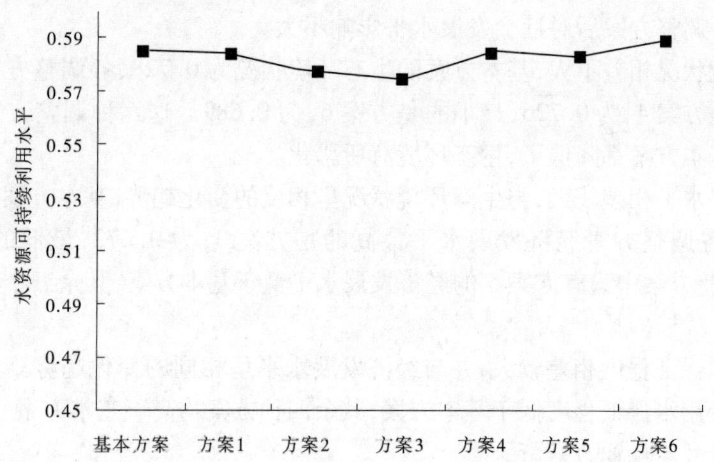

图 8-1　均衡发展条件下 2015 年单措施各方案水资源可持续利用水平情况

各方案水资源利用率相差较大，并与水资源可持续利用水平呈相反的变化趋势。据表 6-9可知基本方案的水资源利用率为 86.7%，各调整方案中水资源利用率最大的是方案 3，为 93.7%，最小的是方案 6，为 86.7%。从中可以看出这六个调控方案的水资源利用率相对于基本方案基本有所提高，方案 3 相对于基本方案的水资源利用率提高最多，高出 0.070，详见图 8-2。

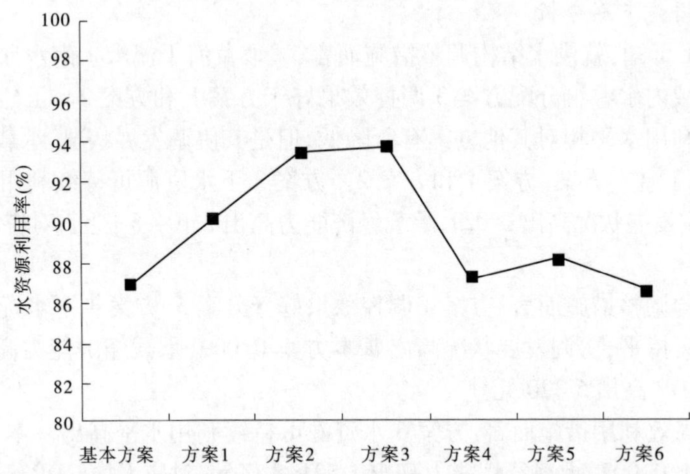

图 8-2　均衡发展条件下 2015 年单措施各方案水资源利用率情况

3. 按协调发展状况分析

由表 8-2 ~ 表 8-7 可以看出,均衡发展条件下 2015 年各单措施调整方案中原城市群协调发展状况有所不同,但都处于中的等级,基本方案协调发展状况为 0.693,各调整方案中协调发展状况最大的是方案 3,为 0.722,最小的是方案 5,为 0.686。从中可以看出各调控方案相对于基本方案协调发展状况都有所改善,其中方案 3 的协调发展状况高出基本方案 0.029,详见图 8-3。

社会发展水平除方案 6 为 0.795 外,基本方案与其余五种调整方案均为 0.803。这说明经过这六种调整方案后对社会发展水平影响不大。

生态环境状况相差不大,基本方案的生态环境状况为 0.728,各调整方案中生态环境状况最大的是方案 4,为 0.726,最小的是方案 6,为 0.689。这六种调整方案的生态环境状况相对于基本方案都降低了,生态环境有所恶化。

经济发展水平相差较大,与生态环境状况呈相反的变化趋势,基本方案的经济发展水平为 0.593,各调整方案经济发展水平最高的是方案 3,为 0.672,最低的是方案 5,为 0.585。各调整方案中只有方案 5 的经济发展水平低于基本方案,其余五个调整方案均高于基本方案。

二产用水保证程度相差较大,并与经济发展水平呈相同的变化趋势。其中方案 4 和方案 5 的二产用水保证程度低于基本方案,其余四种方案均高于基本方案,详见图 8-4。

4. 按水资源承载能力分析

由表 8-2 ~ 表 8-7 可以看出,均衡发展条件 2015 年各单措施方案中原城市群水资源承载能力有所不同。基本方案的承载经济能力最小,为 18 751.4 亿元,对应人均 GDP 为 43 076 元;各调整方案中承载经济能力最大的是方案 4,为 21 067.4 亿元,对应人均 GDP 为 48 396 元;各调整方案中承载经济能力最小的是方案 1,为 19 595.9 亿元,对应人均 GDP 为 45 016 元。这说明经过调整后的方案承载经济能力和人均 GDP 的能力更强,详见图 8-5 与图 8-6。承载人口均为 4 353.1 万人。

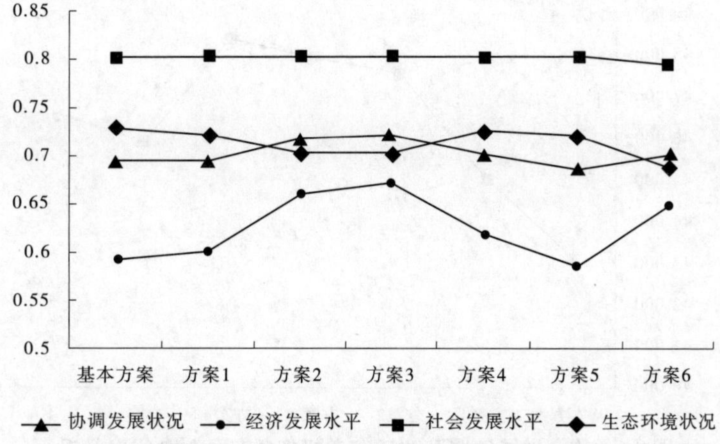

图 8-3　均衡发展条件下 2015 年单措施各方案协调发展状况各指标情况

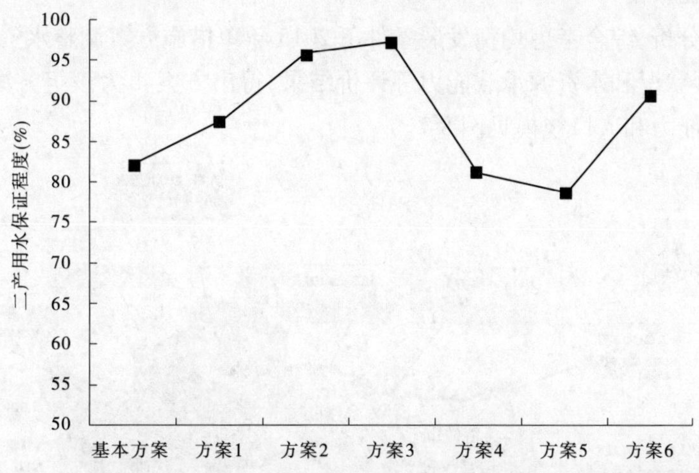

图 8-4　均衡发展条件下 2015 年单措施各方案二产用水保证程度情况

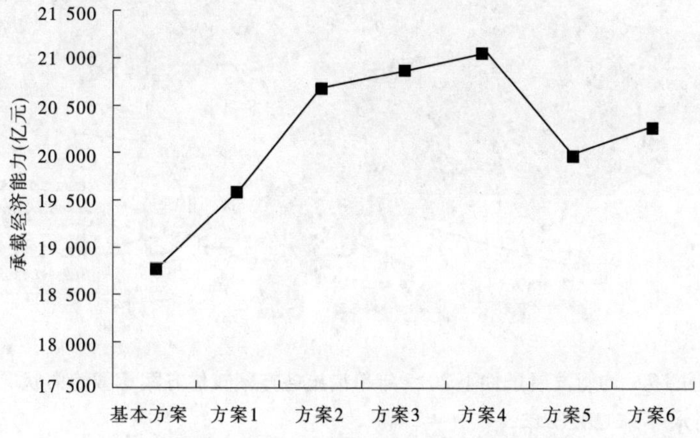

图 8-5　均衡发展条件下 2015 年单措施各方案承载经济能力情况

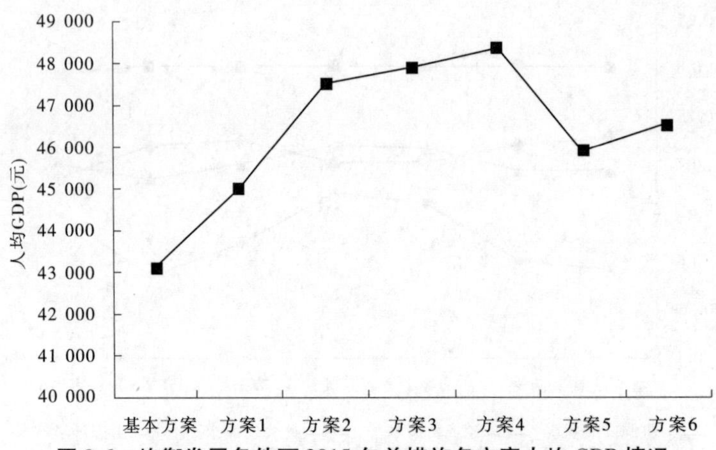

图 8-6 均衡发展条件下 2015 年单措施各方案人均 GDP 情况

5. 推荐较优方案

根据上述分析,综合考虑均衡发展条件下 2015 年单措施方案调整水资源可持续利用水平、协调发展状况和水资源承载能力等评价结果,得出方案 4 为该组方案的较优方案,对应承载经济能力和人口规模见图 8-7。

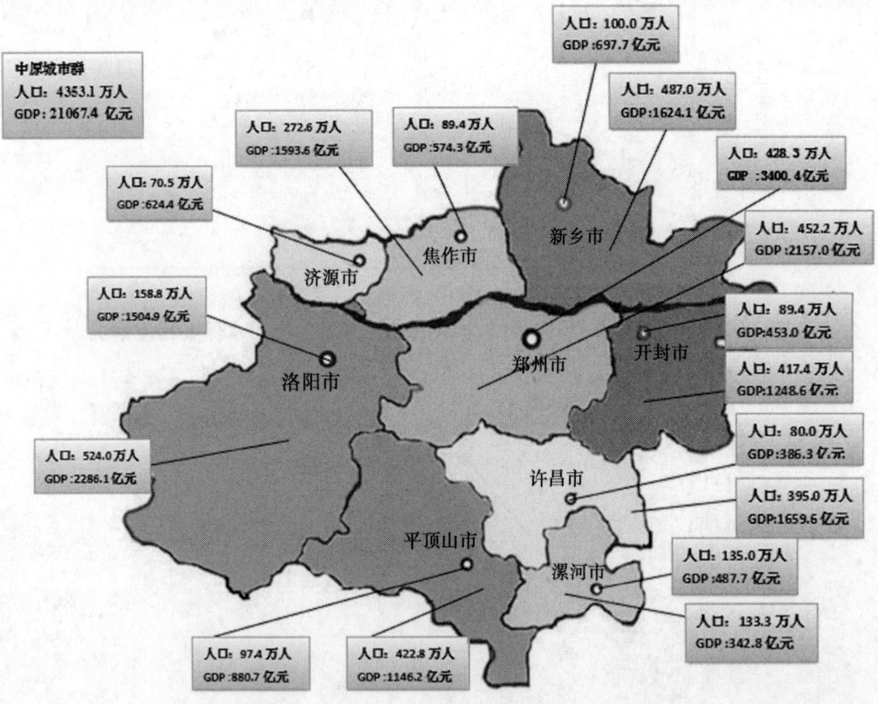

图 8-7 均衡发展条件下 2015 年单措施各方案较优方案承载能力状况

8.2.1.2 规划水平年 2020 年

规划水平年 2020 年采用供水结构调整、产业结构调整和水资源高效利用单措施方案评价结果见表 8-8 ~ 表 8-13。

表 8-8　均衡发展条件下 2020 年单措施方案 1 承载能力评价结果

分区	水资源开发率(%)	水资源利用率(%)	水资源可持续利用水平	经济发展水平	社会发展水平	生态环境状况	二产用水保证程度(%)	协调发展状况	承载经济能力(亿元)	人均GDP(元)	承载人口(万人)
郑-1	53.6	100.0	0.452	0.828	0.826	0.685	99.2	0.777	4 474.6	89 047	502.5
郑-2	43.7	100.0	0.592	0.506	0.818	0.664	78.7	0.650	4 044.4	84 984	475.9
开-1	65.5	98.4	0.311	0.783	0.868	0.680	100.0	0.773	649.5	70 522	92.1
开-2	64.5	100.0	0.361	0.709	0.803	0.802	100.0	0.770	1 991.3	46 300	430.1
洛-1	66.1	79.9	0.498	0.832	0.858	0.658	100.0	0.777	1 965.6	116 998	168.0
洛-2	25.9	96.0	0.667	0.669	0.803	0.688	100.0	0.718	2 888.2	53 975	535.1
平-1	27.0	77.9	0.761	0.839	0.848	0.646	100.0	0.772	1 396.7	139 115	100.4
平-2	23.9	100.0	0.581	0.406	0.794	0.820	54.3	0.642	1 777.7	40 913	434.5
新-1	63.4	69.2	0.498	0.807	0.849	0.659	100.0	0.767	934.8	89 030	105.0
新-2	45.1	91.0	0.652	0.636	0.794	0.771	100.0	0.730	2 238.7	44 774	500.0
焦-1	62.5	60.1	0.553	0.799	0.848	0.655	100.0	0.763	867.4	92 174	94.1
焦-2	52.4	100.0	0.518	0.599	0.794	0.651	86.3	0.676	2 297.2	82 396	278.8
许-1	58.5	85.8	0.517	0.716	0.765	0.662	100.0	0.713	624.2	73 435	85.0
许-2	39.4	100.0	0.616	0.363	0.794	0.742	61.8	0.598	2 005.5	49 764	403.0
漯-1	47.5	100.0	0.541	0.411	0.850	0.774	42.9	0.647	726.0	52 229	139.0
漯-2	34.3	100.0	0.615	0.309	0.794	0.811	46.8	0.584	435.1	31 759	137.0
济源	21.9	79.8	0.874	0.749	0.851	0.643	100.0	0.743	895.0	124 301	72.0
城市群	37.9	93.6	0.565	0.645	0.821	0.706	84.6	0.712	30 211.9	66 363	4 552.5

表 8-9　均衡发展条件下 2020 年单措施方案 2 承载能力评价结果

分区	水资源开发率(%)	水资源利用率(%)	水资源可持续利用水平	经济发展水平	社会发展水平	生态环境状况	二产用水保证程度(%)	协调发展状况	承载经济能力(亿元)	人均GDP(元)	承载人口(万人)
郑－1	53.6	100.0	0.452	0.828	0.826	0.685	99.2	0.777	4 474.6	89 047	502.5
郑－2	43.7	99.7	0.600	0.654	0.818	0.658	89.9	0.706	4 385.5	92 152	475.9
开－1	65.5	98.4	0.311	0.783	0.868	0.680	100.0	0.773	649.5	70 522	92.1
开－2	64.5	100.0	0.361	0.709	0.803	0.802	100.0	0.770	1 991.3	46 300	430.1
洛－1	66.1	79.9	0.498	0.832	0.858	0.658	100.0	0.777	1 965.6	116 998	168.0
洛－2	25.9	96.0	0.667	0.669	0.803	0.688	100.0	0.718	2 888.2	53 975	535.1
平－1	27.0	93.9	0.699	0.839	0.848	0.646	100.0	0.772	1 404.1	139 850	100.4
平－2	23.9	100.0	0.585	0.408	0.794	0.817	56.8	0.642	1 837.2	42 282	434.5
新－1	63.4	89.4	0.428	0.807	0.849	0.659	100.0	0.767	934.8	89 030	105.0
新－2	45.1	96.0	0.619	0.636	0.794	0.771	100.0	0.730	2 238.7	44 774	500.0
焦－1	62.5	81.2	0.518	0.799	0.848	0.655	100.0	0.763	867.4	92 174	94.1
焦－2	52.4	100.0	0.518	0.599	0.794	0.651	86.3	0.676	2 297.2	82 396	278.8
许－1	58.5	85.8	0.517	0.716	0.765	0.662	100.0	0.713	624.2	73 435	85.0
许－2	39.4	100.0	0.626	0.380	0.794	0.702	70.3	0.596	2 157.6	53 538	403.0
漯－1	47.5	100.0	0.571	0.549	0.850	0.668	79.7	0.678	976.0	70 215	139.0
漯－2	34.3	100.0	0.631	0.351	0.794	0.726	75.6	0.587	591.4	43 164	137.0
济源	21.9	79.8	0.874	0.749	0.851	0.643	100.0	0.743	895.0	124 301	72.0
城市群	37.9	96.2	0.557	0.665	0.821	0.692	89.7	0.717	31 178.3	68 486	4 552.5

表 8-10　均衡发展条件下 2020 年单措施方案 3 承载能力评价结果

分区	水资源开发率(%)	水资源利用率(%)	水资源可持续利用水平	经济发展水平	社会发展水平	生态环境状况	二产用水保证程度(%)	协调发展状况	承载经济能力(亿元)	人均GDP(元)	承载人口(万人)
郑-1	53.6	100.0	0.452	0.828	0.826	0.685	99.2	0.777	4 474.6	89 047	502.5
郑-2	43.7	99.7	0.600	0.669	0.818	0.657	92.2	0.711	4 457.0	93 653	475.9
开-1	65.5	98.4	0.311	0.783	0.868	0.680	100.0	0.773	649.5	70 522	92.1
开-2	64.5	100.0	0.361	0.709	0.803	0.802	100.0	0.770	1 991.3	46 300	430.1
洛-1	66.1	82.2	0.486	0.832	0.858	0.658	100.0	0.777	1 965.6	116 998	168.0
洛-2	25.9	99.1	0.621	0.669	0.803	0.688	100.0	0.718	2 888.2	53 975	535.1
平-1	27.0	93.9	0.699	0.839	0.848	0.646	100.0	0.772	1 404.1	139 850	100.4
平-2	23.9	100.0	0.588	0.443	0.794	0.804	71.0	0.656	1 993.4	45 878	434.5
新-1	63.4	89.4	0.428	0.807	0.849	0.659	100.0	0.767	934.8	89 030	105.0
新-2	45.1	96.0	0.619	0.636	0.794	0.771	100.0	0.730	2 238.7	44 774	500.0
焦-1	62.5	81.2	0.518	0.799	0.848	0.655	100.0	0.763	867.4	92 174	94.1
焦-2	52.4	100.0	0.518	0.630	0.794	0.648	91.6	0.687	2 390.9	85 759	278.8
许-1	58.5	85.8	0.517	0.716	0.765	0.662	100.0	0.713	624.2	73 435	85.0
许-2	39.4	100.0	0.626	0.380	0.794	0.702	70.3	0.596	2 157.6	53 538	403.0
漯-1	47.5	100.0	0.571	0.549	0.850	0.668	79.7	0.678	976.0	70 215	139.0
漯-2	34.3	100.0	0.631	0.351	0.794	0.726	75.6	0.587	591.4	43 164	137.0
济源	21.9	84.5	0.851	0.749	0.851	0.643	100.0	0.743	895.0	124 301	72.0
城市群	37.9	96.9	0.553	0.670	0.821	0.691	91.4	0.719	31 499.7	69 192	4 552.5

表 8-11 均衡发展条件下 2020 年单措施方案 4 承载能力评价结果

分区	水资源开发率(%)	水资源利用率(%)	水资源可持续利用水平	经济发展水平	社会发展水平	生态环境状况	二产用水保证程度(%)	协调发展状况	承载经济能力(亿元)	人均GDP(元)	承载人口(万人)
郑-1	53.6	100.0	0.448	0.633	0.826	0.691	79.4	0.712	5 335.9	106 186	502.5
郑-2	43.7	100.0	0.580	0.453	0.818	0.709	48.7	0.641	3 698.9	77 723	475.9
开-1	65.5	100.0	0.283	0.802	0.868	0.676	99.1	0.778	768.8	83 469	92.1
开-2	64.5	100.0	0.350	0.744	0.803	0.800	100.0	0.782	2 226.0	51 755	430.1
洛-1	66.1	73.6	0.513	0.862	0.858	0.656	100.0	0.785	2 412.6	143 609	168.0
洛-2	25.9	94.6	0.687	0.740	0.803	0.684	100.0	0.741	3 231.3	60 386	535.1
平-1	27.0	84.7	0.731	0.858	0.848	0.645	100.0	0.777	1 706.1	169 926	100.4
平-2	23.9	100.0	0.581	0.435	0.794	0.820	48.3	0.657	2 129.1	49 001	434.5
新-1	63.4	71.4	0.496	0.829	0.849	0.657	100.0	0.773	1 129.1	107 536	105.0
新-2	45.1	75.7	0.711	0.692	0.794	0.762	100.0	0.748	2 488.5	49 770	500.0
焦-1	62.5	62.0	0.552	0.826	0.848	0.653	100.0	0.770	1 032.9	109 761	94.1
焦-2	52.4	100.0	0.517	0.459	0.794	0.662	66.2	0.623	2 203.1	79 021	278.8
许-1	58.5	87.2	0.514	0.776	0.765	0.660	100.0	0.732	701.5	82 533	85.0
许-2	39.4	100.0	0.616	0.422	0.794	0.729	61.6	0.625	2 273.1	56 405	403.0
漯-1	47.5	100.0	0.541	0.459	0.850	0.774	38.9	0.671	866.9	62 368	139.0
漯-2	34.3	100.0	0.615	0.360	0.794	0.811	45.1	0.614	483.6	35 296	137.0
济源	21.9	76.6	0.883	0.810	0.851	0.643	100.0	0.762	1 009.5	140 205	72.0
城市群	37.9	90.6	0.566	0.656	0.821	0.708	75.9	0.717	33 696.9	74 018	4 552.5

表 8-12　均衡发展条件下 2020 年单措施方案 5 承载能力评价结果

分区	水资源开发率(%)	水资源利用率(%)	水资源可持续利用水平	经济发展水平	社会发展水平	生态环境状况	二产用水保证程度(%)	协调发展状况	承载经济(亿元)	人均GDP(元)	承载人口(万人)
郑－1	53.6	100.0	0.448	0.579	0.826	0.691	75.9	0.691	4 728.1	94 092	502.5
郑－2	43.7	100.0	0.580	0.432	0.818	0.709	44.0	0.630	3 401.4	71 472	475.9
开－1	65.5	100.0	0.283	0.791	0.868	0.670	100.0	0.772	737.7	80 094	92.1
开－2	64.5	100.0	0.350	0.730	0.803	0.780	100.0	0.770	2 161.1	50 246	430.1
洛－1	66.1	76.7	0.508	0.842	0.858	0.654	100.0	0.779	2 255.8	134 273	168.0
洛－2	25.9	99.6	0.616	0.692	0.803	0.670	100.0	0.720	3 308.8	61 835	535.1
平－1	27.0	89.3	0.718	0.843	0.848	0.643	100.0	0.772	1 611.2	160 476	100.4
平－2	23.9	100.0	0.581	0.408	0.794	0.820	45.3	0.643	1 909.4	43 944	434.5
新－1	63.4	74.8	0.492	0.812	0.849	0.653	100.0	0.767	1 073.7	102 253	105.0
新－2	45.1	78.1	0.706	0.648	0.794	0.722	100.0	0.719	2 528.3	50 566	500.0
焦－1	62.5	65.5	0.550	0.806	0.848	0.650	100.0	0.763	996.6	105 909	94.1
焦－2	52.4	100.0	0.517	0.412	0.794	0.662	58.8	0.600	2 066.6	74 125	278.8
许－1	58.5	93.5	0.491	0.724	0.765	0.655	100.0	0.713	716.9	84 340	85.0
许－2	39.4	100.0	0.616	0.378	0.794	0.737	53.7	0.605	2 106.8	52 279	403.0
漯－1	47.5	100.0	0.541	0.424	0.850	0.774	36.0	0.653	778.9	56 036	139.0
漯－2	34.3	100.0	0.615	0.328	0.794	0.811	40.1	0.595	453.2	33 083	137.0
济源	21.9	80.9	0.868	0.758	0.851	0.641	100.0	0.745	1 025.2	142 383	72.0
城市群	37.9	92.3	0.558	0.624	0.821	0.702	72.9	0.702	31 859.7	69 983	4 552.5

表 8-13　均衡发展条件下 2020 年单措施方案 6 承载能力评价结果

分区	水资源开发率(%)	水资源利用率(%)	水资源可持续利用水平	经济发展水平	社会发展水平	生态环境状况	二产用水保证程度(%)	协调发展状况	承载经济能力(亿元)	人均GDP(元)	承载人口(万人)
郑－1	53.6	100.0	0.445	0.692	0.855	0.696	83.0	0.744	4 224.8	84 075	502.5
郑－2	43.7	98.9	0.606	0.724	0.844	0.647	100.0	0.734	4 694.1	98 636	475.9
开－1	65.5	100.0	0.277	0.783	0.858	0.677	100.0	0.769	647.6	70 312	92.1
开－2	64.5	100.0	0.350	0.616	0.777	0.784	85.9	0.721	1 905.2	44 296	430.1
洛－1	66.1	75.8	0.511	0.830	0.859	0.639	100.0	0.770	1 965.7	117 005	168.0
洛－2	25.9	75.3	0.759	0.671	0.680	0.809	100.0	0.717	2 887.6	53 964	535.1
平－1	27.0	74.2	0.768	0.840	0.839	0.660	100.0	0.775	1 404.1	139 853	100.4
平－2	23.9	100.0	0.579	0.413	0.784	0.791	58.4	0.635	1 846.0	42 485	434.5
新－1	63.4	69.9	0.496	0.808	0.908	0.670	100.0	0.789	934.8	89 027	105.0
新－2	45.1	77.5	0.707	0.636	0.844	0.778	100.0	0.747	2 238.8	44 776	500.0
焦－1	62.5	76.2	0.529	0.800	0.842	0.334	100.0	0.608	867.4	92 181	94.1
焦－2	52.4	100.0	0.497	0.409	0.786	0.683	57.4	0.603	1 745.7	62 615	278.8
许－1	58.5	100.0	0.405	0.694	0.827	0.607	97.4	0.704	613.1	72 128	85.0
许－2	39.4	100.0	0.599	0.502	0.844	0.729	81.7	0.676	2 451.7	60 836	403.0
漯－1	47.5	100.0	0.535	0.766	0.729	0.713	100.0	0.736	1 123.0	80 789	139.0
漯－2	34.3	92.9	0.695	0.696	0.665	0.773	207.8	0.710	748.3	54 621	137.0
济源	21.9	78.0	0.880	0.749	0.858	0.610	100.0	0.732	894.6	124 252	72.0
城市群	37.9	88.6	0.567	0.684	0.812	0.682	90.2	0.716	31 192.5	68 517	4 552.5

1. 按调控措施类别分析

根据表 8-1 可知，就供水结构调整措施而言，采取黄河干流水 + 南水北调水 + 大型水库水城市群区域内水源再分配方案 3 调控效果好于方案 1 和方案 2。虽然在这种方案下水资源可持续利用水平相对其他方案有所降低，但是其协调发展状况、承载经济能力以及人均 GDP 均高于基本方案、方案 1 和方案 2。方案 3 下水资源可持续利用水平低于基本方案0.017，协调发展状况高出 0.014，承载经济能力高出 2 600.4 亿元，对应人均 GDP 高出 5 712 元。

就产业结构调整措施而言，方案 4 调控效果好于方案 5，方案 4 下水资源可持续利用水平比基本方案低 0.004，协调发展状况高出基本方案 0.012，承载经济能力高出4 797.6 亿元，对应人均 GDP 高出 10 538 元。

就水资源高效利用措施而言，方案 6 水资源可持续利用水平比基本方案低 0.003，协调发展状况高出 0.011，承载经济能力高出 2 293.2 亿元，对应人均 GDP 高出 5 037 元。

2. 按水资源可持续利用水平分析

由表 8-8 ~ 表 8-13 可以看出，均衡发展条件下 2020 年单措施调整方案中原城市群水资源开发率均为 37.9%，水资源开发程度已很高，进一步开发利用水资源的难度大，水资源自身可持续利用水平比较低，水资源可持续利用水平均处于差的等级。基本方案的水资源可持续利用水平为 0.570，各调整方案中水资源可持续利用水平最高的是方案 6，为 0.567，最低的是方案 3，为 0.553。可以看出六个调整方案的水资源可持续利用水平均低于基本方案，详见图 8-8。

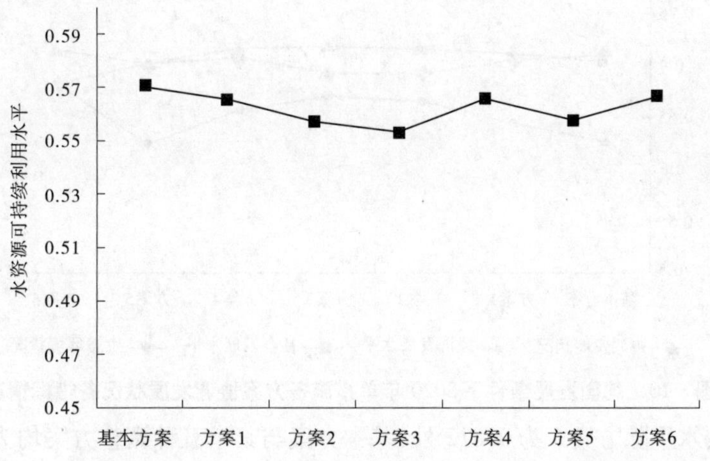

图 8-8　均衡发展条件下 2020 年单措施各方案水资源可持续利用水平情况

各方案水资源利用率相差较大，并与水资源可持续利用水平呈相反的变化趋势。基本方案的水资源利用率为 89.8%，各调整方案中水资源利用率最大的是方案 3，为 96.9%，最小的是方案 6，为 88.6%。其中仅有方案 6 的水资源利用率低于基本方案，其余五个调整方案的水资源利用率均高于基本方案，详见图 8-9。

3. 按协调发展状况分析

由表 8-8 ~ 表 8-13 可以看出，均衡发展条件下 2020 年各单措施调整方案中原城市群

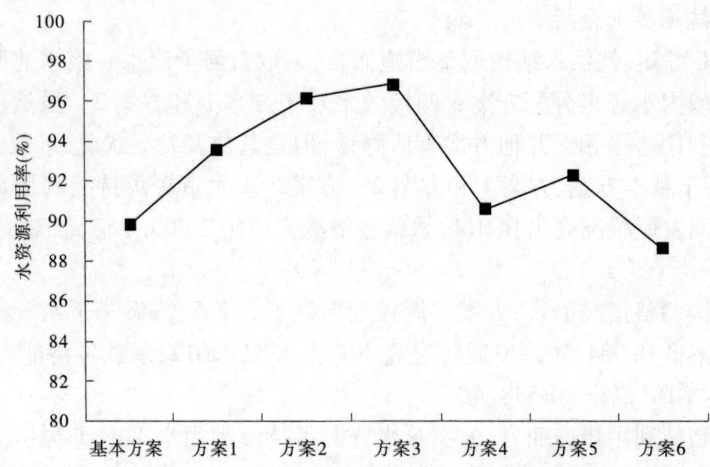

图 8-9　均衡发展条件下 2020 年单措施各方案水资源利用率情况

协调发展状况有所不同。但都处于中的等级。基本方案协调发展状况为 0.705，各调整方案中协调发展状况最大的是方案 3，为 0.719，最小的是方案 5，为 0.702。其中仅有方案 5 的协调发展状况低于基本方案，其余五个方案的协调发展状况均高于基本方案，详见图 8-10。

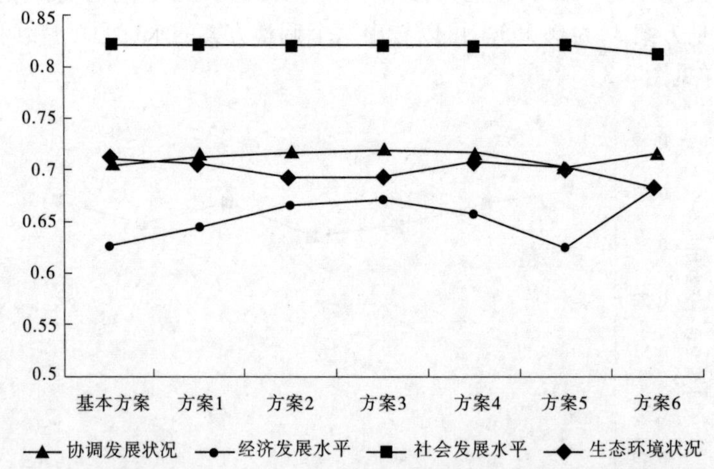

图 8-10　均衡发展条件下 2020 年单措施各方案协调发展状况各指标情况

社会发展水平除方案 6 为 0.812 外，基本方案与其余五种调整方案均为 0.821。这说明经过方案 6 的调整，中原城市群的社会发展水平有所降低。

生态环境状况相差不大，基本方案的生态环境状况为 0.710，各调整方案中生态环境状况最大的是方案 4，为 0.708，最小的是方案 6，为 0.682。各调整方案相对于基本方案的生态环境状况都有所降低，其中方案 6 的生态环境状况最差。

经济发展水平相差较大，并与生态环境状况呈相反的变化趋势，基本方案的经济发展水平为 0.627，各调整方案中经济发展水平最高的是方案 6，为 0.684，最低的是方案 5，为 0.624。各调整方案中仅方案 5 的经济发展水平低于基本方案，其余五个调整方案的经济发展水平均高于基本方案，其中方案 6 的社会发展水平最高。

二产用水保证程度相差较大,并与经济发展水平呈相同的变化趋势。其中仅有方案 4 和方案 5 的二产用水保证程度低于基本方案,其余四个调整方案均高于基本方案,详见图 8-11。

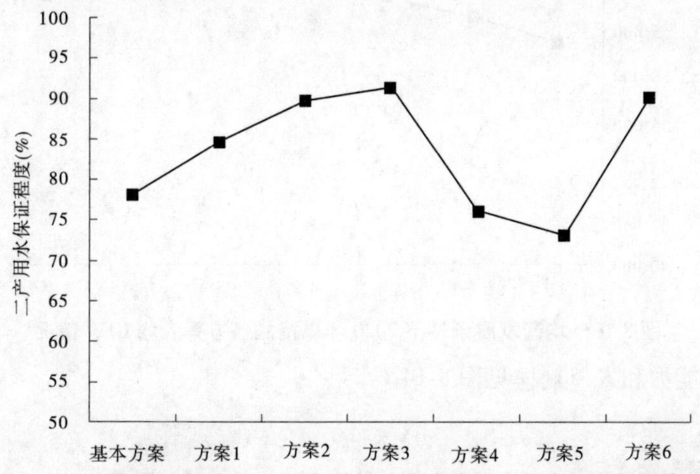

图 8-11　均衡发展条件下 2020 年单措施各方案二产用水保证程度情况

4. 按水资源承载能力分析

由表 8-8 ~ 表 8-13 可以看出,均衡发展条件下 2020 年各单措施方案中原城市群水资源承载能力有所不同。基本方案的承载经济能力最小,为 28 899.3 亿元,对应人均 GDP 为 63 480 元;各调整方案中承载经济能力最大的是方案 4,为 33 696.9 亿元,对应人均 GDP 为 74 018 元;各调整方案中承载经济能力最小的是方案 1,为 30 211.9 亿元,对应人均 GDP 为 66 363 元。从中可以看出经过一定措施的调控,城市群的承载经济能力和人均 GDP 均有一定的增加,详见图 8-12 与图 8-13。承载人口均为 4 552.5 万人。

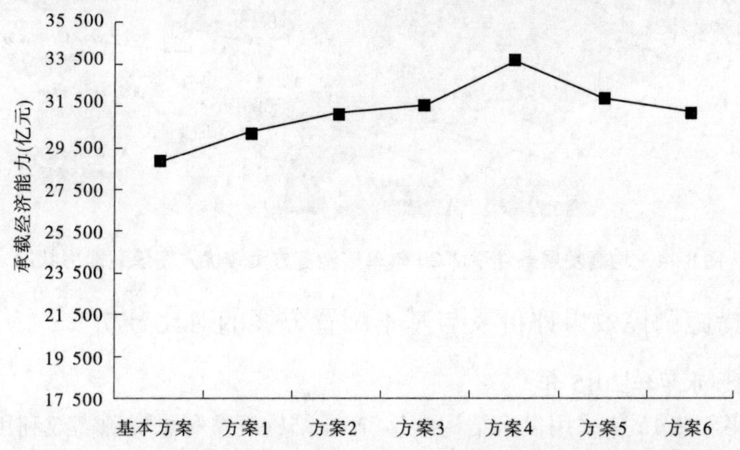

图 8-12　均衡发展条件下 2020 年单措施各方案承载经济能力情况

5. 推荐较优方案

根据上述分析,综合考虑均衡发展条件下 2020 年单措施方案调整水资源可持续利用水平、协调发展状况和水资源承载能力等评价结果,得出方案 4 为该组方案的较优方案,

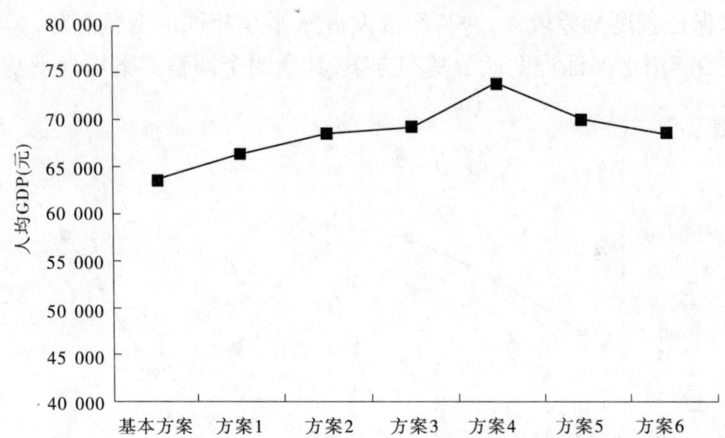

图 8-13　均衡发展条件下 2020 年单措施各方案人均 GDP 情况

对应承载经济能力和人口规模见图 8-14。

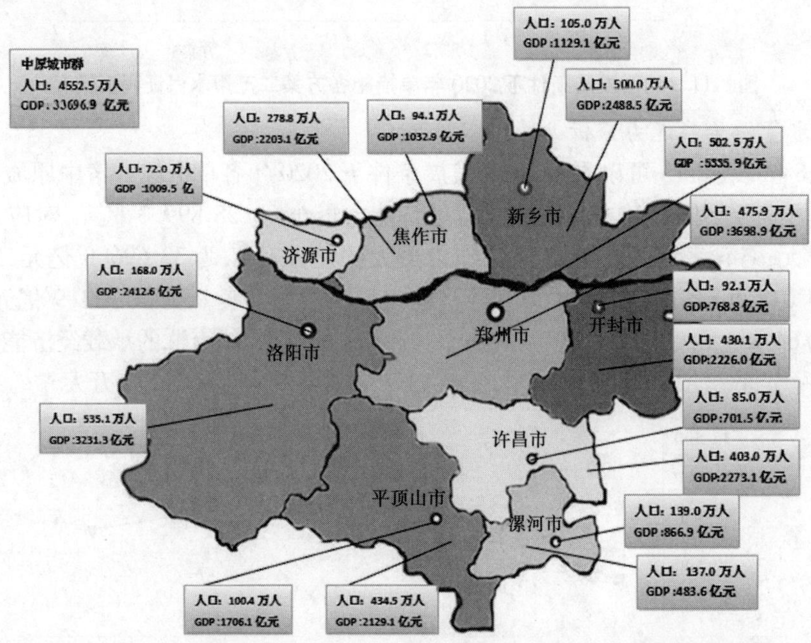

图 8-14　均衡发展条件下 2020 年单措施各方案较优方案承载能力状况

8.2.2　两措施调控效果评价及与基本配置方案的对比分析

8.2.2.1　规划水平年 2015 年

规划水平年 2015 年采用供水结构调整、产业结构调整和水资源高效利用两措施方案评价结果见表 8-14 ~ 表 8-24。两措施调控方案包括：

方案 7：基本方案 + 黄河干流水 + 产业结构调整方案一。

方案 8：基本方案 + 黄河干流水 + 产业结构调整方案二。

方案 9：基本方案 + 黄河干流水 + 强化节水。

表 8-14　均衡发展条件下 2015 年两措施方案 7 承载能力评价结果

分区	水资源开发率(%)	水资源利用率(%)	水资源可持续利用水平	经济发展水平	社会发展水平	生态环境状况	二产用水保证程度(%)	协调发展状况	承载经济能力(亿元)	人均GDP(元)	承载人口(万人)
郑-1	53.6	100.0	0.445	0.834	0.847	0.694	100.0	0.789	3 442.8	80 383	428.3
郑-2	43.7	100.0	0.585	0.490	0.802	0.678	79.8	0.643	2 950.1	65 238	452.2
开-1	65.5	87.2	0.409	0.761	0.856	0.751	100.0	0.788	453.0	50 678	89.4
开-2	64.5	100.0	0.362	0.690	0.795	0.805	100.0	0.761	1 294.3	31 006	417.4
洛-1	66.1	74.4	0.510	0.826	0.847	0.661	100.0	0.773	1 504.9	94 794	158.8
洛-2	22.7	95.9	0.680	0.674	0.795	0.747	100.0	0.737	2 286.1	43 626	524.0
平-1	17.0	72.8	0.840	0.795	0.832	0.647	100.0	0.754	880.7	90 418	97.4
平-2	20.7	100.0	0.597	0.394	0.763	0.808	65.0	0.624	1 146.2	27 109	422.8
新-1	63.4	64.2	0.500	0.803	0.833	0.669	100.0	0.765	697.7	69 766	100.0
新-2	44.8	82.4	0.688	0.651	0.763	0.786	100.0	0.731	1 624.1	33 350	487.0
焦-1	62.5	49.6	0.555	0.791	0.830	0.670	100.0	0.761	574.3	64 240	89.4
焦-2	52.4	100.0	0.517	0.526	0.763	0.648	82.0	0.638	1 593.6	58 458	272.6
许-1	58.5	73.3	0.558	0.698	0.747	0.674	100.0	0.706	386.3	48 290	80.0
许-2	39.4	100.0	0.609	0.399	0.763	0.739	77.5	0.608	1 659.6	42 015	395.0
漯-1	47.5	100.0	0.540	0.368	0.832	0.798	47.9	0.625	487.7	36 125	135.0
漯-2	34.3	100.0	0.614	0.271	0.758	0.789	57.3	0.545	342.8	25 715	133.3
济源	21.9	70.0	0.891	0.696	0.823	0.642	100.0	0.716	624.4	88 572	70.5
城市群	36.4	90.5	0.582	0.627	0.803	0.718	86.7	0.704	21 948.6	50 420	4 353.1

表 8-15 均衡发展条件下 2015 年两措施方案 8 承载能力评价结果

分区	水资源开发率(%)	水资源利用率(%)	水资源可持续利用水平	经济发展水平	社会发展水平	生态环境状况	二产用水保证程度(%)	协调发展状况	承载经济能力(亿元)	人均GDP(元)	承载人口(万人)
郑-1	53.6	100.0	0.443	0.757	0.847	0.698	93.6	0.765	3 044.5	71 084	428.3
郑-2	43.7	100.0	0.585	0.394	0.802	0.678	73.7	0.598	2 803.7	62 002	452.2
开-1	65.5	88.4	0.405	0.740	0.856	0.736	100.0	0.775	422.1	47 226	89.4
开-2	64.5	100.0	0.362	0.646	0.795	0.801	100.0	0.744	1 256.2	30 095	417.4
洛-1	66.1	76.0	0.508	0.811	0.847	0.659	100.0	0.768	1 388.0	87 431	158.8
洛-2	22.7	98.7	0.638	0.636	0.795	0.719	100.0	0.714	2 277.1	43 453	524.0
平-1	17.0	75.9	0.836	0.778	0.832	0.645	100.0	0.747	851.8	87 450	97.4
平-2	20.7	100.0	0.597	0.375	0.763	0.808	60.8	0.614	1 060.9	25 092	422.8
新-1	63.4	65.8	0.499	0.787	0.833	0.665	100.0	0.758	652.5	65 251	100.0
新-2	44.8	83.7	0.682	0.617	0.763	0.781	100.0	0.717	1614.2	33 146	487.0
焦-1	62.5	51.2	0.555	0.768	0.830	0.665	100.0	0.751	545.9	61 058	89.4
焦-2	52.4	100.0	0.517	0.387	0.763	0.648	75.6	0.576	1 509.9	55 389	272.6
许-1	58.5	76.5	0.553	0.653	0.747	0.667	100.0	0.688	385.6	48 203	80.0
许-2	39.4	100.0	0.609	0.332	0.763	0.739	71.5	0.572	1576.5	39 913	395.0
漯-1	47.5	100.0	0.540	0.356	0.832	0.798	44.6	0.618	452.6	33 527	135.0
漯-2	34.3	100.0	0.614	0.254	0.758	0.789	52.6	0.534	329.8	24 737	133.3
济源	21.9	72.8	0.889	0.682	0.823	0.640	100.0	0.711	637.5	90 426	70.5
城市群	36.4	91.4	0.578	0.587	0.803	0.714	83.4	0.685	20 808.8	47 802	4 353.1

表 8-16 均衡发展条件下 2015 年两措施方案 9 承载能力评价结果

分区	水资源开发率(%)	水资源利用率(%)	水资源可持续利用水平	经济发展水平	社会发展水平	生态环境状况	二产用水保证程度(%)	协调发展状况	承载经济能力(亿元)	人均GDP(元)	承载人口(万人)
郑 -1	53.6	98.1	0.531	0.795	0.758	0.730	100.0	0.760	2 650.0	61 873	428.3
郑 -2	43.7	117.7	0.522	0.794	0.816	0.636	100.0	0.744	4 451.0	98 429	452.2
开 -1	65.5	82.5	0.435	0.729	0.577	0.739	100.0	0.678	370.7	41 472	89.4
开 -2	64.5	117.3	0.298	0.636	0.818	0.787	100.0	0.743	1 261.8	30 227	417.4
洛 -1	45.8	108.1	0.484	0.799	0.889	0.613	100.0	0.758	1 235.3	77 811	158.8
洛 -2	18.6	86.0	0.749	0.750	0.836	0.780	100.0	0.788	2 833.0	54 061	524.0
平 -1	17.0	69.6	0.843	0.747	0.687	0.661	100.0	0.698	748.5	76 845	97.4
平 -2	20.7	103.3	0.574	0.388	0.690	0.791	63.6	0.596	1 138.0	26 916	422.8
新 -1	63.4	58.0	0.500	0.773	0.512	0.714	100.0	0.656	593.0	59 301	100.0
新 -2	44.8	91.5	0.645	0.667	0.665	0.797	100.0	0.707	1 637.1	33 615	487.0
焦 -1	62.5	50.9	0.554	0.755	0.862	0.305	100.0	0.583	501.2	56 064	89.4
焦 -2	52.4	107.4	0.479	0.475	0.792	0.637	79.1	0.621	1 589.3	58 300	272.6
许 -1	53.8	81.7	0.582	0.643	0.369	0.623	100.0	0.529	389.1	48 642	80.0
许 -2	39.4	108.1	0.557	0.645	0.661	0.755	100.0	0.686	2 006.2	50 790	395.0
漯 -1	47.5	112.1	0.491	0.354	0.879	0.764	72.9	0.620	590.8	43 766	135.0
漯 -2	34.3	107.7	0.574	0.601	0.805	0.771	100.0	0.720	542.8	40 718	133.3
济源	21.9	63.8	0.895	0.706	0.860	0.616	100.0	0.721	645.9	91 624	70.5
城市群	34.9	96.6	0.571	0.662	0.734	0.689	93.8	0.683	23 183.7	53 258	4 353.1

表 8-17 均衡发展条件下 2015 年两措施方案 10 承载能力评价结果

分区	水资源开发率(%)	水资源利用率(%)	水资源可持续利用水平	经济发展水平	社会发展水平	生态环境状况	二产用水保证程度(%)	协调发展状况	承载经济能力(亿元)	人均GDP(元)	承载人口(万人)
郑-1	53.6	100.0	0.445	0.834	0.847	0.694	100.0	0.789	3 442.8	80 383	428.3
郑-2	43.7	100.0	0.592	0.647	0.802	0.663	94.7	0.701	3 294.9	72 864	452.2
开-1	65.5	87.2	0.409	0.761	0.856	0.751	100.0	0.788	453.0	50 678	89.4
开-2	64.5	100.0	0.362	0.690	0.795	0.805	100.0	0.761	1 294.3	31 006	417.4
洛-1	66.1	74.4	0.510	0.826	0.847	0.661	100.0	0.773	1 504.9	94 794	158.8
洛-2	22.7	95.9	0.680	0.674	0.795	0.747	100.0	0.737	2 286.1	43 626	524.0
平-1	17.0	96.2	0.732	0.795	0.832	0.647	100.0	0.754	880.7	90 418	97.4
平-2	20.7	100.0	0.600	0.454	0.763	0.801	77.8	0.652	1 264.4	29 905	422.8
新-1	63.4	85.8	0.433	0.803	0.833	0.669	100.0	0.765	697.7	69 766	100.0
新-2	44.8	85.9	0.673	0.651	0.763	0.786	100.0	0.731	1 624.1	33 350	487.0
焦-1	62.5	74.9	0.528	0.791	0.830	0.670	100.0	0.761	574.3	64 240	89.4
焦-2	52.4	100.0	0.517	0.526	0.763	0.648	82.0	0.638	1 593.6	58 458	272.6
许-1	58.5	73.3	0.558	0.698	0.747	0.674	100.0	0.706	386.3	48 290	80.0
许-2	39.4	100.0	0.626	0.594	0.763	0.674	94.9	0.674	1 881.8	47 640	395.0
漯-1	47.5	100.0	0.574	0.673	0.832	0.659	100.0	0.717	764.9	56 663	135.0
漯-2	34.3	100.0	0.629	0.530	0.758	0.707	91.1	0.657	481.7	36 133	133.3
济源	21.9	70.0	0.891	0.696	0.823	0.642	100.0	0.716	624.4	88 572	70.5
城市群	36.4	93.6	0.574	0.685	0.803	0.700	95.1	0.725	23 049.9	52 951	4 353.1

表 8-18　均衡发展条件下 2015 年两措施方案 11 承载能力评价结果

分区	水资源开发率(%)	水资源利用率(%)	水资源可持续利用水平	经济发展水平	社会发展水平	生态环境状况	二产用水保证程度(%)	协调发展状况	承载经济能力(亿元)	人均GDP(元)	承载人口(万人)
郑－1	53.6	100.0	0.443	0.757	0.847	0.698	93.6	0.765	3 044.5	71 084	428.3
郑－2	43.7	99.7	0.595	0.582	0.802	0.663	86.6	0.676	3 133.1	69 286	452.2
开－1	65.5	88.4	0.405	0.740	0.856	0.736	100.0	0.775	422.1	47 226	89.4
开－2	64.5	100.0	0.362	0.646	0.795	0.801	100.0	0.744	1 256.2	30 095	417.4
洛－1	66.1	76.0	0.508	0.811	0.847	0.659	100.0	0.768	1 388.0	87 431	158.8
洛－2	22.7	98.7	0.638	0.636	0.795	0.719	100.0	0.714	2 277.1	43 453	524.0
平－1	17.0	94.2	0.762	0.778	0.832	0.645	100.0	0.747	851.8	87 450	97.4
平－2	20.7	100.0	0.600	0.393	0.763	0.801	72.4	0.621	1 179.1	27 888	422.8
新－1	63.4	88.0	0.428	0.787	0.833	0.665	100.0	0.758	652.5	65 251	100.0
新－2	44.8	88.2	0.667	0.617	0.763	0.781	100.0	0.717	1 614.2	33 146	487.0
焦－1	62.5	77.3	0.524	0.768	0.830	0.665	100.0	0.751	545.9	61 058	89.4
焦－2	52.4	100.0	0.517	0.387	0.763	0.648	75.6	0.576	1 509.9	55 389	272.6
许－1	58.5	76.5	0.553	0.653	0.747	0.667	100.0	0.688	385.6	48 203	80.0
许－2	39.4	100.0	0.626	0.530	0.763	0.674	87.3	0.648	1 798.8	45 539	395.0
漯－1	47.5	100.0	0.574	0.584	0.832	0.659	92.0	0.684	730.4	54 105	135.0
漯－2	34.3	100.0	0.629	0.453	0.758	0.707	83.3	0.624	468.7	35 156	133.3
济源	21.9	72.8	0.889	0.682	0.823	0.640	100.0	0.711	637.5	90 426	70.5
城市群	36.4	94.5	0.572	0.635	0.803	0.696	91.0	0.704	21 895.4	50 298	4 353.1

表 8-19 均衡发展条件下 2015 年两措施方案 12 承载能力评价结果

分区	水资源开发率(%)	水资源利用率(%)	水资源可持续利用水平	经济发展水平	社会发展水平	生态环境状况	二产用水保证程度(%)	协调发展状况	承载经济能力(亿元)	人均GDP(元)	承载人口(万人)
郑-1	53.6	97.6	0.538	0.795	0.758	0.730	100.0	0.760	2 650.0	61 873	428.3
郑-2	43.7	118.4	0.552	0.794	0.816	0.636	100.0	0.744	4 457.9	98 583	452.2
开-1	65.5	81.3	0.443	0.729	0.577	0.739	100.0	0.678	370.7	41 472	89.4
开-2	64.5	116.8	0.299	0.636	0.818	0.787	100.0	0.743	1 261.8	30 227	417.4
洛-1	45.8	107.2	0.486	0.799	0.889	0.613	100.0	0.758	1 235.3	77 811	158.8
洛-2	18.6	85.8	0.750	0.750	0.836	0.780	100.0	0.788	2 833.0	54 061	524.0
平-1	17.0	69.6	0.843	0.747	0.687	0.661	100.0	0.698	748.5	76 845	97.4
平-2	20.7	116.6	0.546	0.424	0.690	0.784	74.3	0.612	1 244.7	29 440	422.8
新-1	63.4	58.0	0.500	0.773	0.512	0.714	100.0	0.656	593.0	59 301	100.0
新-2	44.8	92.7	0.639	0.667	0.665	0.797	100.0	0.707	1 637.1	33 615	487.0
焦-1	62.5	50.9	0.554	0.755	0.862	0.305	100.0	0.583	501.2	56 064	89.4
焦-2	52.4	107.9	0.478	0.475	0.792	0.637	79.1	0.621	1 589.3	58 300	272.6
许-1	53.8	81.7	0.582	0.643	0.369	0.623	100.0	0.529	389.1	48 642	80.0
许-2	39.4	124.7	0.538	0.646	0.661	0.755	100.0	0.686	2 080.8	52 679	395.0
漯-1	47.5	125.7	0.479	0.648	0.879	0.672	100.0	0.726	735.2	54 464	135.0
漯-2	34.3	126.3	0.553	0.601	0.805	0.771	100.0	0.720	568.2	42 622	133.3
济源	21.9	64.0	0.895	0.706	0.860	0.616	100.0	0.721	645.9	91 624	70.5
城市群	34.9	99.4	0.569	0.682	0.734	0.684	95.6	0.690	23 541.7	54 080	4 353.1

表8-20 均衡发展条件下2015年两措施方案13承载能力评价结果

分区	水资源开发率(%)	水资源利用率(%)	水资源可持续利用水平	经济发展水平	社会发展水平	生态环境状况	二产用水保证程度(%)	协调发展状况	承载经济能力(亿元)	人均GDP(元)	承载人口(万人)
郑-1	53.6	100.0	0.445	0.834	0.847	0.694	100.0	0.789	3 442.8	80 383	428.3
郑-2	43.7	100.0	0.592	0.647	0.802	0.663	94.7	0.701	3 294.9	72 864	452.2
开-1	65.5	87.2	0.409	0.761	0.856	0.751	100.0	0.788	453.0	50 678	89.4
开-2	64.5	100.0	0.362	0.690	0.795	0.805	100.0	0.761	1 294.3	31 006	417.4
洛-1	66.1	74.4	0.510	0.826	0.847	0.661	100.0	0.773	1 504.9	94 794	158.8
洛-2	22.7	99.4	0.626	0.674	0.795	0.747	100.0	0.737	2 286.1	43 626	524.0
平-1	17.0	96.2	0.732	0.795	0.832	0.647	100.0	0.754	880.7	90 418	97.4
平-2	20.7	100.0	0.602	0.654	0.763	0.785	95.4	0.732	1 403.3	33 190	422.8
新-1	63.4	85.8	0.433	0.803	0.833	0.669	100.0	0.765	697.7	69 766	100.0
新-2	44.8	85.9	0.673	0.651	0.763	0.786	100.0	0.731	1 624.1	33 350	487.0
焦-1	62.5	74.9	0.528	0.791	0.830	0.670	100.0	0.761	574.3	64 240	89.4
焦-2	52.4	100.0	0.517	0.580	0.763	0.645	84.3	0.659	1 621.3	59 477	272.6
许-1	58.5	73.3	0.558	0.698	0.747	0.674	100.0	0.706	386.3	48 290	80.0
许-2	39.4	100.0	0.626	0.594	0.763	0.674	94.9	0.674	1 881.8	47 640	395.0
漯-1	47.5	100.0	0.574	0.673	0.832	0.659	100.0	0.717	764.9	56 663	135.0
漯-2	34.3	100.0	0.629	0.530	0.758	0.707	91.1	0.657	481.7	36 133	133.3
济源	21.9	71.4	0.890	0.696	0.823	0.642	100.0	0.716	624.4	88 572	70.5
城市群	36.4	94.1	0.571	0.700	0.803	0.699	96.5	0.731	23 216.5	53 333	4 353.1

表 8-21　均衡发展条件下 2015 年两措施方案 14 承载能力评价结果

分区	水资源开发率(%)	水资源利用率(%)	水资源可持续利用水平	经济发展水平	社会发展水平	生态环境状况	二产用水保证程度(%)	协调发展状况	承载经济能力(亿元)	人均GDP(元)	承载人口(万人)
郑 -1	53.6	100.0	0.443	0.757	0.847	0.698	93.6	0.765	3 044.5	71 084	428.3
郑 -2	43.7	99.7	0.595	0.582	0.802	0.663	86.6	0.676	3 133.1	69 286	452.2
开 -1	65.5	88.4	0.405	0.740	0.856	0.736	100.0	0.775	422.1	47 226	89.4
开 -2	64.5	100.0	0.362	0.646	0.795	0.801	100.0	0.744	1 256.2	30 095	417.4
洛 -1	66.1	79.7	0.497	0.811	0.847	0.659	100.0	0.768	1 388.0	87 431	158.8
洛 -2	22.7	98.7	0.638	0.636	0.795	0.719	100.0	0.714	2 277.1	43 453	524.0
平 -1	17.0	94.2	0.762	0.778	0.832	0.645	100.0	0.747	851.8	87 450	97.4
平 -2	20.7	100.0	0.601	0.497	0.763	0.790	82.0	0.669	1 262.4	29 859	422.8
新 -1	63.4	88.0	0.428	0.787	0.833	0.665	100.0	0.758	652.5	65 251	100.0
新 -2	44.8	88.2	0.667	0.617	0.763	0.781	100.0	0.717	1 614.2	33 146	487.0
焦 -1	62.5	77.3	0.524	0.768	0.830	0.665	100.0	0.751	545.9	61 058	89.4
焦 -2	52.4	100.0	0.517	0.493	0.763	0.641	82.1	0.622	1 593.2	58 446	272.6
许 -1	58.5	76.5	0.553	0.653	0.747	0.667	100.0	0.688	385.6	48 203	80.0
许 -2	39.4	100.0	0.626	0.530	0.763	0.674	87.3	0.648	1 798.8	45 539	395.0
漯 -1	47.5	100.0	0.574	0.584	0.832	0.659	92.0	0.684	730.4	54 105	135.0
漯 -2	34.3	100.0	0.629	0.453	0.758	0.707	83.3	0.624	468.7	35 156	133.3
济源	21.9	77.3	0.881	0.682	0.823	0.640	100.0	0.711	637.5	90 426	70.5
城市群	36.4	95.0	0.571	0.648	0.803	0.695	92.3	0.709	22 062.0	50 681	4 353.1

表 8-22　均衡发展条件下 2015 年两措施方案 15 承载能力评价结果

分区	水资源开发率(%)	水资源利用率(%)	水资源可持续利用水平	经济发展水平	社会发展水平	生态环境状况	二产用水保证程度(%)	协调发展状况	承载经济能力(亿元)	人均GDP(元)	承载人口(万人)
郑-1	53.6	98.8	0.519	0.795	0.758	0.730	100.0	0.760	2 650.0	61 873	428.3
郑-2	43.7	119.5	0.551	0.794	0.816	0.636	100.0	0.744	4 457.9	98 583	452.2
开-1	65.5	86.8	0.414	0.729	0.577	0.739	100.0	0.678	370.7	41 472	89.4
开-2	64.5	117.9	0.297	0.636	0.818	0.787	100.0	0.743	1 261.8	30 227	417.4
洛-1	45.8	111.8	0.475	0.799	0.889	0.613	100.0	0.758	1 235.3	77 811	158.8
洛-2	18.6	86.3	0.755	0.750	0.836	0.780	100.0	0.788	2 833.0	54 061	524.0
平-1	17.0	76.0	0.834	0.747	0.687	0.661	100.0	0.698	748.5	76 845	97.4
平-2	20.7	122.4	0.541	0.619	0.690	0.768	90.4	0.690	1 371.9	32 447	422.8
新-1	63.4	63.0	0.493	0.773	0.512	0.714	100.0	0.656	593.0	59 301	100.0
新-2	44.8	87.8	0.664	0.667	0.665	0.797	100.0	0.707	1 637.1	33 615	487.0
焦-1	62.5	52.7	0.554	0.755	0.862	0.305	100.0	0.583	501.2	56 064	89.4
焦-2	52.4	107.2	0.480	0.522	0.792	0.634	81.4	0.640	1 615.5	59 261	272.6
许-1	53.8	76.7	0.603	0.643	0.369	0.623	100.0	0.529	389.1	48 642	80.0
许-2	39.4	123.6	0.539	0.646	0.661	0.755	100.0	0.686	2 080.8	52 679	395.0
漯-1	47.5	143.6	0.473	0.648	0.879	0.672	100.0	0.726	752.2	55 725	135.0
漯-2	34.3	102.8	0.592	0.601	0.805	0.771	100.0	0.720	542.6	40 700	133.3
济源	21.9	63.1	0.895	0.706	0.860	0.616	100.0	0.721	645.9	91 624	70.5
城市群	34.9	100.0	0.569	0.696	0.734	0.682	97.1	0.696	23 686.5	54 413	4 353.1

表 8-23 均衡发展条件下 2015 年两措施方案 16 承载能力评价结果

分区	水资源开发率(%)	水资源利用率(%)	水资源可持续利用水平	经济发展水平	社会发展水平	生态环境状况	二产用水保证程度(%)	协调发展状况	承载经济能力(亿元)	人均GDP(元)	承载人口(万人)
郑-1	53.6	100.0	0.442	0.834	0.846	0.702	100.0	0.791	3 440.0	80 317	428.3
郑-2	43.7	100.0	0.571	0.380	0.800	0.802	47.4	0.625	2 201.4	48 681	452.2
开-1	65.5	85.5	0.418	0.761	0.855	0.770	100.0	0.794	453.0	50 678	89.4
开-2	64.5	100.0	0.350	0.699	0.793	0.808	100.0	0.765	1 255.4	30 076	417.4
洛-1	66.1	63.6	0.520	0.826	0.845	0.665	100.0	0.774	1 504.8	94 791	158.8
洛-2	22.7	91.0	0.714	0.674	0.793	0.767	100.0	0.743	2 286.2	43 626	524.0
平-1	17.0	70.5	0.842	0.795	0.830	0.649	100.0	0.754	880.7	90 417	97.4
平-2	20.7	100.0	0.597	0.408	0.762	0.809	69.8	0.631	1 184.0	28 003	422.8
新-1	63.4	62.4	0.500	0.804	0.831	0.675	100.0	0.767	697.7	69 771	100.0
新-2	44.8	69.9	0.720	0.651	0.761	0.791	100.0	0.732	1 624.1	33 350	487.0
焦-1	62.5	48.2	0.556	0.792	0.827	0.677	100.0	0.762	574.3	64 241	89.4
焦-2	52.4	100.0	0.517	0.598	0.761	0.650	86.0	0.666	1 642.6	60 258	272.6
许-1	58.5	71.1	0.560	0.699	0.744	0.681	100.0	0.708	386.4	48 300	80.0
许-2	39.4	100.0	0.608	0.467	0.761	0.743	81.5	0.642	1 713.1	43 369	395.0
漯-1	47.5	100.0	0.540	0.371	0.829	0.799	50.6	0.627	502.3	37 208	135.0
漯-2	34.3	100.0	0.614	0.275	0.761	0.789	60.4	0.549	355.5	26 667	133.3
济源	21.9	64.2	0.895	0.696	0.821	0.644	100.0	0.717	624.4	88 573	70.5
城市群	36.4	86.2	0.586	0.631	0.801	0.731	82.9	0.709	21 325.9	48 990	4 353.1

表 8-24　均衡发展条件下 2015 年两措施方案 17 承载能力评价结果

分区	水资源开发率(%)	水资源利用率(%)	水资源可持续利用水平	经济发展水平	社会发展水平	生态环境状况	二产用水保证程度(%)	协调发展状况	承载经济能力(亿元)	人均GDP(元)	承载人口(万人)
郑－1	53.6	100.0	0.443	0.776	0.868	0.701	96.2	0.779	3 078.2	71 869	428.3
郑－2	43.7	100.0	0.570	0.475	0.796	0.660	80.5	0.629	2 993.1	66 190	452.2
开－1	65.5	99.1	0.292	0.739	0.864	0.684	100.0	0.759	424.0	47 437	89.4
开－2	64.5	100.0	0.350	0.644	0.765	0.783	100.0	0.728	1 287.7	30 849	417.4
洛－1	66.1	81.9	0.489	0.808	0.860	0.612	100.0	0.752	1 391.7	87 668	158.8
洛－2	22.7	88.0	0.726	0.636	0.682	0.785	100.0	0.698	2 296.9	43 831	524.0
平－1	17.0	72.2	0.840	0.778	0.815	0.657	100.0	0.747	853.3	87 611	97.4
平－2	20.7	100.0	0.597	0.362	0.752	0.795	52.5	0.601	1 016.6	24 044	422.8
新－1	63.4	64.8	0.498	0.788	0.895	0.667	100.0	0.778	653.1	65 309	100.0
新－2	44.8	76.8	0.711	0.616	0.796	0.791	100.0	0.729	1 636.2	33 598	487.0
焦－1	62.5	50.1	0.555	0.769	0.824	0.300	100.0	0.575	546.1	61 089	89.4
焦－2	52.4	100.0	0.516	0.337	0.773	0.688	57.3	0.564	1 288.4	47 263	272.6
许－1	58.5	92.5	0.491	0.670	0.822	0.606	100.0	0.694	436.3	54 532	80.0
许－2	39.4	99.8	0.602	0.632	0.796	0.741	100.0	0.720	2 018.7	51 106	395.0
漯－1	47.5	100.0	0.537	0.659	0.722	0.692	100.0	0.691	784.1	58 084	135.0
漯－2	34.3	84.6	0.724	0.605	0.658	0.782	100.0	0.678	565.6	42 430	133.3
济源	21.9	60.5	0.896	0.684	0.817	0.614	100.0	0.700	639.6	90 723	70.5
城市群	36.4	88.4	0.579	0.646	0.795	0.680	88.3	0.695	21 909.6	50 331	4 353.1

方案 10:基本方案 + 黄河干流水 + 南水北调水 + 产业结构调整方案一。

方案 11:基本方案 + 黄河干流水 + 南水北调水 + 产业结构调整方案二。

方案 12:基本方案 + 黄河干流水 + 南水北调水 + 强化节水。

方案 13:基本方案 + 黄河干流水 + 南水北调水 + 大型水库水 + 产业结构调整方案一。

方案 14:基本方案 + 黄河干流水 + 南水北调水 + 大型水库水 + 产业结构调整方案二。

方案 15:基本方案 + 黄河干流水 + 南水北调水 + 大型水库水 + 强化节水。

方案 16:基本方案 + 产业结构调整方案一 + 强化节水。

方案 17:基本方案 + 产业结构调整方案二 + 强化节水。

1. 按调控措施类别分析

根据表 8-1 可知,就供水结构调整与产业结构调整组合措施而言,方案 13 调控效果好于其他方案。方案 13 下水资源可持续利用水平比基本方案低 0.014,协调发展状况高出基本方案 0.038,承载经济能力高出 4 465.1 亿元,对应人均 GDP 高出 10 257 元。

就供水结构调整与水资源高效利用组合措施而言,方案 15 调控效果好于方案 9 和方案 12,方案 15 下水资源可持续利用水平比基本方案低 0.016,协调发展状况高出基本方案 0.003,承载经济能力高出 4 935.1 亿元,对应人均 GDP 高出 11 337 元。

就产业结构调整与水资源高效利用组合措施而言,尽管方案 17 的水资源可持续利用水平和协调发展状况要低于方案 16,但是方案 17 的承载经济能力以及人均 GDP 要高于方案 16。方案 17 下水资源可持续利用水平比基本方案低 0.006,协调发展状况高出基本方案0.002,承载经济能力高出 3 158.2 亿元,对应人均 GDP 高出 7 255 元。

2. 按水资源可持续利用水平分析

由表 8-14 ~ 表 8-24 可以看出,均衡发展条件下 2015 年两措施方案中方案 9、方案 12 和方案 15 的水资源开发率为 34.9%,基本方案与其余 8 个调整方案的城市群水资源开发率均为 36.4%,水资源开发程度已很高,进一步开发利用水资源的难度大,水资源自身的可持续利用水平比较低;水资源可持续利用水平均处于差的等级,基本方案水资源可持续利用水平为 0.585。方案中水资源可持续利用水平最高的是方案 16,为 0.586,最低的是方案 12 和方案 15,均为 0.569。其中仅有方案 16 的水资源可持续利用水平高于基本方案,其余 10 个调整方案均低于基本方案,详见图 8-15。

各方案水资源利用率相差较大,并与水资源可持续利用水平呈相反的变化趋势,据表 6-9 可知基本方案的水资源利用率为 86.7%,各调整方案中水资源利用率最大的是方案 15,为 100%,最小的是方案 16,为 86.2%。其中仅有方案 16 的水资源利用率低于基本方案,其余各调整方案的水资源利用率均高于基本方案,详见图 8-16。

3. 按协调发展状况分析

由表 8-14 ~ 表 8-24 可以看出,均衡发展条件下 2015 年两措施方案中原城市群协调发展状况有所不同,但都处于中的等级,基本方案协调发展状况为 0.693,各调整方案中协调发展状况最大的是方案 13,为 0.731,最小的是方案 9,为 0.683。调整方案中方案 8、方案 9、方案 12 三种方案的协调发展状况低于基本方案,其余各调整方案的协调发展状况均高于基本方案,其中方案 13 的协调发展状况高于基本方案 0.038,详见图 8-17。

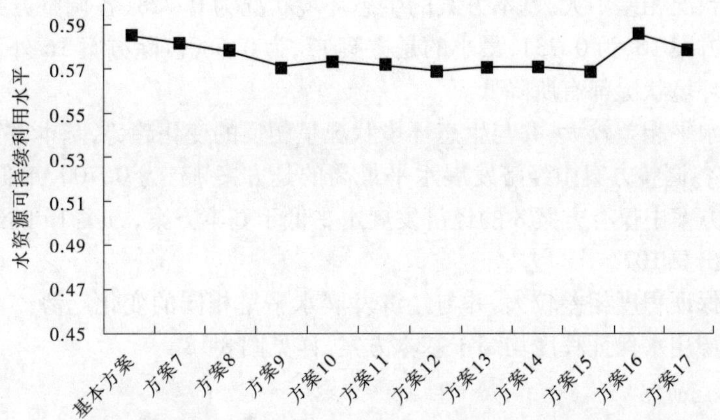

图 8-15　均衡发展条件下 2015 年两措施各方案水资源可持续利用水平情况

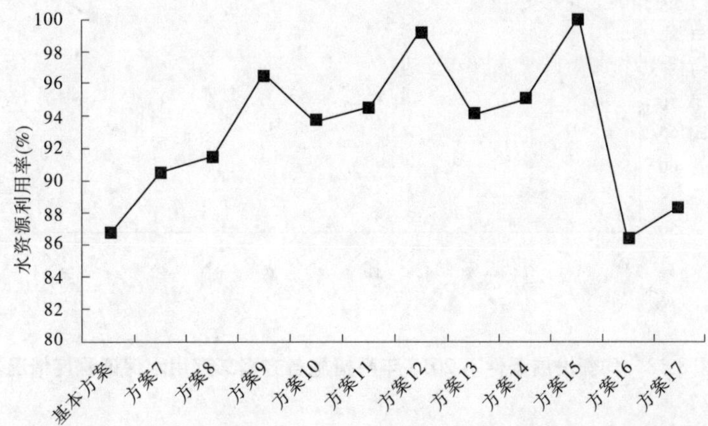

图 8-16　均衡发展条件下 2015 年两措施各方案水资源利用率情况

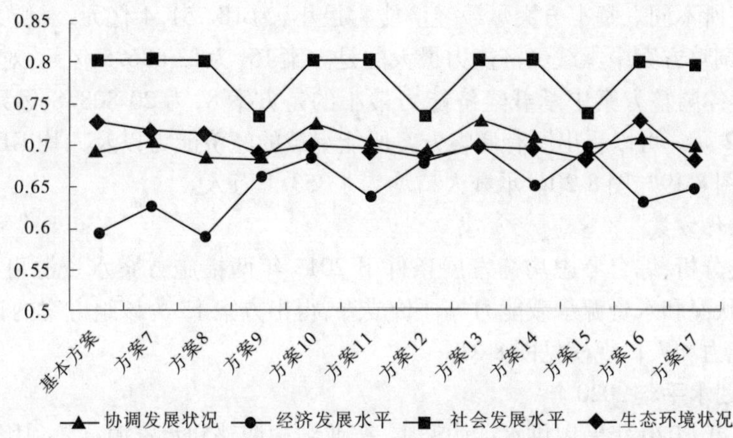

图 8-17　均衡发展条件下 2015 年两措施各方案协调发展状况各指标情况

社会发展水平相差很小，基本在 0. 800 上下浮动；其中方案 9、方案 12、方案 15、方案 16 和方案 17 五个调整方案的社会发展水平均低于基本方案。

生态环境状况相差不大,基本方案的生态环境状况为 0.728,各调整方案中生态环境状况最大的是方案 16,为 0.731,最小的是方案 17,为 0.680。除方案 16 外,其余 10 个调整方案的生态环境状况都有所降低。

经济发展水平相差较大,并与生态环境状况呈相反的变化趋势,基本方案的经济发展水平为 0.593,各调整方案中经济发展水平最高的是方案 13,为 0.700,最低的是方案 8,为0.587;调整方案中仅有方案 8 的经济发展水平低于基本方案,方案 13 的经济发展水平比基本方案高出 0.107。

二产用水保证程度相差较大,并与经济发展水平呈相同的变化趋势。可以看出所有调整方案的二产用水保证程度均高于基本方案,详见图 8-18。

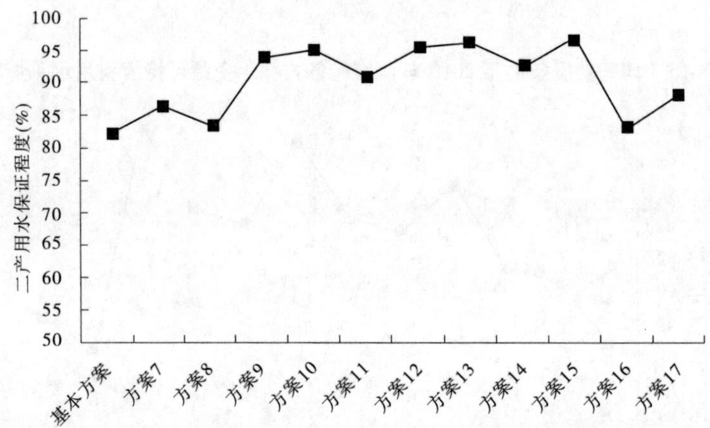

图 8-18　均衡发展条件下 2015 年两措施各方案二产用水保证程度情况

4. 按承载能力分析

由表 8-14 ~ 表 8-24 可以看出,均衡发展条件下 2015 年两措施方案中原城市群水资源承载能力有所不同。基本方案承载经济能力最小,为 18 751.4 亿元,对应人均 GDP 为 43 076 元;各调整方案中承载经济能力最大的是方案 15,为 23 686.5 亿元,对应人均 GDP 为 54 413 元;各调整方案中承载经济能力最小的是方案 8,为 20 808.8 亿元,对应人均 GDP 为 47 802 元。可以看出所有调整方案所能承载的经济能力以及人均 GDP 均高于基本方案,详见图 8-19与图 8-20。承载人口均为 4 353.1 万人。

5. 推荐较优方案

根据上述分析,综合考虑均衡发展条件下 2015 年两措施方案水资源可持续利用水平、协调发展状况和水资源承载能力等评价成果,得出方案 15 为该组方案的较优方案,对应承载经济能力和人口规模见图 8-21。

8.2.2.2　规划水平年 2020 年

规划水平年 2020 年采用供水结构调整、产业结构调整和水资源高效利用两措施方案评价结果见表 8-25 ~ 表 8-35。

表 8-25　均衡发展条件下 2020 年两措施方案 7 承载能力评价结果

分区	水资源开发率(%)	水资源利用率(%)	水资源可持续利用水平	经济发展水平	社会发展水平	生态环境状况	二产用水保证程度(%)	协调发展状况	承载经济能力(亿元)	人均GDP(元)	承载人口(万人)
郑-1	53.6	100.0	0.452	0.767	0.826	0.685	86.6	0.757	5 447.0	108 398	502.5
郑-2	43.7	100.0	0.592	0.519	0.818	0.664	75.7	0.656	4 520.2	94 982	475.9
开-1	65.5	100.0	0.283	0.802	0.868	0.676	99.1	0.778	768.8	83 469	92.1
开-2	64.5	100.0	0.361	0.744	0.803	0.800	100.0	0.782	2 293.6	53 327	430.1
洛-1	66.1	82.9	0.483	0.862	0.858	0.656	100.0	0.785	2 412.6	143 609	168.0
洛-2	25.9	97.0	0.651	0.740	0.803	0.684	100.0	0.741	3 231.3	60 386	535.1
平-1	27.0	84.7	0.731	0.858	0.848	0.645	100.0	0.777	1 706.1	169 926	100.4
平-2	23.9	100.0	0.581	0.435	0.794	0.820	48.3	0.657	2 129.1	49 001	434.5
新-1	63.4	71.4	0.496	0.829	0.849	0.657	100.0	0.773	1 129.1	107 536	105.0
新-2	45.1	91.6	0.650	0.692	0.794	0.762	100.0	0.748	2 488.5	49 770	500.0
焦-1	62.5	62.0	0.552	0.826	0.848	0.653	100.0	0.770	1 032.8	109 758	94.1
焦-2	52.4	100.0	0.518	0.628	0.794	0.651	83.9	0.687	2 515.6	90 229	278.8
许-1	58.5	87.2	0.514	0.776	0.765	0.660	100.0	0.732	701.5	82 533	85.0
许-2	39.4	100.0	0.616	0.422	0.794	0.729	61.6	0.625	2 273.1	56 405	403.0
漯-1	47.5	100.0	0.541	0.459	0.850	0.774	38.9	0.671	866.9	62 368	139.0
漯-2	34.3	100.0	0.615	0.360	0.794	0.811	45.1	0.614	483.6	35 296	137.0
济源	21.9	80.9	0.868	0.810	0.851	0.643	100.0	0.762	1 009.5	140 205	72.0
城市群	37.9	94.4	0.559	0.678	0.821	0.704	82.3	0.724	35 009.3	76 901	4 552.5

表 8-26 均衡发展条件下 2020 年两措施方案 8 承载能力评价结果

分区	水资源开发率(%)	水资源利用率(%)	水资源可持续利用水平	经济发展水平	社会发展水平	生态环境状况	二产用水保证程度(%)	协调发展状况	承载经济能力(亿元)	人均GDP(元)	承载人口(万人)
郑-1	53.6	100.0	0.463	0.809	0.826	0.676	96.7	0.767	5 098.5	101 463	502.5
郑-2	43.7	100.0	0.590	0.461	0.818	0.667	64.4	0.631	4 115.6	86 480	475.9
开-1	65.5	100.0	0.283	0.791	0.868	0.670	100.0	0.772	737.7	80 094	92.1
开-2	64.5	100.0	0.357	0.730	0.803	0.780	100.0	0.771	2 211.8	51 425	430.1
洛-1	66.1	86.3	0.471	0.842	0.858	0.654	100.0	0.779	2 255.8	134 273	168.0
洛-2	25.9	99.6	0.616	0.692	0.803	0.670	100.0	0.720	3 308.8	61 835	535.1
平-1	27.0	89.3	0.718	0.843	0.848	0.643	100.0	0.772	1 611.2	160 476	100.4
平-2	23.9	100.0	0.581	0.408	0.794	0.820	45.3	0.643	1 909.4	43 944	434.5
新-1	63.4	74.8	0.492	0.812	0.849	0.653	100.0	0.767	1 073.7	102 253	105.0
新-2	45.1	92.1	0.649	0.648	0.794	0.722	100.0	0.719	2 528.3	50 566	500.0
焦-1	62.5	65.5	0.550	0.806	0.848	0.650	100.0	0.763	996.6	105 909	94.1
焦-2	52.4	100.0	0.518	0.412	0.794	0.659	61.9	0.600	2 129.1	76 367	278.8
许-1	58.5	93.5	0.491	0.724	0.765	0.655	100.0	0.713	716.9	84 340	85.0
许-2	39.4	100.0	0.616	0.378	0.794	0.737	53.7	0.605	2 106.8	52 279	403.0
漯-1	47.5	100.0	0.541	0.424	0.850	0.774	36.0	0.653	778.9	56 036	139.0
漯-2	34.3	100.0	0.615	0.328	0.794	0.811	40.1	0.595	453.2	33 083	137.0
济源	21.9	85.4	0.848	0.758	0.851	0.641	100.0	0.745	1 025.2	142 383	72.0
城市群	37.9	95.5	0.553	0.639	0.821	0.699	77.9	0.707	33 057.5	72 614	4 552.5

表 8-27　均衡发展条件下 2020 年两措施方案 9 承载能力评价结果

分区	水资源开发率(%)	水资源利用率(%)	水资源可持续利用水平	经济发展水平	社会发展水平	生态环境状况	二产用水保证程度(%)	协调发展状况	承载经济能力(亿元)	人均GDP(元)	承载人口(万人)
郑-1	69.1	102.1	0.378	0.822	0.565	0.693	100.0	0.685	4 133.7	82 263	502.5
郑-2	56.0	112.8	0.485	0.843	0.719	0.644	100.0	0.731	7 361.7	154 690	475.9
开-1	65.5	101.9	0.277	0.780	0.874	0.716	100.0	0.787	627.4	68 128	92.1
开-2	64.5	117.5	0.298	0.389	0.836	0.807	52.7	0.640	1 966.0	45 713	430.1
洛-1	105.1	78.5	0.440	0.832	0.899	0.639	100.0	0.782	1 992.2	118 573	168.0
洛-2	21.6	81.0	0.757	0.802	0.845	0.787	100.0	0.811	4 269.5	79 784	535.1
平-1	27.0	74.7	0.767	0.823	0.648	0.662	100.0	0.707	1 279.4	127 433	100.4
平-2	23.9	106.0	0.546	0.480	0.698	0.780	74.6	0.639	2 227.0	51 254	434.5
新-1	163.2	65.9	0.400	0.808	0.504	0.677	100.0	0.651	934.5	89 001	105.0
新-2	45.1	73.7	0.713	0.705	0.512	0.780	100.0	0.655	2 524.2	50 485	500.0
焦-1	78.6	76.0	0.471	0.801	0.879	0.319	100.0	0.608	876.6	93 155	94.1
焦-2	62.5	155.5	0.323	0.724	0.821	0.677	96.5	0.738	2 840.5	101 884	278.8
许-1	53.8	98.3	0.480	0.697	0.404	0.611	100.0	0.556	611.2	71 908	85.0
许-2	51.7	111.6	0.510	0.719	0.505	0.685	99.2	0.629	3 118.0	77 369	403.0
漯-1	47.5	117.2	0.483	0.500	0.897	0.733	74.7	0.690	991.3	71 316	139.0
漯-2	34.3	110.4	0.568	0.286	0.836	0.803	48.1	0.577	532.9	38 898	137.0
济源	79.3	88.5	0.569	0.820	0.787	0.610	100.0	0.733	1 120.0	155 550	72.0
城市群	42.6	97.4	0.498	0.696	0.719	0.684	93.0	0.683	37 406.1	82 166	4 552.5

表 8-28　均衡发展条件下 2020 年两措施方案 10 承载能力评价结果

分区	水资源开发率(%)	水资源利用率(%)	水资源可持续利用水平	经济发展水平	社会发展水平	生态环境状况	二产用水保证程度(%)	协调发展状况	承载经济能力(亿元)	人均GDP(元)	承载人口(万人)
郑 -1	53.6	100.0	0.452	0.767	0.826	0.685	86.6	0.757	5 447.0	108 398	502.5
郑 -2	43.7	99.7	0.600	0.695	0.818	0.658	86.9	0.720	4 861.3	102 150	475.9
开 -1	65.5	100.0	0.283	0.802	0.868	0.676	99.1	0.778	768.8	83 469	92.1
开 -2	64.5	100.0	0.361	0.744	0.803	0.800	100.0	0.782	2 293.6	53 327	430.1
洛 -1	66.1	82.9	0.483	0.862	0.858	0.656	100.0	0.785	2 412.6	143 609	168.0
洛 -2	25.9	97.0	0.651	0.740	0.803	0.684	100.0	0.741	3 231.3	60 386	535.1
平 -1	27.0	97.9	0.649	0.858	0.848	0.645	100.0	0.777	1 706.1	169 926	100.4
平 -2	23.9	100.0	0.585	0.443	0.794	0.810	56.8	0.658	2 247.6	51 729	434.5
新 -1	63.4	92.3	0.416	0.829	0.849	0.657	100.0	0.773	1 129.1	107 536	105.0
新 -2	45.1	96.7	0.608	0.692	0.794	0.762	100.0	0.748	2 488.5	49 770	500.0
焦 -1	62.5	83.6	0.507	0.826	0.848	0.653	100.0	0.770	1 032.9	109 761	94.1
焦 -2	52.4	100.0	0.518	0.628	0.794	0.651	83.9	0.687	2 515.6	90 229	278.8
许 -1	58.5	87.2	0.514	0.776	0.765	0.660	100.0	0.732	701.5	82 533	85.0
许 -2	39.4	100.0	0.626	0.453	0.794	0.695	70.1	0.630	2 425.2	60 179	403.0
漯 -1	47.5	100.0	0.571	0.528	0.850	0.668	75.8	0.669	1 116.9	80 354	139.0
漯 -2	34.3	100.0	0.631	0.379	0.794	0.726	73.9	0.602	639.8	46 702	137.0
济源	21.9	80.9	0.868	0.810	0.851	0.643	100.0	0.762	1 009.5	140 205	72.0
城市群	37.9	96.9	0.548	0.696	0.821	0.690	87.8	0.728	36 027.3	79 137	4 552.5

表 8-29　均衡发展条件下 2020 年两措施方案 11 承载能力评价结果

分区	水资源开发率(%)	水资源利用率(%)	水资源可持续利用水平	经济发展水平	社会发展水平	生态环境状况	二产用水保证程度(%)	协调发展状况	承载经济能力(亿元)	人均GDP(元)	承载人口(万人)
郑-1	53.6	100.0	0.463	0.809	0.826	0.676	96.7	0.767	5 098.5	101 463	502.5
郑-2	43.7	99.7	0.599	0.481	0.818	0.659	74.1	0.638	4 456.7	93 648	475.9
开-1	65.5	100.0	0.283	0.791	0.868	0.670	100.0	0.772	737.7	80 094	92.1
开-2	64.5	100.0	0.357	0.730	0.803	0.780	100.0	0.771	2 211.8	51 425	430.1
洛-1	66.1	86.3	0.471	0.842	0.858	0.654	100.0	0.779	2 255.8	134 273	168.0
洛-2	25.9	99.6	0.616	0.692	0.803	0.670	100.0	0.720	3 308.8	61 835	535.1
平-1	27.0	98.1	0.648	0.843	0.848	0.643	100.0	0.772	1 611.2	160 476	100.4
平-2	23.9	100.0	0.585	0.407	0.794	0.814	49.4	0.641	1 991.0	45 822	434.5
新-1	63.4	96.7	0.380	0.812	0.849	0.653	100.0	0.767	1 073.7	102 253	105.0
新-2	45.1	97.1	0.605	0.648	0.794	0.722	100.0	0.719	2 528.3	50 566	500.0
焦-1	62.5	88.4	0.492	0.806	0.848	0.650	100.0	0.763	996.6	105 909	94.1
焦-2	52.4	100.0	0.518	0.413	0.794	0.657	64.5	0.599	2 186.9	78 440	278.8
许-1	58.5	93.5	0.491	0.724	0.765	0.655	100.0	0.713	716.9	84 340	85.0
许-2	39.4	100.0	0.624	0.382	0.794	0.705	59.6	0.598	2 228.5	55 298	403.0
漯-1	47.5	100.0	0.555	0.450	0.850	0.691	52.0	0.642	903.9	65 028	139.0
漯-2	34.3	100.0	0.625	0.309	0.794	0.753	60.2	0.569	578.2	42 207	137.0
济源	21.9	85.4	0.848	0.758	0.851	0.641	100.0	0.745	1 025.2	142 383	72.0
城市群	37.9	97.9	0.539	0.641	0.821	0.688	81.8	0.704	33 909.7	74 486	4 552.5

表 8-30　均衡发展条件下 2020 年两措施方案 12 承载能力评价结果

分区	水资源开发率(%)	水资源利用率(%)	水资源可持续利用水平	经济发展水平	社会发展水平	生态环境状况	二产用水保证程度(%)	协调发展状况	承载经济能力(亿元)	人均GDP(元)	承载人口(万人)
郑 -1	69.1	102.1	0.378	0.822	0.565	0.693	100.0	0.685	4 133.7	82 263	502.5
郑 -2	56.0	112.8	0.505	0.843	0.719	0.644	100.0	0.731	7 361.7	154 690	475.9
开 -1	65.5	101.9	0.277	0.780	0.874	0.716	100.0	0.787	627.4	68 128	92.1
开 -2	64.5	117.5	0.298	0.389	0.836	0.807	52.7	0.640	1 966.0	45 713	430.1
洛 -1	105.1	78.5	0.440	0.832	0.899	0.639	100.0	0.782	1 992.2	118 573	168.0
洛 -2	21.6	81.0	0.757	0.802	0.845	0.787	100.0	0.811	4 269.5	79 784	535.1
平 -1	27.0	74.7	0.767	0.823	0.648	0.662	100.0	0.707	1 279.4	127 433	100.4
平 -2	23.9	117.9	0.527	0.651	0.698	0.772	84.6	0.705	2 368.7	54 516	434.5
新 -1	163.2	65.9	0.400	0.808	0.504	0.677	100.0	0.651	934.5	89 001	105.0
新 -2	45.1	73.7	0.713	0.705	0.512	0.780	100.0	0.655	2 524.2	50 485	500.0
焦 -1	78.6	76.0	0.471	0.801	0.879	0.319	100.0	0.608	876.6	93 155	94.1
焦 -2	62.5	155.5	0.323	0.724	0.821	0.677	96.5	0.738	2 840.5	101 884	278.8
许 -1	53.8	98.3	0.480	0.697	0.404	0.611	100.0	0.556	611.2	71 908	85.0
许 -2	51.7	116.8	0.503	0.722	0.505	0.682	100.0	0.629	3 165.7	78 554	403.0
漯 -1	47.5	129.3	0.475	0.769	0.897	0.661	100.0	0.770	1 162.6	83 641	139.0
漯 -2	34.3	112.9	0.564	0.285	0.836	0.803	48.1	0.577	537.7	39 248	137.0
济源	79.3	88.5	0.569	0.820	0.787	0.610	100.0	0.733	1 120.0	155 550	72.0
城市群	42.6	98.7	0.497	0.722	0.719	0.679	94.3	0.692	37 771.6	82 969	4 552.5

表 8-31　均衡发展条件下 2020 年两措施方案 13 承载能力评价结果

分区	水资源开发率(%)	水资源利用率(%)	水资源可持续利用水平	经济发展水平	社会发展水平	生态环境状况	二产用水保证程度(%)	协调发展状况	承载经济能力(亿元)	人均GDP(元)	承载人口(万人)
郑-1	53.6	100.0	0.452	0.767	0.826	0.685	86.6	0.757	5 447.0	108 398	502.5
郑-2	43.7	99.7	0.600	0.707	0.818	0.657	89.2	0.724	4 932.7	103 651	475.9
开-1	65.5	100.0	0.283	0.802	0.868	0.676	99.1	0.778	768.8	83 469	92.1
开-2	64.5	100.0	0.361	0.744	0.803	0.800	100.0	0.782	2 293.6	53 327	430.1
洛-1	66.1	85.2	0.472	0.862	0.858	0.656	100.0	0.785	2 412.6	143 609	168.0
洛-2	25.9	98.9	0.624	0.740	0.803	0.684	100.0	0.741	3 231.3	60 386	535.1
平-1	27.0	97.9	0.649	0.858	0.848	0.645	100.0	0.777	1 706.1	169 926	100.4
平-2	23.9	100.0	0.587	0.460	0.794	0.804	65.3	0.665	2 341.4	53 886	434.5
新-1	63.4	92.3	0.416	0.829	0.849	0.657	100.0	0.773	1 129.1	107 536	105.0
新-2	45.1	96.7	0.608	0.692	0.794	0.762	100.0	0.748	2 488.5	49 770	500.0
焦-1	62.5	83.6	0.507	0.826	0.848	0.653	100.0	0.770	1 032.9	109 761	94.1
焦-2	52.4	100.0	0.518	0.664	0.794	0.648	89.2	0.699	2 609.3	93 592	278.8
许-1	58.5	87.2	0.514	0.776	0.765	0.660	100.0	0.732	701.5	82 533	85.0
许-2	39.4	100.0	0.626	0.453	0.794	0.695	70.1	0.630	2 425.2	60 179	403.0
漯-1	47.5	100.0	0.571	0.528	0.850	0.668	75.8	0.669	1 116.9	80 354	139.0
漯-2	34.3	100.0	0.631	0.379	0.794	0.726	73.9	0.602	639.8	46 702	137.0
济源	21.9	85.6	0.847	0.810	0.851	0.643	100.0	0.762	1 009.5	140 205	72.0
城市群	37.9	97.5	0.545	0.700	0.821	0.689	89.2	0.729	36 286.2	79 706	4 552.5

表 8-32　均衡发展条件下 2020 年两措施方案 14 承载能力评价结果

分区	水资源开发率(%)	水资源利用率(%)	水资源可持续利用水平	经济发展水平	社会发展水平	生态环境状况	二产用水保证程度(%)	协调发展状况	承载经济能力(亿元)	人均GDP(元)	承载人口(万人)
郑－1	53.6	100.0	0.463	0.809	0.826	0.676	96.7	0.767	5 098.5	101 463	502.5
郑－2	43.7	99.7	0.600	0.492	0.818	0.658	76.2	0.642	4 528.1	95 149	475.9
开－1	65.5	100.0	0.283	0.791	0.868	0.670	100.0	0.772	737.7	80 094	92.1
开－2	64.5	100.0	0.357	0.730	0.803	0.780	100.0	0.771	2 211.8	51 425	430.1
洛－1	66.1	88.8	0.463	0.842	0.858	0.654	100.0	0.779	2 255.8	134 273	168.0
洛－2	25.9	99.6	0.616	0.692	0.803	0.670	100.0	0.720	3 308.8	61 835	535.1
平－1	27.0	98.1	0.648	0.843	0.848	0.643	100.0	0.772	1 611.2	160 476	100.4
平－2	23.9	100.0	0.585	0.407	0.794	0.814	49.4	0.641	1 991.0	45 822	434.5
新－1	63.4	96.7	0.380	0.812	0.849	0.653	100.0	0.767	1 073.7	102 253	105.0
新－2	45.1	97.1	0.605	0.648	0.794	0.722	100.0	0.719	2 528.3	50 566	500.0
焦－1	62.5	88.4	0.492	0.806	0.848	0.650	100.0	0.763	996.6	105 906	94.1
焦－2	52.4	100.0	0.518	0.420	0.794	0.653	69.2	0.602	2 280.7	81 803	278.8
许－1	58.5	93.5	0.491	0.724	0.765	0.655	100.0	0.713	716.9	84 340	85.0
许－2	39.4	100.0	0.624	0.382	0.794	0.705	59.6	0.598	2 228.5	55 298	403.0
漯－1	47.5	100.0	0.555	0.450	0.850	0.691	52.0	0.642	903.9	65 028	139.0
漯－2	34.3	100.0	0.625	0.309	0.794	0.753	60.2	0.569	578.2	42 207	137.0
济源	21.9	90.4	0.832	0.758	0.851	0.641	100.0	0.745	1 025.2	142 383	72.0
城市群	37.9	98.2	0.537	0.642	0.821	0.688	82.5	0.705	34 074.9	74 848	4 552.5

表 8-33　均衡发展条件下 2020 年两措施方案 15 承载能力评价结果

分区	水资源开发率(%)	水资源利用率(%)	水资源可持续利用水平	经济发展水平	社会发展水平	生态环境状况	二产用水保证程度(%)	协调发展状况	承载经济能力(亿元)	人均GDP(元)	承载人口(万人)
郑-1	69.1	102.1	0.378	0.822	0.565	0.693	100.0	0.685	4 133.7	82 263	502.5
郑-2	56.0	112.8	0.505	0.843	0.719	0.644	100.0	0.731	7 361.7	154 690	475.9
开-1	65.5	101.9	0.277	0.780	0.874	0.716	100.0	0.787	627.4	68 128	92.1
开-2	64.5	117.5	0.298	0.389	0.836	0.807	52.7	0.640	1 966.0	45 713	430.1
洛-1	105.1	76.6	0.445	0.790	0.899	0.639	95.7	0.769	1 957.0	116 481	168.0
洛-2	21.6	81.0	0.760	0.802	0.845	0.787	100.0	0.811	4 269.5	79 784	535.1
平-1	27.0	74.7	0.767	0.823	0.648	0.662	100.0	0.707	1 279.4	127 433	100.4
平-2	23.9	123.8	0.522	0.767	0.698	0.764	100.0	0.742	2 541.7	58 496	434.5
新-1	163.2	65.9	0.400	0.808	0.504	0.677	100.0	0.651	934.5	89 001	105.0
新-2	45.1	73.7	0.713	0.705	0.512	0.780	100.0	0.655	2 524.2	50 485	500.0
焦-1	78.6	76.0	0.471	0.801	0.879	0.319	100.0	0.608	876.6	93 155	94.1
焦-2	62.5	159.1	0.323	0.754	0.821	0.676	100.0	0.748	2 904.5	104 179	278.8
许-1	53.8	98.3	0.480	0.697	0.404	0.611	100.0	0.556	611.2	71 908	85.0
许-2	51.7	111.9	0.509	0.724	0.505	0.682	100.0	0.630	3 131.4	77 703	403.0
漯-1	47.5	129.3	0.475	0.769	0.897	0.661	100.0	0.770	1 162.6	83 641	139.0
漯-2	34.3	112.9	0.564	0.285	0.836	0.803	48.1	0.577	537.7	39 248	137.0
济源	79.3	88.5	0.568	0.820	0.787	0.610	100.0	0.733	1 120.0	155 550	72.0
城市群	42.6	98.8	0.497	0.728	0.719	0.678	95.2	0.694	37 939.1	83 337	4 552.5

表 8-34　均衡发展条件下 2020 年两措施方案 16 承载能力评价结果

分区	水资源开发率(%)	水资源利用率(%)	水资源可持续利用水平	经济发展水平	社会发展水平	生态环境状况	二产用水保证程度(%)	协调发展状况	承载经济能力(亿元)	人均GDP(元)	承载人口(万人)
郑 -1	53.6	100.0	0.447	0.767	0.824	0.694	86.5	0.760	5 445.4	108 367	502.5
郑 -2	43.7	100.0	0.579	0.456	0.816	0.716	51.7	0.644	3 789.9	79 635	475.9
开 -1	65.5	98.1	0.316	0.810	0.865	0.682	100.0	0.782	771.7	83 785	92.1
开 -2	64.5	100.0	0.350	0.744	0.802	0.803	100.0	0.783	2 235.1	51 966	430.1
洛 -1	66.1	71.4	0.515	0.862	0.855	0.658	100.0	0.786	2 412.4	143 598	168.0
洛 -2	25.9	92.2	0.695	0.740	0.802	0.696	100.0	0.745	3 230.7	60 375	535.1
平 -1	27.0	81.8	0.745	0.858	0.846	0.646	100.0	0.777	1 706.1	169 925	100.4
平 -2	23.9	100.0	0.580	0.439	0.793	0.820	53.1	0.658	2 181.4	50 205	434.5
新 -1	63.4	69.1	0.498	0.829	0.847	0.660	100.0	0.774	1 129.1	107 530	105.0
新 -2	45.1	73.9	0.713	0.692	0.793	0.784	100.0	0.755	2 487.7	49 754	500.0
焦 -1	62.5	59.9	0.553	0.826	0.846	0.656	100.0	0.771	1 032.8	109 753	94.1
焦 -2	52.4	100.0	0.517	0.472	0.792	0.664	69.5	0.628	2 263.4	81 185	278.8
许 -1	58.5	84.4	0.521	0.769	0.763	0.663	100.0	0.730	621.0	73 056	85.0
许 -2	39.4	100.0	0.614	0.437	0.792	0.738	64.7	0.634	2 394.9	59 426	403.0
漯 -1	47.5	100.0	0.540	0.462	0.848	0.779	41.5	0.673	884.5	63 632	139.0
漯 -2	34.3	100.0	0.614	0.364	0.792	0.811	48.7	0.616	503.0	36 714	137.0
济源	21.9	74.3	0.887	0.810	0.848	0.644	100.0	0.762	1 009.3	140 176	72.0
城市群	37.9	89.5	0.570	0.667	0.819	0.713	78.1	0.722	34 098.4	74 900	4 552.5

表 8-35　均衡发展条件下 2020 年两措施方案 17 承载能力评价结果

分区	水资源开发率(%)	水资源利用率(%)	水资源可持续利用水平	经济发展水平	社会发展水平	生态环境状况	二产用水保证程度(%)	协调发展状况	承载经济能力(亿元)	人均GDP(元)	承载人口(万人)
郑 -1	53.6	100.0	0.445	0.542	0.855	0.696	67.4	0.686	4 581.9	91 183	502.5
郑 -2	43.7	100.0	0.579	0.656	0.844	0.645	88.6	0.709	5 000.6	105 077	475.9
开 -1	65.5	100.0	0.277	0.561	0.858	0.682	79.4	0.690	673.1	73 089	92.1
开 -2	64.5	100.0	0.350	0.439	0.777	0.784	73.6	0.644	2 059.8	47 896	430.1
洛 -1	66.1	83.2	0.483	0.841	0.859	0.637	100.0	0.772	2 260.4	134 541	168.0
洛 -2	25.9	79.4	0.749	0.694	0.680	0.801	100.0	0.723	3 321.0	62 060	535.1
平 -1	27.0	81.4	0.747	0.844	0.838	0.657	100.0	0.774	1 614.7	160 827	100.4
平 -2	23.9	100.0	0.579	0.408	0.784	0.791	48.7	0.632	2 000.2	46 034	434.5
新 -1	63.4	74.8	0.491	0.813	0.908	0.664	100.0	0.788	1 075.0	102 381	105.0
新 -2	45.1	80.0	0.699	0.649	0.844	0.742	100.0	0.741	2 574.1	51 481	500.0
焦 -1	62.5	82.3	0.507	0.807	0.842	0.325	100.0	0.604	997.3	105 984	94.1
焦 -2	52.4	100.0	0.497	0.423	0.786	0.683	49.4	0.610	1 845.4	66 192	278.8
许 -1	58.5	100.0	0.405	0.610	0.827	0.607	83.7	0.674	638.4	75 105	85.0
许 -2	39.4	100.0	0.599	0.403	0.844	0.729	70.3	0.628	2 583.6	64 108	403.0
漯 -1	47.5	100.0	0.535	0.501	0.729	0.755	74.1	0.651	1 096.8	78 906	139.0
漯 -2	34.3	96.6	0.661	0.718	0.665	0.764	207.8	0.714	860.6	62 820	137.0
济源	21.9	84.8	0.849	0.757	0.858	0.609	100.0	0.734	1 029.2	142 941	72.0
城市群	37.9	90.9	0.556	0.627	0.812	0.681	82.7	0.693	34 212.1	75 150	4 552.5

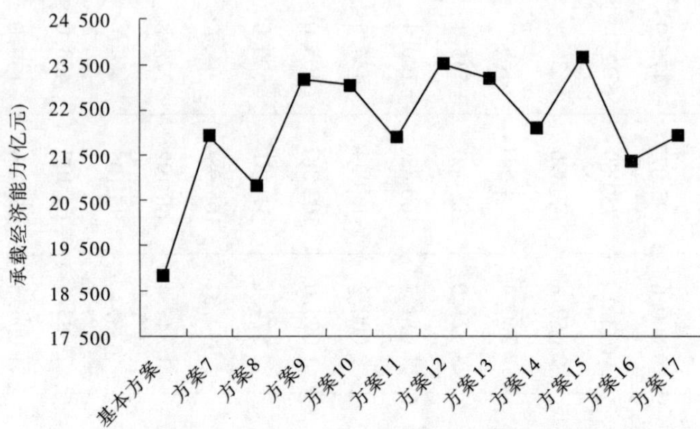

图 8-19　均衡发展条件下 2015 年两措施各方案承载经济能力情况

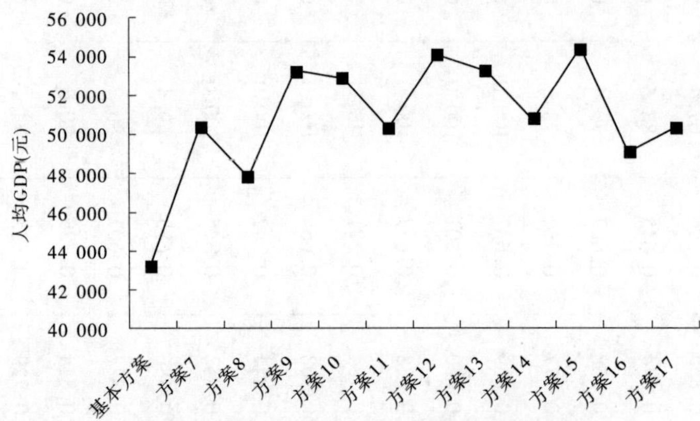

图 8-20　均衡发展条件下 2015 年两措施各方案人均 GDP 情况

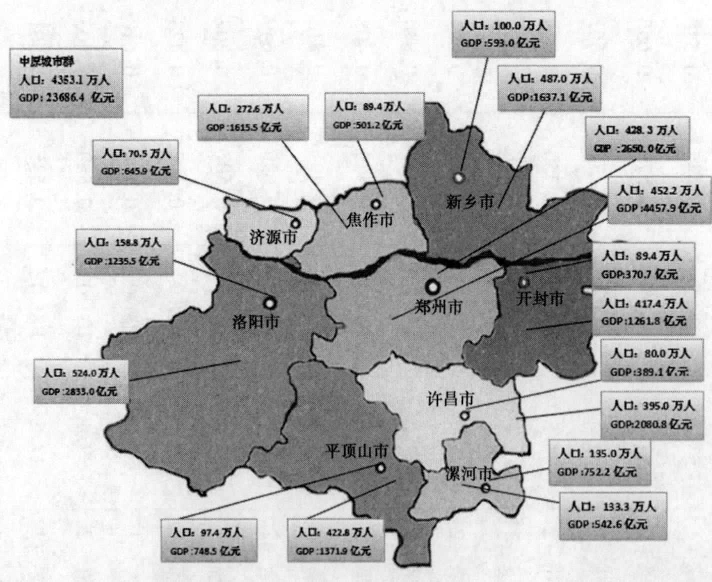

图 8-21　均衡发展条件下 2015 年两措施各方案较优方案承载能力状况

1. 按调控措施类别分析

根据表 8-1 可知,就供水结构调整与产业结构调整组合措施而言,方案 13 调控效果好于其他方案。方案 13 下水资源可持续利用水平低出基本方案 0.025,协调发展状况高出 0.024,承载经济能力高出 7 386.9 亿元,对应人均 GDP 高出 16 226 元。

就供水结构调整与水资源高效利用组合措施而言,方案 15 调控效果好于方案 9 和方案 12,方案 15 下水资源可持续利用水平比基本方案低出 0.073,协调发展状况低出基本方案 0.011,承载经济能力高出 9 039.8 亿元,对应人均 GDP 高出 19 857 元。

就产业结构调整与水资源高效利用组合措施而言,尽管方案 17 的水资源可持续利用水平和协调发展状况要低于方案 16,但是方案 17 的承载经济能力以及人均 GDP 要高于方案 16。方案 17 下水资源可持续利用水平低出基本方案 0.014,协调发展状况低出 0.012,承载经济能力高出 5 312.8 亿元,对应人均 GDP 高出 11 670 元。

2. 按水资源可持续利用水平分析

由表 8-25 ~ 表 8-35 可以看出,均衡发展条件下 2020 年两措施方案中方案 9、方案 12 和方案 15 的水资源开发率为 42.6%,基本方案与其余 8 个调整方案的城市群水资源开发率均为 37.9%,水资源被开发程度已很高,进一步开发利用水资源的难度大,水资源自身的可持续利用水平比较差;水资源可持续利用水平均处于差的等级,基本方案水资源可持续利用水平为 0.570,各调整方案中水资源可持续利用水平最大的是方案 16,为0.570,最小的是方案 15,为 0.497。可以看出这 11 个调整方案的水资源可持续利用水平均不高于基本方案。详见图 8-22。

在水资源利用率方面,基本方案的水资源利用率为 89.8%,各调整方案中水资源利用率最大的是方案 15,为 98.8%,最小的是方案 16,为 89.5%。各调整方案中仅有方案 16 的水资源利用率低于基本方案,其余 10 个调整方案均高于基本方案。详见图 8-23。

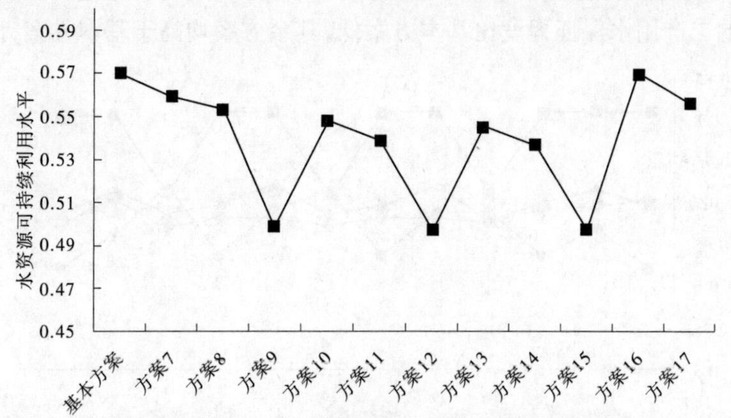

图 8-22　均衡发展条件下 2020 年两措施各方案水资源可持续利用水平情况

3. 按协调发展状况分析

由表 8-25 ~ 表 8-35 可以看出,均衡发展条件下 2020 年两措施方案中原城市群协调发展状况有所不同,但都处于中的等级,基本方案协调发展状况为 0.705,各调整方案中协调发展状况最大的是方案 13,为 0.729,最小的是方案 9,为 0.683。详见图 8-24。

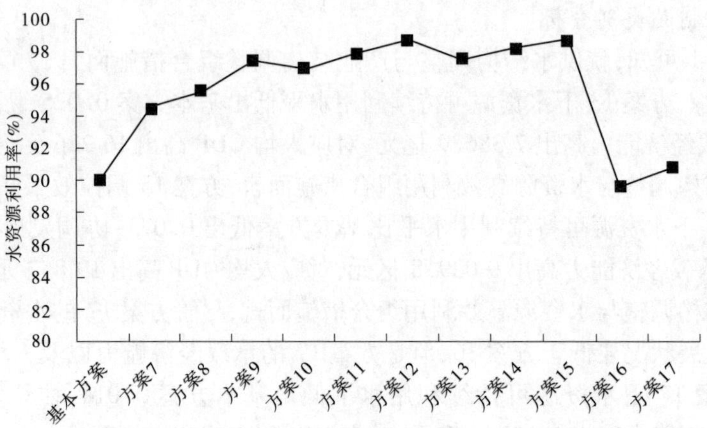

图 8-23　均衡发展条件下 2020 年两措施各方案水资源利用率情况

社会发展水平除方案 9、方案 12 和方案 15 为 0.719 外，其余方案均在 0.820 上下浮动；方案 7、方案 8、方案 10、方案 11、方案 13 和方案 14 的社会发展水平与基本方案相同，其余方案的社会发展水平均稍低于基本方案。

生态环境状况相差不大，基本方案的生态环境状况为 0.710，各调整方案中生态环境状况最大的是方案 16，为 0.713，最小的是方案 15，为 0.678。各调整方案中仅有方案 16 的生态环境状况比基本方案高，其余调整方案均低于基本方案。

经济发展水平相差较大，并与生态环境状况呈相反的变化趋势，基本方案的经济发展水平为 0.627，各调整方案中经济发展水平最高的是方案 15，为 0.728，最低的是方案 17，为0.627。从中可以看出各调整方案的经济发展水平均有一定程度的提高。

二产用水保证程度相差较大，并与经济发展水平呈相同的变化趋势。其中仅有方案 8 与方案 16 的二产用水保证程度比基本方案低，其余方案均高于基本方案，详见图 8-25。

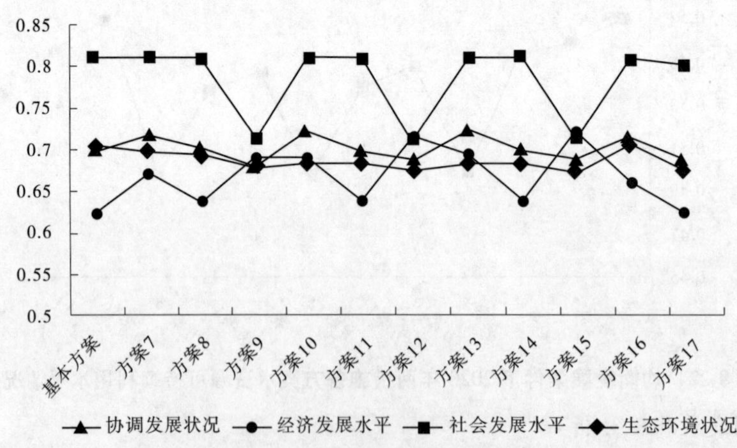

图 8-24　均衡发展条件下 2020 年两措施各方案协调发展状况各指标情况

4. 按承载能力分析

由表 8-25 ~ 表 8-35 可以看出，均衡发展条件下 2020 年两措施方案中原城市群水资

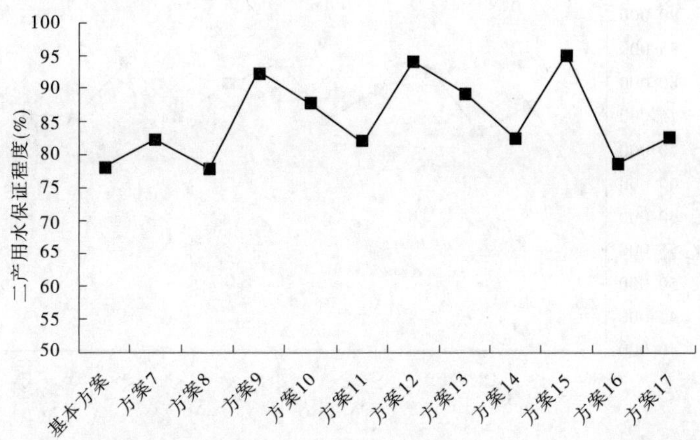

图 8-25　均衡发展条件下 2020 年两措施各方案二产用水保证程度情况

源承载能力有所不同。基本方案承载经济能力最小,为 28 899.3 亿元,对应人均 GDP 为 63 480 元;各调整方案中承载经济能力最大的是方案 15,为 37 939.1 亿元,对应人均 GDP 为 83 337 元;各调整方案中承载经济能力最小的是方案 8,为 33 057.5 亿元,对应人均 GDP 为 72 614 元。可以看出经过调控措施后的城市群的承载经济能力和人均 GDP 均有较大幅度的提高,详见图 8-26 与图 8-27。承载人口均为 4 552.5 万人。

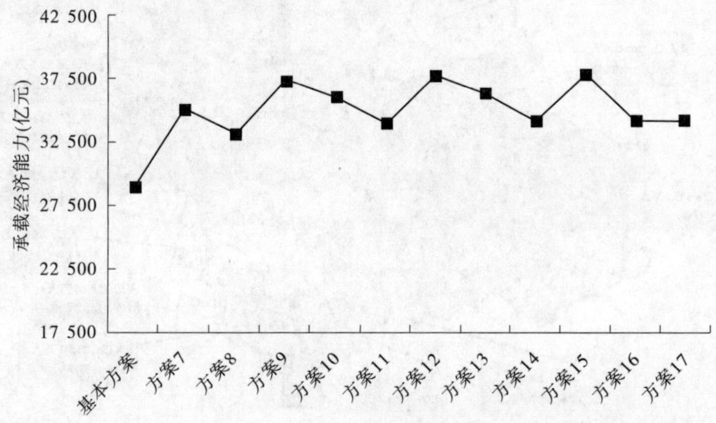

图 8-26　均衡发展条件下 2020 年两措施各方案承载经济能力情况

5. 推荐较优方案

根据上述分析,综合考虑均衡发展条件下 2020 年两措施方案水资源可持续利用水平、协调发展状况和水资源承载能力等评价成果,得出方案 15 为该组方案的较优方案,对应承载经济能力和人口规模见图 8-28。

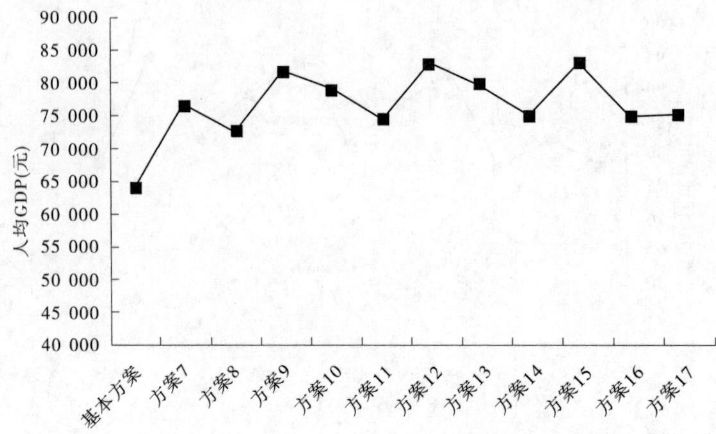

图 8-27　均衡发展条件下 2020 年两措施各方案人均 GDP 情况

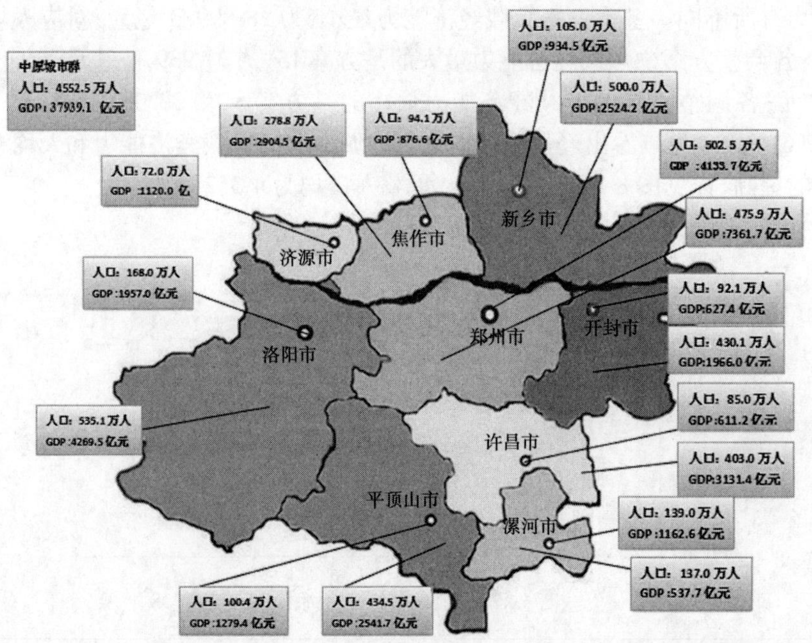

图 8-28　均衡发展条件下 2020 年两措施各方案较优方案承载能力状况

8.2.3　三措施调控效果评价及与基本配置方案的对比分析

8.2.3.1　规划水平年 2015 年

规划水平年 2015 年采用供水结构调整、产业结构调整和水资源高效利用三措施方案评价结果见表 8-36 ~ 表 8-41。三措施调控方案包括：

方案 18：基本方案 + 黄河干流水 + 产业结构调整方案一 + 强化节水。

方案 19：基本方案 + 黄河干流水 + 产业结构调整二 + 强化节水。

方案 20：基本方案 + 黄河干流水 + 南水北调水 + 产业结构调整方案一 + 强化节水。

表8-36 均衡发展条件下2015年三措施方案18承载能力评价结果

分区	水资源开发率(%)	水资源利用率(%)	水资源可持续利用水平	经济发展水平	社会发展水平	生态环境状况	二产用水保证程度(%)	协调发展状况	承载经济能力(亿元)	人均GDP(元)	承载人口(万人)
郑-1	53.6	100.0	0.446	0.834	0.868	0.700	100.0	0.797	3 446.1	80 460	428.3
郑-2	43.7	100.0	0.577	0.668	0.796	0.644	96.8	0.700	3 342.9	73 925	452.2
开-1	65.5	97.8	0.313	0.760	0.864	0.697	100.0	0.770	453.0	50 677	89.4
开-2	64.5	98.9	0.364	0.691	0.765	0.788	100.0	0.747	1 300.8	31 164	417.4
洛-1	66.1	83.9	0.479	0.823	0.860	0.613	100.0	0.757	1 504.9	94 794	158.8
洛-2	22.7	88.6	0.717	0.674	0.682	0.792	100.0	0.714	2 286.1	43 625	524.0
平-1	17.0	69.5	0.843	0.796	0.815	0.659	100.0	0.753	880.6	90 415	97.4
平-2	20.7	100.0	0.597	0.381	0.752	0.793	57.8	0.610	1 104.3	26 118	422.8
新-1	63.4	63.9	0.498	0.804	0.895	0.672	100.0	0.785	697.7	69 770	100.0
新-2	44.8	79.9	0.701	0.651	0.796	0.795	100.0	0.744	1 624.1	33 348	487.0
焦-1	62.5	48.6	0.555	0.792	0.824	0.308	100.0	0.586	574.3	64 241	89.4
焦-2	52.4	100.0	0.518	0.692	0.773	0.622	100.0	0.693	1 807.1	66 292	272.6
许-1	58.5	88.8	0.506	0.715	0.822	0.609	100.0	0.710	436.7	54 584	80.0
许-2	39.4	96.9	0.642	0.642	0.796	0.754	100.0	0.728	1 966.9	49 794	395.0
漯-1	47.5	100.0	0.537	0.677	0.722	0.723	100.0	0.707	773.5	57 301	135.0
漯-2	34.3	81.7	0.739	0.608	0.658	0.788	100.0	0.680	535.4	40 160	133.3
济源	21.9	64.5	0.895	0.698	0.817	0.617	100.0	0.706	624.2	88 540	70.5
城市群	36.4	89.1	0.584	0.700	0.795	0.681	96.2	0.717	23 358.6	53 660	4 353.1

表 8-37 均衡发展条件下 2015 年三措施方案 19 承载能力评价结果

分区	水资源开发率(%)	水资源利用率(%)	水资源可持续利用水平	经济发展水平	社会发展水平	生态环境状况	二产用水保证程度(%)	协调发展状况	承载经济能力(亿元)	人均GDP(元)	承载人口(万人)
郑-1	53.6	100.0	0.447	0.810	0.868	0.697	100.0	0.788	3 133.0	73 149	428.3
郑-2	43.7	100.0	0.579	0.647	0.796	0.634	96.5	0.689	3 399.6	75 180	452.2
开-1	65.5	99.1	0.292	0.739	0.864	0.684	100.0	0.759	424.0	47 437	89.4
开-2	64.5	100.0	0.350	0.644	0.765	0.783	100.0	0.728	1 287.7	30 849	417.4
洛-1	66.1	89.9	0.459	0.808	0.860	0.612	100.0	0.752	1 391.7	87 668	158.8
洛-2	22.7	91.2	0.704	0.636	0.682	0.785	100.0	0.698	2 296.9	43 831	524.0
平-1	17.0	72.2	0.840	0.778	0.815	0.657	100.0	0.747	853.3	87 611	97.4
平-2	20.7	100.0	0.597	0.362	0.752	0.795	52.5	0.601	1 016.6	24 044	422.8
新-1	63.4	64.8	0.498	0.788	0.895	0.667	100.0	0.778	653.1	65 309	100.0
新-2	44.8	84.5	0.678	0.616	0.796	0.791	100.0	0.729	1 636.2	33 598	487.0
焦-1	62.5	60.8	0.552	0.769	0.824	0.655	100.0	0.746	546.1	61 089	89.4
焦-2	52.4	100.0	0.518	0.654	0.773	0.618	98.1	0.679	1 812.3	66 482	272.6
许-1	58.5	92.5	0.491	0.670	0.822	0.606	100.0	0.694	436.3	54 532	80.0
许-2	39.4	99.8	0.602	0.632	0.796	0.741	100.0	0.720	2 018.7	51 106	395.0
漯-1	47.5	100.0	0.537	0.659	0.722	0.692	100.0	0.691	784.1	58 084	135.0
漯-2	34.3	84.6	0.724	0.605	0.658	0.782	100.0	0.678	565.6	42 430	133.3
济源	21.9	64.3	0.895	0.684	0.817	0.614	100.0	0.700	639.6	90 723	70.5
城市群	36.4	91.4	0.574	0.677	0.795	0.695	95.5	0.716	22 894.8	52 595	4 353.1

表 8-38　均衡发展条件下 2015 年三措施方案 20 承载能力评价结果

分区	水资源开发率(%)	水资源利用率(%)	水资源可持续利用水平	经济发展水平	社会发展水平	生态环境状况	二产用水保证程度(%)	协调发展状况	承载经济能力(亿元)	人均GDP(元)	承载人口(万人)
郑 -1	53.6	100.0	0.447	0.834	0.868	0.700	100.0	0.797	3 448.1	80 507	428.3
郑 -2	43.7	100.0	0.578	0.685	0.796	0.641	98.6	0.705	3 383.5	74 824	452.2
开 -1	65.5	97.8	0.313	0.760	0.864	0.697	100.0	0.770	453.0	50 677	89.4
开 -2	64.5	98.9	0.364	0.691	0.765	0.788	100.0	0.747	1 300.8	31 164	417.4
洛 -1	66.1	83.9	0.479	0.823	0.860	0.613	100.0	0.757	1 504.9	94 794	158.8
洛 -2	22.7	88.6	0.717	0.674	0.682	0.792	100.0	0.714	2 286.1	43 625	524.0
平 -1	17.0	79.5	0.822	0.796	0.815	0.659	100.0	0.753	880.6	90 415	97.4
平 -2	20.7	100.0	0.604	0.654	0.752	0.763	95.9	0.722	1 432.3	33 876	422.8
新 -1	63.4	73.7	0.479	0.804	0.895	0.672	100.0	0.785	697.7	69 770	100.0
新 -2	44.8	81.8	0.691	0.651	0.796	0.795	100.0	0.744	1 624.1	33 348	487.0
焦 -1	62.5	63.6	0.546	0.792	0.824	0.308	100.0	0.586	574.3	64 241	89.4
焦 -2	52.4	100.0	0.518	0.692	0.773	0.622	100.0	0.693	1 812.0	66 472	272.6
许 -1	58.5	88.8	0.506	0.715	0.822	0.609	100.0	0.710	436.7	54 584	80.0
许 -2	39.4	96.9	0.642	0.642	0.796	0.754	100.0	0.728	1 966.9	49 794	395.0
漯 -1	47.5	100.0	0.537	0.677	0.722	0.723	100.0	0.707	773.5	57 301	135.0
漯 -2	34.3	81.7	0.739	0.608	0.658	0.788	100.0	0.680	535.4	40 160	133.3
济源	21.9	64.5	0.895	0.698	0.817	0.617	100.0	0.706	624.2	88 540	70.5
城市群	36.4	90.9	0.581	0.717	0.795	0.679	99.5	0.724	23 734.1	54 522	4 353.1

表 8-39　均衡发展条件下 2015 年三措施方案 21 承载能力评价结果

分区	水资源开发率(%)	水资源利用率(%)	水资源可持续利用水平	经济发展水平	社会发展水平	生态环境状况	二产用水保证程度(%)	协调发展状况	承载经济能力(亿元)	人均GDP(元)	承载人口(万人)
郑-1	53.6	100.0	0.447	0.810	0.868	0.697	100.0	0.788	3 133.0	73 149	428.3
郑-2	43.7	100.0	0.579	0.679	0.796	0.631	99.7	0.698	3 481.0	76 978	452.2
开-1	65.5	99.1	0.292	0.739	0.864	0.684	100.0	0.759	424.0	47 437	89.4
开-2	64.5	100.0	0.350	0.644	0.765	0.783	100.0	0.728	1 287.7	30 849	417.4
洛-1	66.1	89.9	0.459	0.808	0.860	0.612	100.0	0.752	1 391.7	87 668	158.8
洛-2	22.7	91.2	0.704	0.636	0.682	0.785	100.0	0.698	2 296.9	43 831	524.0
平-1	17.0	82.6	0.807	0.778	0.815	0.657	100.0	0.747	853.3	87 611	97.4
平-2	20.7	93.8	0.683	0.381	0.752	0.779	71.0	0.607	1 205.5	28 513	422.8
新-1	63.4	64.8	0.498	0.788	0.895	0.667	100.0	0.778	653.1	65 309	100.0
新-2	44.8	89.0	0.664	0.616	0.796	0.791	100.0	0.729	1 636.2	33 598	487.0
焦-1	62.5	65.5	0.545	0.769	0.824	0.300	100.0	0.575	546.1	61 089	89.4
焦-2	52.4	100.0	0.518	0.671	0.773	0.617	100.0	0.684	1 840.3	67 508	272.6
许-1	58.5	92.5	0.491	0.670	0.822	0.606	100.0	0.694	436.3	54 532	80.0
许-2	39.4	99.8	0.602	0.632	0.796	0.741	100.0	0.720	2 018.7	51 106	395.0
漯-1	47.5	100.0	0.537	0.659	0.722	0.692	100.0	0.691	784.1	58 084	135.0
漯-2	34.3	84.6	0.724	0.605	0.658	0.782	100.0	0.678	565.6	42 430	133.3
济源	21.9	64.3	0.895	0.684	0.817	0.614	100.0	0.700	639.6	90 723	70.5
城市群	36.4	92.5	0.576	0.680	0.795	0.673	97.7	0.707	23 193.1	53 280	4 353.1

表 8-40　均衡发展条件下 2015 年三措施方案 22 承载能力评价结果

分区	水资源开发率(%)	水资源利用率(%)	水资源可持续利用水平	经济发展水平	社会发展水平	生态环境状况	二产用水保证程度(%)	协调发展状况	承载经济能力(亿元)	人均GDP(元)	承载人口(万人)
郑 -1	53.6	100.0	0.445	0.834	0.846	0.702	100.0	0.791	3 445.8	80 452	428.3
郑 -2	43.7	100.0	0.592	0.682	0.800	0.663	98.4	0.713	3 379.9	74 744	452.2
开 -1	65.5	85.5	0.418	0.761	0.855	0.770	100.0	0.794	453.0	50 678	89.4
开 -2	64.5	99.6	0.366	0.689	0.793	0.808	100.0	0.761	1 300.9	31 166	417.4
洛 -1	66.1	72.5	0.513	0.826	0.845	0.665	100.0	0.774	1 504.8	94 791	158.8
洛 -2	22.7	97.1	0.659	0.674	0.793	0.767	100.0	0.743	2 286.2	43 626	524.0
平 -1	17.0	93.3	0.758	0.795	0.830	0.649	100.0	0.754	880.7	90 417	97.4
平 -2	20.7	100.0	0.602	0.693	0.762	0.787	100.0	0.746	1 441.1	34 085	422.8
新 -1	63.4	83.4	0.441	0.804	0.831	0.675	100.0	0.767	697.7	69 771	100.0
新 -2	44.8	84.1	0.679	0.651	0.761	0.791	100.0	0.732	1 624.1	33 350	487.0
焦 -1	62.5	72.9	0.530	0.792	0.827	0.677	100.0	0.762	574.3	64 241	89.4
焦 -2	52.4	100.0	0.517	0.608	0.761	0.647	88.5	0.669	1 672.0	61 337	272.6
许 -1	58.5	71.1	0.560	0.699	0.744	0.681	100.0	0.708	386.4	48 300	80.0
许 -2	39.4	100.0	0.625	0.643	0.761	0.677	100.0	0.692	1 948.4	49 326	395.0
漯 -1	47.5	100.0	0.573	0.673	0.829	0.663	100.0	0.718	765.9	56 738	135.0
漯 -2	34.3	100.0	0.628	0.565	0.761	0.706	96.2	0.672	502.6	37 699	133.3
济源	21.9	69.3	0.892	0.696	0.821	0.644	100.0	0.717	624.4	88 573	70.5
城市群	36.4	93.2	0.576	0.711	0.801	0.704	98.5	0.736	23 488.2	53 958	4 353.1

表 8-41 均衡发展条件下 2015 年三措施方案 23 承载能力评价结果

分区	水资源开发率(%)	水资源利用率(%)	水资源可持续利用水平	经济发展水平	社会发展水平	生态环境状况	二产用水保证程度(%)	协调发展状况	承载经济能力(亿元)	人均GDP(元)	承载人口(万人)
郑-1	53.6	100.0	0.447	0.810	0.868	0.697	100.0	0.788	3 133.0	73 149	428.3
郑-2	43.7	100.0	0.579	0.679	0.796	0.631	99.7	0.698	3 481.0	76 978	452.2
开-1	65.5	99.1	0.292	0.739	0.864	0.684	100.0	0.759	424.0	47 437	89.4
开-2	64.5	100.0	0.350	0.644	0.765	0.783	100.0	0.728	1 287.7	30 849	417.4
洛-1	66.1	89.9	0.459	0.808	0.860	0.612	100.0	0.752	1 391.7	87 668	158.8
洛-2	22.7	94.7	0.691	0.636	0.682	0.785	100.0	0.698	2 296.9	43 831	524.0
平-1	17.0	82.6	0.807	0.778	0.815	0.657	100.0	0.747	853.3	87 611	97.4
平-2	20.7	94.1	0.685	0.556	0.752	0.765	85.7	0.684	1 332.7	31 520	422.8
新-1	63.4	64.8	0.498	0.788	0.895	0.667	100.0	0.778	653.1	65 309	100.0
新-2	44.8	89.0	0.664	0.616	0.796	0.791	100.0	0.729	1 636.2	33 598	487.0
焦-1	62.5	65.5	0.545	0.769	0.824	0.300	100.0	0.575	546.1	61 089	89.4
焦-2	52.4	100.0	0.518	0.671	0.773	0.617	100.0	0.684	1 842.1	67 574	272.6
许-1	58.5	92.5	0.491	0.670	0.822	0.606	100.0	0.694	436.3	54 532	80.0
许-2	39.4	99.8	0.602	0.632	0.796	0.741	100.0	0.720	2 018.7	51 106	395.0
漯-1	47.5	100.0	0.538	0.660	0.722	0.692	100.0	0.691	787.0	58 301	135.0
漯-2	34.3	87.9	0.714	0.605	0.658	0.782	100.0	0.678	565.6	42 430	133.3
济源	21.9	65.6	0.894	0.684	0.817	0.614	100.0	0.700	639.6	90 723	70.5
城市群	36.4	93.0	0.575	0.691	0.795	0.672	98.8	0.712	23 325.0	53 583	43 53.1

方案 21:基本方案 + 黄河干流水 + 南水北调水 + 产业结构调整方案二 + 强化节水。

方案 22:基本方案 + 黄河干流水 + 南水北调水 + 大型水库水 + 产业结构调整方案一 + 强化节水。

方案 23: 基本方案 + 黄河干流水 + 南水北调水 + 大型水库水 + 产业结构调整方案二 + 强化节水。

1. 按调控措施类别分析

根据表 8-1 可知,就供水结构调整、产业结构调整和水资源高效利用三种组合措施而言,方案 20 调控效果好于其他方案。方案 20 下水资源可持续利用水平比基本方案低 0.004,协调发展状况高出基本方案 0.031,承载经济能力高出 4 982.7 亿元,对应人均 GDP 高出11 446 元。

2. 按水资源可持续利用水平分析

由表 8-36 ~ 表 8-41 可以看出,均衡发展条件下 2015 年三措施调整方案的城市群水资源开发率为 36.4%,水资源开发程度已很高,进一步开发利用水资源的难度大,水资源自身的可持续利用水平比较低;水资源可持续利用水平均处于差的等级,基本方案水资源可持续利用水平为 0.585。三措施方案中水资源可持续利用水平最高的是方案 18,为 0.584,最低的是方案 19,为 0.574。六个调整方案的水资源可持续利用水平相对于基本方案都有所降低,详见图 8-29。

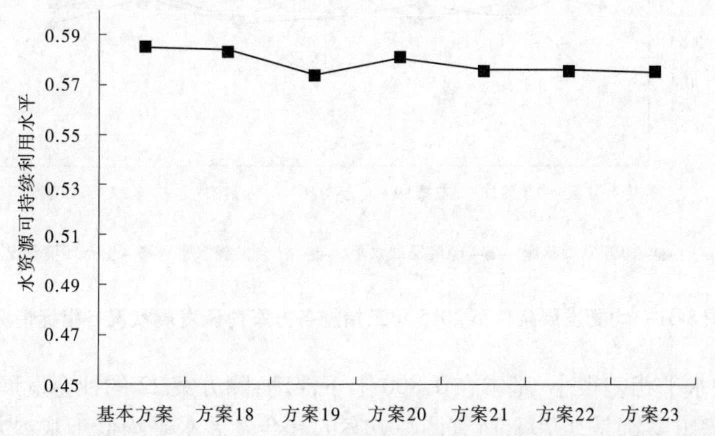

图 8-29　均衡发展条件下 2015 年三措施各方案水资源可持续利用水平情况

各方案水资源利用率相差较大,并与水资源可持续利用水平呈相反的趋势,据表 6-9 可知基本方案的水资源利用率为 86.7%,各调整方案中水资源利用率最大的是方案 22,为 93.2%,最小的是方案 18,为 89.1%。可以看出各个调整方案的水资源利用率相对于基本方案都高出不少,方案 22 水资源利用率高出基本方案 6.5 个百分点,详见图 8-30。

3. 按协调发展状况分析

由表 8-36 ~ 表 8-41 可以看出,均衡发展条件下 2015 年三措施方案中原城市群协调发展状况有所不同,但都处于中的等级。基本方案协调发展状况为 0.693,各调整方案中协调发展状况最大的是方案 22,为 0.736,最小的是方案 21,为 0.707。所有六个调整方案相对于基本方案的协调发展状况都有所提高,方案 22 提高最多,高出基本方案0.043,

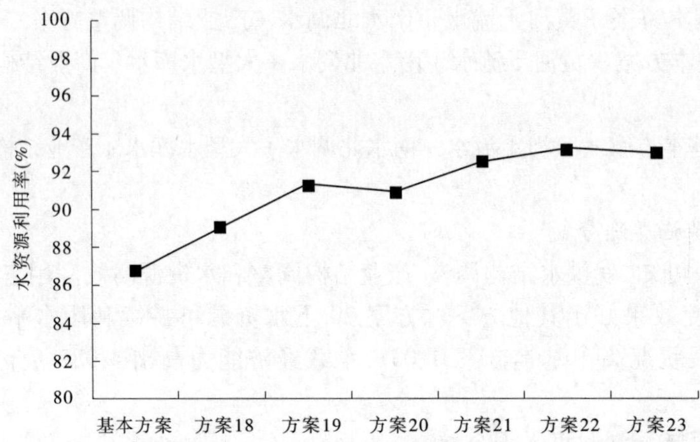

图 8-30　均衡发展条件下 2015 年三措施各方案水资源利用率情况

详见图 8-31。

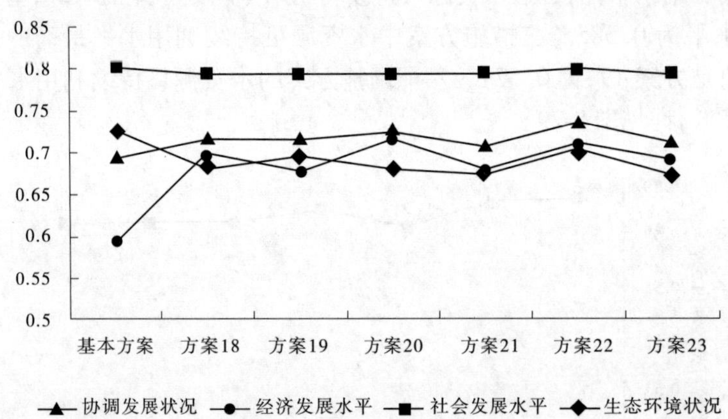

图 8-31　均衡发展条件下 2015 年三措施各方案协调发展状况各指标情况

社会发展水平相差很小，基本在 0.800 上下浮动；除方案 22 的社会发展水平为 0.801 外，其余的调整方案都是 0.795，所有调整方案的社会发展水平均低于基本方案。

生态环境状况相差不大，基本方案的生态环境状况为 0.728，各调整方案中生态环境状况最大的是方案 22，为 0.704，最小的是方案 23，为 0.672。可以看出各个调整方案的生态环境状况均低于基本方案。

经济发展水平相差较大，并与生态环境状况呈相反的趋势，基本方案的经济发展水平为 0.593，各调整方案中经济发展水平最高的是方案 20，为 0.717，最低的是方案 19，为 0.677。各个调整方案的经济发展水平较基本方案均高出不少，其中方案 20 的经济发展水平比基本方案高出 0.124。

二产用水保证程度对于调整方案来讲相差不是很大，均高于基本方案。其中方案 20 的二产用水保证程度达到了 99.5%，处于极高的水平，比基本方案高出 17.3%，详见图 8-32。

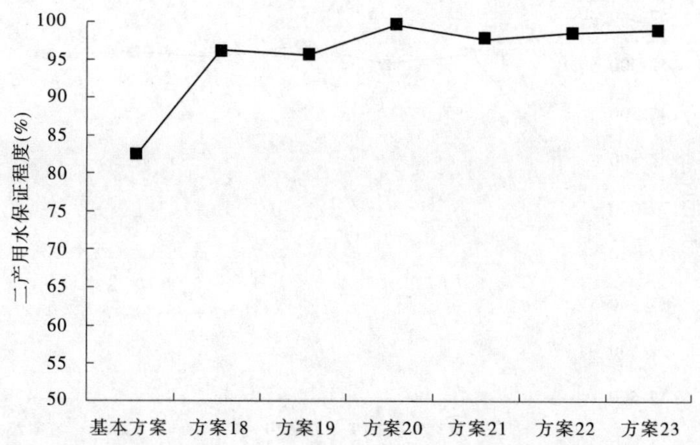

图 8-32　均衡发展条件下 2015 年三措施各方案二产用水保证程度情况

4. 按承载能力分析

由表 8-36 ~ 表 8-41 可以看出，均衡发展条件下 2015 年三措施方案中原城市群水资源承载能力有所不同。基本方案承载经济能力最小，为 18 751.4 亿元，对应人均 GDP 为 43 076 元；各调整方案中承载经济能力最大的是方案 20，为 23 734.1 亿元，对应人均 GDP 为 54 522 元；各调整方案中承载经济能力最小的是方案 19，为 22 894.8 亿元，对应人均 GDP 为 52 595 元。可以看出经过调控，城市群承载经济能力以及人均 GDP 均较基本方案有较大幅度的提高，详见图 8-33 与图 8-34。承载人口均为 4 353.1 万人。

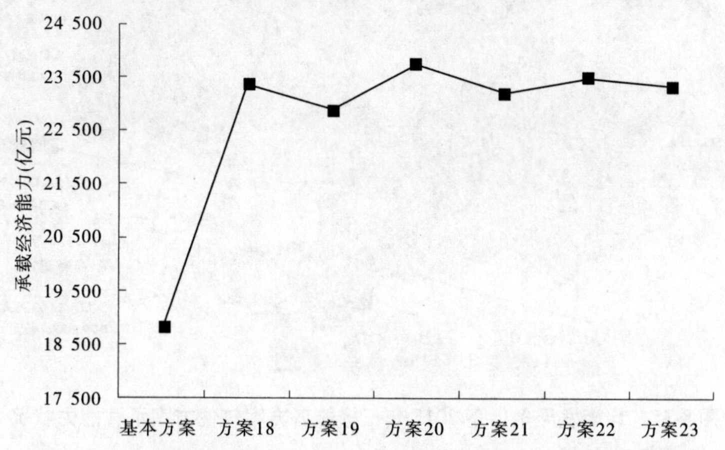

图 8-33　均衡发展条件下 2015 年三措施各方案承载经济能力情况

5. 推荐较优方案

根据上述分析，综合考虑均衡发展型 2015 年三措施方案水资源可持续利用水平、协调发展状况和水资源承载能力等评价成果，得出方案 20 为该组方案的较优方案，对应承载经济能力和人口规模见图 8-35。

8.2.3.2　规划水平年 2020 年

规划水平年 2020 年采用供水结构调整、产业结构调整和水资源高效利用三措施方案评价结果见表 8-42 ~ 表 8-47。

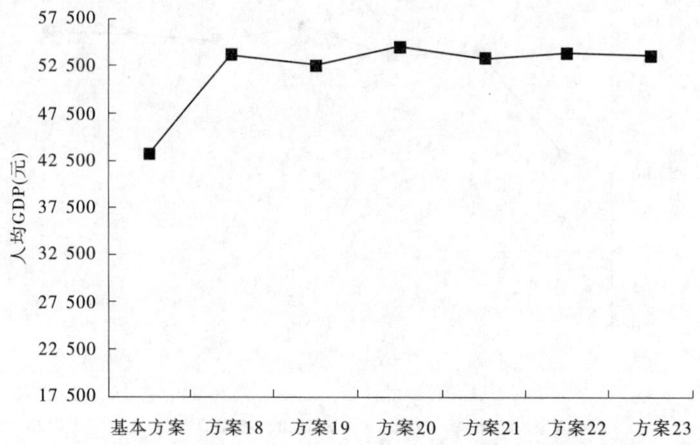

图 8-34　均衡发展条件下 2015 年三措施各方案人均 GDP 情况

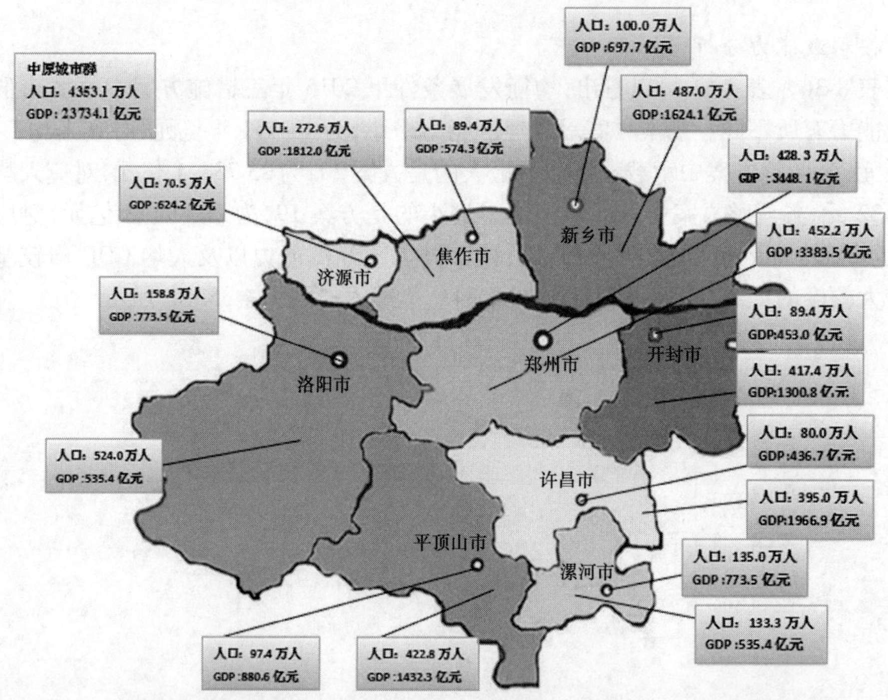

图 8-35　均衡发展条件下 2015 年三措施各方案较优方案承载能力状况

1. 按调控措施类别分析

根据表 8-1 可知，就供水结构调整、产业结构调整和水资源高效利用三种组合措施而言，方案 20 调控效果好于其他方案。方案 20 下水资源可持续利用水平比基本方案低 0.024，协调发展状况高出基本方案 0.031，承载经济能力高出 8 699.7 亿元，对应人均 GDP 高出19 110元。

2. 按水资源可持续利用水平分析

由表 8-42 ~ 表 8-47 可以看出，均衡发展条件下 2020 年三措施调整方案的城市群水

表 8-42　均衡发展条件下 2020 年三措施方案 18 承载能力评价结果

分区	水资源开发率（%）	水资源利用率（%）	水资源可持续利用水平	经济发展水平	社会发展水平	生态环境状况	二产用水保证程度（%）	协调发展状况	承载经济能力（亿元）	人均GDP（元）	承载人口（万人）
郑－1	53.6	100.0	0.450	0.673	0.855	0.685	81.2	0.733	5 363.2	106 731	502.5
郑－2	43.7	99.5	0.591	0.785	0.844	0.646	100.0	0.754	5 261.2	110 552	475.9
开－1	65.5	100.0	0.277	0.714	0.858	0.682	87.4	0.748	732.3	79 514	92.1
开－2	64.5	100.0	0.352	0.723	0.777	0.776	97.5	0.758	2 319.6	53 932	430.1
洛－1	66.1	82.5	0.486	0.860	0.859	0.639	100.0	0.779	2 412.6	143 607	168.0
洛－2	25.9	78.1	0.751	0.741	0.680	0.808	100.0	0.741	3 230.9	60 380	535.1
平－1	27.0	78.5	0.759	0.858	0.839	0.658	100.0	0.780	1 706.1	169 927	100.4
平－2	23.9	100.0	0.579	0.438	0.784	0.791	52.0	0.648	2 193.5	50 484	434.5
新－1	63.4	72.2	0.494	0.829	0.908	0.667	100.0	0.795	1 129.1	107 530	105.0
新－2	45.1	85.5	0.672	0.692	0.844	0.775	100.0	0.768	2 488.8	49 777	500.0
焦－1	62.5	85.0	0.494	0.826	0.842	0.428	100.0	0.667	1 032.8	109 759	94.1
焦－2	52.4	100.0	0.514	0.703	0.786	0.630	95.4	0.703	2 674.3	95 922	278.8
许－1	58.5	100.0	0.405	0.729	0.827	0.607	94.5	0.715	678.3	79 795	85.0
许－2	39.4	100.0	0.599	0.510	0.844	0.729	79.2	0.680	2 682.9	66 574	403.0
漯－1	47.5	100.0	0.535	0.611	0.729	0.755	81.3	0.695	1 170.7	84 221	139.0
漯－2	34.3	91.6	0.699	0.667	0.665	0.771	100.0	0.699	806.0	58 830	137.0
济源	21.9	78.5	0.878	0.810	0.858	0.610	100.0	0.751	1 009.3	140 175	72.0
城市群	37.9	91.5	0.561	0.716	0.812	0.686	92.5	0.730	36 891.6	81 036	4 552.5

表 8-43 均衡发展条件下 2020 年三措施方案 19 承载能力评价结果

分区	水资源开发率(%)	水资源利用率(%)	水资源可持续利用水平	经济发展水平	社会发展水平	生态环境状况	二产用水保证程度(%)	协调发展状况	承载经济能力(亿元)	人均GDP(元)	承载人口(万人)
郑-1	53.6	100.0	0.458	0.761	0.855	0.678	89.6	0.761	4 976.4	99 033	502.5
郑-2	43.7	100.0	0.581	0.697	0.844	0.640	95.8	0.722	5 249.9	110 316	475.9
开-1	65.5	100.0	0.277	0.561	0.858	0.682	79.4	0.690	673.1	73 086	92.1
开-2	64.5	100.0	0.352	0.631	0.777	0.776	86.6	0.725	2 197.9	51 107	430.1
洛-1	66.1	93.5	0.447	0.841	0.859	0.637	100.0	0.772	2 260.4	134 542	168.0
洛-2	25.9	82.9	0.728	0.694	0.680	0.801	100.0	0.723	3 321.0	62 060	535.1
平-1	27.0	81.4	0.747	0.844	0.839	0.657	100.0	0.774	1 614.7	160 827	100.4
平-2	23.9	100.0	0.579	0.408	0.784	0.791	48.7	0.632	2 000.2	46 033	434.5
新-1	63.4	74.8	0.491	0.813	0.908	0.664	100.0	0.788	1 075.0	102 381	105.0
新-2	45.1	87.9	0.667	0.649	0.844	0.742	100.0	0.741	2 574.0	51 481	500.0
焦-1	62.5	93.7	0.466	0.807	0.842	0.658	100.0	0.764	997.3	105 983	94.1
焦-2	52.4	100.0	0.514	0.583	0.786	0.630	83.9	0.661	2 542.7	91 203	278.8
许-1	58.5	100.0	0.405	0.610	0.827	0.607	83.7	0.674	638.4	75 105	85.0
许-2	39.4	100.0	0.599	0.403	0.844	0.729	70.3	0.628	2 583.6	64 108	403.0
漯-1	47.5	100.0	0.535	0.501	0.729	0.755	74.1	0.651	1 096.8	78 906	139.0
漯-2	34.3	96.6	0.661	0.718	0.665	0.764	207.8	0.714	860.6	62 821	137.0
济源	21.9	89.7	0.835	0.757	0.858	0.609	100.0	0.734	1 029.2	142 943	72.0
城市群	37.9	94.0	0.550	0.663	0.812	0.695	90.1	0.715	35 691.2	78 399	4 552.5

表 8-44　均衡发展条件下 2020 年三措施方案 20 承载能力评价结果

分区	水资源开发率(%)	水资源利用率(%)	水资源可持续利用水平	经济发展水平	社会发展水平	生态环境状况	二产用水保证程度(%)	协调发展状况	承载经济能力(亿元)	人均GDP(元)	承载人口(万人)
郑-1	53.6	100.0	0.458	0.811	0.855	0.678	93.9	0.777	5 560.4	110 655	502.5
郑-2	43.7	99.5	0.591	0.785	0.844	0.646	100.0	0.754	5 261.2	110 552	475.9
开-1	65.5	100.0	0.277	0.714	0.858	0.682	87.4	0.748	732.3	79 514	92.1
开-2	64.5	100.0	0.352	0.723	0.777	0.776	97.5	0.758	2 319.6	53 932	430.1
洛-1	66.1	82.5	0.486	0.860	0.859	0.639	100.0	0.779	2 412.6	143 607	168.0
洛-2	25.9	78.1	0.751	0.741	0.680	0.808	100.0	0.741	3 230.9	60 380	535.1
平-1	27.0	89.1	0.716	0.858	0.839	0.658	100.0	0.780	1 706.1	169 927	100.4
平-2	23.9	100.0	0.582	0.462	0.784	0.781	65.9	0.656	2 373.5	54 626	434.5
新-1	63.4	95.0	0.398	0.829	0.908	0.667	100.0	0.795	1 129.1	107 530	105.0
新-2	45.1	90.0	0.657	0.692	0.844	0.775	100.0	0.768	2 488.8	49 777	500.0
焦-1	62.5	100.0	0.374	0.826	0.842	0.399	100.0	0.652	1 032.8	109 759	94.1
焦-2	52.4	100.0	0.517	0.740	0.786	0.628	100.0	0.715	2 770.7	99 380	278.8
许-1	58.5	100.0	0.405	0.729	0.827	0.607	94.5	0.715	678.3	79 795	85.0
许-2	39.4	100.0	0.604	0.667	0.844	0.684	92.3	0.727	2 916.7	72 375	403.0
漯-1	47.5	100.0	0.535	0.611	0.729	0.755	81.3	0.695	1 170.7	84 221	139.0
漯-2	34.3	91.6	0.699	0.667	0.665	0.771	100.0	0.699	806.0	58 830	137.0
济源	21.9	78.5	0.878	0.810	0.858	0.610	100.0	0.751	1 009.3	140 175	72.0
城市群	37.9	93.6	0.546	0.737	0.812	0.680	95.9	0.736	37 599.0	82 590	4 552.5

表 8-45　均衡发展条件下 2020 年三措施方案 21 承载能力评价结果

分区	水资源开发率(%)	水资源利用率(%)	水资源可持续利用水平	经济发展水平	社会发展水平	生态环境状况	二产用水保证程度(%)	协调发展状况	承载经济能力(亿元)	人均GDP(元)	承载人口(万人)
郑-1	53.6	100.0	0.463	0.805	0.855	0.675	96.3	0.774	5 094.7	101 387	502.5
郑-2	43.7	100.0	0.581	0.697	0.844	0.640	95.8	0.722	5 249.9	110 316	475.9
开-1	65.5	100.0	0.277	0.561	0.858	0.682	79.4	0.690	673.1	73 086	92.1
开-2	64.5	100.0	0.352	0.631	0.777	0.776	86.6	0.725	2 197.9	51 107	430.1
洛-1	66.1	93.5	0.447	0.841	0.859	0.637	100.0	0.772	2 260.4	134 542	168.0
洛-2	25.9	82.9	0.728	0.694	0.680	0.801	100.0	0.723	3 321.0	62 060	535.1
平-1	27.0	92.4	0.702	0.844	0.839	0.657	100.0	0.774	1 614.7	160 827	100.4
平-2	23.9	100.0	0.582	0.420	0.784	0.784	57.3	0.637	2 145.6	49 380	434.5
新-1	63.4	98.5	0.348	0.813	0.908	0.664	100.0	0.788	1 075.0	102 381	105.0
新-2	45.1	92.4	0.648	0.649	0.844	0.742	100.0	0.741	2 574.0	51 481	500.0
焦-1	62.5	93.1	0.459	0.807	0.842	0.339	100.0	0.613	997.3	105 983	94.1
焦-2	52.4	100.0	0.517	0.704	0.786	0.623	100.0	0.701	2 870.9	102 973	278.8
许-1	58.5	100.0	0.405	0.610	0.827	0.607	83.7	0.674	638.4	75 105	85.0
许-2	39.4	100.0	0.604	0.513	0.844	0.684	81.6	0.667	2 817.4	69 910	403.0
漯-1	47.5	100.0	0.535	0.501	0.729	0.755	74.1	0.651	1 096.8	78 906	139.0
漯-2	34.3	96.6	0.661	0.718	0.665	0.764	207.8	0.714	860.6	62 821	137.0
济源	21.9	89.7	0.835	0.757	0.858	0.609	100.0	0.734	1 029.2	142 943	72.0
城市群	37.9	95.8	0.538	0.680	0.812	0.673	93.8	0.712	36 516.9	80 213	4 552.5

表 8-46　均衡发展条件下 2020 年三措施方案 22 承载能力评价结果

分区	水资源开发率(%)	水资源利用率(%)	水资源可持续利用水平	经济发展水平	社会发展水平	生态环境状况	二产用水保证程度(%)	协调发展状况	承载经济能力(亿元)	人均GDP(元)	承载人口(万人)
郑-1	53.6	100.0	0.450	0.812	0.824	0.688	94.3	0.772	5 565.4	110 755	502.5
郑-2	43.7	100.0	0.597	0.748	0.816	0.657	95.9	0.738	5 136.0	107 921	475.9
开-1	65.5	98.1	0.316	0.810	0.865	0.682	100.0	0.782	771.7	83 785	92.1
开-2	64.5	100.0	0.361	0.744	0.802	0.803	100.0	0.783	2 303.7	53 561	430.1
洛-1	66.1	82.8	0.483	0.862	0.855	0.658	100.0	0.786	2 412.4	143 598	168.0
洛-2	25.9	96.4	0.660	0.740	0.802	0.696	100.0	0.745	3 230.7	60 375	535.1
平-1	27.0	94.7	0.696	0.858	0.846	0.646	100.0	0.777	1 706.1	169 925	100.4
平-2	23.9	100.0	0.586	0.474	0.793	0.805	69.7	0.671	2 391.3	55 035	434.5
新-1	63.4	89.5	0.427	0.829	0.847	0.660	100.0	0.774	1 129.1	107 530	105.0
新-2	45.1	94.5	0.640	0.692	0.793	0.784	100.0	0.755	2 487.7	49 754	500.0
焦-1	62.5	81.0	0.519	0.826	0.846	0.656	100.0	0.771	1 032.8	109 753	94.1
焦-2	52.4	100.0	0.518	0.689	0.792	0.649	94.1	0.708	2 696.7	96 726	278.8
许-1	58.5	84.4	0.521	0.769	0.763	0.663	100.0	0.730	621.0	73 056	85.0
许-2	39.4	100.0	0.624	0.474	0.792	0.700	73.8	0.641	2 561.5	63 561	403.0
漯-1	47.5	100.0	0.570	0.598	0.848	0.669	80.8	0.697	1 151.1	82 814	139.0
漯-2	34.3	100.0	0.630	0.425	0.792	0.726	79.4	0.625	669.6	48 879	137.0
济源	21.9	83.1	0.857	0.810	0.848	0.644	100.0	0.762	1 009.3	140 176	72.0
城市群	37.9	96.5	0.556	0.715	0.819	0.693	92.3	0.736	36 876.1	81 001	4 552.5

表 8-47　均衡发展条件下 2020 年三措施方案 23 承载能力评价结果

分区	水资源开发率(%)	水资源利用率(%)	水资源可持续利用水平	经济发展水平	社会发展水平	生态环境状况	二产用水保证程度(%)	协调发展状况	承载经济能力(亿元)	人均GDP(元)	承载人口(万人)
郑-1	53.6	100.0	0.465	0.826	0.855	0.674	98.5	0.781	5 134.2	102 172	502.5
郑-2	43.7	100.0	0.582	0.723	0.844	0.638	98.6	0.730	5 349.7	112 411	475.9
开-1	65.5	100.0	0.277	0.561	0.858	0.682	79.4	0.690	673.1	73 086	92.1
开-2	64.5	100.0	0.352	0.631	0.777	0.776	86.6	0.725	2 197.9	51 107	430.1
洛-1	66.1	93.5	0.447	0.841	0.859	0.637	100.0	0.772	2 260.4	134 542	168.0
洛-2	25.9	87.3	0.716	0.694	0.680	0.801	100.0	0.723	3 321.0	62 060	535.1
平-1	27.0	97.6	0.650	0.844	0.839	0.657	100.0	0.774	1 614.7	160 827	100.4
平-2	23.9	100.0	0.585	0.472	0.784	0.769	73.5	0.658	2 350.2	54 090	434.5
新-1	63.4	98.5	0.348	0.813	0.908	0.664	100.0	0.788	1 075.0	102 381	105.0
新-2	45.1	92.4	0.648	0.649	0.844	0.742	100.0	0.741	2 574.0	51 481	500.0
焦-1	62.5	93.1	0.459	0.807	0.842	0.339	100.0	0.613	997.3	105 983	94.1
焦-2	52.4	100.0	0.517	0.703	0.786	0.623	100.0	0.701	2 878.0	103 230	278.8
许-1	58.5	100.0	0.405	0.610	0.827	0.607	83.7	0.674	638.4	75 105	85.0
许-2	39.4	100.0	0.608	0.593	0.844	0.667	86.2	0.694	2 910.9	72 231	403.0
漯-1	47.5	100.0	0.536	0.584	0.729	0.729	80.8	0.677	1 149.4	82 693	139.0
漯-2	34.3	100.0	0.610	0.718	0.665	0.764	206.8	0.714	857.5	62 594	137.0
济源	21.9	95.3	0.807	0.757	0.858	0.609	100.0	0.734	1 029.2	142 943	72.0
城市群	37.9	96.8	0.530	0.696	0.812	0.669	95.8	0.717	37 010.9	81 298	4 552.5

资源开发率为37.9，水资源开发程度已很高，进一步开发利用水资源的难度大，水资源自身的可持续利用水平比较低；水资源可持续利用水平均处于差的等级，基本方案水资源可持续利用水平为0.570，三措施方案中水资源可持续利用水平最高的是方案18，为0.561，最低的是方案23，为0.530。可以看出三措施各调整方案的水资源可持续利用水平均低于基本方案，详见图8-36。

各方案水资源利用率相差较大，并与水资源可持续利用水平呈相反的变化趋势，据表6-10可知基本方案的水资源利用率为89.8%，各调整方案中水资源利用率最大的是方案23，为96.8%，最小的是方案18，为91.5%。可以看出各个调整方案的水资源利用率较基本方案都有所提高，详见图8-37。

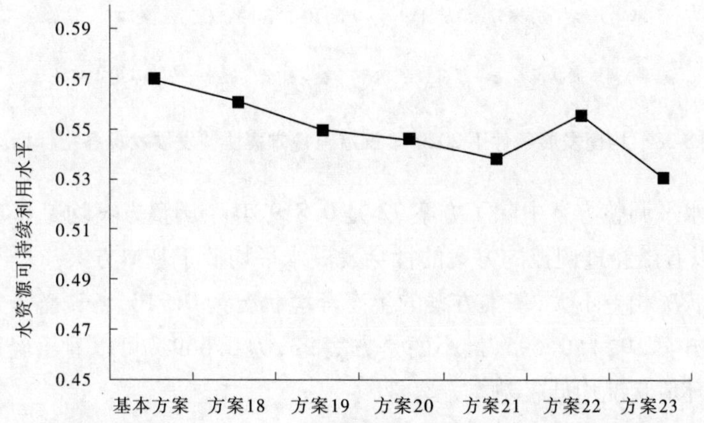

图8-36　均衡发展条件下2020年三措施各方案水资源可持续利用水平情况

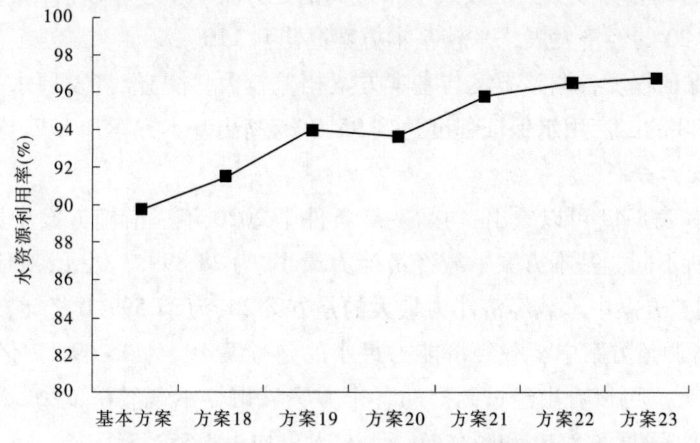

图8-37　均衡发展条件下2020年三措施各方案水资源利用率情况

3. 按协调发展状况分析

由表8-42～8-47可以看出，均衡发展条件下2020年三措施方案中原城市群协调发展状况有所不同，但都处于中的等级。基本方案协调发展状况为0.705，各调整方案中协调发展状况最大的是方案20与方案22，为0.736，最小的是方案21，为0.712。各调整方案的协调发展状况均高于基本方案,最大的是方案 20 与方案 22,均高出基本方案 0.031,详见图 8-38。

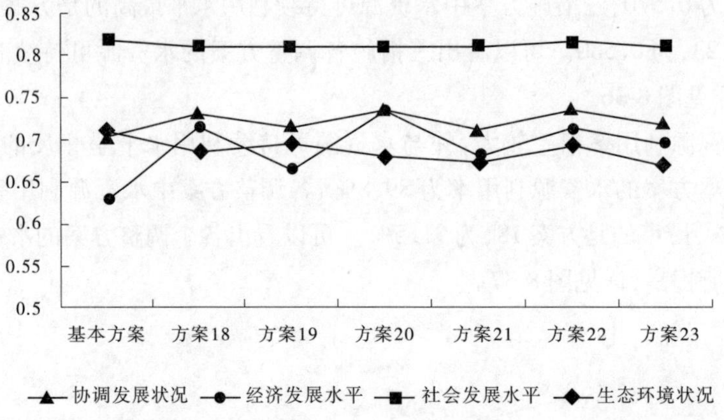

图 8-38 均衡发展条件下 2020 年三措施各方案协调发展状况各指标情况

社会发展水平调整方案中除了方案 22 是 0.819,其余调整方案均是 0.812,基本方案是 0.821。可以看出经过调控的方案的社会发展水平均低于基本方案。

生态环境状况相差不大,基本方案的生态环境状况为 0.710,各调整方案中生态环境状况最大的是方案 19,为 0.695,最小的是方案 23,为 0.669。可以看出经过调控的三措施方案的生态环境状况均低于基本方案。

经济发展水平相差较大,并与生态环境状况呈相反的变化趋势,基本方案的经济发展水平为 0.627,各调整方案中经济发展水平最高的是方案 20,为 0.737,最低的是方案 19,为0.663。方案 20 的经济发展水平较基本方案高出 0.110。

二产用水保证程度各调整方案与基本方案相差较大,并与经济发展水平呈相同的变化趋势。方案 20 的二产用水保证程度达到 95.9%,高出基本方案 0.177,详见图 8-39。

4. 按承载能力分析

由表 8-42 ~ 表 8-47 可以看出,均衡发展条件下 2020 年三措施方案中原城市群水资源承载能力有所不同。基本方案承载经济能力最小,为 28 899.3 亿元,对应人均 GDP 为 63 480 元;各调整方案中承载经济能力最大的是方案 20,为 37 599.0 亿元,对应人均 GDP 为 82 590 元;各调整方案中承载经济能力最小的是方案 19,为 35 691.2 亿元,对应人均 GDP 为 78 399 元。可以看出经过调控的各个方案城市群承载经济能力、人均 GDP 都有较大幅度的提高,详见图 8-40 和图 8-41。承载人口均为 4 552.5 万人。

5. 推荐较优方案

根据上述分析,综合考虑均衡发展条件下 2020 年三措施方案水资源可持续利用水平、协调发展状况和水资源承载能力等评价成果,得出方案 20 为该组方案的较优方案,对应承载经济能力和人口规模见图 8-42。

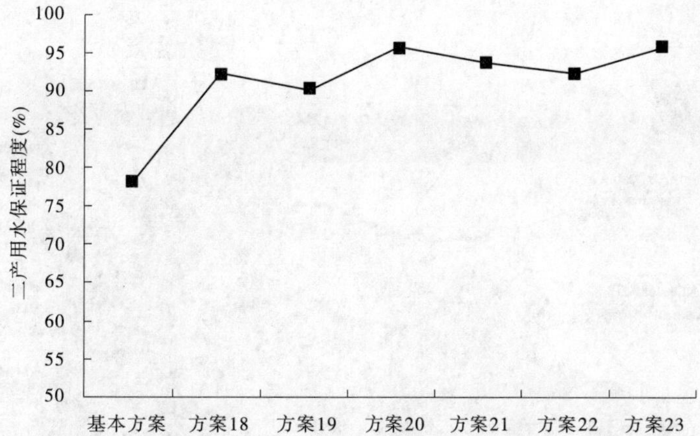

图 8-39　均衡发展条件下 2020 年三措施各方案二产用水保证程度情况

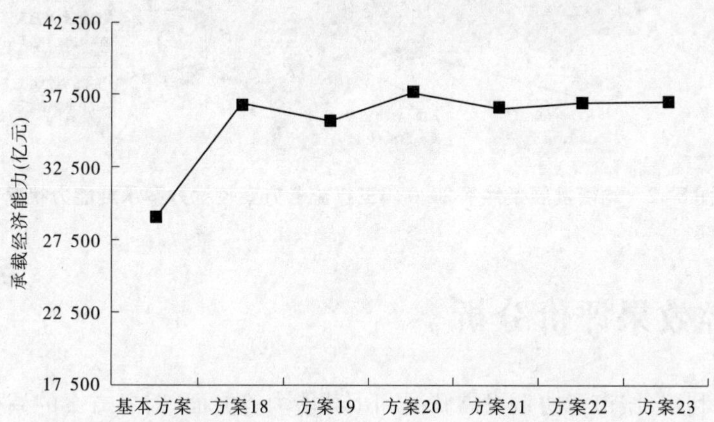

图 8-40　均衡发展条件下 2020 年三措施各方案承载经济能力情况

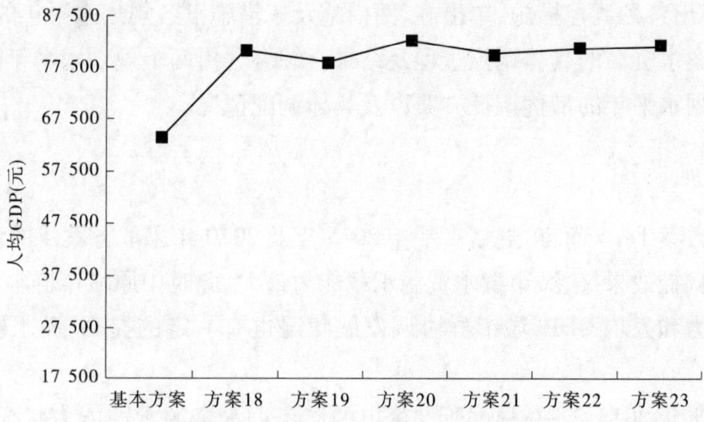

图 8-41　均衡发展条件下 2020 年三措施各方案人均 GDP 情况

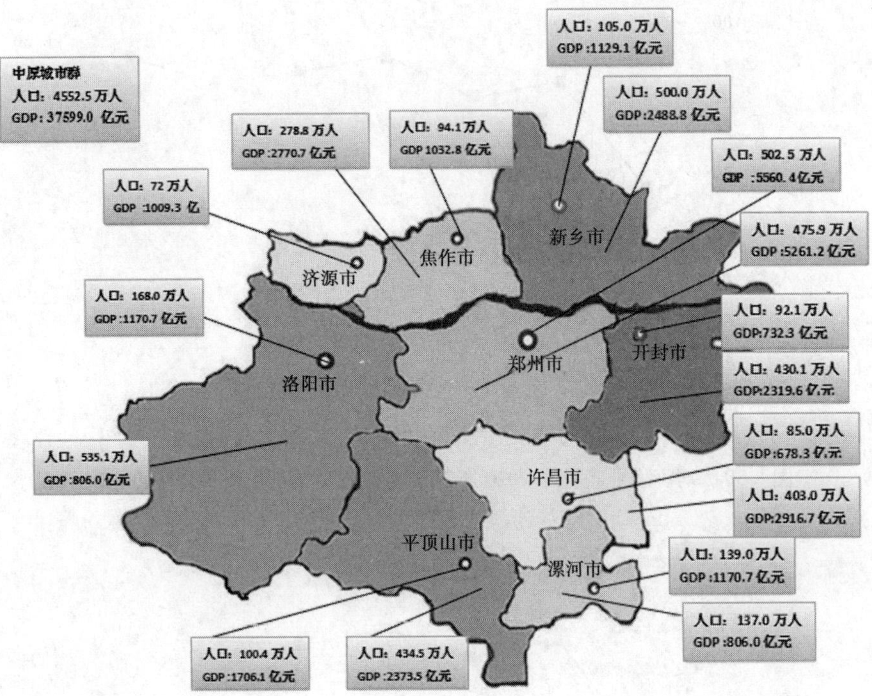

图 8-42　均衡发展条件下 2020 年三措施各方案较优方案承载能力状况

8.3　调控效果评价分析

从水资源利用、城市群协调发展状况和承载能力等方面，对各方案的调控效果进行了全面的对比分析，结果显示这些调控方案对提高城市群水资源承载能力有一定的效果，相对于基本方案城市群水资源承载能力都有了明显的提高。以下就各种调控措施的调控效果进行分析，得出各种调控措施，单措施、两措施及三措施下各规划水平年的方案优先序，并给出最优方案水资源的具体调控过程及结果。综合分析两个规划水平年的调控情况优选出这两个规划水平年的最优调控方案以及具体调配情况。

8.3.1　单措施调控

就单措施方案 1 ~ 6 而言，规划水平年 2015 年及 2020 年采取方案 4 的调控效果比其他几个方案的调控效果好，城市群水资源承载能力最大，此时中原城市群水资源能够承载较大的经济能力和人均 GDP，城市群协调发展状况也有一定的提高，而水资源利用率变化不大。

在规划水平年 2015 年中，根据所计算出的城市群水资源承载能力状况，单措施方案的调控效果排序情况如下：方案 4 > 方案 3 > 方案 2 > 方案 6 > 方案 5 > 方案 1 > 基本方案。方案 4 是以产业结构调整方案一为基础的，近远期规划水平年第一产业和第二产业生产总值与预测值相同,第三产业生产总值规划水平年2015年增加35%,即第三产业生产总值在现状年35 526.2亿元的基础上增加了12 434.2亿元,达到47 960.4亿元。

在规划水平年2020年中,根据所计算出的城市群水资源承载能力状况,单措施方案的调控效果排序情况如下:方案4 > 方案5 > 方案3 > 方案6 > 方案2 > 方案1 > 基本方案。从中可以看出2020年的调控优先序有了一定的变化,经过产业结构调整的方案5的调控效果得到了显著的提升,分析可能是由于2020年对第二产业、第三产业同时进行了产业结构调整,使产业结构更加合理,水资源承载能力得到显著提升。方案4是以产业结构调整方案一为基础的,近远期规划水平年第一产业和第二产业生产总值与预测值相同,第三产业生产总值规划水平年2015年增加40%,即第三产业生产总值在现状年35 526.2亿元的基础上增加了14 210.5亿元,达到49 736.7亿元。产业结构调整方案一必然会影响到生活用水、生产用水以及生态用水结构的改变,从而提高城市群的各承载主体间的协调发展状况以及承载能力。

从整体而言,在单措施调控的情况下,采用产业结构调整措施的调控效果更好。

8.3.2　两措施调控

就两措施方案7~17而言,规划水平年2015年及2020年在采用黄河干流水+南水北调水+大型水库水+强化节水调控措施下的方案15较其他几种方案的调控效果好,水资源承载能力最大,此时中原城市群水资源能够承载较大的经济能力和人均GDP,城市群协调发展状况有一定的提高,水资源利用率有所下降。

在规划水平年2015年中,根据所计算出的城市群水资源承载能力状况,两措施方案的调控效果排序情况如下:方案15 > 方案12 > 方案13 > 方案9 > 方案10 > 方案14 > 方案7 > 方案17 > 方案11 > 方案16 > 方案8 > 基本方案。方案15是由黄河干流水+南水北调水+大型水库水与强化节水组合而设定的。在这种措施下,黄河干流水、南水北调水和大型水库水都需要进行重新调配。对于黄河干流水,洛-1区取水9 000万m^3、洛-2区取水4 000万m^3、新-2区取水30 000万m^3、济源取水3 000万m^3,分配给郑-1区3 000万m^3水量、郑-2区23 000万m^3水量、开-2区20 000万m^3水量,其余各区分水情况不发生改变;对于南水北调水的重新分配,平-1区取水10 000万m^3、新-1区取水10 000万m^3、新-2区取水8 000万m^3、焦-1区取水15 000万m^3,分配给郑-2区10 000万m^3水量、平-2区10 000万m^3水量、许-2区8 000万m^3水量、漯-1区10 000万m^3水量、漯-2区5 000万m^3水量,其余各区分水指标不发生改变;对于大型水库水的重新调配,陆浑水库水从洛-2区调配5 000万m^3水量到平-2区,河口村水库水从济源调配1 000万m^3水量到焦-2区,其余各区分水指标不变。通过强化节水的措施,将中原城市群的需水量由现状水平年的1 359 813.86万m^3降低到了规划水平年2015年的1 308 545.66万m^3。

在规划水平年2020年中,根据所计算出的城市群水资源承载能力状况,两措施方案的调控效果排序情况如下:方案 15 > 方案 12 > 方案 9 > 方案 13 > 方案 10 > 方案 7 > 方案 17 > 方案 16 > 方案 14 > 方案 11 > 方案 8 > 基本方案。从中可以看出 2020 年的调控优先序没有发生太大的变化。方案 15 是由黄河干流水 + 南水北调水 + 大型水库水与强化节水组合而设定的。在这种措施下,黄河干流水、南水北调水和大型水库水都需要进行重新调配。对于黄河干流水,洛 - 1 区取水 9 000 万 m^3、洛 - 2 区取水 4 000 万 m^3、新 - 2 区取水 40 000 万 m^3、济源取水 3 000 万 m^3,分配给郑 - 1 区 3 000 万 m^3 水量、郑 - 2 区 23 000 万 m^3 水量、开 - 2 区 20 000 万 m^3 水量、焦 - 2 区 10 000 万 m^3 水量,其余各区分水情况不发生改变;对于南水北调水的重新分配,平 - 1 区取水 6 000 万 m^3、新 - 1 区取水 10 000 万 m^3、新 - 2 区取水 10 000 万 m^3、焦 - 1 区取水 12 000 万 m^3,分配给郑 - 2 区 10 000 万 m^3 水量、平 - 2 区 10 000 万 m^3 水量、许 - 2 区 5 000 万 m^3 水量、漯 - 1 区 8000 万 m^3 水量、漯 - 2 区 5 000 万 m^3 水量,其余各区分水指标不发生改变;对于大型水库水的重新调配,陆浑水库水从洛 - 1 区调配 2 000 万 m^3 水量到郑 - 2 区,从洛 - 2 区调配 3 000 万 m^3 水量到平 - 2区,河口村水库水从济源调配 3 000 万 m^3 水量到焦 - 2 区,其余各区分水指标不变。通过强化节水的措施,将中原城市群的需水量由现状水平年的 1 564 317 万 m^3 降低到了规划水平年 2015 年的 1 513 475 万 m^3。

从整体而言,在两措施调控的情况下,采用供水结构和产业结构调整两措施组合的调控效果更好。

8.3.3 三措施调控

就三措施方案 18 ~ 23 而言,规划水平年 2015 年及 2020 年在采用黄河干流水 + 南水北调水 + 产业结构调整方案一 + 强化节水调控措施下的方案 20 较其他几种方案的调控效果更好,水资源承载能力更大,此时中原城市群水资源能够承载较大的经济能力和人均 GDP,城市群协调发展状况也有一定的提高,水资源利用率略有降低。

在规划水平年 2015 年中,根据所计算出的城市群水资源承载能力状况,三措施方案的调控效果排序情况如下:方案 20 > 方案 22 > 方案 18 > 方案 23 > 方案 21 > 方案 19 > 基本方案。方案 20 是由黄河干流水 + 南水北调水 + 产业结构调整方案一 + 强化节水三者组合而设定的。在这种措施下,黄河干流水与南水北调水需要进行重新调配。对于黄河干流水,洛 - 1 区取水 9 000 万 m^3、洛 - 2 区取水 4 000 万 m^3、新 - 2 区取水 30 000 万 m^3、济源取水 3 000 万 m^3,分配给郑 - 1 区 3 000 万 m^3 水量、郑 - 2 区 23 000 万 m^3 水量、开 - 2 区20 000万 m^3 水量,其余各区分水情况不发生改变;对于南水北调水的重新分配,平 - 1 区取水 10 000 万 m^3、新 - 1 区取水 10 000 万 m^3、新 - 2 区取水 8 000 万 m^3、焦 - 1 区取水15 000万 m^3,分配给郑 - 2 区 10 000 万 m^3 水量、平 - 2 区 10 000 万 m^3 水量、许 - 2 区 8 000万 m^3 水量、漯 - 1 区 10 000 万 m^3 水量、漯 - 2 区 5 000 万 m^3 水量,其余各区分水指标不发生改变。产业结构调整方案一的调整方式是近远期规划水平年第一产业和第二产业生产总值与预测值相同,第三产业生产总值规划水平年 2015 年增加 35%,即第三产业生产总值在现状年 35 526.2 亿元的基础上增加了 12 434.2 亿元,达到 47 960.4 亿元。通过强化节水的措施,将中原城市群的需水量由现状水平年的 1 359 813.86 万 m^3 降低到了规划水平年 2015 年的 1 308 545.66 万 m^3。

在规划水平年 2020 年中,根据所计算出的城市群水资源承载能力状况,三措施方案的调控效果排序情况如下:方案 20 > 方案 23 > 方案 18 > 方案 22 > 方案 21 > 方案 19 > 基本方案。从中可以看出 2020 年的调控优先序基本上没有太大变化。方案 20 是由黄河干流水 + 南水北调水、产业结构调整方案一以及强化节水三者组合而设定的。在这种措施下,黄河干流水与南水北调水需要进行重新调配。对于黄河干流水,洛 -1 区取水 9 000 万 m^3、洛 -2 区取水 4 000 万 m^3、新 -2 区取水 40 000 万 m^3、济源取水 3 000 万 m^3,分配给郑 -1 区 3 000 万 m^3 水量、郑 -2 区 23 000 万 m^3 水量、开 -2 区 20 000 万 m^3 水量、焦 -2 区10 000 万 m^3 水量,其余各区分水情况不发生改变;对于南水北调水的重新分配,平 -1 区取水 6 000 万 m^3、新 -2 区取水 10 000 万 m^3、焦 -1 区取水 12 000 万 m^3,分配给郑 -2 区 10 000 万 m^3 水量、平 -2 区 10 000 万 m^3 水量、许 -2 区 5 000 万 m^3 水量、漯 -1 区 8 000 万 m^3 水量、漯 -2 区 5 000 万 m^3 水量,其余各区分水指标不发生改变。产业结构调整方案一的调整方式是近远期规划水平年第一产业和第二产业生产总值与预测值相同,第三产业生产总值规划水平年 2015 年增加 40%,即第三产业生产总值在现状年 35 526.2亿元的基础上增加了 14 210.5 亿元,达到 49 736.7 亿元。通过强化节水的措施,将中原城市群的需水量由现状水平年的 1 564 317 万 m^3 降低到了规划水平年 2015 年的 1 513 475 万 m^3。

从整体上看,在三措施调控的情况下,城市群水资源承载能力差别不大。

8.3.4 综合分析

综合考虑所有的调控方案可以看出规划水平年 2015 年由黄河干流水 + 南水北调水 + 产业结构调整方案一 + 强化节水三种措施组合的方案 20 中原城市群所能承载经济能力最大,最大可承载经济能力 23 734.1 亿元。其调配情况如下:在这种措施下,黄河干流水与南水北调水需要进行重新调配。对于黄河干流水,洛 -1 区取水 9 000 万 m^3、洛 -2 区取水 4 000 万 m^3、新 -2 区取水 30 000 万 m^3、济源取水 3 000 万 m^3,分配给郑 -1 区3 000 万 m^3 水量、郑 -2 区 23 000 万 m^3 水量、开 -2 区 20 000 万 m^3 水量,其余各区分水情况不发生改变;对于南水北调水的重新分配,平 -1 区取水 10 000 万 m^3、新 -1 区取水 10 000 万 m^3、新 -2 区取水 8 000 万 m^3、焦 -1 区取水 15 000 万 m^3,分配给郑 -2 区10 000万 m^3 水量、平 -2 区 10 000 万 m^3 水量、许 -2 区 8 000 万 m^3 水量、漯 -1 区 10 000 万 m^3 水量、漯 -2 区 5 000 万 m^3 水量,其余各区分水指标不发生改变。产业结构调整方案一的调整方式是近远期规划水平年第一产业和第二产业生产总值与预测值相同,第三产业生产总值规划水平年2015 年增加35%,即第三产业生产总值在现状年 35 526.2 亿元的基础上增加了 12 434.2 亿元,达到 47 960.4 亿元。通过强化节水的措施,将中原城市群的需水量由现状水平年的 1 359 813.86 万 m^3 降低到了规划水平年 2015 年的 1 308 545.66 万 m^3。

规划水平年 2020 年由黄河干流水 + 南水北调水 + 大型水库水与强化节水两措施组合的方案 15 中原城市群所能承载经济能力最大，最大可承载经济能力 37 939.1 亿元。其调配情况如下：在这种措施下，黄河干流水、南水北调水和大型水库水都需要进行重新调配。对于黄河干流水，洛 - 1 区取水 9 000 万 m^3、洛 - 2 区取水 4 000 万 m^3、新 - 2 区取水40 000 万 m^3、济源取水 3 000 万 m^3，分配给郑 - 1 区 3 000 万 m^3 水量、郑 - 2 区 23 000 万 m^3 水量、开 - 2 区 20 000 万 m^3 水量、焦 - 2 区 10 000 万 m^3 水量，其余各区分水情况不发生改变；对于南水北调水的重新分配，平 - 1 区取水 6 000 万 m^3、新 - 1 区取水 10 000 万 m^3、新 - 2 区取水 10 000 万 m^3、焦 - 1 区取水 12 000 万 m^3，分配给郑 - 2 区 10 000 万 m^3 水量、平 - 2区 10 000 万 m^3 水量、许 - 2 区 5 000 万 m^3 水量、漯 - 1 区 8 000 万 m^3 水量、漯 - 2 区5 000万 m^3 水量，其余各区分水指标不发生改变；对于大型水库水的重新调配，陆浑水库水从洛 - 1 区调配 2 000 万 m^3 水量到郑 - 2 区，从洛 - 2 区调配 3 000 万 m^3 水量到平 - 2 区，河口村水库水从济源调配 3 000 万 m^3 水量到焦 - 2 区，其余各区分水指标不变。通过强化节水的措施，将中原城市群的需水量由现状水平年的 1 564 317 万 m^3 降低到了规划水平年 2015 年的 1 513 475 万 m^3。

第9章　研究结论及建议

水资源承载能力研究不仅是科学管理水资源的基础和依据,也是水利规划和发展的前提。研究水资源承载能力可以找出水资源对人类社会、经济和生态发展的贡献和限制因素,动态地表达不同时段的人类社会和经济的发展状况和变化趋势。而水资源承载能力调控是对已有条件下城市群的水资源合理调配和管理,充分发掘城市群的水资源承载潜力,运用一定的技术手段和管理措施来缓解城市群水资源承载主客体之间的矛盾。

中原城市群地处我国中心地带,具有明显的区位优势和综合资源优势,在促进中部崛起和中原经济区建设中发挥着不可替代的作用。但其水资源时空分配不均,水资源与生产力分布不匹配,人均占有水资源量偏少、水污染严重等问题,已成为制约该区实现经济社会可持续发展的主要因素之一,并直接影响到中原城市群可持续发展能力和整体竞争力的提升。南水北调中线工程建成通水以后,沟通了城市群所在四大流域中城市之间的水力联系,为中原城市群城市之间的联合配置和调控创造了条件。

9.1　主要研究结论

本书围绕中原城市群水资源承载能力和调控研究的问题,在分析城市群水资源系统的结构和功能特点的基础上,进行了两个规划水平年的供需水预测,构建了城市群水资源优化配置模型和水资源承载能力模糊综合评价模型,并对水资源承载能力进行了调控研究,主要研究结论如下:

(1)将城市群系统概念与水资源系统概念进行结合,提出城市群水资源系统概念,即城市群水资源系统是城市群系统的子系统之一,是以城市群水资源为主体,由水资源自然子系统、工程子系统和管理子系统构成的有机整体,它不是独立存在的,而是以城市间水力联系为纽带,通过水资源工程子系统和管理子系统将各城市内部及城市之间的经济、社会、生态环境子系统有机联合起来,共同促进城市群的整体发展。研究中重点分析了城市群水资源系统的结构特点以及与水资源系统的区别,如城市群水资源系统由不同等级的多个子系统组成;城乡社会经济及供水基础设施发展不均衡,应分区强调人工侧支水循环;各城市水资源子系统的发展应体现其城市功能定位和发展格局;城市群水资源系统是一个动态发展的系统,其内部各子系统间相互影响、相互配合、紧密协作等。分析城市群水资源系统是绘制城市群水资源配置系统图的前提条件,进而为构建体现城市群特色的水资源优化配置模型提供理论支撑。

(2)在对城市群水资源系统的结构和功能特点分析的基础上,结合水源间的补偿与调节关系、水源和用户之间的关系、供需水资源系统,构建了中原城市群水资源系统网络图,从而明晰了供水水源之间、供水水源和用户之间、供水和排水之间的关系,为中原城市群水资源配置模型的构建提供了思路。

(3)根据所构建的水资源系统网络图,以可持续发展理论为指导,从水资源优化配置理论出发,结合城市群水资源系统的结构特点,建立了综合考虑经济、社会、生态环境协调用水的城市群水资源优化配置模型。该模型是在一般的大系统、多目标水资源优化配置模型的基础上,结合城市群水资源系统与一般水资源系统的区别之处,进一步演化而来,其中重点突出了两个方面:一是充分考虑城市群等级特性和各市发展特色化,设置相应子区权重系数来体现;二是按城乡区别对待人工侧支水循环问题,市区需考虑自来水厂供水能力约束,而郊区不需考虑。

(4)从城市群水资源承载能力的概念出发,考虑承载主体和承载客体两个方面,构建了体现城市群水资源可持续利用情况,以及经济、社会、生态环境发展状况的城市群水资源承载能力评价指标体系,并以模糊数学理论和方法为依据,根据选定的指标,针对城市群水资源承载能力评价的特点,建立城市群水资源承载能力模糊综合评价模型,并给出单因素评价和综合评价方法。所建立的城市群水资源承载能力效果评价模型在整体思路上与过去的评价模型有所区别,该模型评价的对象为经过水资源优化配置后的水资源承载主客体,所选指标能在一定程度上体现水资源配置结果,因此该评价模型是对配置后效性的一种评价,配置模型方法和配置方案对承载效果的影响较大。通过对配置后的城市群水资源承载力效果进行评价,可有针对性地提出提高城市群水资源承载能力的措施。

(5)根据中原城市群水资源系统特点和社会经济发展情况,从自身性水资源承载能力调控、结构性水资源承载能力调控、经济性和技术性水资源承载能力调控三个方面对城市群水资源承载能力调控措施进行了分析。对每一规划水平年从供水结构、产业结构调整和水资源高效利用三个方面进行调控,构建了水资源承载能力调控方案集。

(6)从水资源利用、城市群协调发展状况和承载能力等方面,利用所建立的水资源承载能力模糊综合评价模型,对各调控方案的调控效果进行了全面的对比分析,结果显示这些调控方案对提高城市群水资源承载能力有一定的效果,其中供水结构和产业结构调整对提高城市群水资源承载能力的效果比较明显。就单措施而言,采取方案 4 的调控效果比其他几个方案的调控效果好,水资源承载能力更大;就两措施而言,在采用基本方案 + 黄河干流水 + 南水北调水 + 大型水库水 + 强化节水调控措施下的方案 15 较其他几种方案的水资源承载能力更大;就三措施而言,在采用基本方案 + 黄河干流水 + 南水北调水 + 产业结构调整方案一 + 强化节水调控措施下的方案 20 较其他几种方案的水资源承载能力更大。从调控效果分析,在经过供水结构类型、产业结构调整和水资源高效利用等措施的调控下,规划水平年 2015 年方案 20 的调控效果最好,其最大承载经济能力为 23 734. 1 亿元,承载人口为 4 353. 1 万人;规划水平年 2020 年方案 15 的调控效果最好,其最大承载经济能力为37 599. 0亿元,承载人口为 4 552. 5 万人。根据调控效果分析,通过一定的调控措施的实施,城市群水资源承载能力能够得到有效的提高。今后应多方面措施综合运用,使中原城市群的水资源承载能力及可持续发展水平达到较高的水平。

9.2 展　望

本书所做的工作在一定程度上丰富了水资源承载能力研究的内容,为中原城市群建设和中原崛起提供了有力的支撑。中原城市群区域庞大、水资源系统复杂、数据收集困难,水资源优化配置问题涉及面广,多目标、多约束、非线性的配置模型本身的影响因素就多而复杂,且供需水预测还存在着许多的不确定性,承载能力评价的指标选取和量化过程中也存在着许多问题,再加上作者自身水平有限等因素,本书所做的工作还不够完善,取得的成果还需要做进一步的检验,还需要从以下几个方面做进一步的研究:

(1)需对城市群水资源系统做进一步的研究。对城市群水资源系统的正确认识是建立优化配置模型的基础,城市群系统与水资源系统的结合必然有区别于一般水资源系统的地方,对这些区别进行重点研究对于构建城市群水资源优化配置模型、实现城市群水资源的优化利用具有十分重要的意义。

(2)对水资源配置模型本身的一些问题的思索。本书采用的配置模型是数学规划模型,当物理过程变为数学问题后,数学上的一些简化和计算是否影响到原来的实际过程,如模型为多目标模型,则涉及的参数很多,多种参数的结合使用是否会影响原单一参数想达到的目标。

(3)本书建立的城市群水资源承载能力评价指标体系内容丰富,具有一定的可操作性,但是也做了一系列的简化处理。今后需要对评价指标体系进行深入的分析,筛选出更具有代表性的指标,更能定性、定量地全面客观地反映城市群水资源承载能力状况。

(4)影响水资源承载能力的因素有很多,本书仅从供水结构调整、产业结构调整和水资源高效利用这三个方面对水资源承载能力进行调控研究,还不够全面。就城市群区域经济结构调整等因素对水资源承载能力的影响进行了初步的研究,但是产业结构调整涉及经济学、社会学等方面的内容,问题复杂且受宏观调控政策影响较大。今后应加强对多学科、多领域组合来研究城市群水资源承载能力。

9.3　建　议

研究水资源承载力的目的是解决区域水资源承载力与区域水资源承载负荷或负荷期望值间的矛盾,其最终目的必然是提高区域水资源的承载力。水资源开发利用的过程实际上是一个"水资源量→取水量→利用量→合理利用量"的过程,可将这个过程分解四个节点和三个流程,四个节点分别为水资源量、取水量、利用量、合理利用量,三个流程就是开发过程、传输过程和合理利用过程。要提高区域水资源承载力就是要加大节点的内涵和减少流程中的损失。其中,加大节点内涵的内容包括增加水资源量、增加取水量、增加利用量在取水量中的比例和合理利用水资源,使合理利用量的比率增大;减少流程中的损失的内容包括减少取水过程、输水过程和利用过程中的损失量。提高水资源承载能力的途径为采取提高节水水平、提高污水回用程度、充分开发当地水以及跨流域调水等工程措施,以及调整人口和产业结构、加强水资源管理等非工程措施。以下是根据研究以及实际情况提出的一些合理性建议。

9.3.1　全面推行节约用水

增强节水意识,树立水资源可持续利用观念。尊重自然规律、科学用水,建立水资源可持续利用观念,做到水资源开发利用的力度和规模,既要满足当代人和经济发展的需求,又能对后代人的需求无所损害,而使后代可持续利用与发展。由上文可看出,采用强化节水方案是提高中原城市群水资源承载能力的一个有效可行的措施,所以要坚持以节水优先为原则,实行严格的用水计划总量控制和定额管理制度,逐步建立和完善促进节约用水的政策体系和价格机制,大力推广应用节约用水技术,倡导节约用水的文明生活方式,最大限度地提高水资源利用效率,建立节水型社会。

9.3.1.1　加强农业节水

大力发展节水农业,充分有效地利用水资源,通过采用水利(微灌、膜上灌、坐水种、沟畦改造、地下灌溉等技术)、农业(耕作保墒、覆盖保墒、水肥耦合、化学制剂保水节水等技术)、管理(节水灌溉制度、灌区量配水、土壤墒情检测和灌溉预报、现代化管理等技术)等措施,最大限度地减少灌水和作物耗水过程中的损失,最大限度地提高单位耗水量的作物产量和产值。提高水资源的重复利用率,可以提高单位水资源量的承载能力。改进灌溉方式,减少渠道渗漏,采用井灌、滴灌以节约用水,以及重复利用城市污水和工业废水。加快现有大中型灌区的节水改造步伐,对现有人民胜利渠、陆浑、广利、群库、韩董庄、昭平台、白龟山、白沙等大型灌区进行节水技术改造和续建配套设施,提高渠系利用系数。加快末级渠系工程建设,配套搞好田间节水设施。大力推广喷灌、滴管、渗灌等节水技术,提高水资源利用效率。科学、适时、适量灌溉,严格控制超量灌排,提高灌溉水利用系数。结合农业结构调整,大力发展旱作农业、低耗水农业,培育耐旱作物品种,选用抗逆高产品种,提高作物本身抗逆能力。选用抗旱、节水、高产品种代替作物品种,一般可增产10% ~25%,水分利用效率提高 1.5 ~2.25 kg/(mm · hm^2)。

9.3.1.2　加强工业节水

加快节水工程建设步伐,积极推进节水技术改造。结合产业结构调整,抓好火电、石油化工、造纸、冶金、纺织、建材等高耗水企业节水改造示范工程建设,限制高耗水的草浆造纸企业扩张。在中原城市群区域内全面推行新建工业项目主体工程和节水配套设施的同步建设制度。积极进行一水多用,提高间接冷却水循环率、冷却水回用率、工艺水回用率和工业用水重复利用率,积极推进煤矿矿井水资源化利用。统筹考虑经济发展和水资源条件,严格控制郑汴洛城市工业走廊和许昌、新乡等地区发展高耗水产业。

9.3.1.3　加强生活节水

加强节水设施改造,进一步提高城市及农村供水管网覆盖率。在供水管网覆盖范围内,对于处于地下水超采区的开采井,要限采、压采,必须关闭的自备井作为应急水源,加强保护;努力提高节水器具安装率;积极创建节水型城市,限制洗浴、洗车等高用水商业行业,对城市居民用水和商业用水实行阶梯水价;加强城镇老旧管网设施改造,降低城市供水管网渗漏损失,提高输配水效率和供水效益。

9.3.2　优化产业结构

加大产业结构调整力度,是间接提高水资源承载能力的重要途径。第三产业相对于第一、第二产业单位产值耗水量小,现代服务业对水资源的依赖性很小甚至没有依赖,是水资源严重不足的中原城市群产业发展的最佳选择。中原城市群三次产业调整正处于重要的调整期,2009 年中原城市群第三产业产值占 GDP 总量的 32.0%,与国内其他较为发达城市群相比仍偏低。中原城市群应以中原经济区建设为契机,充分发挥交通便利、自然和人文旅游资源丰富等优势,积极发展以金融保险、旅游休闲、房地产、现代物流、贸易、会展、信息咨询等新兴服务业,逐步优化产业结构,逐步形成"三二一"的三次产业结构。在不调整供水结构类型情况下,对各规划水平年的产业结构进行调整,可间接地提高中原城市群水资源承载能力。

9.3.3　加强城市群区域水资源调配

中原城市群区域庞大,水资源时空分布不均,水资源可持续利用水平低,进一步开发利用水资源难度很大。实现城市群区域大型水源共享,充分利用黄河干流水、南水北调中线工程水和大型水库水,是提高中原城市群水资源承载能力最有效的措施。

9.3.3.1　黄河干流在城市群间的水源调配

黄河是中原城市群最重要的过境河流,也是中原城市群主要的地表水源,在促进中原城市群国民经济发展过程中发挥了重要作用。其中中原城市群共用黄河干流水的城市有 7 个,按照现有取水指标取水,个别分区取水指标未用完,存在余水,黄河水未能充分发挥其作用。实现中原城市群区域内黄河干流水源共享,是提高中原城市群水资源承载能力的一个有效措施。

9.3.3.2　南水北调中线工程在城市群间的水源调配

南水北调中线工程沿线流经中原城市群的平顶山、许昌、郑州、焦作、新乡 5 个城市,向中原城市群供水的城市有 6 个,极大地改善中原城市群水资源紧缺状况,为城市群经济社会可持续发展提供供水安全保障。中原城市群各城市分水口门分配总水量 17.83 亿 m^3,按照现有取水指标取水,个别分区取水指标未用完,存在余水,南水北调水未能充分发挥其作用。实现中原城市群区域内南水北调中线水源共享,是提高中原城市群水资源承载能力的一个有效措施。

9.3.3.3　大型水库在城市群间的水源调配

中原城市群现状年已建成大型水库(不包括黄河干流上大型水库)有故县水库、陆浑水库、白沙水库、昭平台水库、白龟山水库、燕山水库、石漫滩水库和孤石滩水库;正在建设的大型水库有河口村水库。这几个大型水库是中原城市群主要的地表水源,在促进中原城市群国民经济发展过程中发挥了重要作用。其中陆浑水库、白龟山水库、河口村水库和燕山水库向中原城市群不同的城市供水,在一定程度上改变了水资源空间分布不均的现象,实现了中原城市群区域内大型水库水源共享,在一定程度上可提高中原城市群水资源承载能力。

9.3.4　加强水资源管理

9.3.4.1　水资源优化配置

完善水资源管理体制及水资源费征收体制,通过价格杠杆调节用水分配、实现水资源的优化配置;加大水资源保护力度,认真贯彻落实《中华人民共和国水法》和《中华人民共和国水污染防治法》,坚决杜绝非法开采水和污染水事件的发生;水系统是动态、开放的系统,建立合理的水资源管理模型,实现水资源管理科学化。中原城市群应采用现代化工程和管理技术,加强现代化水网体系建设,以水利工程网络为基础,把区域地表水、地下水、外调水以及污水处理回用水等各种水源纳入统一的水资源开发利用系统,充分利用好南水北调中线水、黄河干流水和大型水库水,打破原有分水方案,实现水资源在时间、空间和用水部门间的优化配置,并达到水资源高效和可持续利用的目的。各市规模不等的输水、调水工程,对保障当地用水起到了一定作用。

9.3.4.2　建立水资源统一管理机制

改革现行的水资源管理模式,由计划经济条件下的粗放型管理向市场经济条件下的集约型管理转化。为此,要理顺管理体制,实现水资源的统一管理;水资源统一管理遵循水资源自然属性和利用规律的客观要求,水的自然属性要求把水资源作为一个完整的系统进行统一管理,而不能人为地进行分隔管理。水资源是重要的战略性资源,需要实施符合其自身运行规律的统一管理,加强宏观调控。要实现水资源的有效管理和有效利用,就要实现水资源的宏观总量调控和微观定额管理相结合。改革用水制度,确定各供水区保证率下的水资源分配指标和水资源种类,建成与区域水资源承载能力相适应的经济结构体系。

目前中原城市群各城市的水资源的权属管理是水利部门管水源工程建设和第一产业与农村人畜用水,城建部门管第二产业与城市生活用水,相互之间缺少联系和协调。这种治水体制存在水资源管理权限分散、责任不明、效值低下的弊端,导致提高水价的利益难以分配、节水的措施难以实施、污水处理厂难以运行、饮用水源难以保护。因此,对水资源管理要实行高层次的统一管理,并强化水资源和水环境的监督管理工作。

9.3.4.3　建立合理水价形成机制

充分发挥水资源的经济杠杆作用。水费定价是水资源管理的手段之一,过低的水价会助长水资源浪费行为。所以,需要制定合理的水资源水费标准,运用经济杠杆调节用水量。水价要能维持水资源工程的正常运行和日常维持,还要根据来水和用水情况合理浮动,使水资源真正得到合理利用,从而提高水资源利用率。目前,中原城市群水价机制和管理存在着很多问题:首先,水价偏低,不利于增强用户的节水意识;其次,水利工程水价仍低于供水成本,致使工程老化失修;再次,水资源费征收标准偏低,不能反映水资源紧缺状况;最后,各类水价比例关系和计征方式不合理,也不利于合理配置水资源。因此,为了充分发挥市场机制和价格杠杆在水资源配置中的作用,必须进一步深化水价改革,合理调整城市供水价格,逐步提高水利工程水价,扩大水资源费征收范围并适当提高水资源征收标准,调整各类水价比例,提高水费,包括水资源费、城市和农村供水水费和排污费等。

附表

附表 15-1　均衡发展型 2015 年基本需水与基本供水组合基本方案配置成果

（单位：万 m^3）

项目	城镇生活	农村生活	一产	二产	三产	生态环境	可供	余水	城镇生活	农村生活	一产	二产	三产	生态环境	可供	余水
分区	郑－1								郑－2							
黄河干流	0	0	0	19 736	8 038	8 501	36 275	0	0	0	0	2 441	3 284	0	5 725	0
南水北调	24 246	0	0	7 024	0	0	31 270	0	10 613	0	0	9 817	0	0	20 430	0
大型水库	0	0	0	0	0	0	0	0	0	0	0	3 000	0	0	3 000	0
地表水	0	0	4 021	0	0	0	4 021	0	0	0	22 678	0	0	0	22 678	0
地下水	0	797	2 928	4 607	0	0	8 333	1	0	7 164	27 371	13 526	0	0	48 061	0
中水	0	0	0	0	0	18 686	18 686	0	0	0	0	2 904	0	17 488	20 392	0
雨水	0	0	0	0	0	524	524	0	0	0	0	0	0	1 012	1 012	0
需水	24 246	797	10 438	31 367	8 038	27 711			10 613	7 164	50 049	67 070	3 284	18 500		
缺水率（%）	0.0	0.0	33.4	0.0	0.0	0.0			0.0	0.0	0.0	52.8	0.0	0.0		
分区	开－1								开－2							
黄河干流	0	0	7 313	6 072	963	1 502	18 947	3 097	0	0	18 878	15 774	1 876	0	36 529	1
南水北调	0	0	0	0	0	0	0	0	0	0	0	0	0	0	0	0
大型水库	0	0	0	0	0	0	0	0	0	0	0	0	0	0	0	0
地表水	0	0	700	0	0	0	700	0	0	0	6 300	0	0	0	6 300	0
地下水	4 526	267	0	0	0	0	5 817	1 024	9 177	6 234	53 290	0	0	0	68 701	0
中水	0	0	0	0	0	2 967	2 968	1	0	0	0	4 323	0	2 132	6 455	0
雨水	0	0	0	0	0	1 035	1 035	0	0	0	0	0	0	1 896	1 897	1
需水	4 526	267	8 014	6 072	964	5 504			9 177	6 235	100 686	20 098	1 877	4 029		
缺水率（%）	0.0	0.0	0.0	0.0	0.1	0.0			0.0	0.0	22.1	0.0	0.0	0.0		
分区	洛－1								洛－2							
黄河干流	0	0	216	17 670	3 423	1 291	22 600	0	0	0	0	8 614	2 886	0	11 500	0
南水北调	0	0	0	0	0	0	0	0	0	0	0	0	0	0	0	0
大型水库	0	0	0	1 340	0	0	5 123	3 783	0	0	0	36 518	0	0	36 518	0
地表水	0	0	6 217	0	0	0	6 217	0	0	0	29 356	0	0	0	29 356	0
地下水	8 546	75	0	0	0	0	31 624	23 003	8 451	9 309	24 740	380	0	0	53 671	10 791
中水	0	0	0	0	0	7 716	7 716	0	0	0	0	852	0	11 235	12 087	0
雨水	0	0	0	0	0	500	500	0	0	0	0	0	0	1 000	1 000	0
需水	8 547	75	6 434	19 011	3 423	9 507			8 451	9 309	54 096	46 365	2 886	12 235		
缺水率（%）	0.0	0.5	0.0	0.0	0.0	0.0			0.0	0.0	0.0	0.0	0.0	0.0		

注：1. 表中供需水数据是在原始数据基础上四舍五入得到的，而缺水率数据是根据原始数据计算得到的，下同。

2. "附表 15-1"中的数字"15"表示年份，即 2015 年，下同。

续附表 15-1

项目	城镇生活	农村生活	一产	二产	三产	生态环境	可供	余水	城镇生活	农村生活	一产	二产	三产	生态环境	可供	余水
分区	平－1								平－2							
黄河干流	0	0	0	0	0	0	0	0	0	0	0	0	0	0	0	0
南水北调	4 494	0	2 565	1 366	0	0	20 170	11 745	2 852	0	0	0	1 978	0	4 830	0
大型水库	0	0	0	13 870	0	0	13 870	0	0	0	753	19 238	0	0	19 991	0
地表水	0	0	1 814	0	0	0	1 815	1	0	0	29 144	0	0	0	29 145	1
地下水	0	333	123	0	0	0	456	0	7 115	5 403	4 353	0	0	0	16 871	0
中水	0	0	0	1 324	1 590	1 507	4 421	0	0	0	0	0	142	6 444	6 587	1
雨水	0	0	0	0	0	400	400	0	0	0	0	0	0	500	500	0
需水	4 494	333	4 503	16 560	1 590	1 907			9 968	5 403	57 083	28 440	2 120	6 944		
缺水率(%)	0.0	0.1	0.0	0.0	0.0	0.0			0.0	0.0	40.0	32.4	0.0	0.0		
分区	新－1								新－2							
黄河干流	0	0	0	0	0	0	0	0	0	0	74 497	27 137	2 066	0	103 700	0
南水北调	4 828	0	0	10 432	269	0	23 300	7 771	10 998	0	0	0	0	0	16 860	5 862
大型水库	0	0	0	0	0	0	0	0	0	0	0	0	0	0	0	0
地表水	0	0	1 383	0	0	0	1 383	0	0	0	21 943	0	0	0	21 943	0
地下水	0	244	4 483	0	0	0	11 735	7 008	0	6 447	8 973	0	0	0	74 611	59 191
中水	0	0	0	0	1 304	1 900	3 205	1	0	0	0	4 393	0	2 900	7 294	1
雨水	0	0	0	0	0	100	100	0	0	0	0	0	0	100	100	0
需水	4 829	245	5 867	10 433	1 574	2 000			10 999	6 448	105 413	31 531	2 067	3 000		
缺水率(%)	0.0	0.2	0.0	0.0	0.0	0.0			0.0	0.0	0.0	0.0	0.0	0.0		
分区	焦－1								焦－2							
黄河干流	0	0	0	0	0	0	0	0	0	0	0	21 422	2 078	0	23 500	0
南水北调	3 964	0	0	9 725	1 179	0	22 480	7 612	5 720	0	0	0	0	0	5 720	0
大型水库	0	0	0	0	0	0	0	0	0	0	0	6 280	0	0	6 280	0
地表水	0	0	2 215	0	0	219	2 434	0	0	0	15 717	0	0	0	15 717	0
地下水	0	354	1 083	0	0	0	16 600	15 163	1 366	3 177	50 357	0	0	0	54 900	0
中水	0	0	0	0	0	2 874	2 875	1	0	0	0	7 486	0	939	8 425	0
雨水	0	0	0	0	0	7	7	0	0	0	0	0	0	61	61	0
需水	3 964	355	3 298	9 726	1 179	3 100			7 087	3 177	71 397	42 039	2 079	1 000		
缺水率(%)	0.0	0.2	0.0	0.0	0.0	0.0			0.0	0.0	7.5	16.3	0.0	0.0		

续附表 15-1

项目	城镇生活	农村生活	一产	二产	三产	生态环境	可供	余水	城镇生活	农村生活	一产	二产	三产	生态环境	可供	余水
分区	许－1								许－2							
黄河干流	0	0	0	0	0	0	0	0	0	0	0	2 936	2 064	0	5 000	0
南水北调	3 895	0	0	0	0	0	5 000	1 105	8 375	0	0	9 225	0	0	17 600	0
大型水库	0	0	0	0	0	0	0	0	0	0	0	15 700	0	0	15 700	0
地表水	0	0	1 610	8 656	0	0	10 945	679	0	0	6 169	0	0	0	6 169	0
地下水	0	156	0	0	0	0	4 844	4 688	0	5 482	40 953	0	0	0	46 435	0
中水	0	0	0	188	537	1 950	2 675	0	0	0	0	8 339	0	950	9 290	1
雨水	0	0	0	0	0	50	50	0	0	0	0	0	0	50	50	0
需水	3 895	157	1 610	8 845	538	2 000			8 375	5 483	69 710	45 792	2 065	1 000		
缺水率(%)	0.0	0.3	0.0	0.0	0.1	0.0			0.0	0.0	32.4	20.9	0.0	0.0		
分区	漯－1								漯－2							
黄河干流	0	0	0	0	0	0	0	0	0	0	0	0	0	0	0	0
南水北调	5 026	0	527	1117	0	0	6 670	0	3 248	0	682	0	0	0	3 930	0
大型水库	0	0	0	5 356	0	0	5 356	0	0	0	563	6 953	0	0	7 516	0
地表水	0	0	1 657	0	0	0	1 657	0	0	0	3 081	0	0	0	3 082	1
地下水	0	978	9 806	0	0	0	10 784	0	0	1 598	9 441	0	0	0	11 040	1
中水	0	0	0	3 009	873	1 196	5 078	0	0	0	0	1 628	320	1 144	3 092	0
雨水	0	0	0	0	0	200	200	0	0	0	0	0	0	200	200	0
需水	5 026	979	23 978	19 156	874	1 397			3 249	1 599	22 944	14 782	321	1 345		
缺水率(%)	0.0	0.1	50.0	50.5	0.1	0.1			0.0	0.0	40.0	42.0	0.3	0.1		
分区	济源								城市群							
黄河干流	0	0	0	6 353	647	0	7 000	0	0	0	100 904	128 155	27 325	11 294	270 775	3 097
南水北调	0	0	0	0	0	0	0	0	88 259	0	3 774	48 706	3 426	0	178 260	34 095
大型水库	0	0	0	5 816	0	0	9 461	3 645	0	0	1 316	114 071	0	0	122 816	7 429
地表水	0	0	15 736	0	0	0	25 287	9 551	0	0	169 741	8 656	0	219	188 850	10 234
地下水	2 341	594	0	0	0	0	8 264	5 329	41 522	48 612	237 901	18 513	0	0	472 748	126 200
中水	0	0	0	3 536	0	253	3 790	1	0	0	0	37 982	4 766	82 281	125 037	8
雨水	0	0	0	0	0	197	197	0	0	0	0	0	0	7 832	7 834	2
需水	2 342	594	15 737	15 706	647	450			129 789	48 620	611 256	432 994	35 526	101 629		
缺水率(%)	0.0	0.1	0.0	0.0	0.1	0.0			0.0	0.0	16.0	17.8	0.0	0.0		

附表 15-2　均衡发展型 2015 年基本需水与黄河干流供水组合方案 1 配置成果　（单位：万 m^3）

项目	城镇生活	农村生活	一产	二产	三产	生态环境	可供	余水	城镇生活	农村生活	一产	二产	三产	生态环境	可供	余水
分区	郑－1								郑－2							
黄河干流	0	0	0	22 736	8 038	8 501	39 275	0	0	0	0	25 441	3 284	0	28 725	0
南水北调	24 246	0	0	7 024	0	0	31 270	0	10 613	0	0	9 817	0	0	20 430	0
大型水库	0	0	0	0	0	0	0	0	0	0	0	3 000	0	0	3 000	0
地表水	0	0	4 021	0	0	0	4 021	0	0	0	22 678	0	0	0	22 678	0
地下水	0	797	5 928	1 607	0	0	8 333	1	0	7 164	27 371	13 526	0	0	48 061	0
中水	0	0	0	0	0	18 686	18 686	0	0	0	0	2 904	0	17 488	20 392	0
雨水	0	0	0	0	0	524	524	0	0	0	0	0	0	1 012	1 012	0
需水	24 246	797	10 438	31 367	8 038	27 711			10 613	7 164	50 049	67 070	3 284	18 500		
缺水率(%)	0.0	0.0	4.7	0.0	0.0	0.0			0.0	0.0	0.0	18.5	0.0	0.0		
分区	开－1								开－2							
黄河干流	0	0	7 313	6 072	963	1 502	18 947	3 097	0	0	38 878	15 774	1 876	0	56 529	1
南水北调	0	0	0	0	0	0	0	0	0	0	0	0	0	0	0	0
大型水库	0	0	0	0	0	0	0	0	0	0	0	0	0	0	0	0
地表水	0	0	700	0	0	0	700	0	0	0	6 300	0	0	0	6 300	0
地下水	4 526	267	0	0	0	0	5 817	1 024	9 177	6 234	53 290	0	0	0	68 701	0
中水	0	0	0	0	0	2 967	2 968	1	0	0	0	4 323	0	2 132	6 455	0
雨水	0	0	0	0	0	1 035	1 035	0	0	0	0	0	0	1 896	1 897	1
需水	4 526	267	8 014	6 072	964	5 504			9 177	6 235	100 686	20 098	1 877	4 029		
缺水率(%)	0.0	0.0	0.0	0.0	0.1	0.0			0.0	0.0	2.2	0.0	0.0	0.0		
分区	洛－1								洛－2							
黄河干流	0	0	0	8 886	3 423	1 291	13 600	0	0	0	0	4 614	2 886	0	7 500	0
南水北调	0	0	0	0	0	0	0	0	0	0	0	0	0	0	0	0
大型水库	0	0	0	5 123	0	0	5 123	0	0	0	0	36 518	0	0	36 518	0
地表水	0	0	6 217	0	0	0	6 217	0	0	0	29 356	0	0	0	29 356	0
地下水	8 546	75	216	5 001	0	0	31 624	17 786	8 451	9 309	24 740	4 380	0	0	53 671	6 791
中水	0	0	0	0	0	7 716	7 716	0	0	0	0	852	0	11 235	12 087	0
雨水	0	0	0	0	0	500	500	0	0	0	0	0	0	1 000	1 000	0
需水	8 547	75	6 434	19 011	3 423	9 507			8 451	9 309	54 096	46 365	2 886	12 235		
缺水率(%)	0.0	0.5	0.0	0.0	0.0	0.0			0.0	0.0	0.0	0.0	0.0	0.0		

续附表 15-2

项目	城镇生活	农村生活	一产	二产	三产	生态环境	可供	余水	城镇生活	农村生活	一产	二产	三产	生态环境	可供	余水
分区	平－1								平－2							
黄河干流	0	0	0	0	0	0	0	0	0	0	0	0	0	0	0	0
南水北调	4 494	0	2 565	1 366	0	0	20 170	11 745	2 852	0	0	0	1 978	0	4 830	0
大型水库	0	0	0	13 870	0	0	13 870	0	0	0	753	19 238	0	0	19 991	0
地表水	0	0	1 814	0	0	0	1 815	1	0	0	29 144	0	0	0	29 145	1
地下水	0	333	123	0	0	0	456	0	7 115	5 403	4 353	0	0	0	16 871	0
中水	0	0	0	1 324	1 590	1 507	4 421	0	0	0	0	0	142	6 444	6 587	1
雨水	0	0	0	0	0	400	400	0	0	0	0	0	0	500	500	0
需水	4 494	333	4 503	16 560	1 590	1 907			9 968	5 403	57 083	28 440	2 120	6 944		
缺水率(%)	0.0	0.1	0.0	0.0	0.0	0.0			0.0	0.0	40.0	32.4	0.0	0.0		
分区	新－1								新－2							
黄河干流	0	0	0	0	0	0	0	0	0	0	44 497	27 137	2 066	0	73 700	0
南水北调	4 828	0	0	10 432	269	0	23 300	7 771	10 998	0	0	0	0	0	16 860	5 862
大型水库	0	0	0	0	0	0	0	0	0	0	0	0	0	0	0	0
地表水	0	0	1 383	0	0	0	1 383	0	0	0	21 943	0	0	0	21 943	0
地下水	0	244	4 483	0	0	0	11 735	7 008	0	6 447	38 973	0	0	0	74 611	29 191
中水	0	0	0	0	1 304	1 900	3 205	1	0	0	0	4 393	0	2 900	7 294	1
雨水	0	0	0	0	0	100	100	0	0	0	0	0	0	100	100	0
需水	4 829	245	5 867	10 433	1 574	2 000			10 999	6 448	105 413	31 531	2 067	3 000		
缺水率(%)	0.0	0.2	0.0	0.0	0.0	0.0			0.0	0.0	0.0	0.0	0.0	0.0		
分区	焦－1								焦－2							
黄河干流	0	0	0	0	0	0	0	0	0	0	0	21 422	2 078	0	23 500	0
南水北调	3 964	0	0	9 725	1 179	0	22 480	7 612	5 720	0	0	0	0	0	5 720	0
大型水库	0	0	0	0	0	0	0	0	0	0	0	6 280	0	0	6 280	0
地表水	0	0	2 215	0	0	219	2 434	0	0	0	15 717	0	0	0	15 717	0
地下水	0	354	1 083	0	0	0	16 600	15 163	1 366	3 177	50 357	0	0	0	54 900	0
中水	0	0	0	0	0	2 874	2 875	1	0	0	0	7 486	0	939	8 425	0
雨水	0	0	0	0	0	7	7	0	0	0	0	0	0	61	61	0
需水	3 964	355	3 298	9 726	1 179	3 100			7 087	3 177	71 397	42 039	2 079	1 000		
缺水率(%)	0.0	0.2	0.0	0.0	0.0	0.0			0.0	0.0	7.5	16.3	0.0	0.0		

续附表 15-2

项目	城镇生活	农村生活	一产	二产	三产	生态环境	可供	余水	城镇生活	农村生活	一产	二产	三产	生态环境	可供	余水
分区	许 - 1								许 - 2							
黄河干流	0	0	0	0	0	0	0	0	0	0	0	2 936	2 064	0	5 000	0
南水北调	3 895	0	0	0	0	0	5 000	1 105	8 375	0	0	9 225	0	0	17 600	0
大型水库	0	0	0	0	0	0	0	0	0	0	0	15 700	0	0	15 700	0
地表水	0	0	1 610	8 656	0	0	10 945	679	0	0	6 169	0	0	0	6 169	0
地下水	0	156	0	0	0	0	4 844	4 688	0	5 482	40 953	0	0	0	46 435	0
中水	0	0	0	188	537	1 950	2 675	0	0	0	0	8 339	0	950	9 290	1
雨水	0	0	0	0	0	50	50	0	0	0	0	0	0	50	50	0
需水	3 895	157	1 610	8 845	538	2 000			8 375	5 483	69 710	45 792	2 065	1 000		
缺水率(%)	0.0	0.3	0.0	0.0	0.1	0.0			0.0	0.0	32.4	20.9	0.0	0.0		
分区	漯 - 1								漯 - 2							
黄河干流	0	0	0	0	0	0	0	0	0	0	0	0	0	0	0	0
南水北调	5 026	0	527	1 117	0	0	6 670	0	3 248	0	682	0	0	0	3 930	0
大型水库	0	0	0	5 356	0	0	5 356	0	0	0	563	6 953	0	0	7 516	0
地表水	0	0	1 657	0	0	0	1 657	0	0	0	3 081	0	0	0	3 082	1
地下水	0	978	9 806	0	0	0	10 784	0	0	1 598	9 441	0	0	0	11 040	1
中水	0	0	0	3 009	873	1 196	5 078	0	0	0	0	1 628	320	1 144	3 092	0
雨水	0	0	0	0	0	200	200	0	0	0	0	0	0	200	200	0
需水	5 026	979	23 978	19 156	874	1 397			3 249	1 599	22 944	14 782	321	1 345		
缺水率(%)	0.0	0.1	50.0	50.5	0.1	0.1			0.0	0.0	40.0	42.0	0.3	0.1		
分区	济源								城市群							
黄河干流	0	0	0	3 353	647	0	4 000	0	0	0	90 688	138 371	27 325	11 294	270 775	3 097
南水北调	0	0	0	0	0	0	0	0	88 259	0	3 774	48 706	3 426	0	178 260	34 095
大型水库	0	0	0	8 816	0	0	9 461	645	0	0	1 316	120 854	0	0	122 816	646
地表水	0	0	15 736	0	0	0	25 287	9 551	0	0	169 741	8 656	0	219	188 850	10 234
地下水	2 341	594	0	0	0	0	8 264	5 329	41 522	48 612	271 117	24 514	0	0	472 748	86 983
中水	0	0	0	3 536	0	253	3 790	1	0	0	0	37 982	4 766	82 281	125 037	8
雨水	0	0	0	0	0	197	197	0	0	0	0	0	0	7 832	7 834	2
需水	2 342	594	15 737	15 706	647	450			129 789	48 619	611 255	432 994	35 526	101 628		
缺水率(%)	0.0	0.1	0.0	0.0	0.1	0.0			0.0	0.0	12.2	12.5	0.0	0.0		

附表 15-3　均衡发展型 2015 年基本需水与黄河干流 + 南水北调供水组合方案 2 配置成果　（单位：万 m^3）

项目	城镇生活	农村生活	一产	二产	三产	生态环境	可供	余水	城镇生活	农村生活	一产	二产	三产	生态环境	可供	余水
分区	郑－1								郑－2							
黄河干流	0	0	0	22 736	8 038	8 501	39 275	0	0	0	0	25 441	3 284	0	28 725	0
南水北调	24 246	0	0	7 024	0	0	31 270	0	10 613	0	0	19 817	0	0	30 430	0
大型水库	0	0	0	0	0	0	0	0	0	0	0	3 000	0	0	3 000	0
地表水	0	0	4 021	0	0	0	4 021	0	0	0	22 678	0	0	0	22 678	0
地下水	0	797	5 928	1 607	0	0	8 333	1	0	7 164	27 371	13 526	0	0	48 061	0
中水	0	0	0	0	0	18 686	18 686	0	0	0	0	2 904	0	17 488	20 392	0
雨水	0	0	0	0	0	524	524	0	0	0	0	0	0	1 012	1 012	0
需水	24 247	797	10 438	31 368	8 039	27 712			10 614	7 165	50 049	67 070	3 284	18 500		
缺水率(%)	0.0	0.0	4.7	0.0	0.0	0.0			0.0	0.0	0.0	3.6	0.0	0.0		
分区	开－1								开－2							
黄河干流	0	0	7 313	6 072	963	1 502	18 947	3 097	0	0	38 878	15 774	1 876	0	56 529	1
南水北调	0	0	0	0	0	0	0	0	0	0	0	0	0	0	0	0
大型水库	0	0	0	0	0	0	0	0	0	0	0	0	0	0	0	0
地表水	0	0	700	0	0	0	700	0	0	0	6 300	0	0	0	6 300	0
地下水	4 526	267	0	0	0	0	5 817	1 024	9 177	6 234	53 290	0	0	0	68 701	0
中水	0	0	0	0	0	2 967	2 968	1	0	0	0	4 323	0	2 132	6 455	0
雨水	0	0	0	0	0	1 035	1 035	0	0	0	0	0	0	1 896	1 897	1
需水	4 526	267	8 014	6 072	964	5 504			9 177	6 235	100 686	20 098	1 877	4 029		
缺水率(%)	0.0	0.0	0.0	0.0	0.1	0.0			0.0	0.0	2.2	0.0	0.0	0.0		
分区	洛－1								洛－2							
黄河干流	0	0	0	8 886	3 423	1 291	13 600	0	0	0	0	4 614	2 886	0	7 500	0
南水北调	0	0	0	0	0	0	0	0	0	0	0	0	0	0	0	0
大型水库	0	0	0	5 123	0	0	5 123	0	0	0	0	36 518	0	0	36 518	0
地表水	0	0	6 217	0	0	0	6 217	0	0	0	29 356	0	0	0	29 356	0
地下水	8 546	75	216	5 001	0	0	31 624	17 786	8 451	9 309	24 740	4 380	0	0	53 671	6 791
中水	0	0	0	0	0	7 716	7 716	0	0	0	0	852	0	11 235	12 087	0
雨水	0	0	0	0	0	500	500	0	0	0	0	0	0	1 000	1 000	0
需水	8 547	75	6 434	19 011	3 423	9 507			8 451	9 309	54 096	46 365	2 886	12 235		
缺水率(%)	0.0	0.5	0.0	0.0	0.0	0.0			0.0	0.0	0.0	0.0	0.0	0.0		

续附表 15-3

项目	城镇生活	农村生活	一产	二产	三产	生态环境	可供	余水	城镇生活	农村生活	一产	二产	三产	生态环境	可供	余水
分区	平 - 1								平 - 2							
黄河干流	0	0	0	0	0	0	0	0	0	0	0	0	0	0	0	0
南水北调	4 494	0	2 565	1 366	0	0	10 170	1 745	9 967	0	0	2 885	1 978	0	14 830	0
大型水库	0	0	0	13 870	0	0	13 870	0	0	0	0	19 991	0	0	19 991	0
地表水	0	0	1 814	0	0	0	1 815	1	0	0	29 144	0	0	0	29 145	1
地下水	0	333	123	0	0	0	456	0	0	5 403	11 468	0	0	0	16 871	0
中水	0	0	0	1 324	1 590	1 507	4 421	0	0	0	0	0	142	6 444	6 587	1
雨水	0	0	0	0	0	400	400	0	0	0	0	0	0	500	500	0
需水	4 494	333	4 503	16 560	1 590	1 907			9 968	5 403	57 083	28 440	2 120	6 944		
缺水率(%)	0.0	0.1	0.0	0.0	0.0	0.0			0.0	0.0	28.9	19.6	0.0	0.0		
分区	新 - 1								新 - 2							
黄河干流	0	0	0	0	0	0	0	0	0	0	44 497	27 137	2 066	0	73 700	0
南水北调	4 828	0	0	8 203	269	0	13 300	0	8 860	0	0	0	0	0	8 860	0
大型水库	0	0	0	0	0	0	0	0	0	0	0	0	0	0	0	0
地表水	0	0	1 383	0	0	0	1 383	0	0	0	21 943	0	0	0	21 943	0
地下水	0	244	4 483	2 229	0	0	11 735	4 779	2 138	6 447	38 973	0	0	0	74 611	27 053
中水	0	0	0	0	1 304	1 900	3 205	1	0	0	0	4 393	0	2 900	7 294	1
雨水	0	0	0	0	0	100	100	0	0	0	0	0	0	100	100	0
需水	4 829	245	5 867	10 433	1 574	2 000			10 999	6 448	105 413	31 531	2 067	3 000		65 055
缺水率(%)	0.0	0.2	0.0	0.0	0.0	0.0			0.0	0.0	0.0	0.0	0.0	0.0		
分区	焦 - 1								焦 - 2							
黄河干流	0	0	0	0	0	0	0	0	0	0	0	21 422	2 078	0	23 500	0
南水北调	3 964	0	0	2 337	1 179	0	7 480	0	5 720	0	0	0	0	0	5 720	0
大型水库	0	0	0	0	0	0	0	0	0	0	0	6 280	0	0	6 280	0
地表水	0	0	2 215	0	0	219	2 434	0	0	0	15 717	0	0	0	15 717	0
地下水	0	354	1 083	7 388	0	0	16 600	7 775	1 366	3 177	50 357	0	0	0	54 900	0
中水	0	0	0	0	0	2 874	2 875	1	0	0	0	7 486	0	939	8 425	0
雨水	0	0	0	0	0	7	7	0	0	0	0	0	0	61	61	0
需水	3 964	355	3 298	9 726	1 179	3 100			7 087	3 177	71 397	42 039	2 079	1 000		
缺水率(%)	0.0	0.2	0.0	0.0	0.0	0.0			0.0	0.0	7.5	16.3	0.0	0.0		

续附表 15-3

项目	城镇生活	农村生活	一产	二产	三产	生态环境	可供	余水	城镇生活	农村生活	一产	二产	三产	生态环境	可供	余水
分区	许 -1								许 -2							
黄河干流	0	0	0	0	0	0	0	0	0	0	0	2 936	2 064	0	5 000	0
南水北调	3 895	0	0	0	0	0	5 000	1 105	8 375	0	0	17 225	0	0	25 600	0
大型水库	0	0	0	0	0	0	0	0	0	0	0	15 700	0	0	15 700	0
地表水	0	0	1 610	8 656	0	0	10 945	679	0	0	6 169	0	0	0	6 169	0
地下水	0	156	0	0	0	0	4 844	4 688	0	5 482	40 953	0	0	0	46 435	0
中水	0	0	0	188	537	1 950	2 675	0	0	0	0	8 339	0	950	9 290	1
雨水	0	0	0	0	0	50	50	0	0	0	0	0	0	50	50	0
需水	3 895	157	1 610	8 845	538	2 000			8 375	5 483	69 710	45 792	2 065	1 000		
缺水率(%)	0.0	0.3	0.0	0.0	0.1	0.0			0.0	0.0	32.4	3.5	0.0	0.0		
分区	漯 -1								漯 -2							
黄河干流	0	0	0	0	0	0	0	0	0	0	0	0	0	0	0	0
南水北调	5 026	0	853	10 791	0	0	16 670	0	3 248	0	1 245	4 437	0	0	8 930	0
大型水库	0	0	0	5 356	0	0	5 356	0	0	0	0	7 516	0	0	7 516	0
地表水	0	0	1 657	0	0	0	1 657	0	0	0	3 081	0	0	0	3 082	1
地下水	0	978	9 806	0	0	0	10 784	0	0	1 598	9 441	0	0	0	11 040	1
中水	0	0	0	3 009	873	1 196	5 078	0	0	0	0	1 628	320	1 144	3 092	0
雨水	0	0	0	0	0	200	200	0	0	0	0	0	0	200	200	0
需水	5 026	979	23 978	19 156	874	1 397			3 249	1 599	22 944	14 782	321	1 345		
缺水率(%)	0.0	0.1	48.6	0.0	0.1	0.1			0.0	0.0	40.0	8.1	0.3	0.1		
分区	济源								城市群							
黄河干流	0	0	0	3 353	647	0	4 000	0	0	0	90 688	138 371	27 325	11 294	270 775	3 097
南水北调	0	0	0	0	0	0	0	0	93 236	0	4 663	74 085	3 426	0	178 260	2 850
大型水库	0	0	0	8 816	0	0	9 461	645	0	0	0	122 170	0	0	122 816	646
地表水	0	0	15 736	0	0	0	25 287	9 551	0	0	169 741	8 656	0	219	188 850	10 234
地下水	2 341	594	0	0	0	0	8 264	5 329	36 545	48 612	278 232	34 131	0	0	472 748	75 228
中水	0	0	0	3 536	0	253	3 790	1	0	0	0	37 982	4 766	82 281	125 037	8
雨水	0	0	0	0	0	197	197	0	0	0	0	0	0	7 832	7 834	2
需水	2342	594	15 737	15 706	647	450			129 789	48 619	611 255	432 994	35 526	101 628		
缺水率(%)	0.0	0.1	0.0	0.0	0.1	0.0			0.0	0.0	11.1	4.1	0.0	0.0		

附表 15-4　均衡发展型 2015 年基本需水与黄河干流 + 南水北调 + 大型水库供水组合方案 3 配置成果　（单位：万 m^3）

项目	城镇生活	农村生活	一产	二产	三产	生态环境	可供	余水	城镇生活	农村生活	一产	二产	三产	生态环境	可供	余水
分区	郑 - 1								郑 - 2							
黄河干流	0	0	0	22 736	8 038	8 501	39 275	0	0	0	0	25 441	3 284	0	28 725	0
南水北调	24 246	0	0	7 024	0	0	31 270	0	10 613	0	0	19 817	0	0	30 430	0
大型水库	0	0	0	0	0	0	0	0	0	0	0	3 000	0	0	3 000	0
地表水	0	0	4 021	0	0	0	4 021	0	0	0	22 678	0	0	0	22 678	0
地下水	0	797	5 928	1 607	0	0	8 333	1	0	7 164	27 371	13 526	0	0	48 061	0
中水	0	0	0	0	0	18 686	18 686	0	0	0	0	2 904	0	17 488	20 392	0
雨水	0	0	0	0	0	524	524	0	0	0	0	0	0	1 012	1 012	0
需水	24 247	797	10 438	31 368	8 039	27 712			10 614	7 165	50 049	67 070	3 284	18 500		
缺水率(%)	0.0	0.0	4.7	0.0	0.0	0.0			0.0	0.0	0.0	3.6	0.0	0.0		
分区	开 - 1								开 - 2							
黄河干流	0	0	7 313	6 072	963	1 502	18 947	3 097	0	0	38 878	15 774	1 876	0	56 529	1
南水北调	0	0	0	0	0	0	0	0	0	0	0	0	0	0	0	0
大型水库	0	0	0	0	0	0	0	0	0	0	0	0	0	0	0	0
地表水	0	0	700	0	0	0	700	0	0	0	6 300	0	0	0	6 300	0
地下水	4 526	267	0	0	0	0	5 817	1 024	9 177	6 234	53 290	0	0	0	68 701	0
中水	0	0	0	0	0	2 967	2 968	1	0	0	0	4 323	0	2 132	6 455	0
雨水	0	0	0	0	0	1 035	1 035	0	0	0	0	0	0	1 896	1 897	1
需水	4 526	267	8 014	6 072	964	5 504			9 177	6 235	100 686	20 098	1 877	4 029		
缺水率(%)	0.0	0.0	0.0	0.0	0.1	0.0			0.0	0.0	2.2	0.0	0.0	0.0		
分区	洛 - 1								洛 - 2							
黄河干流	0	0	0	8 886	3 423	1 291	13 600	0	0	0	0	4 614	2 886	0	7 500	0
南水北调	0	0	0	0	0	0	0	0	0	0	0	0	0	0	0	0
大型水库	0	0	0	5 123	0	0	5 123	0	0	0	0	31 518	0	0	31 518	0
地表水	0	0	6 217	0	0	0	6 217	0	0	0	29 356	0	0	0	29 356	0
地下水	8 546	75	216	5 001	0	0	31 624	17 786	8 451	9 309	24 740	9 380	0	0	53 671	1 791
中水	0	0	0	0	0	7 716	7 716	0	0	0	0	852	0	11 235	12 087	0
雨水	0	0	0	0	0	500	500	0	0	0	0	0	0	1 000	1 000	0
需水	8 547	75	6 434	19 011	3 423	9 507			8 451	9 309	54 096	46 365	2 886	12 235		
缺水率(%)	0.0	0.5	0.0	0.0	0.0	0.0			0.0	0.0	0.0	0.0	0.0	0.0		

续附表 15-4

项目	城镇生活	农村生活	一产	二产	三产	生态环境	可供	余水	城镇生活	农村生活	一产	二产	三产	生态环境	可供	余水
分区	平-1								平-2							
黄河干流	0	0	0	0	0	0	0	0	0	0	0	0	0	0	0	0
南水北调	4 494	0	2 565	1 366	0	0	10 170	1 745	9 967	0	0	2 885	1 978	0	14 830	0
大型水库	0	0	0	13 870	0	0	13 870	0	0	0	0	24 991	0	0	24 991	0
地表水	0	0	1 814	0	0	0	1 815	1	0	0	29 144	0	0	0	29 145	1
地下水	0	333	123	0	0	0	456	0	0	5 403	11 468	0	0	0	16 871	0
中水	0	0	0	1 324	1 590	1 507	4 421	0	0	0	0	0	142	6 444	6 587	1
雨水	0	0	0	0	0	400	400	0	0	0	0	0	0	500	500	0
需水	4 494	333	4 503	16 560	1 590	1 907			9 968	5 403	57 083	28 440	2 120	6 944		
缺水率(%)	0.0	0.1	0.0	0.0	0.0	0.0			0.0	0.0	28.9	2.0	0.0	0.0		
分区	新-1								新-2							
黄河干流	0	0	0	0	0	0	0	0	0	0	44 497	27 137	2 066	0	73 700	0
南水北调	4 828	0	0	8 203	269	0	13 300	10 000	0	0	0	0	0	0	8 860	0
大型水库	0	0	0	0	0	0	0	0	0	0	0	0	0	0	0	0
地表水	0	0	1 383	0	0	0	1 383	0	0	0	21 943	0	0	0	21 943	0
地下水	0	244	4 483	2 229	0	0	11 735	4 779	2 138	6 447	38 973	0	0	0	74 611	27 053
中水	0	0	0	0	1 304	1 900	3 205	1	0	0	0	4 393	0	2 900	7 294	1
雨水	0	0	0	0	0	100	100	0	0	0	0	0	0	100	100	0
需水	4 829	245	5 867	10 433	1 574	2 000			10 999	6 448	105 413	31 531	2 067	3 000		
缺水率(%)	0.0	0.2	0.0	0.0	0.0	0.0			0.0	0.0	0.0	0.0	0.0	0.0		
分区	焦-1								焦-2							
黄河干流	0	0	0	0	0	0	0	0	0	0	0	21 422	2 078	0	23 500	0
南水北调	3 964	0	0	2 337	1 179	0	7 480	0	5 720	0	0	0	0	0	5 720	0
大型水库	0	0	0	0	0	0	0	0	0	0	0	7 280	0	0	7 280	0
地表水	0	0	2 215	0	0	219	2 434	0	0	0	15 717	0	0	0	15 717	0
地下水	0	354	1 083	7 388	0	0	16 600	7 775	1 366	3 177	50 357	0	0	0	54 900	0
中水	0	0	0	0	0	2 874	2 875	1	0	0	0	7 486	0	939	8 425	0
雨水	0	0	0	0	0	7	7	0	0	0	0	0	0	61	61	0
需水	3 964	355	3 298	9 726	1 179	3 100			7 087	3 177	71 397	42 039	2 079	1 000		
缺水率(%)	0.0	0.2	0.0	0.0	0.0	0.0			0.0	0.0	7.5	13.9	0.0	0.0		

续附表 15-4

项目	城镇生活	农村生活	一产	二产	三产	生态环境	可供	余水	城镇生活	农村生活	一产	二产	三产	生态环境	可供	余水
分区	许－1								许－2							
黄河干流	0	0	0	0	0	0	0	0	0	0	0	2 936	2 064	0	5 000	0
南水北调	3 895	0	0	0	0	0	5 000	1 105	8 375	0	0	17 225	0	0	25 600	0
大型水库	0	0	0	0	0	0	0	0	0	0	0	15 700	0	0	15 700	0
地表水	0	0	1 610	8 656	0	0	10 945	679	0	0	6 169	0	0	0	6 169	0
地下水	0	156	0	0	0	0	4 844	4 688	0	5 482	40 953	0	0	0	46 435	0
中水	0	0	0	188	537	1 950	2 675	0	0	0	0	8 339	0	950	9 290	1
雨水	0	0	0	0	0	50	50	0	0	0	0	0	0	50	50	0
需水	3 895	157	1 610	8 845	538	2 000			8 375	5 483	69 710	45 792	2 065	1 000		
缺水率(%)	0.0	0.3	0.0	0.0	0.1	0.0			0.0	0.0	32.4	3.5	0.0	0.0		
分区	漯－1								漯－2							
黄河干流	0	0	0	0	0	0	0	0	0	0	0	0	0	0	0	0
南水北调	5 026	0	853	10 791	0	0	16 670	0	3 248	0	1 245	4 437	0	0	8 930	0
大型水库	0	0	0	5 356	0	0	5 356	0	0	0	0	7 516	0	0	7 516	0
地表水	0	0	1 657	0	0	0	1 657	0	0	0	3 081	0	0	0	3 082	1
地下水	0	978	9 806	0	0	0	10 784	0	0	1 598	9 441	0	0	0	11 040	1
中水	0	0	0	3 009	873	1 196	5 078	0	0	0	0	1 628	320	1 144	3 092	0
雨水	0	0	0	0	0	200	200	0	0	0	0	0	0	200	200	0
需水	5 026	979	23 978	19 156	874	1 397			3 249	1 599	22 944	14 782	321	1 345		
缺水率(%)	0.0	0.1	48.6	0.0	0.1	0.1			0.0	0.0	40.0	8.1	0.3	0.1		
分区	济源								城市群							
黄河干流	0	0	0	3 353	647	0	4 000	0	0	0	90 688	138 371	27 325	11 294	270 775	3 097
南水北调	0	0	0	0	0	0	0	0	93 236	0	4 663	74 085	3 426	0	178 260	2 850
大型水库	0	0	0	8 460	0	0	9 461	1 001	0	0	0	122 814	0	0	122 816	2
地表水	0	0	15 736	356	0	0	25 287	9 195	0	0	169 741	9 012	0	219	188 850	9 878
地下水	2 341	594	0	0	0	0	8 264	5 329	36 545	48 612	278 232	39 131	0	0	472 748	70 228
中水	0	0	0	3 536	0	253	3 790	1	0	0	0	37 982	4 766	82 281	125 037	8
雨水	0	0	0	0	0	197	197	0	0	0	0	0	0	7 832	7 834	2
需水	2 342	594	15 737	15 706	647	450			129 789	48 619	611 255	432 994	35 526	101 628		
缺水率(%)	0.0	0.1	0.0	0.0	0.1	0.0			0.0	0.0	11.1	2.7	0.0	0.0		

附表 15-5　均衡发展型 2015 年产业结构调整方案一需水与基本供水组合方案 4 配置成果　（单位：万 m^3）

项目	城镇生活	农村生活	一产	二产	三产	生态环境	可供	余水	城镇生活	农村生活	一产	二产	三产	生态环境	可供	余水
分区	郑－1								郑－2							
黄河干流	0	0	0	16 922	10 852	8 501	36 275	0	0	0	0	1 292	4 433	0	5 725	0
南水北调	24 246	0	0	7 024	0	0	31 270	0	10 613	0	0	9 817	0	0	20 430	0
大型水库	0	0	0	0	0	0	0	0	0	0	0	3 000	0	0	3 000	0
地表水	0	0	4 021	0	0	0	4 021	0	0	0	22 678	0	0	0	22 678	0
地下水	0	797	1 199	6 336	0	0	8 333	1	0	7 164	27 371	13 526	0	0	48 061	0
中水	0	0	0	0	0	18 686	18 686	0	0	0	0	2 904	0	17 488	20 392	0
雨水	0	0	0	0	0	524	524	0	0	0	0	0	0	1 012	1 012	0
需水	24 247	797	10 438	31 368	10 852	27 712			10 614	7 165	50 050	67 070	4 434	18 500		
缺水率(%)	0.0	0.0	50.0	3.5	0.0	0.0			0.0	0.0	0.0	54.5	0.0	0.0		
分区	开－1								开－2							
黄河干流	0	0	7 313	6 072	1 301	1 502	18 947	2 759	0	0	18 221	15 774	2 533	0	36 529	1
南水北调	0	0	0	0	0	0	0	0	0	0	0	0	0	0	0	0
大型水库	0	0	0	0	0	0	0	0	0	0	0	0	0	0	0	0
地表水	0	0	700	0	0	0	700	0	0	0	6 300	0	0	0	6 300	0
地下水	4 526	267	0	0	0	0	5 817	1 024	9 177	6 234	53 290	0	0	0	68 701	0
中水	0	0	0	0	0	2 967	2 968	1	0	0	0	4 323	0	2 132	6 455	0
雨水	0	0	0	0	0	1 035	1 035	0	0	0	0	0	0	1 896	1 897	1
需水	4 526	267	8 014	6 072	1 301	5 504			9 177	6 235	100 686	20 098	2 534	4 029		
缺水率(%)	0.0	0.0	0.0	0.0	0.0	0.0			0.0	0.0	22.7	0.0	0.0	0.0		
分区	洛－1								洛－2							
黄河干流	0	0	216	16 472	4 621	1 291	22 600	0	0	0	0	7 604	3 896	0	11 500	0
南水北调	0	0	0	0	0	0	0	0	0	0	0	0	0	0	0	0
大型水库	0	0	0	2 538	0	0	5 123	2 585	0	0	0	36 518	0	0	36 518	0
地表水	0	0	6 217	0	0	0	6 217	0	0	0	29 356	0	0	0	29 356	0
地下水	8 546	75	0	0	0	0	31 624	23 003	8 451	9 309	24 740	1 390	0	0	53 671	9 781
中水	0	0	0	0	0	7 716	7 716	0	0	0	0	852	0	11 235	12 087	0
雨水	0	0	0	0	0	500	500	0	0	0	0	0	0	1 000	1 000	0
需水	8 547	75	6 434	19 011	4 622	9 507			8 451	9 309	54 096	46 365	3 896	12 235		
缺水率(%)	0.0	0.5	0.0	0.0	0.0	0.0			0.0	0.0	0.0	0.0	0.0	0.0		

续附表 15-5

项目	城镇生活	农村生活	一产	二产	三产	生态环境	可供	余水	城镇生活	农村生活	一产	二产	三产	生态环境	可供	余水
分区	平－1								平－2							
黄河干流	0	0	0	0	0	0	0	0	0	0	0	0	0	0	0	0
南水北调	4 494	0	2 565	1 922	0	0	20 170	11 189	2 110	0	0	0	2 720	0	4 830	0
大型水库	0	0	0	13 870	0	0	13 870	0	0	0	1 495	18 496	0	0	19 991	0
地表水	0	0	1 814	0	0	0	1 815	1	0	0	29 144	0	0	0	29 145	1
地下水	0	333	123	0	0	0	456	0	7 857	5 403	3 611	0	0	0	16 871	0
中水	0	0	0	768	2 146	1 507	4 421	0	0	0	0	0	142	6 444	6 587	1
雨水	0	0	0	0	0	400	400	0	0	0	0	0	0	500	500	0
需水	4 494	333	4 503	16 560	2 147	1 907			9 968	5 403	57 083	28 440	2 862	6 944		
缺水率(%)	0.0	0.1	0.0	0.0	0.0	0.0			0.0	0.0	40.0	35.0	0.0	0.0		
分区	新－1								新－2							
黄河干流	0	0	0	0	0	0	0	0	0	0	73 773	27 137	2 790	0	103 700	0
南水北调	4 828	0	0	10 432	820	0	23 300	7 220	10 998	0	0	0	0	0	16 860	5 862
大型水库	0	0	0	0	0	0	0	0	0	0	0	0	0	0	0	0
地表水	0	0	1 383	0	0	0	1 383	0	0	0	21 943	0	0	0	21 943	0
地下水	0	244	4 483	0	0	0	11 735	7 008	0	6 447	9 697	0	0	0	74 611	58 467
中水	0	0	0	0	1 304	1 900	3 205	1	0	0	0	4 393	0	2 900	7 294	1
雨水	0	0	0	0	0	100	100	0	0	0	0	0	0	100	100	0
需水	4 829	245	5 867	10 433	2 125	2 000			10 999	6 448	105 413	31 531	2 790	3 000		
缺水率(%)	0.0	0.2	0.0	0.0	0	0.0			0.0	0.0	0.0	0.0	0.0	0.0		
分区	焦－1								焦－2							
黄河干流	0	0	0	0	0	0	0	0	0	0	0	20 694	2 806	0	23 500	0
南水北调	3 964	0	0	9 725	1591	0	22 480	7 200	5 720	0	0	0	0	0	5 720	0
大型水库	0	0	0	0	0	0	0	0	0	0	0	6 280	0	0	6 280	0
地表水	0	0	2 215	0	0	219	2 434	0	0	0	15 717	0	0	0	15 717	0
地下水	0	354	1 083	0	0	0	16 600	15 163	1 366	3 177	50 357	0	0	0	54 900	0
中水	0	0	0	0	0	2 874	2 875	1	0	0	0	7 486	0	939	8 425	0
雨水	0	0	0	0	0	7	7	0	0	0	0	0	0	61	61	0
需水	3 964	355	3 298	9 726	1 592	3 100			7 087	3 177	71 397	42 039	2 806	1 000		
缺水率(%)	0.0	0.2	0.0	0.0	0.1	0.0			0.0	0.0	7.5	18.0	0.0	0.0		

续附表 15-5

项目	城镇生活	农村生活	一产	二产	三产	生态环境	可供	余水	城镇生活	农村生活	一产	二产	三产	生态环境	可供	余水
分区	许 -1								许 -2							
黄河干流	0	0	0	0	0	0	0	0	0	0	0	2 213	2 787	0	5 000	0
南水北调	3 895	0	0	0	0	0	5 000	1 105	8 375	0	0	9 225	0	0	17 600	0
大型水库	0	0	0	0	0	0	0	0	0	0	0	15 700	0	0	15 700	0
地表水	0	0	1 610	8 844	0	0	10 945	491	0	0	6 169	0	0	0	6 169	0
地下水	0	156	0	0	0	0	4 844	4 688	0	5 482	40 953	0	0	0	46 435	0
中水	0	0	0	0	725	1 950	2 675	0	0	0	0	8 339	0	950	9 290	1
雨水	0	0	0	0	0	50	50	0	0	0	0	0	0	50	50	0
需水	3 895	157	1 610	8 845	726	2 000			8 375	5 483	69 710	45 792	2 787	1 000		
缺水率(%)	0.0	0.3	0.0	0.0	0.1	0.0			0.0	0.0	32.4	22.5	0.0	0.0		
分区	漯 -1								漯 -2							
黄河干流	0	0	0	0	0	0	0	0	0	0	0	0	0	0	0	0
南水北调	5 026	0	527	1 117	0	0	6 670	0	3 248	0	682	0	0	0	3 930	0
大型水库	0	0	0	5 356	0	0	5 356	0	0	0	563	6 953	0	0	7 516	0
地表水	0	0	1 657	0	0	0	1 657	0	0	0	3 081	0	0	0	3 082	1
地下水	0	978	9 806	0	0	0	10 784	0	0	1 598	9 441	0	0	0	11 040	1
中水	0	0	0	2 703	1 179	1 196	5 078	0	0	0	0	1 515	433	1 144	3 092	0
雨水	0	0	0	0	0	200	200	0	0	0	0	0	0	200	200	0
需水	5 026	979	23 978	19 156	1 180	1 397			3 249	1 599	22 944	14 782	433	1 345		
缺水率(%)	0.0	0.1	50.0	52.1	0.0	0.1			0.0	0.0	40.0	42.7	0.0	0.1		
分区	济源								城市群							
黄河干流	0	0	0	6 126	874	0	7 000	0	0	0	99 523	120 306	36 893	11 294	270 775	2 759
南水北调	0	0	0	0	0	0	0	0	87 517	0	3 774	49 262	5 131	0	178 260	32 576
大型水库	0	0	0	6 043	0	0	9 461	3 418	0	0	2 058	114 754	0	0	122 816	6 004
地表水	0	0	15 736	0	0	0	25 287	9 551	0	0	169 741	8 844	0	219	188 850	10 046
地下水	2 341	594	0	0	0	0	8 264	5 329	42 264	48 612	236 154	21 252	0	0	472 748	124 466
中水	0	0	0	3 536	0	253	3 790	1	0	0	0	36 819	5 929	82 281	125 037	8
雨水	0	0	0	0	0	197	197	0	0	0	0	0	0	7 832	7 834	2
需水	2 342	594	15 737	15 706	874	450			129 789	48 619	611 255	432 994	47 960	101 628		
缺水率(%)	0.0	0.1	0.0	0.0	0.0	0.0			0.0	0.0	16.4	18.9	0.0	0.0		

附表 15-6 均衡发展型 2015 年产业结构调整方案二需水与基本供水组合方案 5 配置成果 （单位：万 m^3）

项目	城镇生活	农村生活	一产	二产	三产	生态环境	可供	余水	城镇生活	农村生活	一产	二产	三产	生态环境	可供	余水
分区	郑-1								郑-2							
黄河干流	0	0	0	18 932	8 842	8 501	36 275	0	0	0	0	2 113	3 612	0	5 725	0
南水北调	24 246	0	0	7 024	0	0	31 270	0	10 613	0	0	9 817	0	0	20 430	0
大型水库	0	0	0	0	0	0	0	0	0	0	0	3 000	0	0	3 000	0
地表水	0	0	4 021	0	0	0	4 021	0	0	0	22 678	0	0	0	22 678	0
地下水	0	797	1 199	6 336	0	0	8 333	1	0	7 164	27 371	13 526	0	0	48 061	0
中水	0	0	0	0	0	18 686	18 686	0	0	0	0	2 904	0	17 488	20 392	0
雨水	0	0	0	0	0	524	524	0	0	0	0	0	0	1 012	1 012	0
需水	24 246	797	10 438	34 504	8 842	27 711			10 613	7 164	50 049	73 777	3 612	18 500		
缺水率(%)	0.0	0.0	50.0	6.4	0.0	0.0			0.0	0.0	0.0	57.5	0.0	0.0		
分区	开-1								开-2							
黄河干流	0	0	7 313	6 679	1 060	1 502	18 947	2 393	0	0	16 680	17 784	2 064	0	36 529	1
南水北调	0	0	0	0	0	0	0	0	0	0	0	0	0	0	0	0
大型水库	0	0	0	0	0	0	0	0	0	0	0	0	0	0	0	0
地表水	0	0	700	0	0	0	700	0	0	0	6 300	0	0	0	6 300	0
地下水	4 526	267	0	0	0	0	5 817	1 024	9 177	6 234	53 290	0	0	0	68 701	0
中水	0	0	0	0	0	2 967	2 968	1	0	0	0	4 323	0	2 132	6 455	0
雨水	0	0	0	0	0	1 035	1 035	0	0	0	0	0	0	1 896	1 897	1
需水	4 526	267	8 014	6 680	1 060	5 504			9 177	6 235	100 686	22 108	2 065	4 029		
缺水率(%)	0.0	0.0	0.0	0.0	0.0	0.0			0.0	0.0	24.3	0.0	0.0	0.0		
分区	洛-1								洛-2							
黄河干流	0	0	216	17 328	3 765	1 291	22 600	0	0	0	0	8 326	3 174	0	11 500	0
南水北调	0	0	0	0	0	0	0	0	0	0	0	0	0	0	0	0
大型水库	0	0	0	3 583	0	0	5 123	1 540	0	0	0	36 518	0	0	36 518	0
地表水	0	0	6 217	0	0	0	6 217	0	0	0	29 356	0	0	0	29 356	0
地下水	8 546	75	0	0	0	0	31 624	23 003	8 451	9 309	24 740	5 305	0	0	53 671	5 866
中水	0	0	0	0	0	7 716	7 716	0	0	0	0	852	0	11 235	12 087	0
雨水	0	0	0	0	0	500	500	0	0	0	0	0	0	1 000	1 000	0
需水	8 547	75	6 434	20 912	3 766	9 507			8 451	9 309	54 096	51 001	3 175	12 235		
缺水率(%)	0.0	0.5	0.0	0.0	0.0	0.0			0.0	0.0	0.0	0.0	0.0	0.0		

续附表 15-6

项目	城镇生活	农村生活	一产	二产	三产	生态环境	可供	余水	城镇生活	农村生活	一产	二产	三产	生态环境	可供	余水
分区	平 - 1								平 - 2							
黄河干流	0	0	0	0	0	0	0	0	0	0	0	0	0	0	0	0
南水北调	4 494	0	2 565	3 181	0	0	20 170	9 930	2 640	0	0	0	2 190	0	4 830	0
大型水库	0	0	0	13 870	0	0	13 870	0	0	0	965	19 026	0	0	19 991	0
地表水	0	0	1 814	0	0	0	1 815	1	0	0	29 144	0	0	0	29 145	1
地下水	0	333	123	0	0	0	456	0	7 327	5 403	4 141	0	0	0	16 871	0
中水	0	0	0	1 165	1 749	1 507	4 421	0	0	0	0	0	142	6 444	6 587	1
雨水	0	0	0	0	0	400	400	0	0	0	0	0	0	500	500	0
需水	4 494	333	4 503	18 216	1 749	1 907			9 968	5 403	57 083	31 284	2 332	6 944		
缺水率(%)	0.0	0.1	0.0	0.0	0.0	0.0			0.0	0.0	40.0	39.2	0.0	0.0		
分区	新 - 1								新 - 2							
黄河干流	0	0	0	0	0	0	0	0	0	0	71 137	30 290	2 273	0	103 700	0
南水北调	4 828	0	0	11 476	427	0	23 300	6 569	10 998	0	0	0	0	0	16 860	5 862
大型水库	0	0	0	0	0	0	0	0	0	0	0	0	0	0	0	0
地表水	0	0	1 383	0	0	0	1 383	0	0	0	21 943	0	0	0	21 943	0
地下水	0	244	4 483	0	0	0	11 735	7 008	0	6 447	12 333	0	0	0	74 611	55 831
中水	0	0	0	0	1 304	1 900	3 205	1	0	0	0	4 393	0	2 900	7 294	1
雨水	0	0	0	0	0	100	100	0	0	0	0	0	0	100	100	0
需水	4 829	245	5 867	11 476	1 731	2 000			10 999	6 448	105 413	34 684	2 274	3 000		
缺水率(%)	0.0	0.2	0.0	0.0	0.0	0.0			0.0	0.0	0.0	0.0	0.0	0.0		
分区	焦 - 1								焦 - 2							
黄河干流	0	0	0	0	0	0	0	0	0	0	0	21 214	2 286	0	23 500	0
南水北调	3 964	0	0	10 698	1 297	0	22 480	6 521	5 720	0	0	0	0	0	5 720	0
大型水库	0	0	0	0	0	0	0	0	0	0	0	6 280	0	0	6 280	0
地表水	0	0	2 215	0	0	219	2 434	0	0	0	15 717	0	0	0	15 717	0
地下水	0	354	1 083	0	0	0	16 600	15 163	1 366	3 177	50 357	0	0	0	54 900	0
中水	0	0	0	0	0	2 874	2 875	1	0	0	0	7 486	0	939	8 425	0
雨水	0	0	0	0	0	7	7	0	0	0	0	0	0	61	61	0
需水	3 964	355	3 298	10 698	1 297	3 100			7 087	3 177	71 397	46 243	2 287	1 000		
缺水率(%)	0.0	0.2	0.0	0.0	0.0	0.0			0.0	0.0	7.5	24.4	0.0	0.0		

续附表 15-6

项目	城镇生活	农村生活	一产	二产	三产	生态环境	可供	余水	城镇生活	农村生活	一产	二产	三产	生态环境	可供	余水
分区	许 -1								许 -2							
黄河干流	0	0	0	0	0	0	0	0	0	0	0	2 729	2 271	0	5 000	0
南水北调	3 895	0	0	260	0	0	5 000	845	8 375	0	0	9 225	0	0	17 600	0
大型水库	0	0	0	0	0	0	0	0	0	0	0	15 700	0	0	15 700	0
地表水	0	0	1 610	9 335	0	0	10 945	0	0	0	6 169	0	0	0	6 169	0
地下水	0	156	0	0	0	0	4 844	4 688	0	5 482	40 953	0	0	0	4 6435	0
中水	0	0	0	134	591	1 950	2 675	0	0	0	0	8 339	0	950	9 290	1
雨水	0	0	0	0	0	50	50	0	0	0	0	0	0	50	50	0
需水	3 895	157	1 610	9 729	591	2 000			8 375	5 483	69 710	50 371	2 271	1 000		
缺水率(%)	0.0	0.3	0.0	0.0	0.1	0.0			0.0	0.0	32.4	28.5	0.0	0.0		
分区	漯 -1								漯 -2							
黄河干流	0	0	0	0	0	0	0	0	0	0	0	0	0	0	0	0
南水北调	5 026	0	527	1 117	0	0	6 670	0	3 248	0	682	0	0	0	3 930	0
大型水库	0	0	0	5 356	0	0	5 356	0	0	0	563	6 953	0	0	7 516	0
地表水	0	0	1 657	0	0	0	1 657	0	0	0	3 081	0	0	0	3 082	1
地下水	0	978	9 806	0	0	0	10 784	0	0	1 598	9 441	0	0	0	11 040	1
中水	0	0	0	2 921	961	1 196	5 078	0	0	0	0	1 596	352	1 144	3 092	0
雨水	0	0	0	0	0	200	200	0	0	0	0	0	0	200	200	0
需水	5 026	979	23 978	21 072	961	1 397			3 249	1 599	22 944	16 261	353	1 345		
缺水率(%)	0.0	0.1	50.0	55.4	0.0	0.1			0.0	0.0	40.0	47.4	0.3	0.1		
分区	济源								城市群							
黄河干流	0	0	0	6 288	712	0	7 000	0	0	0	95 346	131 683	30 059	11 294	270 775	2 393
南水北调	0	0	0	0	0	0	0	0	88 047	0	3 774	52 798	3 914	0	178 260	29 727
大型水库	0	0	0	7 452	0	0	9 461	2 009	0	0	1 528	117 738	0	0	122 816	3 550
地表水	0	0	15 736	0	0	0	25 287	9 551	0	0	169 741	9 335	0	219	188 850	9 555
地下水	2 341	594	0	0	0	0	8 264	5 329	41 734	48 612	239 320	25 167	0	0	472 748	117 915
中水	0	0	0	3 536	0	253	3 790	1	0	0	0	37 649	5 099	82 281	125 037	8
雨水	0	0	0	0	0	197	197	0	0	0	0	0	0	7 832	7 834	2
需水	2 342	594	15 737	17 276	712	450			129 789	48 619	611 255	476 293	39 078	101 628		
缺水率(%)	0.0	0.1	0.0	0.0	0.0	0.0			0.0	0.0	16.6	21.4	0.0	0.0		

附表 15-7 均衡发展型 2015 年强化节水与基本需水组合方案 6 配置成果 （单位：万 m^3）

项目	城镇生活	农村生活	一产	二产	三产	生态环境	可供	余水	城镇生活	农村生活	一产	二产	三产	生态环境	可供	余水
分区	郑－1								郑－2							
黄河干流	0	0	0	20 078	7 696	8 501	36 275	0	0	0	0	2 581	3 144	0	5 725	0
南水北调	23 805	0	0	7 465	0	0	31 270	0	10 467	0	0	9 963	0	0	20 430	0
大型水库	0	0	0	0	0	0	0	0	0	0	0	3 000	0	0	3 000	0
地表水	0	0	4 021	0	0	0	4 021	0	0	0	22 678	0	0	0	22 678	0
地下水	0	797	6 165	1 370	0	0	8 333	1	0	7 164	7 054	33 843	0	0	48 061	0
中水	0	0	0	0	0	18 686	18 686	0	0	0	0	2 904	0	17 488	20 392	0
雨水	0	0	0	0	0	524	525	1	0	0	0	0	0	1 012	1 013	1
需水	23 806	797	10 363	28 914	7 696	27 712			10 467	7 165	49 552	56 887	3 145	18 500		
缺水率(%)	0.0	0.0	1.7	0.0	0.0	0.0			0.0	0.0	40.0	8.1	0.0	0.0		
分区	开－1								开－2							
黄河干流	0	0	7 188	6 132	925	1 502	18 947	3 200	0	0	17 354	17 371	1 803	0	36 529	1
南水北调	0	0	0	0	0	0	0	0	0	0	0	0	0	0	0	0
大型水库	0	0	0	0	0	0	0	0	0	0	0	0	0	0	0	0
地表水	0	0	700	0	0	0	700	0	0	0	6 300	0	0	0	6 300	0
地下水	4 467	267	0	0	0	0	5 817	1 083	9 050	6 234	53 417	0	0	0	68 701	0
中水	0	0	0	0	0	2 967	2 968	1	0	0	0	4 323	0	2 132	6 455	0
雨水	0	0	0	0	0	1 035	1 035	0	0	0	0	0	0	1 896	1 897	1
需水	4 468	267	7 888	6 132	925	5 504			9 051	6 235	98 370	21 695	1 803	4 029		
缺水率(%)	0.0	0.0	0.0	0.0	0.0	0.0			0.0	0.0	21.7	0.0	0.0	0.0		
分区	洛－1								洛－2							
黄河干流	0	0	7 188	6 132	925	1 502	18 947	3 200	0	0	17 354	17 371	1 803	0	36 529	1
南水北调	0	0	0	0	0	0	0	0	0	0	0	0	0	0	0	0
大型水库	0	0	0	0	0	0	0	0	0	0	0	0	0	0	0	0
地表水	0	0	700	0	0	0	700	0	0	0	6 300	0	0	0	6 300	0
地下水	4 467	267	0	0	0	0	5 817	1 083	9 050	6 234	53 417	0	0	0	68 701	0
中水	0	0	0	0	0	2 967	2 968	1	0	0	0	4 323	0	2 132	6 455	0
雨水	0	0	0	0	0	1 035	1 035	0	0	0	0	0	0	1 896	1 897	1
需水	4 468	267	7 888	6 132	925	5 504			9 051	6 235	98 370	21 695	1 803	4 029		
缺水率(%)	0.0	0.0	0.0	0.0	0.0	0.0			0.0	0.0	21.7	0.0	0.0	0.0		

续附表 15-7

项目	城镇生活	农村生活	一产	二产	三产	生态环境	可供	余水	城镇生活	农村生活	一产	二产	三产	生态环境	可供	余水
分区	平－1								平－2							
黄河干流	0	0	0	0	0	0	0	0	0	0	0	0	0	0	0	0
南水北调	4 433	0	2 469	0	0	0	20 170	13 268	2 932	0	0	0	1 898	0	4 830	0
大型水库	0	0	74	13 796	0	0	13 870	0	0	0	227	19 764	0	0	19 991	0
地表水	0	0	1 814	0	0	0	1 815	1	0	0	29 144	0	0	0	29 145	1
地下水	0	333	123	0	0	0	456	0	6 893	5 403	4 575	0	0	0	16 871	0
中水	0	0	0	1 384	1 530	1 507	4 421	0	0	0	0	0	142	6 444	6 587	1
雨水	0	0	0	0	0	400	400	0	0	0	0	0	0	500	500	0
需水	4 433	333	4 481	15 180	1 530	1 907			9 825	5 403	56 576	31 070	2 040	6 944		
缺水率(%)	0.0	0.1	0.0	0.0	0.0	0.0			0.0	0.0	40.0	36.4	0.0	0.0		
分区	新－1								新－2							
黄河干流	0	0	0	0	0	0	0	0	0	0	81 905	19 713	1 988	0	103 700	94
南水北调	4 763	0	0	6 095	1 514	0	23 300	10 928	10 841	0	0	0	0	0	16 860	6 019
大型水库	0	0	0	0	0	0	0	0	0	0	0	0	0	0	0	0
地表水	0	0	1 383	0	0	0	1 383	0	0	0	21 943	0	0	0	21 943	0
地下水	0	244	4 398	0	0	0	11 735	7 093	0	6 447	0	0	0	0	74 611	68 164
中水	0	0	0	1 304	0	1 900	3 205	1	0	0	0	4 393	0	2 900	7 294	1
雨水	0	0	0	0	0	100	100	0	0	0	0	0	0	100	100	0
需水	4 763	245	5 782	7 399	1 514	2 000			10 842	6 448	103 848	24 107	1 989	3 000		
缺水率(%)	0.0	0.2	0.0	0.0	0.0	0.0			0.0	0.0	0.0	0.0	0.0	0.0		
分区	焦－1								焦－2							
黄河干流	0	0	0	0	0	0	0	0	0	0	0	21 500	2 000	0	23 500	0
南水北调	3 909	0	0	8 895	1 134	0	22 480	8 542	5 720	0	0	0	0	0	5 720	0
大型水库	0	0	0	0	0	0	0	0	0	0	0	6 280	0	0	6 280	0
地表水	0	0	2 215	0	0	219	2 434	0	0	0	15 717	0	0	0	15 717	0
地下水	0	354	1 035	0	0	0	16 600	15 211	1 265	3 177	50 458	0	0	0	54 900	0
中水	0	0	0	0	0	2 874	2 875	1	0	0	0	7 486	0	939	8 425	0
雨水	0	0	0	0	0	7	7	0	0	0	0	0	0	61	61	0
需水	3 909	355	3 251	8 896	1 135	3 100			6 985	3 177	70 214	44 579	2 000	1 000		
缺水率(%)	0.0	0.2	0.0	0.0	0.1	0.0			0.0	0.0	5.8	20.9	0.0	0.0		

续附表 15-7

项目	城镇生活	农村生活	一产	二产	三产	生态环境	可供	余水	城镇生活	农村生活	一产	二产	三产	生态环境	可供	余水
分区	许－1								许－2							
黄河干流	0	0	0	0	0	0	0	0	0	0	0	3 014	1 986	0	5 000	0
南水北调	3 841	0	0	250	0	0	5 000	909	8 255	0	6 478	2 867	0	0	17 600	0
大型水库	0	0	0	0	0	0	0	0	0	0	0	15 700	0	0	15 700	0
地表水	0	0	1 600	9 345	0	0	10 945	0	0	0	6 169	0	0	0	6 169	0
地下水	0	156	0	0	0	0	4 844	4 688	0	5 482	40 953	0	0	0	46 435	0
中水	0	0	0	208	517	1 950	2 675	0	0	0	0	8 339	0	950	9 290	1
雨水	0	0	0	0	0	50	50	0	0	0	0	0	0	50	50	0
需水	3 842	157	1 600	9 803	517	2 000			8 256	5 483	68 645	29 920	1 987	1 000		
缺水率(%)	0.0	0.3	0.0	0.0	0.1	0.0			0.0	0.0	21.9	0.0	0.0	0.0		
分区	漯－1								漯－2							
黄河干流	0	0	0	0	0	0	0	0	0	0	0	0	0	0	0	0
南水北调	4 956	0	419	455	840	0	6 670	0	3 320	0	254	0	308	0	3 930	48
大型水库	0	0	0	5 356	0	0	5 356	0	0	0	841	6 675	0	0	7 516	0
地表水	0	0	1 657	0	0	0	1 657	0	0	0	3 081	0	0	0	3 082	1
地下水	0	978	9 806	0	0	0	10 784	0	0	1 598	9 441	0	0	0	11 040	1
中水	0	0	0	3 882	0	1 196	5 078	0	0	0	0	1 948	0	1 144	3 092	0
雨水	0	0	0	0	0	200	200	0	0	0	0	0	0	200	200	0
需水	4 957	979	23 764	13 303	841	1 397			3 321	1 599	22 693	8 623	309	1 345		
缺水率(%)	0.0	0.1	50.0	27.1	0.1	0.1			0.0	0.0	40.0	0.0	0.2	0.1		
分区	济源								城市群							
黄河干流	0	0	0	6 378	622	0	7 000	0	0	0	112 842	117 123	26 222	11 294	270 776	3 295
南水北调	0	0	0	0	0	0	0	0	87 242	0	9 620	35 990	5 694	0	178 260	39 714
大型水库	0	0	0	2 929	0	0	9 461	6 532	0	0	1 142	115 141	0	0	122 815	6 532
地表水	0	0	15 511	0	0	0	25 287	9 776	0	0	169 506	9 345	0	219	188 849	9 779
地下水	2 308	594	0	0	0	0	8 264	5 362	40 749	48 612	205 123	46 989	0	0	472 747	131 274
中水	0	0	0	3 536	0	253	3 790	1	0	0	0	40 559	2 189	82 281	125 036	7
雨水	0	0	0	0	0	197	197	0	0	0	0	0	0	7 832	7 835	3
需水	2 308	594	15 512	12 844	623	450			128 000	48 620	602 207	393 977	34 113	101 629		
缺水率(%)	0.0	0.1	0.0	0.0	0.2	0.0			0.0	0.0	0.2	0.1	0.0	0.0		

附表 15-8　均衡发展型 2015 年产业结构调整方案一需水与黄河干流供水组合方案 7 配置成果　（单位：万 m^3）

项目	城镇生活	农村生活	一产	二产	三产	生态环境	可供	余水	城镇生活	农村生活	一产	二产	三产	生态环境	可供	余水
分区	郑－1								郑－2							
黄河干流	0	0	0	19 922	10 852	8 501	39 275	0	0	0	0	24 292	4 433	0	28 725	0
南水北调	24 246	0	0	7 024	0	0	31 270	0	10 613	0	0	9 817	0	0	20 430	0
大型水库	0	0	0	0	0	0	0	0	0	0	0	3 000	0	0	3 000	0
地表水	0	0	4 021	0	0	0	4 021	0	0	0	22 678	0	0	0	22 678	0
地下水	0	797	3 114	4 421	0	0	8 333	1	0	7 164	27 371	13 526	0	0	48 061	0
中水	0	0	0	0	0	18 686	18 686	0	0	0	0	2 904	0	17 488	20 392	0
雨水	0	0	0	0	0	524	524	0	0	0	0	0	0	1 012	1 012	0
需水	24 246	797	10 438	31 367	10 852	27 711			10 613	7 164	50 049	67 070	4 434	18 500		
缺水率(%)	0.0	0.0	31.6	0.0	0.0	0.0			0.0	0.0	0.0	20.2	0.0	0.0		
分区	开－1								开－2							
黄河干流	0	0	7 313	6 072	1 301	1 502	18 947	2 759	0	0	38 221	15 774	2 533	0	56 529	1
南水北调	0	0	0	0	0	0	0	0	0	0	0	0	0	0	0	0
大型水库	0	0	0	0	0	0	0	0	0	0	0	0	0	0	0	0
地表水	0	0	700	0	0	0	700	0	0	0	6 300	0	0	0	6 300	0
地下水	4 526	267	0	0	0	0	5 817	1 024	9 177	6 234	53 290	0	0	0	68 701	0
中水	0	0	0	0	0	2 967	2 968	1	0	0	0	4 323	0	2 132	6 455	0
雨水	0	0	0	0	0	1 035	1 035	0	0	0	0	0	0	1 896	1 897	1
需水	4 526	267	8 014	6 072	1 301	5 504			9 177	6 235	100 686	20 098	2 534	4 029		
缺水率(%)	0.0	0.0	0.0	0.0	0.0	0.0			0.0	0.0	2.9	0.0	0.0	0.0		
分区	洛－1								洛－2							
黄河干流	0	0	216	7 472	4 621	1 291	13 600	0	0	0	0	3 604	3 896	0	7 500	0
南水北调	0	0	0	0	0	0	0	0	0	0	0	0	0	0	0	0
大型水库	0	0	0	5 123	0	0	5 123	0	0	0	0	36 518	0	0	36 518	0
地表水	0	0	6 217	0	0	0	6 217	0	0	0	29 356	0	0	0	29 356	0
地下水	8 546	75	0	6 415	0	0	31 624	16 588	8 451	9 309	24 740	5 390	0	0	53 671	5 781
中水	0	0	0	0	0	7 716	7 716	0	0	0	0	852	0	11 235	12 087	0
雨水	0	0	0	0	0	500	500	0	0	0	0	0	0	1 000	1 000	0
需水	8 547	75	6 434	19 011	4 622	9 507			8 451	9 309	54 096	46 365	3 896	12 235		
缺水率(%)	0.0	0.5	0.0	0.0	0.0	0.0			0.0	0.0	0.0	0.0	0.0	0.0		

续附表 15-8

项目	城镇生活	农村生活	一产	二产	三产	生态环境	可供	余水	城镇生活	农村生活	一产	二产	三产	生态环境	可供	余水
分区	平 -1								平 -2							
黄河干流	0	0	0	0	0	0	0	0	0	0	0	0	0	0	0	0
南水北调	4 494	0	2 565	1 922	0	0	20 170	11 189	2 110	0	0	0	2 720	0	4 830	0
大型水库	0	0	0	13 870	0	0	13 870	0	0	0	1 495	18 496	0	0	19 991	0
地表水	0	0	1 814	0	0	0	1 815	1	0	0	29 144	0	0	0	29 145	1
地下水	0	333	123	0	0	0	456	0	7 857	5 403	3 611	0	0	0	16 871	0
中水	0	0	0	768	2 146	1 507	4 421	0	0	0	0	0	142	6 444	6 587	1
雨水	0	0	0	0	0	400	400	0	0	0	0	0	0	500	500	0
需水	4 494	333	4 503	16 560	2 147	1 907			9 968	5 403	57 083	28 440	2 862	6 944		
缺水率(%)	0.0	0.1	0.0	0.0	0.0	0.0			0.0	0.0	40.0	35.0	0.0	0.0		
分区	新 -1								新 -2							
黄河干流	0	0	0	0	0	0	0	0	0	0	43 773	27 137	2 790	0	73 700	0
南水北调	4 828	0	0	10 432	820	0	23 300	7 220	10 998	0	0	0	0	0	16 860	5 862
大型水库	0	0	0	0	0	0	0	0	0	0	0	0	0	0	0	0
地表水	0	0	1 383	0	0	0	1 383	0	0	0	21 943	0	0	0	21 943	0
地下水	0	244	4 483	0	0	0	11 735	7 008	0	6 447	39 697	0	0	0	74 611	28 467
中水	0	0	0	0	1 304	1 900	3 205	1	0	0	0	4 393	0	2 900	7 294	1
雨水	0	0	0	0	0	100	100	0	0	0	0	0	0	100	100	0
需水	4 829	245	5 867	10 433	2 125	2 000			10 999	6 448	105 413	31 531	2 790	3 000		
缺水率(%)	0.0	0.2	0.0	0.0	0	0.0			0.0	0.0	0.0	0.0	0.0	0.0		
分区	焦 -1								焦 -2							
黄河干流	0	0	0	0	0	0	0	0	0	0	0	20 694	2 806	0	23 500	0
南水北调	3 964	0	0	9 725	1 591	0	22 480	7 200	5 720	0	0	0	0	0	5 720	0
大型水库	0	0	0	0	0	0	0	0	0	0	0	6 280	0	0	6 280	0
地表水	0	0	2 215	0	0	219	2 434	0	0	0	15 717	0	0	0	15 717	0
地下水	0	354	1 083	0	0	0	16 600	15 163	1 366	3 177	50 357	0	0	0	54 900	0
中水	0	0	0	0	0	2 874	2 875	1	0	0	0	7 486	0	939	8 425	0
雨水	0	0	0	0	0	7	7	0	0	0	0	0	0	61	61	0
需水	3 964	355	3 298	9 726	1 592	3 100			7 087	3 177	71 397	42 039	2 806	1 000		
缺水率(%)	0.0	0.2	0.0	0.0	0.1	0.0			0.0	0.0	7.5	18.0	0.0	0.0		

续附表 15-8

项目	城镇生活	农村生活	一产	二产	三产	生态环境	可供	余水	城镇生活	农村生活	一产	二产	三产	生态环境	可供	余水
分区	许 - 1								许 - 2							
黄河干流	0	0	0	0	0	0	0	0	0	0	0	2 213	2 787	0	5 000	0
南水北调	3 895	0	0	0	0	0	5 000	1 105	8 375	0	0	9 225	0	0	17 600	0
大型水库	0	0	0	0	0	0	0	0	0	0	0	15 700	0	0	15 700	0
地表水	0	0	1 610	8 844	0	0	10 945	491	0	0	6 169	0	0	0	6 169	0
地下水	0	156	0	0	0	0	4 844	4 688	0	5 482	40 953	0	0	0	46 435	0
中水	0	0	0	0	725	1 950	2 675	0	0	0	0	8 339	0	950	9 290	1
雨水	0	0	0	0	0	50	50	0	0	0	0	0	0	50	50	0
需水	3 895	157	1 610	8 845	726	2 000			8 375	5 483	69 710	45 792	2 787	1 000		
缺水率(%)	0.0	0.3	0.0	0.0	0.1	0.0			0.0	0.0	32.4	22.5	0.0	0.0		
分区	漯 - 1								漯 - 2							
黄河干流	0	0	0	0	0	0	0	0	0	0	0	0	0	0	0	0
南水北调	5 026	0	527	1 117	0	0	6 670	0	3 248	0	682	0	0	0	3 930	0
大型水库	0	0	0	5 356	0	0	5 356	0	0	0	563	6 953	0	0	7 516	0
地表水	0	0	1 657	0	0	0	1 657	0	0	0	3 081	0	0	0	3 082	1
地下水	0	978	9 806	0	0	0	10 784	0	0	1 598	9 441	0	0	0	11 040	1
中水	0	0	0	2 703	1 179	1 196	5 078	0	0	0	0	1 515	433	1 144	3 092	0
雨水	0	0	0	0	0	200	200	0	0	0	0	0	0	200	200	0
需水	5 026	979	23 978	19 156	1 180	1 397			3 249	1 599	22 944	14 782	433	1 345		
缺水率(%)	0.0	0.1	50.0	52.1	0.0	0.1			0.0	0.0	40.0	42.7	0.0	0.1		
分区	济源								城市群							
黄河干流	0	0	0	3 126	874	0	4 000	0	0	0	89 523	130 306	36 893	11 294	270 775	2 759
南水北调	0	0	0	0	0	0	0	0	87 517	0	3 774	49 262	5 131	0	178 260	32 576
大型水库	0	0	0	9 043	0	0	9 461	418	0	0	2 058	120 339	0	0	122 816	419
地表水	0	0	15 736	0	0	0	25 287	9 551	0	0	169 741	8 844	0	219	188 850	10 046
地下水	2 341	594	0	0	0	0	8 264	5 329	42 264	48 612	268 069	29 752	0	0	472 748	84 051
中水	0	0	0	3 536	0	253	3 790	1	0	0	0	36 819	5 929	82 281	125 037	8
雨水	0	0	0	0	0	197	197	0	0	0	0	0	0	7 832	7 834	2
需水	2 342	594	15 737	15 706	874	450			129 789	48 619	611 255	432 994	47 960	101 628		
缺水率(%)	0.0	0.1	0.0	0.0	0.0	0.0			0.0	0.0	12.8	13.3	0.0	0.0		

附表 15-9 均衡发展型 2015 年产业结构调整方案二需水与黄河干流供水组合方案 8 配置成果 （单位：万 m^3）

项目	城镇生活	农村生活	一产	二产	三产	生态环境	可供	余水	城镇生活	农村生活	一产	二产	三产	生态环境	可供	余水
分区	郑 - 1								郑 - 2							
黄河干流	0	0	0	18 932	8 842	8 501	36 275	0	0	0	0	25 113	3 612	0	28 725	0
南水北调	24 246	0	0	7 024	0	0	31 270	0	10 613	0	0	9 817	0	0	20 430	0
大型水库	0	0	0	0	0	0	0	0	0	0	0	3 000	0	0	3 000	0
地表水	0	0	4 021	0	0	0	4 021	0	0	0	22 678	0	0	0	22 678	0
地下水	0	797	1 199	6 336	0	0	8 333	1	0	7 164	27 371	13 526	0	0	48 061	0
中水	0	0	0	0	0	18 686	18 686	0	0	0	0	2 904	0	17 488	20 392	0
雨水	0	0	0	0	0	524	524	0	0	0	0	0	0	1 012	1 012	0
需水	24 246	797	10 438	34 504	8 842	27 711			10 613	7 164	50 049	73 777	3 612	18 500		
缺水率(%)	0.0	0.0	50.0	6.4	0.0	0.0			0.0	0.0	0.0	26.3	0.0	0.0		
分区	开 - 1								开 - 2							
黄河干流	0	0	7 313	6 679	1 060	1 502	18 947	2 393	0	0	36 680	17 784	2 064	0	56 529	1
南水北调	0	0	0	0	0	0	0	0	0	0	0	0	0	0	0	0
大型水库	0	0	0	0	0	0	0	0	0	0	0	0	0	0	0	0
地表水	0	0	700	0	0	0	700	0	0	0	6 300	0	0	0	6 300	0
地下水	4 526	267	0	0	0	0	5 817	1 024	9 177	6 234	53 290	0	0	0	68 701	0
中水	0	0	0	0	0	2 967	2 968	1	0	0	0	4 323	0	2 132	6 455	0
雨水	0	0	0	0	0	1 035	1 035	0	0	0	0	0	0	1896	1 897	1
需水	4 526	267	8 014	6 680	1 060	5 504			9 177	6 235	100 686	22 108	2 065	4 029		
缺水率(%)	0.0	0.0	0.0	0.0	0.0	0.0			0.0	0.0	4.4	0.0	0.0	0.0		
分区	洛 - 1								洛 - 2							
黄河干流	0	0	216	8 328	3 765	1 291	13 600	0	0	0	0	4 326	3 174	0	7 500	0
南水北调	0	0	0	0	0	0	0	0	0	0	0	0	0	0	0	0
大型水库	0	0	0	5 123	0	0	5 123	0	0	0	0	36 518	0	0	36 518	0
地表水	0	0	6 217	0	0	0	6 217	0	0	0	29 356	0	0	0	29 356	0
地下水	8 546	75	0	7 460	0	0	31 624	15 543	8 451	9 309	24 740	9 305	0	0	53 671	1 866
中水	0	0	0	0	0	7 716	7 716	0	0	0	0	852	0	11 235	12 087	0
雨水	0	0	0	0	0	500	500	0	0	0	0	0	0	1 000	1 000	0
需水	8 547	75	6 434	20 912	3 766	9 507			8 451	9 309	54 096	51 001	3 175	12 235		
缺水率(%)	0.0	0.5	0.0	0.0	0.0	0.0			0.0	0.0	0.0	0.0	0.0	0.0		

续附表 15-9

项目	城镇生活	农村生活	一产	二产	三产	生态环境	可供	余水	城镇生活	农村生活	一产	二产	三产	生态环境	可供	余水
分区	平 - 1								平 - 2							
黄河干流	0	0	0	0	0	0	0	0	0	0	0	0	0	0	0	0
南水北调	4 494	0	2 565	3 181	0	0	20 170	9 930	2 640	0	0	0	2 190	0	4 830	0
大型水库	0	0	0	13 870	0	0	13 870	0	0	0	965	19 026	0	0	19 991	0
地表水	0	0	1 814	0	0	0	1 815	1	0	0	29 144	0	0	0	29 145	1
地下水	0	333	123	0	0	0	456	0	7 327	5 403	4 141	0	0	0	16 871	0
中水	0	0	0	1 165	1 749	1 507	4 421	0	0	0	0	0	142	6 444	6 587	1
雨水	0	0	0	0	0	400	400	0	0	0	0	0	0	500	500	0
需水	4 494	333	4 503	18 216	1 749	1 907			9 968	5 403	57 083	31 284	2 332	6 944		
缺水率(%)	0.0	0.1	0.0	0.0	0.0	0.0			0.0	0.0	40.0	39.2	0.0	0.0		
分区	新 - 1								新 - 2							
黄河干流	0	0	0	0	0	0	0	0	0	0	41 137	30 290	2 273	0	73 700	0
南水北调	4 828	0	0	11 476	427	0	23 300	6 569	10 998	0	0	0	0	0	16 860	5 862
大型水库	0	0	0	0	0	0	0	0	0	0	0	0	0	0	0	0
地表水	0	0	1 383	0	0	0	1 383	0	0	0	21 943	0	0	0	21 943	0
地下水	0	244	4 483	0	0	0	11 735	7 008	0	6 447	42 333	0	0	0	74 611	25 831
中水	0	0	0	0	1 304	1 900	3 205	1	0	0	0	4 393	0	2 900	7 294	1
雨水	0	0	0	0	0	100	100	0	0	0	0	0	0	100	100	0
需水	4 829	245	5 867	11 476	1 731	2 000			10 999	6 448	105 413	34 684	2 274	3 000		
缺水率(%)	0.0	0.2	0.0	0.0	0.0	0.0			0.0	0.0	0.0	0.0	0.0	0.0		
分区	焦 - 1								焦 - 2							
黄河干流	0	0	0	0	0	0	0	0	0	0	0	21 214	2 286	0	23 500	0
南水北调	3 964	0	0	10 698	1 297	0	22 480	6 521	5 720	0	0	0	0	0	5 720	0
大型水库	0	0	0	0	0	0	0	0	0	0	0	6 280	0	0	6 280	0
地表水	0	0	2 215	0	0	219	2 434	0	0	0	15 717	0	0	0	15 717	0
地下水	0	354	1 083	0	0	0	16 600	15 163	1 366	3 177	50 357	0	0	0	54 900	0
中水	0	0	0	0	0	2 874	2 875	1	0	0	0	7 486	0	939	8 425	0
雨水	0	0	0	0	0	7	7	0	0	0	0	0	0	61	61	0
需水	3 964	355	3 298	10 698	1 297	3 100			7 087	3 177	71 397	46 243	2 287	1 000		
缺水率(%)	0.0	0.2	0.0	0.0	0.0	0.0			0.0	0.0	7.5	24.4	0.0	0.0		

续附表 15-9

项目	城镇生活	农村生活	一产	二产	三产	生态环境	可供	余水	城镇生活	农村生活	一产	二产	三产	生态环境	可供	余水
分区	许－1								许－2							
黄河干流	0	0	0	0	0	0	0	0	0	0	0	2 729	2 271	0	5 000	0
南水北调	3 895	0	0	260	0	0	5 000	845	8 375	0	0	9 225	0	0	17 600	0
大型水库	0	0	0	0	0	0	0	0	0	0	0	15 700	0	0	15 700	0
地表水	0	0	1 610	9 335	0	0	10 945	0	0	0	6 169	0	0	0	6 169	0
地下水	0	156	0	0	0	0	4 844	4 688	0	5 482	40 953	0	0	0	46 435	0
中水	0	0	0	134	591	1 950	2 675	0	0	0	0	8 339	0	950	9 290	1
雨水	0	0	0	0	0	50	50	0	0	0	0	0	0	50	50	0
需水	3 895	157	1 610	9 729	591	2 000			8 375	5 483	69 710	50 371	2 271	1 000		
缺水率(%)	0.0	0.3	0.0	0.0	0.1	0.0			0.0	0.0	32.4	28.5	0.0	0.0		
分区	漯－1								漯－2							
黄河干流	0	0	0	0	0	0	0	0	0	0	0	0	0	0	0	0
南水北调	5 026	0	527	1 117	0	0	6 670	0	3 248	0	682	0	0	0	3 930	0
大型水库	0	0	0	5 356	0	0	5 356	0	0	0	563	6 953	0	0	7 516	0
地表水	0	0	1 657	0	0	0	1 657	0	0	0	3 081	0	0	0	3 082	1
地下水	0	978	9 806	0	0	0	10 784	0	0	1 598	9 441	0	0	0	11 040	1
中水	0	0	0	2 921	961	1 196	5 078	0	0	0	0	1 596	352	1 144	3 092	0
雨水	0	0	0	0	0	200	200	0	0	0	0	0	0	200	200	0
需水	5 026	979	23 978	21 072	961	1 397			3 249	1 599	22 944	16 261	353	1 345		
缺水率(%)	0.0	0.1	50.0	55.4	0.0	0.1			0.0	0.0	40.0	47.4	0.3	0.1		
分区	济源								城市群							
黄河干流	0	0	0	3 288	712	0	7 000	3 000	0	0	85 346	138 683	30 059	11 294	270 775	5 393
南水北调	0	0	0	0	0	0	0	0	88 047	0	3 774	52 798	3 914	0	178 260	29 727
大型水库	0	0	0	9 460	0	0	9 461	1	0	0	1 528	121 286	0	0	122 816	2
地表水	0	0	15 736	992	0	0	25 287	8 559	0	0	169 741	10 327	0	219	188 850	8 563
地下水	2 341	594	0	0	0	0	8 264	5 329	41 734	48 612	269 320	36 627	0	0	472 748	76 455
中水	0	0	0	3 536	0	253	3 790	1	0	0	0	37 649	5 099	82 281	125 037	8
雨水	0	0	0	0	0	197	197	0	0	0	0	0	0	7 832	7 834	2
需水	2 342	594	15 737	17 276	712	450			129 789	48 619	611 255	476 293	39 078	101 628		
缺水率(%)	0.0	0.1	0.0	0.0	0.0	0.0			0.0	0.0	13.3	16.6	0.0	0.0		

附表 15-10　均衡发展型 2015 年黄河干流与强化节水组合方案 9 配置成果

（单位：万 m^3）

项目	城镇生活	农村生活	一产	二产	三产	生态环境	可供	余水	城镇生活	农村生活	一产	二产	三产	生态环境	可供	余水
分区	郑-1								郑-2							
黄河干流	0	0	0	23 078	7 696	8 501	39 275	0	0	0	0	25 581	3 144	0	28 725	0
南水北调	23 805	0	0	5 835	0	0	31 270	1 630	10 467	0	0	9 963	0	0	20 430	0
大型水库	0	0	0	0	0	0	0	0	0	0	0	3 000	0	0	3 000	0
地表水	0	0	4 021	0	0	0	4 021	0	0	0	22 678	0	0	0	22 678	0
地下水	0	797	6 342	0	0	0	8 333	1 194	0	7 164	25 459	15 438	0	0	48 061	0
中水	0	0	0	0	0	18 686	18 686	0	0	0	0	2 904	0	17 488	20 392	0
雨水	0	0	0	0	0	524	524	0	0	0	0	0	0	1 012	1 012	0
需水	23 806	797	10 363	28 914	7 697	27 712			10 467	7 165	49 552	56 887	3 145	18 500		
缺水率(%)	0.0	0.0	0.0	0.0	0.0	0.0			0.0	0.0	2.9	0.0	0.0	0.0		
分区	开-1								开-2							
黄河干流	0	0	7 188	6 132	925	1 502	18 947	3 200	0	0	37 354	17 371	1 803	0	56 529	1
南水北调	0	0	0	0	0	0	0	0	0	0	0	0	0	0	0	0
大型水库	0	0	0	0	0	0	0	0	0	0	0	0	0	0	0	0
地表水	0	0	700	0	0	0	700	0	0	0	6 300	0	0	0	6 300	0
地下水	4 467	267	0	0	0	0	5 817	1 083	9 050	6 234	53 417	0	0	0	68 701	0
中水	0	0	0	0	0	2 967	2 968	1	0	0	0	4 323	0	2 132	6 455	0
雨水	0	0	0	0	0	1 035	1 035	0	0	0	0	0	0	1 896	1 897	1
需水	4 468	267	7 888	6 132	925	5 504			9 051	6 235	98 370	21 695	1 803	4 029		
缺水率(%)	0.0	0.0	0.0	0.0	0.0	0.0			0.0	0.0	1.3	0.0	0.0	0.0		
分区	洛-1								洛-2							
黄河干流	0	0	132	8 891	3 286	1 291	13 600	0	0	0	2 263	2 465	2 772	0	7 500	0
南水北调	0	0	0	0	0	0	0	0	0	0	0	0	0	0	0	0
大型水库	0	0	0	5 123	0	0	5 123	0	0	0	0	36 518	0	0	36 518	0
地表水	0	0	6 217	0	0	0	6 217	0	0	0	29 356	0	0	0	29 356	0
地下水	8 432	75	0	20 776	0	0	31 624	2 341	8 334	9 309	21 698	0	0	0	53 671	14 330
中水	0	0	0	0	0	7 716	7 716	0	0	0	0	852	0	11 235	12 087	0
雨水	0	0	0	0	0	500	500	0	0	0	0	0	0	1 000	1 000	0
需水	8 433	75	6 350	34 791	3 286	9 507			8 335	9 309	53 318	39 836	2 773	12 235		
缺水率(%)	0.0	0.0	0.0	0.0	0.0	0.0			0.0	0.0	0.0	0.0	0.0	0.0		

续附表 15-10

项目	城镇生活	农村生活	一产	二产	三产	生态环境	可供	余水	城镇生活	农村生活	一产	二产	三产	生态环境	可供	余水
分区	平－1								平－2							
黄河干流	0	0	0	0	0	0	0	0	0	0	0	0	0	0	0	0
南水北调	4 433	0	2 469	0	0	0	20 170	13 268	2 932	0	0	0	1 898	0	4 830	0
大型水库	0	0	74	13 796	0	0	13 870	0	0	0	227	19 764	0	0	19 991	0
地表水	0	0	1 814	0	0	0	1 815	1	0	0	29 144	0	0	0	29 145	1
地下水	0	333	123	0	0	0	456	0	6 893	5 403	4 575	0	0	0	16 871	0
中水	0	0	0	1 384	1 530	1 507	4 421	0	0	0	0	0	142	6 444	6 587	1
雨水	0	0	0	0	0	400	400	0	0	0	0	0	0	500	500	0
需水	4 433	333	4 481	15 180	1 530	1 907			9 825	5 403	56 576	31 070	2 040	6 944		
缺水率(%)	0.0	0.0	0.0	0.0	0.0	0.0			0.0	0.0	40.0	36.4	0.0	0.0		
分区	新－1								新－2							
黄河干流	0	0	0	0	0	0	0	0	0	0	51 999	19 713	1 988	0	73 700	0
南水北调	4 763	0	0	6 095	1 514	0	23 300	10 928	10 841	0	0	0	0	0	16 860	6 019
大型水库	0	0	0	0	0	0	0	0	0	0	0	0	0	0	0	0
地表水	0	0	1 383	0	0	0	1 383	0	0	0	21 943	0	0	0	21 943	0
地下水	0	244	4 398	0	0	0	11 735	7 093	0	6 447	29 906	0	0	0	74 611	38 258
中水	0	0	0	1 304	0	1 900	3 205	1	0	0	0	4 393	0	2 900	7 294	1
雨水	0	0	0	0	0	100	100	0	0	0	0	0	0	100	100	0
需水	4 763	245	5 782	7 399	1 514	2 000			10 842	6 448	103 848	24 107	1 989	3 000		
缺水率(%)	0.0	0.4	0.0	0.0	0.0	0.0			0.0	0.0	0.0	0.0	0.1	0.0		
分区	焦－1								焦－2							
黄河干流	0	0	0	0	0	0	0	0	0	0	0	21 500	2 000	0	23 500	0
南水北调	3 909	0	0	8 895	1134	0	22 480	8 542	5 720	0	0	0	0	0	5 720	0
大型水库	0	0	0	0	0	0	0	0	0	0	0	6 280	0	0	6 280	0
地表水	0	0	2 215	0	0	219	2 434	0	0	0	15 717	0	0	0	15 717	0
地下水	0	354	1 035	0	0	0	16 600	15 211	1 265	3 177	50 458	0	0	0	54 900	0
中水	0	0	0	0	0	2 874	2 875	1	0	0	0	7 486	0	939	8 425	0
雨水	0	0	0	0	0	7	7	0	0	0	0	0	0	61	61	0
需水	3 909	355	3 251	8 896	1 135	3 100			6 985	3 177	70 214	44 579	2 000	1 000		
缺水率(%)	0.0	0.3	0.0	0.0	0.1	0.0			0.0	0.0	5.8	20.9	0.0	0.0		

续附表 15-10

项目	城镇生活	农村生活	一产	二产	三产	生态环境	可供	余水	城镇生活	农村生活	一产	二产	三产	生态环境	可供	余水
分区	许-1								许-2							
黄河干流	0	0	0	0	0	0	0	0	0	0	0	3 014	1 986	0	5 000	0
南水北调	3 841	0	0	250	0	0	5 000	909	8 255	0	0	2 867	0	0	17 600	6 478
大型水库	0	0	0	0	0	0	0	0	0	0	0	15 700	0	0	15 700	0
地表水	0	0	1 600	9 345	0	0	10 945	0	0	0	6 169	0	0	0	6 169	0
地下水	0	156	0	0	0	0	4 844	4 688	0	5 482	40 953	0	0	0	46 435	0
中水	0	0	0	208	517	1 950	2 675	0	0	0	0	8 339	0	950	9 290	1
雨水	0	0	0	0	0	50	50	0	0	0	0	0	0	50	50	0
需水	3 842	157	1 600	9 803	517	2 000			8 256	5 483	68 645	29 920	1 987	1 000		
缺水率(%)	0.0	0.6	0.0	0.0	0.0	0.0			0.0	0.0	31.4	0.0	0.1	0.0		
分区	漯-1								漯-2							
黄河干流	0	0	0	0	0	0	0	0	0	0	0	0	0	0	0	0
南水北调	4 956	0	419	455	840	0	6 670	0	3 320	0	302	0	308	0	3 930	0
大型水库	0	0	0	5 356	0	0	5 356	0	0	0	841	6 675	0	0	7 516	0
地表水	0	0	1 657	0	0	0	1 657	0	0	0	3 081	0	0	0	3 082	1
地下水	0	978	9 806	0	0	0	10 784	0	0	1 598	9 441	0	0	0	11 040	1
中水	0	0	0	3 882	0	1 196	5 078	0	0	0	0	1 948	0	1 144	3 092	0
雨水	0	0	0	0	0	200	200	0	0	0	0	0	0	200	200	0
需水	4 957	979	23 764	13 303	841	1 397			3 321	1 599	22 693	8 623	309	1 345		
缺水率(%)	0.0	0.1	50.0	27.1	0.1	0.1			0.0	0.1	39.8	0.0	0.3	0.1		
分区	济源								城市群							
黄河干流	0	0	0	3 378	622	0	4 000	0	0	0	98 936	131 123	26 222	11 294	270 776	3 201
南水北调	0	0	0	0	0	0	0	0	87 242	0	3 190	34 360	5 694	0	178 260	47 774
大型水库	0	0	0	5 929	0	0	9 461	3 532	0	0	1 142	118 141	0	0	122 815	3 532
地表水	0	0	15 511	0	0	0	25 287	9 776	0	0	169 506	9 345	0	219	188 849	9 779
地下水	2 308	594	0	0	0	0	8 264	5 362	40 749	48 612	257 611	36 214	0	0	472 747	89 561
中水	0	0	0	3 536	0	253	3 790	1	0	0	0	40 559	2 189	82 281	125 036	7
雨水	0	0	0	0	0	197	197	0	0	0	0	0	0	7 832	7 833	1
需水	2 308	594	15 512	12 844	623	450			128 001	48 621	602 208	393 978	34 113	101 630		
缺水率(%)	0.0	0.0	0.0	0.0	0.2	0.0			0.0	0.0	0.1	0.1	0.0	0.0		

附表 15-11 均衡发展型 2015 年产业结构调整方案一需水与黄河干流 + 南水北调供水组合方案 10 配置成果 （单位：万 m^3）

项目	城镇生活	农村生活	一产	二产	三产	生态环境	可供	余水	城镇生活	农村生活	一产	二产	三产	生态环境	可供	余水
分区	郑－1								郑－2							
黄河干流	0	0	0	19 922	10 852	8 501	39 275	0	0	0	0	24 292	4 433	0	28 725	0
南水北调	24 246	0	0	7 024	0	0	31 270	0	10 613	0	0	19 817	0	0	10 430	0
大型水库	0	0	0	0	0	0	0	0	0	0	0	3 000	0	0	3 000	0
地表水	0	0	4 021	0	0	0	4 021	0	0	0	22 678	0	0	0	22 678	0
地下水	0	797	3 114	4 421	0	0	8 333	1	0	7 164	27 371	13 526	0	0	48 061	0
中水	0	0	0	0	0	18 686	18 686	0	0	0	0	2 904	0	17 488	20 392	0
雨水	0	0	0	0	0	524	524	0	0	0	0	0	0	1 012	1 012	0
需水	24 246	797	10 438	31 367	10 852	27 711			10 613	7 164	50 049	67 070	4 434	18 500		
缺水率（%）	0.0	0.0	31.6	0.0	0.0	0.0			0.0	0.0	0.0	5.3	0.0	0.0		
分区	开－1								开－2							
黄河干流	0	0	7 313	6 072	1 301	1 502	18 947	2 759	0	0	38 221	15 774	2 533	0	56 529	1
南水北调	0	0	0	0	0	0	0	0	0	0	0	0	0	0	0	0
大型水库	0	0	0	0	0	0	0	0	0	0	0	0	0	0	0	0
地表水	0	0	700	0	0	0	700	0	0	0	6 300	0	0	0	6 300	0
地下水	4 526	267	0	0	0	0	5 817	1 024	9 177	6 234	53 290	0	0	0	68 701	0
中水	0	0	0	0	0	2 967	2 968	1	0	0	0	4 323	0	2 132	6 455	0
雨水	0	0	0	0	0	1 035	1 035	0	0	0	0	0	0	1 896	1 897	1
需水	4 526	267	8 014	6 072	1 301	5 504			9 177	6 235	100 686	20 098	2 534	4 029		
缺水率（%）	0.0	0.0	0.0	0.0	0.0	0.0			0.0	0.0	2.9	0.0	0.0	0.0		
分区	洛－1								洛－2							
黄河干流	0	0	216	7 472	4 621	1 291	13 600	0	0	0	0	3 604	3 896	0	7 500	0
南水北调	0	0	0	0	0	0	0	0	0	0	0	0	0	0	0	0
大型水库	0	0	0	5 123	0	0	5 123	0	0	0	0	36 518	0	0	36 518	0
地表水	0	0	6 217	0	0	0	6 217	0	0	0	29 356	0	0	0	29 356	0
地下水	8 546	75	0	6 415	0	0	31 624	16 588	8 451	9 309	24 740	5 390	0	0	53 671	5 781
中水	0	0	0	0	0	7 716	7 716	0	0	0	0	852	0	11 235	12 087	0
雨水	0	0	0	0	0	500	500	0	0	0	0	0	0	1 000	1 000	0
需水	8 547	75	6 434	19 011	4 622	9 507			8 451	9 309	54 096	46 365	3 896	12 235		
缺水率（%）	0.0	0.5	0.0	0.0	0.0	0.0			0.0	0.0	0.0	0.0	0.0	0.0		

续附表 15-11

项目	城镇生活	农村生活	一产	二产	三产	生态环境	可供	余水	城镇生活	农村生活	一产	二产	三产	生态环境	可供	余水
分区	平-1								平-2							
黄河干流	0	0	0	0	0	0	0	0	0	0	0	0	0	0	0	0
南水北调	4 494	0	2 565	1 922	0	0	10 170	1 189	9 967	0	0	2 143	2 720	0	14 830	0
大型水库	0	0	0	13 870	0	0	13 870	0	0	0	0	19 991	0	0	19 991	0
地表水	0	0	1 814	0	0	0	1 815	1	0	0	29 144	0	0	0	29 145	1
地下水	0	333	123	0	0	0	456	0	0	5 403	11 468	0	0	0	16 871	0
中水	0	0	0	768	2 146	1 507	4 421	0	0	0	0	0	142	6 444	6 587	1
雨水	0	0	0	0	0	400	400	0	0	0	0	0	0	500	500	0
需水	4 494	333	4 503	16 560	2 147	1 907			9 968	5 403	57 083	28 440	2 862	6 944		
缺水率(%)	0.0	0.1	0.0	0.0	0.0	0.0			0.0	0.0	28.9	22.2	0.0	0.0		
分区	新-1								新-2							
黄河干流	0	0	0	0	0	0	0	0	0	0	43 773	27 137	2 790	0	73 700	0
南水北调	4 828	0	0	7 652	820	0	13 300	0	8 860	0	0	0	0	0	8 860	8 000
大型水库	0	0	0	0	0	0	0	0	0	0	0	0	0	0	0	0
地表水	0	0	1 383	0	0	0	1 383	0	0	0	21 943	0	0	0	21 943	0
地下水	0	244	4 483	2 780	0	0	11 735	4 228	2 138	6 447	39 697	0	0	0	74 611	26 329
中水	0	0	0	0	1 304	1 900	3 205	1	0	0	0	4 393	0	2 900	7 294	1
雨水	0	0	0	0	0	100	100	0	0	0	0	0	0	100	100	0
需水	4 829	245	5 867	10 433	2 125	2 000			10 999	6 448	105 413	31 531	2 790	3 000		
缺水率(%)	0.0	0.2	0.0	0.0	0.0	0.0			0.0	0.0	0.0	0.0	0.0	0.0		
分区	焦-1								焦-2							
黄河干流	0	0	0	0	0	0	0	0	0	0	0	20 694	2 806	0	23 500	0
南水北调	3 964	0	0	1 925	1 591	0	7 480	0	5 720	0	0	0	0	0	5 720	0
大型水库	0	0	0	0	0	0	0	0	0	0	0	6 280	0	0	6 280	0
地表水	0	0	2 215	0	0	219	2 434	0	0	0	15 717	0	0	0	15 717	0
地下水	0	354	1 083	7 800	0	0	16 600	7 363	1 366	3 177	50 357	0	0	0	54 900	0
中水	0	0	0	0	0	2 874	2 875	1	0	0	0	7 486	0	939	8 425	0
雨水	0	0	0	0	0	7	7	0	0	0	0	0	0	61	61	0
需水	3 964	355	3 298	9 726	1 592	3 100			7 087	3 177	71 397	42 039	2 806	1 000		
缺水率(%)	0.0	0.2	0.0	0.0	0.1	0.0			0.0	0.0	7.5	18.0	0.0	0.0		

续附表 15-11

项目	城镇生活	农村生活	一产	二产	三产	生态环境	可供	余水	城镇生活	农村生活	一产	二产	三产	生态环境	可供	余水
分区	许－1								许－2							
黄河干流	0	0	0	0	0	0	0	0	0	0	0	2 213	2 787	0	5 000	0
南水北调	3 895	0	0	0	0	0	5 000	1 105	8 375	0	0	17 225	0	0	25 600	0
大型水库	0	0	0	0	0	0	0	0	0	0	0	15 700	0	0	15 700	0
地表水	0	0	1 610	8 844	0	0	10 945	491	0	0	6 169	0	0	0	6 169	0
地下水	0	156	0	0	0	0	4 844	4 688	0	5 482	40 953	0	0	0	46 435	0
中水	0	0	0	0	725	1 950	2 675	0	0	0	0	8 339	0	950	9 290	1
雨水	0	0	0	0	0	50	50	0	0	0	0	0	0	50	50	0
需水	3 895	157	1 610	8 845	726	2 000			8 375	5 483	69 710	45 792	2 787	1 000		
缺水率(%)	0.0	0.3	0.0	0.0	0.1	0.0			0.0	0.0	32.4	5.1	0.0	0.0		
分区	漯－1								漯－2							
黄河干流	0	0	0	0	0	0	0	0	0	0	0	0	0	0	0	0
南水北调	5 026	0	547	11 097	0	0	16 670	0	3 248	0	1 245	4 437	0	0	8 930	0
大型水库	0	0	0	5 356	0	0	5 356	0	0	0	0	7 516	0	0	7 516	0
地表水	0	0	1 657	0	0	0	1 657	0	0	0	3 081	0	0	0	3 082	1
地下水	0	978	9 806	0	0	0	10 784	0	0	1 598	9 441	0	0	0	11 040	1
中水	0	0	0	2 703	1 179	1 196	5 078	0	0	0	0	1 515	433	1 144	3 092	0
雨水	0	0	0	0	0	200	200	0	0	0	0	0	0	200	200	0
需水	5 026	979	23 978	19 156	1 180	1 397			3 249	1 599	22 944	14 782	433	1 345		
缺水率(%)	0.0	0.1	49.9	0.0	0.0	0.1			0.0	0.0	40.0	8.9	0.0	0.1		
分区	济源								城市群							
黄河干流	0	0	0	3 126	874	0	4 000	0	0	0	89 523	130 306	36 893	11 294	270 775	2 759
南水北调	0	0	0	0	0	0	0	0	93 236	0	4 357	73 242	5 131	0	178 260	2 294
大型水库	0	0	0	9 043	0	0	9 461	418	0	0	0	122 397	0	0	122 816	419
地表水	0	0	15 736	0	0	0	25 287	9 551	0	0	169 741	8 844	0	219	188 850	10 046
地下水	2 341	594	0	0	0	0	8 264	5 329	36 545	48 612	275 926	40 332	0	0	472 748	71 333
中水	0	0	0	3 536	0	253	3 790	1	0	0	0	36 819	5 929	82 281	125 037	8
雨水	0	0	0	0	0	197	197	0	0	0	0	0	0	7 832	7 834	2
需水	2 342	594	15 737	15 706	874	450			129 789	48 619	611 255	432 994	47 960	101 628		
缺水率(%)	0.0	0.1	0.0	0.0	0.0	0.0			0.0	0.0	11.7	4.9	0.0	0.0		

附表 15-12　均衡发展型 2015 年产业结构调整方案二需水与黄河干流 + 南水北调供水组合方案 11 配置成果　（单位：万 m³）

项目	城镇生活	农村生活	一产	二产	三产	生态环境	可供	余水	城镇生活	农村生活	一产	二产	三产	生态环境	可供	余水
分区	郑 -1								郑 -2							
黄河干流	0	0	0	18 932	8 842	8 501	36 275	0	0	0	0	25 113	3 612	0	28 725	0
南水北调	24 246	0	0	7 024	0	0	31 270	0	10 613	0	0	19 817	0	0	30 430	0
大型水库	0	0	0	0	0	0	0	0	0	0	0	3 000	0	0	3 000	0
地表水	0	0	4 021	0	0	0	4 021	0	0	0	22 678	0	0	0	22 678	0
地下水	0	797	1 199	6 336	0	0	8 333	1	0	7 164	27 371	13 526	0	0	48 061	0
中水	0	0	0	0	0	18 686	18 686	0	0	0	0	2 904	0	17 488	20 392	0
雨水	0	0	0	0	0	524	524	0	0	0	0	0	0	1 012	1 012	0
需水	24 246	797	10 438	34 504	8 842	27 711			10 613	7 164	50 049	73 778	3 613	18 500		
缺水率(%)	0.0	0.0	50.0	6.4	0.0	0.0			0.0	0.0	0.0	12.8	0.0	0.0		
分区	开 -1								开 -2							
黄河干流	0	0	7 313	6 679	1 060	1 502	18 947	2 393	0	0	36 680	17 784	2 064	0	56 529	1
南水北调	0	0	0	0	0	0	0	0	0	0	0	0	0	0	0	0
大型水库	0	0	0	0	0	0	0	0	0	0	0	0	0	0	0	0
地表水	0	0	700	0	0	0	700	0	0	0	6 300	0	0	0	6 300	0
地下水	4 526	267	0	0	0	0	5 817	1 024	9 177	6 234	53 290	0	0	0	68 701	0
中水	0	0	0	0	0	2 967	2 968	1	0	0	0	4 323	0	2 132	6 455	0
雨水	0	0	0	0	0	1 035	1 035	0	0	0	0	0	0	1 896	1 897	1
需水	4 526	267	8 014	6 680	1 060	5 504			9 177	6 235	100 686	22 108	2 065	4 029		
缺水率(%)	0.0	0.0	0.0	0.0	0.0	0.0			0.0	0.0	4.4	0.0	0.0	0.0		
分区	洛 -1								洛 -2							
黄河干流	0	0	216	8 328	3 765	1 291	13 600	0	0	0	0	4 326	3 174	0	7 500	0
南水北调	0	0	0	0	0	0	0	0	0	0	0	0	0	0	0	0
大型水库	0	0	0	5 123	0	0	5 123	0	0	0	0	36 518	0	0	36 518	0
地表水	0	0	6 217	0	0	0	6 217	0	0	0	29 356	0	0	0	29 356	0
地下水	8 546	75	0	7 460	0	0	31 624	15 543	8 451	9 309	24 740	9 305	0	0	53 671	1 866
中水	0	0	0	0	0	7 716	7 716	0	0	0	0	852	0	11 235	12 087	0
雨水	0	0	0	0	0	500	500	0	0	0	0	0	0	1 000	1 000	0
需水	8 547	75	6 434	20 912	3 766	9 507			8 451	9 309	54 096	51 001	3 175	12 235		
缺水率(%)	0.0	0.5	0.0	0.0	0.0	0.0			0.0	0.0	0.0	0.0	0.0	0.0		

续附表 15-12

项目	城镇生活	农村生活	一产	二产	三产	生态环境	可供	余水	城镇生活	农村生活	一产	二产	三产	生态环境	可供	余水
分区	平－1								平－2							
黄河干流	0	0	0	0	0	0	0	0	0	0	0	0	0	0	0	0
南水北调	4 494	0	2 565	3 181	0	0	11 170	930	9 967	0	0	2 673	2 190	0	14 830	0
大型水库	0	0	0	13 870	0	0	13 870	0	0	0	0	19 991	0	0	19 991	0
地表水	0	0	1 814	0	0	0	1 815	1	0	0	29 144	0	0	0	29 145	1
地下水	0	333	123	0	0	0	456	0	0	5 403	11 468	0	0	0	16 871	0
中水	0	0	0	1 165	1 749	1 507	4 421	0	0	0	0	0	142	6 444	6 587	1
雨水	0	0	0	0	0	400	400	0	0	0	0	0	0	500	500	0
需水	4 494	333	4 503	18 216	1 749	1 907			9 968	5 403	57 083	31 284	2 332	6 944		
缺水率(%)	0.0	0.1	0.0	0.0	0.0	0.0			0.0	0.0	28.9	27.6	0.0	0.0		
分区	新－1								新－2							
黄河干流	0	0	0	0	0	0	0	0	0	0	41 137	30 290	2 273	0	73 700	0
南水北调	4 828	0	0	8 045	427	0	13 300	0	6 860	0	0	0	0	0	6 860	0
大型水库	0	0	0	0	0	0	0	0	0	0	0	0	0	0	0	0
地表水	0	0	1 383	0	0	0	1 383	0	0	0	21 943	0	0	0	21 943	0
地下水	0	244	4 483	3 431	0	0	11 735	3 577	4 138	6 447	42 333	0	0	0	74 611	21 693
中水	0	0	0	0	1 304	1 900	3 205	1	0	0	0	4 393	0	2 900	7 294	1
雨水	0	0	0	0	0	100	100	0	0	0	0	0	0	100	100	0
需水	4 829	245	5 867	11 476	1 731	2 000			10 999	6 448	105 413	34 684	2 274	3 000		
缺水率(%)	0.0	0.2	0.0	0.0	0.0	0.0			0.0	0.0	0.0	0.0	0.0	0.0		
分区	焦－1								焦－2							
黄河干流	0	0	0	0	0	0	0	0	0	0	0	21 214	2 286	0	23 500	0
南水北调	3 964	0	0	2 219	1 297	0	7 480	0	5 720	0	0	0	0	0	5 720	0
大型水库	0	0	0	0	0	0	0	0	0	0	0	6 280	0	0	6 280	0
地表水	0	0	2 215	0	0	219	2 434	0	0	0	15 717	0	0	0	15 717	0
地下水	0	354	1 083	8 479	0	0	16 600	6 684	1 366	3 177	50 357	0	0	0	54 900	0
中水	0	0	0	0	0	2 874	2 875	1	0	0	0	7 486	0	939	8 425	0
雨水	0	0	0	0	0	7	7	0	0	0	0	0	0	61	61	0
需水	3 964	355	3 298	10 698	1 297	3 100			7 087	3 177	71 397	46 243	2 287	1 000		
缺水率(%)	0.0	0.2	0.0	0.0	0.0	0.0			0.0	0.0	7.5	24.4	0.0	0.0		

续附表 15-12

项目	城镇生活	农村生活	一产	二产	三产	生态环境	可供	余水	城镇生活	农村生活	一产	二产	三产	生态环境	可供	余水
分区	许－1								许－2							
黄河干流	0	0	0	0	0	0	0	0	0	0	0	2 729	2 271	0	5 000	0
南水北调	3 895	0	0	260	0	0	5 000	845	8 375	0	0	17 225	0	0	25 600	0
大型水库	0	0	0	0	0	0	0	0	0	0	0	15 700	0	0	15 700	0
地表水	0	0	1 610	9 335	0	0	10 945	0	0	0	6 169	0	0	0	6 169	0
地下水	0	156	0	0	0	0	4 844	4 688	0	5 482	40 953	0	0	0	46 435	0
中水	0	0	0	134	591	1 950	2 675	0	0	0	0	8 339	0	950	9 290	1
雨水	0	0	0	0	0	50	50	0	0	0	0	0	0	50	50	0
需水	3 895	157	1 610	9 729	591	2 000			8 375	5 483	69 710	50 371	2 271	1 000		
缺水率(%)	0.0	0.3	0.0	0.0	0.1	0.0			0.0	0.0	32.4	12.7	0.0	0.0		
分区	漯－1								漯－2							
黄河干流	0	0	0	0	0	0	0	0	0	0	0	0	0	0	0	0
南水北调	5 026	0	527	11 117	0	0	16 670	0	3 248	0	1 245	4 437	0	0	8 930	0
大型水库	0	0	0	5 356	0	0	5 356	0	0	0	0	7 516	0	0	7 516	0
地表水	0	0	1 657	0	0	0	1 657	0	0	0	3 081	0	0	0	3 082	1
地下水	0	978	9 806	0	0	0	10 784	0	0	1 598	9 441	0	0	0	11 040	1
中水	0	0	0	2 921	961	1 196	5 078	0	0	0	0	1 596	352	1 144	3 092	0
雨水	0	0	0	0	0	200	200	0	0	0	0	0	0	200	200	0
需水	5 026	979	23 978	21 072	961	1 397			3 249	1 599	22 944	16 261	353	1 345		
缺水率(%)	0.0	0.1	50.0	8.0	0.0	0.1			0.0	0.0	40.0	16.7	0.3	0.1		
分区	济源								城市群							
黄河干流	0	0	0	3 288	712	0	7 000	3 000	0	0	85 346	138 683	30 059	11 294	270 775	5 393
南水北调	0	0	0	0	0	0	0	0	91 236	0	4 337	75 998	3 914	0	188 260	2 775
大型水库	0	0	0	9 460	0	0	9 461	1	0	0	0	122 814	0	0	122 816	2
地表水	0	0	15 736	992	0	0	25 287	8 559	0	0	169 741	10 327	0	219	188 850	8 563
地下水	2 341	594	0	0	0	0	8 264	5 329	38 545	48 612	276 647	48 537	0	0	472 748	60 407
中水	0	0	0	3 536	0	253	3 790	1	0	0	0	37 649	5 099	82 281	125 037	8
雨水	0	0	0	0	0	197	197	0	0	0	0	0	0	7 832	7 834	2
需水	2 342	594	15 737	17 276	712	450			129 789	48 619	611 255	476 293	39 079	101 629		
缺水率(%)	0.0	0.1	0.0	0.0	0.0	0.0			0.0	0.0	12.3	8.9	0.0	0.0		

附表15-13 均衡发展型2015年黄河干流+南水北调与强化节水组合方案12配置成果 （单位：万 m^3）

项目	城镇生活	农村生活	一产	二产	三产	生态环境	可供	余水	城镇生活	农村生活	一产	二产	三产	生态环境	可供	余水
分区	郑－1								郑－2							
黄河干流	0	0	0	23 078	7 696	8 501	39 275	0	0	0	0	25 581	3 144	0	28 725	0
南水北调	23 805	0	0	5 835	0	0	31 270	1 630	10 467	0	0	19 516	0	0	30 430	447
大型水库	0	0	0	0	0	0	0	0	0	0	0	3 000	0	0	3 000	0
地表水	0	0	4 021	0	0	0	4 021	0	0	0	22 678	0	0	0	22 678	0
地下水	0	797	6 342	0	0	0	8 333	1 194	0	7 164	26 874	5 885	0	0	48 061	8 138
中水	0	0	0	0	0	18 686	18 686	0	0	0	0	2 904	0	17 488	20 392	0
雨水	0	0	0	0	0	524	524	0	0	0	0	0	0	1 012	1 012	0
需水	23 806	797	10 363	28 914	7 697	27 712			10 467	7 165	49 552	56 887	3 145	18 500		
缺水率(%)	0.0	0.0	0.0	0.0	0.0	0.0			0.0	0.0	0.0	0.0	0.0	0.0		
分区	开－1								开－2							
黄河干流	0	0	7 188	6 132	925	1 502	18 947	3 200	0	0	37 354	17 371	1 803	0	56 529	1
南水北调	0	0	0	0	0	0	0	0	0	0	0	0	0	0	0	0
大型水库	0	0	0	0	0	0	0	0	0	0	0	0	0	0	0	0
地表水	0	0	700	0	0	0	700	0	0	0	6 300	0	0	0	6 300	0
地下水	4 467	267	0	0	0	0	5 817	1 083	9 050	6 234	53 417	0	0	0	68 701	0
中水	0	0	0	0	0	2 967	2 968	1	0	0	0	4 323	0	2 132	6 455	0
雨水	0	0	0	0	0	1 035	1 035	0	0	0	0	0	0	1 896	1 897	1
需水	4 468	267	7 888	6 132	925	5 504			9 051	6 235	98 370	21 695	1 803	4 029		
缺水率(%)	0.0	0.0	0.0	0.0	0.0	0.0			0.0	0.0	1.3	0.0	0.0	0.0		
分区	洛－1								洛－2							
黄河干流	0	0	132	8 891	3 286	1 291	13 600	0	0	0	2 263	2 465	2 772	0	7 500	0
南水北调	0	0	0	0	0	0	0	0	0	0	0	0	0	0	0	0
大型水库	0	0	0	5 123	0	0	5 123	0	0	0	0	36 518	0	0	36 518	0
地表水	0	0	6 217	0	0	0	6 217	0	0	0	29 356	0	0	0	29 356	0
地下水	8 432	75	0	20 776	0	0	31 624	2 341	8 334	9 309	21 698	0	0	0	53 671	14 330
中水	0	0	0	0	0	7 716	7 716	0	0	0	0	852	0	11 235	12 087	0
雨水	0	0	0	0	0	500	500	0	0	0	0	0	0	1 000	1 000	0
需水	8 433	75	6 350	34 791	3 286	9 507			8 335	9 309	53 318	39 836	2 773	12 235		
缺水率(%)	0.0	0.0	0.0	0.0	0.0	0.0			0.0	0.0	0.0	0.0	0.0	0.0		

续附表 15-13

项目	城镇生活	农村生活	一产	二产	三产	生态环境	可供	余水	城镇生活	农村生活	一产	二产	三产	生态环境	可供	余水
分区	平－1								平－2							
黄河干流	0	0	0	0	0	0	0	0	0	0	0	0	0	0	0	0
南水北调	4 433	0	2 469	0	0	0	10 170	3 268	9 825	0	0	3 107	1 898	0	14 830	0
大型水库	0	0	74	13 796	0	0	13 870	0	0	0	0	19 991	0	0	19 991	0
地表水	0	0	1 814	0	0	0	1 815	1	0	0	29 144	0	0	0	29 145	1
地下水	0	333	123	0	0	0	456	0	0	5 403	11 468	0	0	0	16 871	0
中水	0	0	0	1 384	1 530	1 507	4 421	0	0	0	0	0	142	6 444	6 587	1
雨水	0	0	0	0	0	400	400	0	0	0	0	0	0	500	500	0
需水	4 433	333	4 481	15 180	1 530	1 907			9 825	5 403	56 576	31 070	2 040	6 944		
缺水率(%)	0.0	0.0	0.0	0.0	0.0	0.0			0.0	0.0	28.2	25.7	0.0	0.0		
分区	新－1								新－2							
黄河干流	0	0	0	0	0	0	0	0	0	0	51 999	19 713	1 988	0	73 700	0
南水北调	4 763	0	0	6 095	1 514	0	13 300	928	8 860	0	0	0	0	0	8 860	0
大型水库	0	0	0	0	0	0	0	0	0	0	0	0	0	0	0	0
地表水	0	0	1 383	0	0	0	1 383	0	0	0	21 943	0	0	0	21 943	0
地下水	0	244	4 398	0	0	0	11 735	7 093	1 981	6 447	29 906	0	0	0	74 611	36 277
中水	0	0	0	1 304	0	1 900	3 205	1	0	0	0	4 393	0	2 900	7 294	1
雨水	0	0	0	0	0	100	100	0	0	0	0	0	0	100	100	0
需水	4 763	245	5 782	7 399	1 514	2 000			10 842	6 448	103 848	24 107	1 989	3 000		
缺水率(%)	0.0	0.4	0.0	0.0	0.0	0.0			0.0	0.0	0.0	0.0	0.1	0.0		
分区	焦－1								焦－2							
黄河干流	0	0	0	0	0	0	0	0	0	0	0	21 500	2 000	0	23 500	0
南水北调	3 909	0	0	2 437	1 134	0	7 480	0	5 720	0	0	0	0	0	5 720	0
大型水库	0	0	0	0	0	0	0	0	0	0	0	6 280	0	0	6 280	0
地表水	0	0	2 215	0	0	219	2 434	0	0	0	15 717	0	0	0	15 717	0
地下水	0	354	1 035	6 458	0	0	16 600	8 753	1 265	3 177	50 458	0	0	0	54 900	0
中水	0	0	0	0	0	2 874	2 875	1	0	0	0	7 486	0	939	8 425	0
雨水	0	0	0	0	0	7	7	0	0	0	0	0	0	61	61	0
需水	3 909	355	3 251	8 896	1 135	3 100			6 985	3 177	70 214	44 579	2 000	1 000		
缺水率(%)	0.0	0.3	0.0	0.0	0.1	0.0			0.0	0.0	5.8	20.9	0.0	0.0		

续附表 15-13

项目	城镇生活	农村生活	一产	二产	三产	生态环境	可供	余水	城镇生活	农村生活	一产	二产	三产	生态环境	可供	余水
分区	许 -1								许 -2							
黄河干流	0	0	0	0	0	0	0	0	0	0	0	3 014	1 986	0	5 000	0
南水北调	3 841	0	0	250	0	0	5 000	909	8 255	0	14 478	2 867	0	0	25 600	0
大型水库	0	0	0	0	0	0	0	0	0	0	0	15 700	0	0	15 700	0
地表水	0	0	1 600	9 345	0	0	10 945	0	0	0	6 169	0	0	0	6 169	0
地下水	0	156	0	0	0	0	4 844	4 688	0	5 482	40 953	0	0	0	46 435	0
中水	0	0	0	208	517	1 950	2 675	0	0	0	0	8 339	0	950	9 290	1
雨水	0	0	0	0	0	50	50	0	0	0	0	0	0	50	50	0
需水	3 842	157	1 600	9 803	517	2 000			8 256	5 483	68 645	29 920	1 987	1 000		
缺水率(%)	0.0	0.6	0.0	0.0	0.0	0.0			0.0	0.0	10.3	0.0	0.1	0.0		
分区	漯 -1								漯 -2							
黄河干流	0	0	0	0	0	0	0	0	0	0	0	0	0	0	0	0
南水北调	4 956	0	419	4 065	840	0	16 670	6 390	3 320	0	5 302	0	308	0	8 930	0
大型水库	0	0	0	5 356	0	0	5 356	0	0	0	841	6 675	0	0	7 516	0
地表水	0	0	1 657	0	0	0	1 657	0	0	0	3 081	0	0	0	3 082	1
地下水	0	978	9 806	0	0	0	10 784	0	0	1 598	9 441	0	0	0	11 040	1
中水	0	0	0	3 882	0	1 196	5 078	0	0	0	0	1 948	0	1 144	3 092	0
雨水	0	0	0	0	0	200	200	0	0	0	0	0	0	200	200	0
需水	4 957	979	23 764	13 303	841	1 397			3 321	1 599	22 693	8 623	309	1 345		
缺水率(%)	0.0	0.1	50.0	0.0	0.1	0.1			0.0	0.1	17.7	0.0	0.3	0.1		
分区	济源								城市群							
黄河干流	0	0	0	3 378	622	0	4 000	0	0	0	98 936	131 123	26 222	11 294	270 776	3 201
南水北调	0	0	0	0	0	0	0	0	92 154	0	22 668	44 172	5 694	0	178 260	13 572
大型水库	0	0	0	5 929	0	0	9 461	3 532	0	0	915	118 368	0	0	122 815	3 532
地表水	0	0	15 511	0	0	0	25 287	9 776	0	0	169 506	9 345	0	219	188 849	9 779
地下水	2 308	594	0	0	0	0	8 264	5 362	35 837	48 612	265 919	33 119	0	0	472 747	89 260
中水	0	0	0	3 536	0	253	3 790	1	0	0	0	40 559	2 189	82 281	125 036	7
雨水	0	0	0	0	0	197	197	0	0	0	0	0	0	7 832	7 833	1
需水	2 308	594	15 512	12 844	623	450			128 001	48 621	602 208	374 086	34 113	101 630		
缺水率(%)	0.0	0.0	0.0	0.0	0.2	0.0			0.0	0.0	0.1	0.0	0.0	0.0		

附表 15-14　均衡发展型 2015 年产业结构调整方案一需水与黄河干流 + 南水北调 + 大型水库供水组合方案 13 配置成果　（单位：万 m^3）

项目	城镇生活	农村生活	一产	二产	三产	生态环境	可供	余水	城镇生活	农村生活	一产	二产	三产	生态环境	可供	余水
分区	郑 -1								郑 -2							
黄河干流	0	0	0	19 922	10 852	8 501	39 275	0	0	0	0	24 292	4 433	0	28 725	0
南水北调	24 246	0	0	7 024	0	0	31 270	0	10 613	0	0	19 817	0	0	30 430	0
大型水库	0	0	0	0	0	0	0	0	0	0	0	3 000	0	0	3 000	0
地表水	0	0	4 021	0	0	0	4 021	0	0	0	22 678	0	0	0	22 678	0
地下水	0	797	3 114	4 421	0	0	8 333	1	0	7 164	27 371	13 526	0	0	48 061	0
中水	0	0	0	0	0	18 686	18 686	0	0	0	0	2 904	0	17 488	20 392	0
雨水	0	0	0	0	0	524	524	0	0	0	0	0	0	1 012	1 012	0
需水	24 246	797	10 438	31 367	10 852	27 711			10 613	7 164	50 049	67 070	4 434	18 500		
缺水率(%)	0.0	0.0	31.6	0.0	0.0	0.0			0.0	0.0	0.0	5.3	0.0	0.0		
分区	开 -1								开 -2							
黄河干流	0	0	7 313	6 072	1 301	1 502	18 947	2 759	0	0	38 221	15 774	2 533	0	56 529	1
南水北调	0	0	0	0	0	0	0	0	0	0	0	0	0	0	0	0
大型水库	0	0	0	0	0	0	0	0	0	0	0	0	0	0	0	0
地表水	0	0	700	0	0	0	700	0	0	0	6 300	0	0	0	6 300	0
地下水	4 526	267	0	0	0	0	5 817	1 024	9 177	6 234	53 290	0	0	0	68 701	0
中水	0	0	0	0	0	2 967	2 968	1	0	0	0	4 323	0	2 132	6 455	0
雨水	0	0	0	0	0	1 035	1 035	0	0	0	0	0	0	1 896	1 897	1
需水	4 526	267	8 014	6 072	1 301	5 504			9 177	6 235	100 686	20 098	2 534	4 029		
缺水率(%)	0.0	0.0	0.0	0.0	0.0	0.0			0.0	0.0	2.9	0.0	0.0	0.0		
分区	洛 -1								洛 -2							
黄河干流	0	0	216	7 472	4 621	1 291	13 600	0	0	0	0	3 604	3 896	0	7 500	0
南水北调	0	0	0	0	0	0	0	0	0	0	0	0	0	0	0	0
大型水库	0	0	0	5 123	0	0	5 123	0	0	0	0	31 518	0	0	36 518	5 000
地表水	0	0	6 217	0	0	0	6 217	0	0	0	29 356	0	0	0	29 356	0
地下水	8 546	75	0	6 415	0	0	31 624	16 588	8 451	9 309	24 740	10 390	0	0	53 671	781
中水	0	0	0	0	0	7 716	7 716	0	0	0	0	852	0	11 235	12 087	0
雨水	0	0	0	0	0	500	500	0	0	0	0	0	0	1 000	1 000	0
需水	8 547	75	6 434	19 011	4 622	9 507			8 451	9 309	54 096	46 365	3 896	12 235		
缺水率(%)	0.0	0.5	0.0	0.0	0.0	0.0			0.0	0.0	0.0	0.0	0.0	0.0		

续附表 15-14

项目	城镇生活	农村生活	一产	二产	三产	生态环境	可供	余水	城镇生活	农村生活	一产	二产	三产	生态环境	可供	余水
分区	平－1								平－2							
黄河干流	0	0	0	0	0	0	0	0	0	0	0	0	0	0	0	0
南水北调	4 494	0	2 565	1 922	0	0	10 170	1 189	9 967	0	0	2 143	2 720	0	14 830	0
大型水库	0	0	0	13 870	0	0	13 870	0	0	0	0	24 991	0	0	24 991	0
地表水	0	0	1 814	0	0	0	1 815	1	0	0	29 144	0	0	0	29 145	1
地下水	0	333	123	0	0	0	456	0	0	5 403	11 468	0	0	0	16 871	0
中水	0	0	0	768	2 146	1 507	4 421	0	0	0	0	0	142	6 444	6 587	1
雨水	0	0	0	0	0	400	400	0	0	0	0	0	0	500	500	0
需水	4 494	333	4 503	16 560	2 147	1 907			9 968	5 403	57 083	28 440	2 862	6 944		
缺水率(%)	0.0	0.1	0.0	0.0	0.0	0.0			0.0	0.0	28.9	4.6	0.0	0.0		
分区	新－1								新－2							
黄河干流	0	0	0	0	0	0	0	0	0	0	43 773	27 137	2 790	0	73 700	0
南水北调	4 828	0	0	7 652	820	0	13 300	0	8 860	0	0	0	0	0	8 860	0
大型水库	0	0	0	0	0	0	0	0	0	0	0	0	0	0	0	0
地表水	0	0	1 383	0	0	0	1 383	0	0	0	21 943	0	0	0	21 943	0
地下水	0	244	4 483	2 780	0	0	11 735	4 228	2 138	6 447	39 697	0	0	0	74 611	26 329
中水	0	0	0	0	1 304	1 900	3 205	1	0	0	0	4 393	0	2 900	7 294	1
雨水	0	0	0	0	0	100	100	0	0	0	0	0	0	100	100	0
需水	4 829	245	5 867	10 433	2 125	2 000			10 999	6 448	105 413	31 531	2 790	3 000		
缺水率(%)	0.0	0.2	0.0	0.0	0.0	0.0			0.0	0.0	0.0	0.0	0.0	0.0		
分区	焦－1								焦－2							
黄河干流	0	0	0	0	0	0	0	0	0	0	0	20 694	2 806	0	23 500	0
南水北调	3 964	0	0	1 925	1 591	0	7 480	0	5 720	0	0	0	0	0	5 720	0
大型水库	0	0	0	0	0	0	0	0	0	0	0	7 280	0	0	7 280	0
地表水	0	0	2 215	0	0	219	2 434	0	0	0	15 717	0	0	0	15 717	0
地下水	0	354	1 083	7 800	0	0	16 600	7 363	1 366	3 177	50 357	0	0	0	54 900	0
中水	0	0	0	0	0	2 874	2 875	1	0	0	0	7 486	0	939	8 425	0
雨水	0	0	0	0	0	7	7	0	0	0	0	0	0	61	61	0
需水	3 964	355	3 298	9 726	1 592	3 100			7 087	3 177	71 397	42 039	2 806	1 000		
缺水率(%)	0.0	0.2	0.0	0.0	0.1	0.0			0.0	0.0	7.5	15.7	0.0	0.0		

续附表 15-14

项目	城镇生活	农村生活	一产	二产	三产	生态环境	可供	余水	城镇生活	农村生活	一产	二产	三产	生态环境	可供	余水
分区	许－1								许－2							
黄河干流	0	0	0	0	0	0	0	0	0	0	0	2 213	2 787	0	5 000	0
南水北调	3 895	0	0	0	0	0	5 000	1 105	8 375	0	0	17 225	0	0	25 600	0
大型水库	0	0	0	0	0	0	0	0	0	0	0	15 700	0	0	15 700	0
地表水	0	0	1 610	8 844	0	0	10 945	491	0	0	6 169	0	0	0	6 169	0
地下水	0	156	0	0	0	0	4 844	4 688	0	5 482	40 953	0	0	0	46 435	0
中水	0	0	0	0	725	1 950	2 675	0	0	0	0	8 339	0	950	9 290	1
雨水	0	0	0	0	0	50	50	0	0	0	0	0	0	50	50	0
需水	3 895	157	1 610	8 845	726	2 000			8 375	5 483	69 710	45 792	2 787	1 000		
缺水率(%)	0.0	0.3	0.0	0.0	0.1	0.0			0.0	0.0	32.4	5.1	0.0	0.0		
分区	漯－1								漯－2							
黄河干流	0	0	0	0	0	0	0	0	0	0	0	0	0	0	0	0
南水北调	5 026	0	547	11 097	0	0	16 670	0	3 248	0	1 245	4 437	0	0	8 930	0
大型水库	0	0	0	5 356	0	0	5 356	0	0	0	0	7 516	0	0	7 516	0
地表水	0	0	1 657	0	0	0	1 657	0	0	0	3 081	0	0	0	3 082	1
地下水	0	978	9 806	0	0	0	10 784	0	0	1 598	9 441	0	0	0	11 040	1
中水	0	0	0	2 703	1 179	1 196	5 078	0	0	0	0	1 515	433	1 144	3 092	0
雨水	0	0	0	0	0	200	200	0	0	0	0	0	0	200	200	0
需水	5 026	979	23 978	19 156	1 180	1 397			3 249	1 599	22 944	14 782	433	1 345		
缺水率(%)	0.0	0.1	49.9	0.0	0.0	0.1			0.0	0.0	40.0	8.9	0.0	0.1		
分区	济源								城市群							
黄河干流	0	0	0	3 126	874	0	4 000	0	0	0	89 523	130 306	36 893	11 294	270 775	2 759
南水北调	0	0	0	0	0	0	0	0	93 236	0	4 357	73 242	5 131	0	178 260	2 294
大型水库	0	0	0	8 460	0	0	8 461	1	0	0	0	122 814	0	0	122 816	2
地表水	0	0	15 736	583	0	0	25 287	8 968	0	0	169 741	9 427	0	219	188 850	9 463
地下水	2 341	594	0	0	0	0	8 264	5 329	36 545	48 612	275 926	45 332	0	0	472 748	66 333
中水	0	0	0	3 536	0	253	3 790	1	0	0	0	36 819	5 929	82 281	125 037	8
雨水	0	0	0	0	0	197	197	0	0	0	0	0	0	7 832	7 834	2
需水	2 342	594	15 737	15 706	874	450			129 789	48 620	611 256	432 994	47 960	101 629		
缺水率(%)	0.0	0.1	0.0	0.0	0.0	0.0			0.0	0.0	11.7	3.5	0.0	0.0		

附表 15-15 均衡发展型 2015 年产业结构调整方案二需水与黄河干流 + 南水北调 + 大型水库供水组合方案 14 配置成果 （单位：万 m^3）

项目	城镇生活	农村生活	一产	二产	三产	生态环境	可供	余水	城镇生活	农村生活	一产	二产	三产	生态环境	可供	余水
分区	郑 -1								郑 -2							
黄河干流	0	0	0	18 932	8 842	8 501	36 275	0	0	0	0	25 113	3 612	0	28 725	0
南水北调	24 246	0	0	7 024	0	0	31 270	0	10 613	0	0	19 817	0	0	30 430	0
大型水库	0	0	0	0	0	0	0	0	0	0	0	3 000	0	0	3 000	0
地表水	0	0	4 021	0	0	0	4 021	0	0	0	22 678	0	0	0	22 678	0
地下水	0	797	1 199	6 336	0	0	8 333	1	0	7 164	27 371	13 526	0	0	48 061	0
中水	0	0	0	0	0	18 686	18 686	0	0	0	0	2 904	0	17 488	20 392	0
雨水	0	0	0	0	0	524	524	0	0	0	0	0	0	1 012	1 012	0
需水	24 246	797	10 438	34 504	8 842	27 711			10 613	7 164	50 049	73 778	3 613	18 500		
缺水率(%)	0.0	0.0	50.0	6.4	0.0	0.0			0.0	0.0	0.0	12.8	0.0	0.0		
分区	开 -1								开 -2							
黄河干流	0	0	7 313	6 679	1 060	1 502	18 947	2 393	0	0	36 680	17 784	2 064	0	56 529	1
南水北调	0	0	0	0	0	0	0	0	0	0	0	0	0	0	0	0
大型水库	0	0	0	0	0	0	0	0	0	0	0	0	0	0	0	0
地表水	0	0	700	0	0	0	700	0	0	0	6 300	0	0	0	6 300	0
地下水	4 526	267	0	0	0	0	5 817	1 024	9 177	6 234	53 290	0	0	0	68 701	0
中水	0	0	0	0	0	2 967	2 968	1	0	0	0	4 323	0	2 132	6 455	0
雨水	0	0	0	0	0	1 035	1 035	0	0	0	0	0	0	1 896	1 897	1
需水	4 526	267	8 014	6 680	1 060	5 504			9 177	6 235	100 686	22 108	2 065	4 029		
缺水率(%)	0.0	0.0	0.0	0.0	0.0	0.0			0.0	0.0	4.4	0.0	0.0	0.0		
分区	洛 -1								洛 -2							
黄河干流	0	0	216	8 328	3 765	1 291	13 600	0	0	0	0	4 326	3 174	0	7 500	0
南水北调	0	0	0	0	0	0	0	0	0	0	0	0	0	0	0	0
大型水库	0	0	0	2 123	0	0	2 123	0	0	0	0	36 518	0	0	36 518	0
地表水	0	0	6 217	0	0	0	6 217	0	0	0	29 356	0	0	0	29 356	0
地下水	8 546	75	0	10 460	0	0	31 624	12 543	8 451	9 309	24 740	9 305	0	0	53 671	1 866
中水	0	0	0	0	0	7 716	7 716	0	0	0	0	852	0	11 235	12 087	0
雨水	0	0	0	0	0	500	500	0	0	0	0	0	0	1 000	1 000	0
需水	8 547	75	6 434	20 912	3 766	9 507			8 451	9309	54 096	51 001	3 175	12 235		
缺水率(%)	0.0	0.5	0.0	0.0	0.0	0.0			0.0	0.0	0.0	0.0	0.0	0.0		

续附表 15-15

项目	城镇生活	农村生活	一产	二产	三产	生态环境	可供	余水	城镇生活	农村生活	一产	二产	三产	生态环境	可供	余水
分区	平－1								平－2							
黄河干流	0	0	0	0	0	0	0	0	0	0	0	0	0	0	0	0
南水北调	4 494	0	2 565	3 181	0	0	11 170	930	9 967	0	0	2 673	2 190	0	14 830	0
大型水库	0	0	0	13 870	0	0	13 870	0	0	0	0	22 991	0	0	25 991	0
地表水	0	0	1 814	0	0	0	1 815	1	0	0	29 144	0	0	0	29 145	1
地下水	0	333	123	0	0	0	456	0	0	5 403	11 468	0	0	0	16 871	0
中水	0	0	0	1 165	1 749	1 507	4 421	0	0	0	0	0	142	6 444	6 587	1
雨水	0	0	0	0	0	400	400	0	0	0	0	0	0	500	500	0
需水	4 494	333	4 503	18 216	1 749	1 907			9 968	5403	57 083	31 284	2 332	6 944		
缺水率(%)	0.0	0.1	0.0	0.0	0.0	0.0			0.0	0.0	28.9	18.0	0.0	0.0		
分区	新－1								新－2							
黄河干流	0	0	0	0	0	0	0	0	0	0	41 137	30 290	2 273	0	73 700	0
南水北调	4 828	0	0	8 045	427	0	13 300	0	6 860	0	0	0	0	0	6 860	0
大型水库	0	0	0	0	0	0	0	0	0	0	0	0	0	0	0	0
地表水	0	0	1 383	0	0	0	1 383	0	0	0	21 943	0	0	0	21 943	0
地下水	0	244	4 483	3 431	0	0	11 735	3 577	4 138	6 447	42 333	0	0	0	74 611	21 693
中水	0	0	0	0	1 304	1 900	3 205	1	0	0	0	4 393	0	2 900	7 294	1
雨水	0	0	0	0	0	100	100	0	0	0	0	0	0	100	100	0
需水	4 829	245	5 867	11 476	1 731	2 000			10 999	6 448	105 413	34 684	2 274	3 000		
缺水率(%)	0.0	0.2	0.0	0.0	0.0	0.0			0.0	0.0	0.0	0.0	0.0	0.0		
分区	焦－1								焦－2							
黄河干流	0	0	0	0	0	0	0	0	0	0	0	21 214	2 286	0	23 500	0
南水北调	3 964	0	0	2 219	1 297	0	7 480	0	5 720	0	0	0	0	0	5 720	0
大型水库	0	0	0	0	0	0	0	0	0	0	0	9 280	0	0	9 280	0
地表水	0	0	2 215	0	0	219	2 434	0	0	0	15 717	0	0	0	15 717	0
地下水	0	354	1 083	8 479	0	0	16 600	6 684	1 366	3 177	50 357	0	0	0	54 900	0
中水	0	0	0	0	0	2 874	2 875	1	0	0	0	7 486	0	939	8 425	0
雨水	0	0	0	0	0	7	7	0	0	0	0	0	0	61	61	0
需水	3 964	355	3 298	10 698	1 297	3 100			7 087	3 177	71 397	46 243	2 287	1 000		
缺水率(%)	0.0	0.2	0.0	0.0	0.0	0.0			0.0	0.0	7.5	17.9	0.0	0.0		

续附表 15-15

项目	城镇生活	农村生活	一产	二产	三产	生态环境	可供	余水	城镇生活	农村生活	一产	二产	三产	生态环境	可供	余水
分区	许－1								许－2							
黄河干流	0	0	0	0	0	0	0	0	0	0	0	2 729	2 271	0	5 000	0
南水北调	3 895	0	0	260	0	0	5 000	845	8 375	0	0	17 225	0	0	25 600	0
大型水库	0	0	0	0	0	0	0	0	0	0	0	15 700	0	0	15 700	0
地表水	0	0	1 610	9 335	0	0	10 945	0	0	0	6 169	0	0	0	6 169	0
地下水	0	156	0	0	0	0	4 844	4 688	0	5 482	40 953	0	0	0	46 435	0
中水	0	0	0	134	591	1 950	2 675	0	0	0	0	8 339	0	950	9 290	1
雨水	0	0	0	0	0	50	50	0	0	0	0	0	0	50	50	0
需水	3 895	157	1 610	9 729	591	2 000			8 375	5 483	69 710	50 371	2 271	1 000		
缺水率(%)	0.0	0.3	0.0	0.0	0.1	0.0			0.0	0.0	32.4	12.7	0.0	0.0		
分区	漯－1								漯－2							
黄河干流	0	0	0	0	0	0	0	0	0	0	0	0	0	0	0	0
南水北调	5 026	0	527	11 117	0	0	16 670	0	3 248	0	1 245	4 437	0	0	8 930	0
大型水库	0	0	0	5 356	0	0	5 356	0	0	0	0	7 516	0	0	7 516	0
地表水	0	0	1 657	0	0	0	1 657	0	0	0	3 081	0	0	0	3 082	1
地下水	0	978	9 806	0	0	0	10 784	0	0	1 598	9 441	0	0	0	11 040	1
中水	0	0	0	2 921	961	1 196	5 078	0	0	0	0	1 596	352	1 144	3 092	0
雨水	0	0	0	0	0	200	200	0	0	0	0	0	0	200	200	0
需水	5 026	979	23 978	21 072	961	1 397			3 249	1 599	22 944	16 261	353	1 345		
缺水率(%)	0.0	0.1	50.0	8.0	0.0	0.1			0.0	0.0	40.0	16.7	0.3	0.1		
分区	济源								城市群							
黄河干流	0	0	0	3 288	712	0	7 000	3 000	0	0	85 346	138 683	30 059	11 294	270 775	5 393
南水北调	0	0	0	0	0	0	0	0	91 236	0	4 337	75 998	3 914	0	188 260	2 775
大型水库	0	0	0	6 460	0	0	6 461	1	0	0	0	122 814	0	0	122 816	2
地表水	0	0	15 736	3 992	0	0	25 287	5 559	0	0	169 741	13 327	0	219	188 850	5 563
地下水	2 341	594	0	0	0	0	8 264	5 329	38 545	48 612	276 647	51 537	0	0	472 748	57 407
中水	0	0	0	3 536	0	253	3 790	1	0	0	0	37 649	5 099	82 281	125 037	8
雨水	0	0	0	0	0	197	197	0	0	0	0	0	0	7 832	7 834	2
需水	2 342	594	15 737	17 276	712	450			129 789	48 619	611 255	476 293	39 079	101 629		
缺水率(%)	0.0	0.1	0.0	0.0	0.0	0.0			0.0	0.0	12.3	7.6	0.0	0.0		

附表 15-16　均衡发展型 2015 年黄河干流 + 南水北调 + 大型水库与强化节水组合方案 15 配置成果　（单位：万 m^3）

项目	城镇生活	农村生活	一产	二产	三产	生态环境	可供	余水	城镇生活	农村生活	一产	二产	三产	生态环境	可供	余水
分区	郑－1								郑－2							
黄河干流	0	0	0	23 078	7 696	8 501	39 275	0	0	0	0	25 581	3 144	0	28 725	0
南水北调	23 805	0	0	5 835	0	0	31 270	1 630	10 467	0	0	19 963	0	0	30 430	0
大型水库	0	0	0	0	0	0	0	0	0	0	0	3 000	0	0	3 000	0
地表水	0	0	4 021	0	0	0	4 021	0	0	0	22 678	0	0	0	22 678	0
地下水	0	797	6 342	0	0	0	8 333	1 194	0	7 164	26 874	5 438	0	0	48 061	8 585
中水	0	0	0	0	0	18 686	18 686	0	0	0	0	2 904	0	17 488	20 392	0
雨水	0	0	0	0	0	524	524	0	0	0	0	0	0	1 012	1 012	0
需水	23 806	797	10 363	28 914	7 697	27 712			10 467	7 165	49 552	56 887	3 145	18 500		
缺水率（%）	0.0	0.0	0.0	0.0	0.0	0.0			0.0	0.0	0.0	0.0	0.0	0.0		
分区	开－1								开－2							
黄河干流	0	0	7 188	6 132	925	1 502	18 947	3 200	0	0	37 354	17 371	1 803	0	56 529	1
南水北调	0	0	0	0	0	0	0	0	0	0	0	0	0	0	0	0
大型水库	0	0	0	0	0	0	0	0	0	0	0	0	0	0	0	0
地表水	0	0	700	0	0	0	700	0	0	0	6 300	0	0	0	6 300	0
地下水	4 467	267	0	0	0	0	5 817	1 083	9 050	6 234	53 417	0	0	0	68 701	0
中水	0	0	0	0	0	2 967	2 968	1	0	0	0	4 323	0	2 132	6 455	0
雨水	0	0	0	0	0	1 035	1 035	0	0	0	0	0	0	1 896	1 897	1
需水	4 468	267	7 888	6 132	925	5 504			9 051	6 235	98 370	21 695	1 803	4 029		
缺水率（%）	0.0	0.0	0.0	0.0	0.0	0.0			0.0	0.0	1.3	0.0	0.0	0.0		
分区	洛－1								洛－2							
黄河干流	0	0	132	8 891	3 286	1 291	13 600	0	0	0	0	4 728	2 772	0	7 500	0
南水北调	0	0	0	0	0	0	0	0	0	0	0	0	0	0	0	0
大型水库	0	0	0	5 123	0	0	5 123	0	0	0	0	31 518	0	0	31 518	0
地表水	0	0	6 217	0	0	0	6 217	0	0	0	29 356	0	0	0	29 356	0
地下水	8 432	75	0	20 776	0	0	31 624	2 341	8 334	9 309	23 961	2 737	0	0	53 671	9 330
中水	0	0	0	0	0	7 716	7 716	0	0	0	0	852	0	11 235	12 087	0
雨水	0	0	0	0	0	500	500	0	0	0	0	0	0	1 000	1 000	0
需水	8 433	75	6 350	34 791	3 286	9 507			8 335	9 309	53 318	39 836	2 773	12 235		
缺水率（%）	0.0	0.0	0.0	0.0	0.0	0.0			0.0	0.0	0.0	0.0	0.0	0.0		

续附表 15-16

项目	城镇生活	农村生活	一产	二产	三产	生态环境	可供	余水	城镇生活	农村生活	一产	二产	三产	生态环境	可供	余水
分区	平－1								平－2							
黄河干流	0	0	0	0	0	0	0	0	0	0	0	0	0	0	0	0
南水北调	4 433	0	2 469	0	0	0	10 170	3 268	9 825	0	0	3 107	1 898	0	14 830	0
大型水库	0	0	74	13 796	0	0	13 870	0	0	0	0	24 991	0	0	24 991	0
地表水	0	0	1 814	0	0	0	1 815	1	0	0	29 144	0	0	0	29 145	1
地下水	0	333	123	0	0	0	456	0	0	5 403	11 468	0	0	0	16 871	0
中水	0	0	0	1 384	1 530	1 507	4 421	0	0	0	0	0	142	6 444	6 587	1
雨水	0	0	0	0	0	400	400	0	0	0	0	0	0	500	500	0
需水	4 433	333	4 481	15 180	1 530	1 907			9 825	5 403	56 576	31 070	2 040	6 944		
缺水率(%)	0.0	0.0	0.0	0.0	0.0	0.0			0.0	0.0	28.2	9.6	0.0	0.0		
分区	新－1								新－2							
黄河干流	0	0	0	0	0	0	0	0	0	0	51 999	19 713	1 988	0	73 700	0
南水北调	4 763	0	0	6 095	1 514	0	13 300	928	8 860	0	0	0	0	0	8 860	0
大型水库	0	0	0	0	0	0	0	0	0	0	0	0	0	0	0	0
地表水	0	0	1 383	0	0	0	1 383	0	0	0	21 943	0	0	0	21 943	0
地下水	0	244	4 398	0	0	0	11 735	7 093	1 981	6 447	29 906	0	0	0	74 611	36 277
中水	0	0	0	1 304	0	1 900	3 205	1	0	0	0	4 393	0	2 900	7 294	1
雨水	0	0	0	0	0	100	100	0	0	0	0	0	0	100	100	0
需水	4 763	245	5 782	7 399	1 514	2 000			10 842	6 448	103 848	24 107	1 989	3 000		
缺水率(%)	0.0	0.4	0.0	0.0	0.0	0.0			0.0	0.0	0.0	0.0	0.1	0.0		
分区	焦－1								焦－2							
黄河干流	0	0	0	0	0	0	0	0	0	0	0	21 500	2 000	0	23 500	0
南水北调	3 909	0	0	2 437	1 134	0	7 480	0	5 720	0	0	0	0	0	5 720	0
大型水库	0	0	0	0	0	0	0	0	0	0	0	7 280	0	0	7 280	0
地表水	0	0	2 215	0	0	219	2 434	0	0	0	15 717	0	0	0	15 717	0
地下水	0	354	1 035	6 458	0	0	16 600	8 753	1 265	3 177	50 458	0	0	0	54 900	0
中水	0	0	0	0	0	2 874	2 875	1	0	0	0	7 486	0	939	8 425	0
雨水	0	0	0	0	0	7	7	0	0	0	0	0	0	61	61	0
需水	3 909	355	3 251	8 896	1 135	3 100			6 985	3 177	70 214	44 579	2 000	1 000		
缺水率(%)	0.0	0.3	0.0	0.0	0.1	0.0			0.0	0.0	5.8	18.6	0.0	0.0		

续附表 15-16

项目	城镇生活	农村生活	一产	二产	三产	生态环境	可供	余水	城镇生活	农村生活	一产	二产	三产	生态环境	可供	余水
分区	许－1								许－2							
黄河干流	0	0	0	0	0	0	0	0	0	0	0	3 014	1 986	0	5 000	0
南水北调	3 841	0	0	250	0	0	5 000	909	8 255	0	14 478	2 867	0	0	25 600	0
大型水库	0	0	0	0	0	0	0	0	0	0	0	15 700	0	0	15 700	0
地表水	0	0	1 600	9 345	0	0	10 945	0	0	0	6 169	0	0	0	6 169	0
地下水	0	156	0	0	0	0	4 844	4 688	0	5 482	40 953	0	0	0	46 435	0
中水	0	0	0	208	517	1 950	2 675	0	0	0	0	8 339	0	950	9 290	1
雨水	0	0	0	0	0	50	50	0	0	0	0	0	0	50	50	0
需水	3 842	157	1 600	9 803	517	2 000			8 256	5 483	68 645	29 920	1 987	1 000		
缺水率(%)	0.0	0.6	0.0	0.0	0.0	0.0			0.0	0.0	10.3	0.0	0.1	0.0		
分区	漯－1								漯－2							
黄河干流	0	0	0	0	0	0	0	0	0	0	0	0	0	0	0	0
南水北调	4 956	0	6 809	4 065	840	0	16 670	0	3 320	0	254	0	308	0	8 930	5 048
大型水库	0	0	0	5 356	0	0	5 356	0	0	0	841	6 675	0	0	7 516	0
地表水	0	0	1 657	0	0	0	1 657	0	0	0	3 081	0	0	0	3 082	1
地下水	0	978	9 806	0	0	0	10 784	0	0	1 598	9 441	0	0	0	11 040	1
中水	0	0	0	3 882	0	1 196	5 078	0	0	0	0	1 948	0	1 144	3 092	0
雨水	0	0	0	0	0	200	200	0	0	0	0	0	0	200	200	0
需水	4 957	979	23 764	13 303	841	1 397			3 321	1 599	22 693	8 623	309	1 345		
缺水率(%)	0.0	0.1	23.1	0.0	0.1	0.1			0.0	0.1	40.0	0.0	0.3	0.1		
分区	济源								城市群							
黄河干流	0	0	0	3 378	622	0	4 000	0	0	0	96 673	133 386	26 222	11 294	270 776	3 201
南水北调	0	0	0	0	0	0	0	0	92 154	0	24 010	44 619	5 694	0	178 260	11 783
大型水库	0	0	0	5 929	0	0	9 461	3 532	0	0	915	119 368	0	0	123 815	3 532
地表水	0	0	15 511	0	0	0	25 287	9 776	0	0	169 506	9 345	0	219	188 849	9 779
地下水	2 308	594	0	0	0	0	8 264	5 362	35 837	48 612	268 182	35 409	0	0	472 747	84 707
中水	0	0	0	3 536	0	253	3 790	1	0	0	0	40 559	2 189	82 281	125 036	7
雨水	0	0	0	0	0	197	197	0	0	0	0	0	0	7 832	7 833	1
需水	2 308	594	15 512	12 844	623	450			128 001	48 621	602 208	393 978	34 113	101 630		
缺水率(%)	0.0	0.0	0.0	0.0	0.2	0.0			0.0	0.0	0.1	0.0	0.0	0.0		

附表 15-17　均衡发展型 2015 年产业结构调整方案一与强化节水组合方案 16 配置成果　（单位：万 m^3）

项目	城镇生活	农村生活	一产	二产	三产	生态环境	可供	余水	城镇生活	农村生活	一产	二产	三产	生态环境	可供	余水
分区	郑－1								郑－2							
黄河干流	0	0	0	16 859	10 390	9 026	36 275	0	0	0	0	1 480	4 245	0	5 725	0
南水北调	23 805	0	0	7 465	0	0	31 270	0	10 467	0	0	9 963	0	0	20 430	0
大型水库	0	0	0	0	0	0	0	0	0	0	0	3 000	0	0	3 000	0
地表水	0	0	4 021	0	0	0	4 021	0	0	0	22 678	0	0	0	22 678	0
地下水	0	797	1 612	5 923	0	0	8 333	1	0	7 164	26 874	14 023	0	0	48 061	0
中水	0	0	0	0	0	18 161	18 686	525	0	0	0	2 258	0	17 488	20 392	646
雨水	0	0	0	0	0	524	524	0	0	0	0	0	0	1 012	1 012	0
需水	23 806	797	10 363	30 247	10 390	27 712			10 467	7 165	49 552	64 758	4 245	18 500		
缺水率(%)	0.0	0.0	45.6	0.0	0.0	0.0			0.0	0.0	0.0	52.6	0.0	0.0		
分区	开－1								开－2							
黄河干流	0	0	7 188	5 725	1 249	1 615	18 947	3 170	0	0	19 187	14 907	2 434	0	36 529	1
南水北调	0	0	0	0	0	0	0	0	0	0	0	0	0	0	0	0
大型水库	0	0	0	0	0	0	0	0	0	0	0	0	0	0	0	0
地表水	0	0	700	0	0	0	700	0	0	0	6 300	0	0	0	6 300	0
地下水	4 467	267	0	0	0	0	5 817	1 083	9 050	6 234	53 417	0	0	0	68 701	0
中水	0	0	0	0	0	2 854	2 968	114	0	0	0	4 042	0	2 132	6 455	281
雨水	0	0	0	0	0	1 035	1 035	0	0	0	0	0	0	1 896	1 897	1
需水	4 468	267	7 888	5 725	1 249	5 504			9 051	6 235	98 370	18 949	2 434	4 029		
缺水率(%)	0.0	0.0	0.0	0.0	0.0	0.0			0.0	0.0	19.8	0.0	0.0	0.0		
分区	洛－1								洛－2							
黄河干流	0	0	132	16 404	4 436	1 628	22 600	0	0	0	802	6 955	3 743	0	11 500	0
南水北调	0	0	0	0	0	0	0	0	0	0	0	0	0	0	0	0
大型水库	0	0	0	1 520	0	0	5 123	3 603	0	0	0	36 518	0	0	36 518	0
地表水	0	0	6 217	0	0	0	6 217	0	0	0	29 356	0	0	0	29 356	0
地下水	8 432	75	0	0	0	0	31 624	23 117	8 334	9 309	23 159	0	0	0	53 671	12 869
中水	0	0	0	0	0	7 379	7 716	337	0	0	0	242	0	11 235	12 087	610
雨水	0	0	0	0	0	500	500	0	0	0	0	0	0	1 000	1 000	0
需水	8 433	75	6 350	17 924	4 436	9 507			8 335	9 309	53 318	43 716	3 743	12 235		
缺水率(%)	0.0	0.5	0.0	0.0	0.0	0.0			0.0	0.0	0.0	0.0	0.0	0.0		

续附表 15-17

项目	城镇生活	农村生活	一产	二产	三产	生态环境	可供	余水	城镇生活	农村生活	一产	二产	三产	生态环境	可供	余水
分区	平－1								平－2							
黄河干流	0	0	0	0	0	0	0	0	0	0	0	0	0	0	0	0
南水北调	4 433	0	2 543	0	1 127	0	20 170	12 067	2 076	0	0	0	2 754	0	4 830	0
大型水库	0	0	0	13 870	0	0	13 870	0	0	0	1 083	18 755	0	153	19 991	0
地表水	0	0	1 814	0	0	0	1 815	1	0	0	29 144	0	0	0	29 145	1
地下水	0	333	123	0	0	0	456	0	7 749	5 403	3 719	0	0	0	16 871	0
中水	0	0	0	1 770	938	1 507	4 421	206	0	0	0	0	0	6 291	6 587	296
雨水	0	0	0	0	0	400	400	0	0	0	0	0	0	500	500	0
需水	4 433	333	4 481	15 640	2 065	1 907			9 825	5 403	56 576	26 860	2 754	6 944		
缺水率(%)	0.0	0.1	0.0	0.0	0.0	0.0			0.0	0.0	40.0	30.2	0.0	0.0		
分区	新－1								新－2							
黄河干流	0	0	0	0	0	0	0	0	0	0	75 302	25 713	2 685	0	103 700	0
南水北调	4 763	0	0	8 684	2 044	0	23 300	7 809	10 841	0	0	0	0	0	16 860	6 019
大型水库	0	0	0	0	0	0	0	0	0	0	0	0	0	0	0	0
地表水	0	0	1 383	0	0	0	1 383	0	0	0	21 943	0	0	0	21 943	0
地下水	0	244	4 398	0	0	0	11 735	7 093	0	6 447	6 603	0	0	0	74 611	61 561
中水	0	0	0	1 169	0	1 900	3 205	136	0	0	0	4 066	0	2 900	7 294	328
雨水	0	0	0	0	0	100	100	0	0	0	0	0	0	100	100	0
需水	4 763	245	5 782	9 853	2 044	2 000			10 842	6 448	103 848	29 779	2 685	3 000		
缺水率(%)	0.0	0.2	0.0	0.0	0.0	0.0			0.0	0.0	0.0	0.0	0.0	0.0		
分区	焦－1								焦－2							
黄河干流	0	0	0	0	0	0	0	0	0	0	0	20 800	2 700	0	23 500	0
南水北调	3 909	0	0	9 185	1 531	0	22 480	7 855	5 720	0	0	0	0	0	5 720	0
大型水库	0	0	0	0	0	0	0	0	0	0	0	6 280	0	0	6 280	0
地表水	0	0	2 090	0	0	344	2 434	0	0	0	15 717	0	0	0	15 717	0
地下水	0	354	1 160	0	0	0	16 600	15 086	1 265	3 177	50 458	0	0	0	54 900	0
中水	0	0	0	0	0	2 749	2 875	126	0	0	0	7 068	0	939	8 425	418
雨水	0	0	0	0	0	7	7	0	0	0	0	0	0	61	61	0
需水	3 909	355	3 251	9 186	1 531	3 100			6 985	3 177	70 214	39 704	2 700	1 000		
缺水率(%)	0.0	0.2	0.0	0.0	0.0	0.0			0.0	0.0	5.8	14.0	0.0	0.0		

续附表 15-17

项目	城镇生活	农村生活	一产	二产	三产	生态环境	可供	余水	城镇生活	农村生活	一产	二产	三产	生态环境	可供	余水
分区	许 -1								许 -2							
黄河干流	0	0	0	0	0	0	0	0	0	0	0	2 318	2 682	0	5 000	0
南水北调	3 841	0	0	0	88	0	5 000	1 071	8 255	0	0	9 345	0	0	17 600	0
大型水库	0	0	0	0	0	0	0	0	0	0	0	15 700	0	0	15 700	0
地表水	0	0	1 600	8 353	0	0	10 945	992	0	0	6 169	0	0	0	6 169	0
地下水	0	156	0	0	0	0	4 844	4 688	0	5 482	40 953	0	0	0	46 435	0
中水	0	0	0	0	610	1 950	2 675	115	0	0	0	7 882	0	950	9 290	458
雨水	0	0	0	0	0	50	50	0	0	0	0	0	0	50	50	0
需水	3 842	157	1 600	8 353	698	2 000			8 256	5 483	68 645	43 248	2 682	1 000		
缺水率(%)	0.0	0.3	0.0	0.0	0.0	0.0			0.0	0.0	31.4	18.5	0.0	0.0		
分区	漯 -1								漯 -2							
黄河干流	0	0	0	0	0	0	0	0	0	0	0	0	0	0	0	0
南水北调	4 956	0	419	160	1 135	0	6 670	0	3 320	0	610	0	0	0	3 930	0
大型水库	0	0	0	5 356	0	0	5 356	0	0	0	485	7 031	0	0	7 516	0
地表水	0	0	1 657	0	0	0	1 657	0	0	0	3 081	0	0	0	3 082	1
地下水	0	978	9 806	0	0	0	10 784	0	0	1 598	9 441	0	0	0	11 040	1
中水	0	0	0	3 644	0	1 196	5 078	238	0	0	0	1 403	416	1 144	3 092	129
雨水	0	0	0	0	0	200	200	0	0	0	0	0	0	200	200	0
需水	4 957	979	23 764	18 092	1 135	1 397			3 321	1 599	22 693	13 961	416	1 345		
缺水率(%)	0.0	0.1	50.0	49.4	0.0	0.1			0.0	0.0	40.0	39.6	0.0	0.1		
分区	济源								城市群							
黄河干流	0	0	0	6 159	841	0	7 000	0	0	0	102 611	117 320	35 405	12 269	270 776	3 171
南水北调	0	0	0	0	0	0	0	0	86 386	0	3 572	44 802	8 679	0	178 260	34 821
大型水库	0	0	0	5 328	0	0	9 461	4 133	0	0	1 568	113 358	0	153	122 815	7 736
地表水	0	0	15 511	0	0	0	25 287	9 776	0	0	169 381	8 353	0	344	188 849	10 771
地下水	2 308	594	0	0	0	0	8 264	5 362	41 605	48 612	231 723	19 946	0	0	472 747	130 861
中水	0	0	0	3 346	0	253	3 790	191	0	0	0	36 890	1 964	81 028	125 036	5 154
雨水	0	0	0	0	0	197	197	0	0	0	0	0	0	7 832	7 833	1
需水	2 308	594	15 512	14 833	841	450			128 000	48 620	510 224	410 829	44 140	106 450		
缺水率(%)	0.0	0.1	0.0	0.0	0.0	0.0			0.0	0.0	0.0	0.2	0.0	0.0		

附表 15-18　均衡发展型 2015 年产业结构调整方案二与强化节水组合方案 17 配置成果

（单位：万 m^3）

项目	城镇生活	农村生活	一产	二产	三产	生态环境	可供	余水	城镇生活	农村生活	一产	二产	三产	生态环境	可供	余水
分区	郑－1								郑－2							
黄河干流	0	0	0	19 309	8 465	8 501	36 275	0	0	0	0	2 266	3 459	0	5 725	0
南水北调	23 805	0	0	7 465	0	0	31 270	0	10 467	0	0	9 963	0	0	20 430	0
大型水库	0	0	0	0	0	0	0	0	0	0	0	3 000	0	0	3 000	0
地表水	0	0	4 021	0	0	0	4 021	0	0	0	22 678	0	0	0	22 678	0
地下水	0	797	2 505	5 030	0	0	8 333	1	0	7 164	26 874	14 023	0	0	48 061	0
中水	0	0	0	0	0	18 686	18 686	0	0	0	0	2 904	0	17 488	20 392	0
雨水	0	0	0	0	0	524	524	0	0	0	0	0	0	1 012	1 012	0
需水	23 806	797	10 363	31 805	8 466	27 712			10 467	7 165	49 552	62 575	3 459	18 500		
缺水率(%)	0.0	0.0	37.0	0.0	0.0	0.0			0.0	0.0	0.0	48.6	0.0	0.0		
分区	开－1								开－2							
黄河干流	0	0	7 188	6 745	1 017	1 502	18 947	2 495	0	0	15 005	19 540	1 983	0	36 529	1
南水北调	0	0	0	0	0	0	0	0	0	0	0	0	0	0	0	0
大型水库	0	0	0	0	0	0	0	0	0	0	0	0	0	0	0	0
地表水	0	0	700	0	0	0	700	0	0	0	6 300	0	0	0	6 300	0
地下水	4 467	267	0	0	0	0	5 817	1 083	9 050	6 234	53 417	0	0	0	68 701	0
中水	0	0	0	0	0	2 967	2 968	1	0	0	0	4 323	0	2 132	6 455	0
雨水	0	0	0	0	0	1 035	1 035	0	0	0	0	0	0	1 896	1 897	1
需水	4 468	267	7 888	6 746	1 018	5 504			9 051	6 235	98 370	23 864	1 984	4 029		
缺水率(%)	0.0	0.0	0.0	0.0	0.1	0.0			0.0	0.0	24.0	0.0	0.0	0.0		
分区	洛－1								洛－2							
黄河干流	0	0	132	17 562	3 615	1 291	22 600	0	0	0	2 001	6 449	3 050	0	11 500	0
南水北调	0	0	0	0	0	0	0	0	0	0	0	0	0	0	0	0
大型水库	0	0	0	5 123	0	0	5 123	0	0	0	0	36 518	0	0	36 518	0
地表水	0	0	6 217	0	0	0	6 217	0	0	0	29 356	0	0	0	29 356	0
地下水	8 432	75	0	15 584	0	0	31 624	7 533	8 334	9 309	21 960	0	0	0	53 671	14 068
中水	0	0	0	0	0	7 716	7 716	0	0	0	0	852	0	11 235	12 087	0
雨水	0	0	0	0	0	500	500	0	0	0	0	0	0	1 000	1 000	0
需水	8 433	75	6 350	38 270	3 615	9 507			8 335	9 309	53 318	43 819	3 050	12 235		
缺水率(%)	0.0	0.5	0.0	0.0	0.0	0.0			0.0	0.0	0.0	0.0	0.0	0.0		

续附表 15-18

项目	城镇生活	农村生活	一产	二产	三产	生态环境	可供	余水	城镇生活	农村生活	一产	二产	三产	生态环境	可供	余水
分区	平－1								平－2							
黄河干流	0	0	0	0	0	0	0	0	0	0	0	0	0	0	0	0
南水北调	4 433	0	2 543	0	1 597	0	20 170	11 597	2 728	0	0	0	2 102	0	4 830	0
大型水库	0	0	0	13 870	0	0	13 870	0	0	0	431	19 560	0	0	19 991	0
地表水	0	0	1 814	0	0	0	1 815	1	0	0	29 144	0	0	0	29 145	1
地下水	0	333	123	0	0	0	456	0	7 097	5 403	4 371	0	0	0	16 871	0
中水	0	0	0	2 828	86	1 507	4 421	0	0	0	0	0	142	6 444	6 587	1
雨水	0	0	0	0	0	400	400	0	0	0	0	0	0	500	500	0
需水	4 433	333	4 481	16 698	1 683	1 907			9 825	5 403	56 576	34 177	2 244	6 944		
缺水率(%)	0.0	0.1	0.0	0.0	0.0	0.0			0.0	0.0	40.0	42.8	0.0	0.0		
分区	新－1								新－2							
黄河干流	0	0	0	0	0	0	0	0	0	0	79 389	22 124	2 187	0	103 700	0
南水北调	4 763	0	0	6 835	1 665	0	23 300	10 037	10 841	0	0	0	0	0	16 860	6 019
大型水库	0	0	0	0	0	0	0	0	0	0	0	0	0	0	0	0
地表水	0	0	1 383	0	0	0	1 383	0	0	0	21 943	0	0	0	21 943	0
地下水	0	244	4 398	0	0	0	11 735	7 093	0	6 447	2 516	0	0	0	74 611	65 648
中水	0	0	0	1 304	0	1 900	3 205	1	0	0	0	4 393	0	2 900	7 294	1
雨水	0	0	0	0	0	100	100	0	0	0	0	0	0	100	100	0
需水	4 763	245	5 782	8 139	1 666	2 000			10 842	6 448	103 848	26 518	2 188	3 000		
缺水率(%)	0.0	0.2	0.0	0.0	0.0	0.0			0.0	0.0	0.0	0.0	0.0	0.0		
分区	焦－1								焦－2							
黄河干流	0	0	0	0	0	0	0	0	0	0	0	21 300	2 200	0	23 500	0
南水北调	3 909	0	0	9 785	1 248	0	22 480	7 538	5 720	0	0	0	0	0	5 720	0
大型水库	0	0	0	0	0	0	0	0	0	0	0	6 280	0	0	6 280	0
地表水	0	0	2 215	0	0	219	2 434	0	0	0	15 717	0	0	0	15 717	0
地下水	0	354	1 035	0	0	0	16 600	15 211	1 265	3 177	50 458	0	0	0	54 900	0
中水	0	0	0	0	0	2 874	2 875	1	0	0	0	7 486	0	939	8 425	0
雨水	0	0	0	0	0	7	7	0	0	0	0	0	0	61	61	0
需水	3 909	355	3 251	9 785	1 248	3 100			6 985	3 177	70 214	49 036	2 200	1 000		
缺水率(%)	0.0	0.2	0.0	0.0	0.0	0.0			0.0	0.0	5.8	28.5	0.0	0.0		

续附表 15-18

项目	城镇生活	农村生活	一产	二产	三产	生态环境	可供	余水	城镇生活	农村生活	一产	二产	三产	生态环境	可供	余水
分区	许－1								许－2							
黄河干流	0	0	0	0	0	0	0	0	0	0	0	2 815	2 185	0	5 000	0
南水北调	3 841	0	0	1 159	0	0	5 000	0	8 255	0	0	6 058	0	0	17 600	3 287
大型水库	0	0	0	0	0	0	0	0	0	0	0	15 700	0	0	15 700	0
地表水	0	0	1 600	9 345	0	0	10 945	0	0	0	6 169	0	0	0	6 169	0
地下水	0	156	0	123	0	0	4 844	4 565	0	5 482	40 953	0	0	0	46 435	0
中水	0	0	0	156	569	1 950	2 675	0	0	0	0	8 339	0	950	9 290	1
雨水	0	0	0	0	0	50	50	0	0	0	0	0	0	50	50	0
需水	3 842	157	1 600	10 783	569	2 000			8 256	5 483	68 645	32 912	2 186	1 000		
缺水率(%)	0.0	0.3	0.0	0.0	0.0	0.0			0.0	0.0	31.4	0.0	0.0	0.0		
分区	漯－1								漯－2							
黄河干流	0	0	0	0	0	0	0	0	0	0	0	0	0	0	0	0
南水北调	4 956	0	419	371	924	0	6 670	0	3 320	0	271	0	339	0	3 930	0
大型水库	0	0	0	5 356	0	0	5 356	0	0	0	824	6 692	0	0	7 516	0
地表水	0	0	1 657	0	0	0	1 657	0	0	0	3 081	0	0	0	3 082	1
地下水	0	978	9 806	0	0	0	10 784	0	0	1 598	9 441	0	0	0	11 040	1
中水	0	0	0	3 882	0	1 196	5 078	0	0	0	0	1 948	0	1 144	3 092	0
雨水	0	0	0	0	0	200	200	0	0	0	0	0	0	200	200	0
需水	4 957	979	23 764	14 633	925	1 397			3 321	1 599	22 693	9 485	339	1 344		
缺水率(%)	0.0	0.1	50.0	34.3	0.1	0.1			0.0	0.0	40.0	8.9	0.0	0.0		
分区	济源								城市群							
黄河干流	0	0	0	6 315	685	0	7 000	0	0	0	103 715	124 425	28 846	11 294	270 776	2 496
南水北调	0	0	0	0	0	0	0	0	87 038	0	3 233	41 636	7 875	0	178 260	38 478
大型水库	0	0	0	4 277	0	0	9 461	5 184	0	0	1 255	116 376	0	0	122 815	5 184
地表水	0	0	15 511	0	0	0	25 287	9 776	0	0	169 506	9 345	0	219	188 849	9 779
地下水	2 308	594	0	0	0	0	8 264	5 362	40 953	48 612	227 857	34 760	0	0	472 747	120 565
中水	0	0	0	3 536	0	253	3 790	1	0	0	0	41 951	797	82 281	125 036	7
雨水	0	0	0	0	0	197	197	0	0	0	0	0	0	7 832	7 833	1
需水	2 308	594	15 512	14 128	685	450			128 000	48 620	510 224	433 374	37 524	106 450		
缺水率(%)	0.0	0.1	0.0	0.0	0.0	0.0			0.0	0.0	0.0	0.1	0.0	0.0		

附表 15-19 均衡发展型 2015 年黄河干流、产业结构调整方案一与强化节水组合方案 18 配置成果

（单位：万 m^3）

项目	城镇生活	农村生活	一产	二产	三产	生态环境	可供	余水	城镇生活	农村生活	一产	二产	三产	生态环境	可供	余水
分区	郑－1								郑－2							
黄河干流	0	0	0	20 385	10 389	8 501	39 275	0	0	0	0	24 480	4 245	0	28 725	0
南水北调	23 805	0	0	7 465	0	0	31 270	0	10 467	0	0	9 963	0	0	20 430	0
大型水库	0	0	0	0	0	0	0	0	0	0	0	3 000	0	0	3 000	0
地表水	0	0	4 021	0	0	0	4 021	0	0	0	22 678	0	0	0	22 678	0
地下水	0	797	6 342	1 063	0	0	8 333	131	0	7 164	24 358	16 539	0	0	48 061	0
中水	0	0	0	0	0	18 686	18 686	0	0	0	0	2 904	0	17 488	20 392	0
雨水	0	0	0	0	0	524	524	0	0	0	0	0	0	1 012	1 012	0
需水	23 806	797	10 363	28 914	10 389	27 712			10 467	7 165	49 552	56 887	4 245	18 500		
缺水率(％)	0.0	0.0	0.0	0.0	0.0	0.0			0.0	0.0	5.1	0.0	0.0	0.0		
分区	开－1								开－2							
黄河干流	0	0	7 188	6 132	1 249	1 502	18 947	2 876	0	0	36 723	17 371	2 434	0	56 529	1
南水北调	0	0	0	0	0	0	0	0	0	0	0	0	0	0	0	0
大型水库	0	0	0	0	0	0	0	0	0	0	0	0	0	0	0	0
地表水	0	0	700	0	0	0	700	0	0	0	6 300	0	0	0	6 300	0
地下水	4 467	267	0	0	0	0	5 817	1 083	9 050	6 234	53 417	0	0	0	68 701	0
中水	0	0	0	0	0	2 967	2 968	1	0	0	0	4 323	0	2 132	6 455	0
雨水	0	0	0	0	0	1 035	1 035	0	0	0	0	0	0	1 896	1 897	1
需水	4 468	267	7 888	6 132	1 249	5 504			9 051	6 235	98 370	21 695	2 434	4 029		
缺水率(％)	0.0	0.0	0.0	0.0	0.0	0.0			0.0	0.0	2.0	0.0	0.0	0.0		
分区	洛－1								洛－2							
黄河干流	0	0	132	7 741	4 436	1 291	13 600	0	0	0	1 292	2 465	3 743	0	7 500	0
南水北调	0	0	0	0	0	0	0	0	0	0	0	0	0	0	0	0
大型水库	0	0	0	5 123	0	0	5 123	0	0	0	0	36 518	0	0	36 518	0
地表水	0	0	6 217	0	0	0	6 217	0	0	0	29 356	0	0	0	29 356	0
地下水	8 432	75	0	21 926	0	0	31 624	1 191	8 334	9 309	22 669	0	0	0	53 671	13 359
中水	0	0	0	0	0	7 716	7 716	0	0	0	0	852	0	11 235	12 087	0
雨水	0	0	0	0	0	500	500	0	0	0	0	0	0	1 000	1 000	0
需水	8 433	75	6 350	34 791	4 436	9 507			8 335	9 309	53 318	39 836	3 743	12 235		
缺水率(％)	0.0	0.0	0.0	0.0	0.0	0.0			0.0	0.0	0.0	0.0	0.0	0.0		

续附表 15-19

项目	城镇生活	农村生活	一产	二产	三产	生态环境	可供	余水	城镇生活	农村生活	一产	二产	三产	生态环境	可供	余水
分区	平－1								平－2							
黄河干流	0	0	0	0	0	0	0	0	0	0	0	0	0	0	0	0
南水北调	4 433	0	939	0	2 065	0	20 170	12 733	2 218	0	0	0	2 612	0	4 830	0
大型水库	0	0	1 604	12 266	0	0	13 870	0	0	0	941	19 050	0	0	19 991	0
地表水	0	0	1 814	0	0	0	1 815	1	0	0	29 144	0	0	0	29 145	1
地下水	0	333	123	0	0	0	456	0	7 607	5 403	3 861	0	0	0	16 871	0
中水	0	0	0	2 914	0	1 507	4 421	0	0	0	0	0	142	6 444	6 587	1
雨水	0	0	0	0	0	400	400	0	0	0	0	0	0	500	500	0
需水	4 433	333	4 481	15 180	2 065	1 907			9 825	5 403	56 576	31 070	2 754	6 944		
缺水率(%)	0.0	0.0	0.0	0.0	0.0	0.0			0.0	0.0	40.0	38.7	0.0	0.0		
分区	新－1								新－2							
黄河干流	0	0	0	0	0	0	0	0	0	0	79 389	22 124	2 187	0	103 700	0
南水北调	4 763	0	0	6 835	1 665	0	23 300	10 037	10 841	0	0	0	0	0	16 860	6 019
大型水库	0	0	0	0	0	0	0	0	0	0	0	0	0	0	0	0
地表水	0	0	1 383	0	0	0	1 383	0	0	0	21 943	0	0	0	21 943	0
地下水	0	244	4 398	0	0	0	11 735	7 093	0	6 447	2 516	0	0	0	74 611	65 648
中水	0	0	0	1 304	0	1 900	3 205	1	0	0	0	4 393	0	2 900	7 294	1
雨水	0	0	0	0	0	100	100	0	0	0	0	0	0	100	100	0
需水	4 763	245	5 782	8 139	1 666	2 000			10 842	6 448	103 848	26 518	2 188	3 000		
缺水率(%)	0.0	0.2	0.0	0.0	0.0	0.0			0.0	0.0	0.0	0.0	0.0	0.0		
分区	焦－1								焦－2							
黄河干流	0	0	0	0	0	0	0	0	0	0	0	20 800	2 700	0	23 500	0
南水北调	3 909	0	0	8 895	1 531	0	22 480	8 145	5 720	0	0	0	0	0	5 720	0
大型水库	0	0	0	0	0	0	0	0	0	0	0	6 280	0	0	6 280	0
地表水	0	0	2 215	0	0	219	2 434	0	0	0	15 717	0	0	0	15 717	0
地下水	0	354	1 035	0	0	0	16 600	15 211	1 265	3 177	50 458	0	0	0	54 900	0
中水	0	0	0	0	0	2 874	2 875	1	0	0	0	7 486	0	939	8 425	0
雨水	0	0	0	0	0	7	7	0	0	0	0	0	0	61	61	0
需水	3 909	355	3 251	8 896	1 531	3 100			6 985	3 177	70 214	44 579	2 700	1 000		
缺水率(%)	0.0	0.3	0.0	0.0	0.0	0.0			0.0	0.0	5.8	22.5	0.0	0.0		

续附表15-19

项目	城镇生活	农村生活	一产	二产	三产	生态环境	可供	余水	城镇生活	农村生活	一产	二产	三产	生态环境	可供	余水
分区	许-1								许-2							
黄河干流	0	0	0	0	0	0	0	0	0	0	0	2 318	2 682	0	5 000	0
南水北调	3 841	0	0	0	431	0	5 000	728	8 255	0	5 782	3 563	0	0	17 600	0
大型水库	0	0	0	0	0	0	0	0	0	0	0	15 700	0	0	15 700	0
地表水	0	0	1 600	9 345	0	0	10 945	0	0	0	6 169	0	0	0	6 169	0
地下水	0	156	0	0	0	0	4 844	4 688	0	5 482	40 953	0	0	0	46 435	0
中水	0	0	0	458	267	1 950	2 675	0	0	0	0	8 339	0	950	9 290	1
雨水	0	0	0	0	0	50	50	0	0	0	0	0	0	50	50	0
需水	3 842	157	1 600	9 803	698	2 000			8 256	5 483	68 645	29 920	2 682	1 000		
缺水率(%)	0.0	0.6	0.0	0.0	0.0	0.0			0.0	0.0	22.9	0.0	0.0	0.0		
分区	漯-1								漯-2							
黄河干流	0	0	0	0	0	0	0	0	0	0	0	0	0	0	0	0
南水北调	4 956	0	419	160	1 135	0	6 670	0	3 320	0	194	0	416	0	3 930	0
大型水库	0	0	0	5 356	0	0	5 356	0	0	0	901	6 615	0	0	7 516	0
地表水	0	0	1 657	0	0	0	1 657	0	0	0	3 081	0	0	0	3 082	1
地下水	0	978	9 806	0	0	0	10 784	0	0	1 598	9 441	0	0	0	11 040	1
中水	0	0	0	3 882	0	1 196	5 078	0	0	0	0	1 948	0	1 144	3 092	0
雨水	0	0	0	0	0	200	200	0	0	0	0	0	0	200	200	0
需水	4 957	979	23 764	13 303	1 135	1 397			3 321	1 599	22 693	8 623	416	1 345		
缺水率(%)	0.0	0.1	50.0	29.4	0.0	0.1			0.0	0.1	40.0	0.7	0.0	0.1		
分区	济源								城市群							
黄河干流	0	0	0	3 159	841	0	4 000	0	0	0	96 637	124 564	35 404	11 294	270 776	2 877
南水北调	0	0	0	0	0	0	0	0	86 528	0	7 334	36 141	10 234	0	178 260	38 023
大型水库	0	0	0	6 148	0	0	9 461	3 313	0	0	3 446	116 056	0	0	122 815	3 313
地表水	0	0	15 511	0	0	0	25 287	9 776	0	0	169 506	9 345	0	219	188 849	9 779
地下水	2 308	594	0	0	0	0	8 264	5 362	41 463	48 612	257 464	39 528	0	0	472 747	85 680
中水	0	0	0	3 536	0	253	3 790	1	0	0	0	42 339	409	82 281	125 036	7
雨水	0	0	0	0	0	197	197	0	0	0	0	0	0	7 832	7 833	1
需水	2 308	594	15 512	12 844	841	450			128 001	48 621	602 208	393 978	46 047	101 630		
缺水率(%)	0.0	0.0	0.0	0.0	0.0	0.0			0.0	0.0	0.1	0.1	0.0	0.0		

附表 15-20　均衡发展型 2015 年黄河干流、产业结构调整方案二与强化节水组合方案 19 配置成果　（单位：万 m^3）

项目	城镇生活	农村生活	一产	二产	三产	生态环境	可供	余水	城镇生活	农村生活	一产	二产	三产	生态环境	可供	余水
分区	郑 -1								郑 -2							
黄河干流	0	0	0	22 309	8 465	8 501	39 275	0	0	0	0	25 266	34 59	0	28 725	0
南水北调	23 805	0	0	7 465	0	0	31 270	0	10 467	0	0	9 963	0	0	20 430	0
大型水库	0	0	0	0	0	0	0	0	0	0	0	3 000	0	0	3 000	0
地表水	0	0	4 021	0	0	0	4 021	0	0	0	22 678	0	0	0	22 678	0
地下水	0	797	5 505	2 030	0	0	8 333	1	0	7 164	26 874	14 023	0	0	48 061	0
中水	0	0	0	0	0	18 686	18 686	0	0	0	0	2 904	0	17 488	20 392	0
雨水	0	0	0	0	0	524	524	0	0	0	0	0	0	1 012	1 012	0
需水	23 806	797	10 363	31 805	8 465	27 712			10 467	7 165	49 552	62 575	3 459	18 500		
缺水率(%)	0.0	0.0	8.1	0.0	0.0	0.0			0.0	0.0	0.0	11.9	0.0	0.0		
分区	开 -1								开 -2							
黄河干流	0	0	7 188	6 745	1 017	1 502	18 947	2 495	0	0	35 005	19 540	1 983	0	56 529	1
南水北调	0	0	0	0	0	0	0	0	0	0	0	0	0	0	0	0
大型水库	0	0	0	0	0	0	0	0	0	0	0	0	0	0	0	0
地表水	0	0	700	0	0	0	700	0	0	0	6 300	0	0	0	6 300	0
地下水	4 467	267	0	0	0	0	5 817	1 083	9 050	6 234	53 417	0	0	0	68 701	0
中水	0	0	0	0	0	2 967	2 968	1	0	0	0	4 323	0	2 132	6 455	0
雨水	0	0	0	0	0	1 035	1 035	0	0	0	0	0	0	1 896	1 897	1
需水	4 468	267	7 888	6 746	1 018	5 504			9 051	6 235	98 370	23 864	1 984	4 029		
缺水率(%)	0.0	0.0	0.0	0.0	0.1	0.0			0.0	0.0	3.7	0.0	0.0	0.0		
分区	洛 -1								洛 -2							
黄河干流	0	0	132	8 562	3 615	1 291	13 600	0	0	0	0	4 450	3 050	0	7 500	0
南水北调	0	0	0	0	0	0	0	0	0	0	0	0	0	0	0	0
大型水库	0	0	0	5 123	0	0	5 123	0	0	0	0	36 518	0	0	36 518	0
地表水	0	0	6 217	0	0	0	6 217	0	0	0	29 356	0	0	0	29 356	0
地下水	8 432	75	0	23 117	0	0	31 624	0	8 334	9 309	23 961	1 999	0	0	53 671	10 068
中水	0	0	0	0	0	7 716	7 716	0	0	0	0	852	0	11 235	12 087	0
雨水	0	0	0	0	0	500	500	0	0	0	0	0	0	1 000	1 000	0
需水	8 433	75	6 350	38 270	3 615	9 507			8 335	9 309	53 318	43 819	3 050	12 235		
缺水率(%)	0.0	0.5	0.0	3.8	0.0	0.0			0.0	0.0	0.0	0.0	0.0	0.0		

续附表 15-20

项目	城镇生活	农村生活	一产	二产	三产	生态环境	可供	余水	城镇生活	农村生活	一产	二产	三产	生态环境	可供	余水
分区	平 -1								平 -2							
黄河干流	0	0	0	0	0	0	0	0	0	0	0	0	0	0	0	0
南水北调	4 433	0	2 543	0	1 597	0	20 170	11 597	2 728	0	0	0	2 102	0	4 830	0
大型水库	0	0	0	13 870	0	0	13 870	0	0	0	431	19 560	0	0	19 991	0
地表水	0	0	1 814	0	0	0	1 815	1	0	0	29 144	0	0	0	29 145	1
地下水	0	333	123	0	0	0	456	0	7 097	5 403	4 371	0	0	0	16 871	0
中水	0	0	0	2 828	86	1 507	4 421	0	0	0	0	0	142	6 444	6 587	1
雨水	0	0	0	0	0	400	400	0	0	0	0	0	0	500	500	0
需水	4 433	333	4 481	16 698	1 683	1 907			9 825	5 403	56 576	34 177	2 244	6 944		
缺水率(%)	0.0	0.1	0.0	0.0	0.0	0.0			0.0	0.0	40.0	42.8	0.0	0.0		
分区	新 -1								新 -2							
黄河干流	0	0	0	0	0	0	0	0	0	0	49 389	22 124	2 187	0	73 700	0
南水北调	4 763	0	0	6 835	1 665	0	23 300	10 037	10 841	0	0	0	0	0	16 860	6 019
大型水库	0	0	0	0	0	0	0	0	0	0	0	0	0	0	0	0
地表水	0	0	1 383	0	0	0	1 383	0	0	0	21 943	0	0	0	21 943	0
地下水	0	244	4 398	0	0	0	11 735	7 093	0	6 447	32 516	0	0	0	74 611	35 648
中水	0	0	0	1 304	0	1 900	3 205	1	0	0	0	4 393	0	2 900	7 294	1
雨水	0	0	0	0	0	100	100	0	0	0	0	0	0	100	100	0
需水	4 763	245	5 782	8 139	1 666	2 000			10 842	6 448	103 848	26 518	2 188	3 000		
缺水率(%)	0.0	0.2	0.0	0.0	0.0	0.0			0.0	0.0	0.0	0.0	0.0	0.0		
分区	焦 -1								焦 -2							
黄河干流	0	0	0	0	0	0	0	0	0	0	0	21 300	2 200	0	23 500	0
南水北调	3 909	0	0	9 785	1 248	0	22 480	7 538	5 720	0	0	0	0	0	5 720	0
大型水库	0	0	0	0	0	0	0	0	0	0	0	6 280	0	0	6 280	0
地表水	0	0	2 215	0	0	219	2 434	0	0	0	15 717	0	0	0	15 717	0
地下水	0	354	1 035	0	0	0	16 600	15 211	1 265	3 177	50 458	0	0	0	54 900	0
中水	0	0	0	0	0	2 874	2 875	1	0	0	0	7 486	0	939	8 425	0
雨水	0	0	0	0	0	7	7	0	0	0	0	0	0	61	61	0
需水	3 909	355	3 251	9 785	1 248	3 100			6 985	3 177	70 214	49 036	2 200	1 000		
缺水率(%)	0.0	0.2	0.0	0.0	0.0	0.0			0.0	0.0	5.8	28.5	0.0	0.0		

续附表 15-20

项目	城镇生活	农村生活	一产	二产	三产	生态环境	可供	余水	城镇生活	农村生活	一产	二产	三产	生态环境	可供	余水
分区	许－1								许－2							
黄河干流	0	0	0	0	0	0	0	0	0	0	0	2 815	2 185	0	5 000	0
南水北调	3 841	0	0	1 159	0	0	5 000	0	8 255	0	0	6 058	0	0	17 600	3 287
大型水库	0	0	0	0	0	0	0	0	0	0	0	15 700	0	0	15 700	0
地表水	0	0	1 600	9 345	0	0	10 945	0	0	0	6 169	0	0	0	6 169	0
地下水	0	156	0	123	0	0	4 844	4 565	0	5 482	40 953	0	0	0	46 435	0
中水	0	0	0	156	569	1 950	2 675	0	0	0	0	8 339	0	950	9 290	1
雨水	0	0	0	0	0	50	50	0	0	0	0	0	0	50	50	0
需水	3 842	157	1 600	10 783	569	2 000			8 256	5 483	68 645	32 912	2 186	1 000		
缺水率(%)	0.0	0.3	0.0	0.0	0.0	0.0			0.0	0.0	31.4	0.0	0.0	0.0		
分区	漯－1								漯－2							
黄河干流	0	0	0	0	0	0	0	0	0	0	0	0	0	0	0	0
南水北调	4 956	0	419	371	924	0	6 670	0	3 320	0	271	0	339	0	3 930	0
大型水库	0	0	0	5 356	0	0	5 356	0	0	0	824	6 692	0	0	7 516	0
地表水	0	0	1 657	0	0	0	1 657	0	0	0	3 081	0	0	0	3 082	1
地下水	0	978	9 806	0	0	0	10 784	0	0	1 598	9 441	0	0	0	11 040	1
中水	0	0	0	3 882	0	1 196	5 078	0	0	0	0	1 948	0	1 144	3 092	0
雨水	0	0	0	0	0	200	200	0	0	0	0	0	0	200	200	0
需水	4 957	979	23 764	14 633	925	1 397			3 321	1 599	22 693	9 485	340	1 345		
缺水率(%)	0.0	0.1	50.0	34.3	0.1	0.1			0.0	0.0	40.0	8.9	0.2	0.1		
分区	济源								城市群							
黄河干流	0	0	0	3 315	685	0	4 000	0	0	0	91 714	136 426	28 846	11 294	270 776	2 496
南水北调	0	0	0	0	0	0	0	0	87 038	0	3 233	41 636	7 875	0	178 260	38 478
大型水库	0	0	0	7 277	0	0	9 461	2 184	0	0	1 255	119 376	0	0	122 815	2 184
地表水	0	0	15 511	0	0	0	25 287	9 776	0	0	169 506	9 345	0	219	188 849	9 779
地下水	2 308	594	0	0	0	0	8 264	5 362	40 953	48 612	262 858	41 292	0	0	472 747	79 032
中水	0	0	0	3 536	0	253	3 790	1	0	0	0	41 951	797	82 281	125 036	7
雨水	0	0	0	0	0	197	197	0	0	0	0	0	0	7 832	7 833	1
需水	2 308	594	15 512	14 128	685	450			128 000	48 620	602 207	433 374	37 524	101 629		
缺水率(%)	0.0	0.1	0.0	0.0	0.0	0.0			0.0	0.0	0.1	0.1	0.0	0.0		

附表 15-21 均衡发展型 2015 年黄河干流＋南水北调、产业结构调整方案一与强化节水组合方案 20 配置成果 （单位：万 m^3）

项目	城镇生活	农村生活	一产	二产	三产	生态环境	可供	余水	城镇生活	农村生活	一产	二产	三产	生态环境	可供	余水
分区	郑－1								郑－2							
黄河干流	0	0	0	20 385	10 389	8 501	39 275	0	0	0	0	24 480	4 245	0	28 725	0
南水北调	23 805	0	0	7 465	0	0	31 270	0	10 467	0	0	19 516	0	0	30 430	447
大型水库	0	0	0	0	0	0	0	0	0	0	0	3 000	0	0	3 000	0
地表水	0	0	4 021	0	0	0	4 021	0	0	0	22 678	0	0	0	22 678	0
地下水	0	797	6 342	1 063	0	0	8 333	131	0	7164	26 874	6 986	0	0	48 061	7 037
中水	0	0	0	0	0	18 686	18 686	0	0	0	0	2 904	0	17 488	20 392	0
雨水	0	0	0	0	0	524	524	0	0	0	0	0	0	1 012	1 012	0
需水	23 806	797	10 363	28 914	10 389	27 712			10 467	7 165	49 552	56 887	4 245	18 500		
缺水率（%）	0.0	0.0	0.0	0.0	0.0	0.0			0.0	0.0	0.0	0.0	0.0	0.0		
分区	开－1								开－2							
黄河干流	0	0	7 188	6 132	1 249	1 502	18 947	2 876	0	0	36 723	17 371	2 434	0	56 529	1
南水北调	0	0	0	0	0	0	0	0	0	0	0	0	0	0	0	0
大型水库	0	0	0	0	0	0	0	0	0	0	0	0	0	0	0	0
地表水	0	0	700	0	0	0	700	0	0	0	6 300	0	0	0	6 300	0
地下水	4 467	267	0	0	0	0	5 817	1 083	9 050	6 234	53 417	0	0	0	68 701	0
中水	0	0	0	0	0	2 967	2 968	1	0	0	0	4 323	0	2 132	6 455	0
雨水	0	0	0	0	0	1 035	1 035	0	0	0	0	0	0	1 896	1 897	1
需水	4 468	267	7 888	6 132	1 249	5 504			9 051	6 235	98 370	21 695	2 434	4 029		
缺水率（%）	0.0	0.0	0.0	0.0	0.0	0.0			0.0	0.0	2.0	0.0	0.0	0.0		
分区	洛－1								洛－2							
黄河干流	0	0	132	7 741	4 436	1 291	13 600	0	0	0	1 292	2 465	3 743	0	7 500	0
南水北调	0	0	0	0	0	0	0	0	0	0	0	0	0	0	0	0
大型水库	0	0	0	5 123	0	0	5 123	0	0	0	0	36 518	0	0	36 518	0
地表水	0	0	6 217	0	0	0	6 217	0	0	0	29 356	0	0	0	29 356	0
地下水	8 432	75	0	21 926	0	0	31 624	1 191	8 334	9 309	22 669	0	0	0	53 671	13 359
中水	0	0	0	0	0	7 716	7 716	0	0	0	0	852	0	11 235	12 087	0
雨水	0	0	0	0	0	500	500	0	0	0	0	0	0	1 000	1 000	0
需水	8 433	75	6 350	34 791	4 436	9 507			8 335	9 309	53 318	39 836	3 743	12 235		
缺水率（%）	0.0	0.0	0.0	0.0	0.0	0.0			0.0	0.0	0.0	0.0	0.0	0.0		

续附表 15-21

项目	城镇生活	农村生活	一产	二产	三产	生态环境	可供	余水	城镇生活	农村生活	一产	二产	三产	生态环境	可供	余水
分区	平 -1								平 -2							
黄河干流	0	0	0	0	0	0	0	0	0	0	0	0	0	0	0	0
南水北调	4 433	0	939	0	2 065	0	10 170	2 733	9 825	0	0	2 251	2 754	0	14 830	0
大型水库	0	0	1 604	12 266	0	0	13 870	0	0	0	0	19 991	0	0	19 991	0
地表水	0	0	1 814	0	0	0	1 815	1	0	0	29 144	0	0	0	29 145	1
地下水	0	333	123	0	0	0	456	0	0	5 403	11 468	0	0	0	16 871	0
中水	0	0	0	2 914	0	1 507	4 421	0	0	0	0	142	0	6 444	6 587	1
雨水	0	0	0	0	0	400	400	0	0	0	0	0	0	500	500	0
需水	4 433	333	4 481	15 180	2 065	1 907			9 825	5 403	56 576	31 070	2 754	6 944		
缺水率(%)	0.0	0.0	0.0	0.0	0.0	0.0			0.0	0.0	28.2	28.0	0.0	0.0		
分区	新 -1								新 -2							
黄河干流	0	0	0	0	0	0	0	0	0	0	51 302	19 713	2 685	0	73 700	0
南水北调	4 763	0	0	6 095	2 044	0	13 300	398	8 860	0	0	0	0	0	8 860	0
大型水库	0	0	0	0	0	0	0	0	0	0	0	0	0	0	0	0
地表水	0	0	1 383	0	0	0	1 383	0	0	0	21 943	0	0	0	21 943	0
地下水	0	244	4 398	0	0	0	11 735	7 093	1 981	6 447	30 603	0	0	0	74 611	35 580
中水	0	0	0	1 304	0	1 900	3 205	1	0	0	0	4 393	0	2 900	7 294	1
雨水	0	0	0	0	0	100	100	0	0	0	0	0	0	100	100	0
需水	4 763	245	5 782	7 399	2 044	2 000			10 842	6 448	103 848	24 107	2 685	3 000		
缺水率(%)	0.0	0.4	0.0	0.0	0.0	0.0			0.0	0.0	0.0	0.0	0.0	0.0		
分区	焦 -1								焦 -2							
黄河干流	0	0	0	0	0	0	0	0	0	0	0	20 800	2 700	0	23 500	0
南水北调	3 909	0	0	2 040	1 531	0	7 480	0	5 720	0	0	0	0	0	5 720	0
大型水库	0	0	0	0	0	0	0	0	0	0	0	6 280	0	0	6 280	0
地表水	0	0	2 215	0	0	219	2 434	0	0	0	15 717	0	0	0	15 717	0
地下水	0	354	1 035	6 855	0	0	16 600	8 356	1 265	3 177	50 458	0	0	0	54 900	0
中水	0	0	0	0	0	2 874	2 875	1	0	0	0	7 486	0	939	8 425	0
雨水	0	0	0	0	0	7	7	0	0	0	0	0	0	61	61	0
需水	3 909	355	3 251	8 896	1 531	3 100			6 985	3 177	70 214	44 579	2 700	1 000		
缺水率(%)	0.0	0.3	0.0	0.0	0.0	0.0			0.0	0.0	5.8	22.5	0.0	0.0		

续附表 15-21

项目	城镇生活	农村生活	一产	二产	三产	生态环境	可供	余水	城镇生活	农村生活	一产	二产	三产	生态环境	可供	余水
分区	许－1								许－2							
黄河干流	0	0	0	0	0	0	0	0	0	0	0	2 318	2 682	0	5 000	0
南水北调	3 841	0	0	0	431	0	5 000	728	8 255	0	13 782	3 563	0	0	25 600	0
大型水库	0	0	0	0	0	0	0	0	0	0	0	15 700	0	0	15 700	0
地表水	0	0	1 600	9 345	0	0	10 945	0	0	0	6 169	0	0	0	6 169	0
地下水	0	156	0	0	0	0	4 844	4 688	0	5 482	40 953	0	0	0	46 435	0
中水	0	0	0	458	267	1 950	2 675	0	0	0	0	8 339	0	950	9 290	1
雨水	0	0	0	0	0	50	50	0	0	0	0	0	0	50	50	0
需水	3 842	157	1 600	9 803	698	2 000			8 256	5 483	68 645	29 920	2 682	1 000		
缺水率(%)	0.0	0.6	0.0	0.0	0.0	0.0			0.0	0.0	11.3	0.0	0.0	0.0		
分区	漯－1								漯－2							
黄河干流	0	0	0	0	0	0	0	0	0	0	0	0	0	0	0	0
南水北调	4 956	0	6 514	4 065	1 135	0	16 670	0	3 320	0	5 194	0	416	0	8 930	0
大型水库	0	0	0	5 356	0	0	5 356	0	0	0	841	6 675	0	0	7 516	0
地表水	0	0	1 657	0	0	0	1 657	0	0	0	3 081	0	0	0	3 082	1
地下水	0	978	9 806	0	0	0	10 784	0	0	1 598	9 441	0	0	0	11 040	1
中水	0	0	0	3 882	0	1 196	5 078	0	0	0	0	1 948	0	1 144	3 092	0
雨水	0	0	0	0	0	200	200	0	0	0	0	0	0	200	200	0
需水	4 957	979	23 764	13 303	1 135	1 397			3 321	1 599	22 693	8 623	416	1 345		
缺水率(%)	0.0	0.1	24.4	0.0	0.0	0.1			0.0	0.1	18.2	0.0	0.0	0.1		
分区	济源								城市群							
黄河干流	0	0	0	3 159	841	0	4 000	0	0	0	96 637	124 564	35 404	11 294	270 776	2 877
南水北调	0	0	0	0	0	0	0	0	92 154	0	26 429	44 995	10 376	0	178 260	4 306
大型水库	0	0	0	6 148	0	0	9 461	3 313	0	0	2 445	117 057	0	0	122 815	3 313
地表水	0	0	15 511	0	0	0	25 287	9 776	0	0	169 506	9 345	0	219	188 849	9 779
地下水	2 308	594	0	0	0	0	8 264	5 362	35 837	48 612	267 587	36 830	0	0	472 747	83 881
中水	0	0	0	3 536	0	253	3 790	1	0	0	0	42 481	267	82 281	125 036	7
雨水	0	0	0	0	0	197	197	0	0	0	0	0	0	7 832	7 833	1
需水	2 308	594	15 512	12 844	841	450			128 001	48 621	602 208	374 717	46 047	101 630		
缺水率(%)	0.0	0.0	0.0	0.0	0.0	0.0			0.0	0.0	0.1	0.0	0.0	0.0		

附表 15-22　均衡发展型 2015 年黄河干流＋南水北调、产业结构调整方案二与强化节水组合方案 21 配置成果　（单位：万 m^3）

项目	城镇生活	农村生活	一产	二产	三产	生态环境	可供	余水	城镇生活	农村生活	一产	二产	三产	生态环境	可供	余水
分区	郑－1								郑－2							
黄河干流	0	0	0	22 309	8 465	8 501	39 275	0	0	0	0	25 266	3 459	0	28 725	0
南水北调	23 805	0	0	7 465	0	0	31 270	0	10 467	0	0	19 516	0	0	30 430	447
大型水库	0	0	0	0	0	0	0	0	0	0	0	3 000	0	0	3 000	0
地表水	0	0	4 021	0	0	0	4 021	0	0	0	22 678	0	0	0	22 678	0
地下水	0	797	5 505	2 030	0	0	8 333	1	0	7 164	26 874	11 889	0	0	48 061	2 134
中水	0	0	0	0	0	18 686	18 686	0	0	0	0	2 904	0	17 488	20 392	0
雨水	0	0	0	0	0	524	524	0	0	0	0	0	0	1 012	1 012	0
需水	23 806	797	10 363	31 805	8 466	27 712			10 467	7 165	49 552	62 575	3 459	18 500		
缺水率(%)	0.0	0.0	8.1	0.0	0.0	0.0			0.0	0.0	0.0	0.0	0.0	0.0		
分区	开－1								开－2							
黄河干流	0	0	7 188	6 745	1 017	1 502	18 947	2 495	0	0	35 005	19 540	1 983	0	56 529	1
南水北调	0	0	0	0	0	0	0	0	0	0	0	0	0	0	0	0
大型水库	0	0	0	0	0	0	0	0	0	0	0	0	0	0	0	0
地表水	0	0	700	0	0	0	700	0	0	0	6 300	0	0	0	6 300	0
地下水	4 467	267	0	0	0	0	5 817	1 083	9 050	6 234	53 417	0	0	0	68 701	0
中水	0	0	0	0	0	2 967	2 968	1	0	0	0	4 323	0	2 132	6 455	0
雨水	0	0	0	0	0	1 035	1 035	0	0	0	0	0	0	1 896	1 897	1
需水	4 468	267	7 888	6 746	1 018	5 504			9 051	6 235	98 370	23 864	1 984	4 029		
缺水率(%)	0.0	0.0	0.0	0.0	0.1	0.0			0.0	0.0	3.7	0.0	0.0	0.0		
分区	洛－1								洛－2							
黄河干流	0	0	132	8 562	3 615	1 291	13 600	0	0	0	0	4 450	3 050	0	7 500	0
南水北调	0	0	0	0	0	0	0	0	0	0	0	0	0	0	0	0
大型水库	0	0	0	5 123	0	0	5 123	0	0	0	0	36 518	0	0	36 518	0
地表水	0	0	6 217	0	0	0	6 217	0	0	0	29 356	0	0	0	29 356	0
地下水	8 432	75	0	23 117	0	0	31 624	0	8 334	9 309	23 961	1 999	0	0	53 671	10 068
中水	0	0	0	0	0	7 716	7 716	0	0	0	0	852	0	11 235	12 087	0
雨水	0	0	0	0	0	500	500	0	0	0	0	0	0	1 000	1 000	0
需水	8 433	75	6 350	38 270	3 615	9 507			8 335	9 309	53 318	43 819	3 050	12 235		
缺水率(%)	0.0	0.5	0.0	3.8	0.0	0.0			0.0	0.0	0.0	0.0	0.0	0.0		

续附表 15-22

项目	城镇生活	农村生活	一产	二产	三产	生态环境	可供	余水	城镇生活	农村生活	一产	二产	三产	生态环境	可供	余水
分区	平－1								平－2							
黄河干流	0	0	0	0	0	0	0	0	0	0	0	0	0	0	0	0
南水北调	4 433	0	2 543	0	1 597	0	10 170	1 597	9 825	0	0	2 903	2 102	0	14 830	0
大型水库	0	0	0	13 870	0	0	13 870	0	0	0	0	19 991	0	0	19 991	0
地表水	0	0	1 814	0	0	0	1 815	1	0	0	29 144	0	0	0	29 145	1
地下水	0	333	123	0	0	0	456	0	0	5 403	11 468	0	0	0	16 871	0
中水	0	0	0	2 828	86	1 507	4 421	0	0	0	0	0	142	6 444	6 587	1
雨水	0	0	0	0	0	400	400	0	0	0	0	0	0	500	500	0
需水	4 433	333	4 481	16 698	1 683	1 907			9 825	5 403	56 576	34 177	2 244	6 944		
缺水率(%)	0.0	0.1	0.0	0.0	0.0	0.0			0.0	0.0	28.2	33.0	0.0	0.0		
分区	新－1								新－2							
黄河干流	0	0	0	0	0	0	0	0	0	0	49 389	22 124	2 187	0	73 700	0
南水北调	4 763	0	0	6 835	1 665	0	13 300	37	8 860	0	0	0	0	0	8 860	0
大型水库	0	0	0	0	0	0	0	0	0	0	0	0	0	0	0	0
地表水	0	0	1 383	0	0	0	1 383	0	0	0	21 943	0	0	0	21 943	0
地下水	0	244	4 398	0	0	0	11 735	7 093	1 981	6 447	32 516	0	0	0	74 611	33 667
中水	0	0	0	1 304	0	1 900	3 205	1	0	0	0	4 393	0	2 900	7 294	1
雨水	0	0	0	0	0	100	100	0	0	0	0	0	0	100	100	0
需水	4 763	245	5 782	8 139	1 666	2 000			10 842	6 448	103 848	26 518	2 188	3 000		
缺水率(%)	0.0	0.2	0.0	0.0	0.0	0.0			0.0	0.0	0.0	0.0	0.0	0.0		
分区	焦－1								焦－2							
黄河干流	0	0	0	0	0	0	0	0	0	0	0	21 300	2 200	0	23 500	0
南水北调	3 909	0	0	2 323	1 248	0	7 480	0	5 720	0	0	0	0	0	5 720	0
大型水库	0	0	0	0	0	0	0	0	0	0	0	6 280	0	0	6 280	0
地表水	0	0	2 215	0	0	219	2 434	0	0	0	15 717	0	0	0	15 717	0
地下水	0	354	1 035	7 462	0	0	16 600	7 749	1 265	3 177	50 458	0	0	0	54 900	0
中水	0	0	0	0	0	2 874	2 875	1	0	0	0	7 486	0	939	8 425	0
雨水	0	0	0	0	0	7	7	0	0	0	0	0	0	61	61	0
需水	3 909	355	3 251	9 785	1 248	3 100			6 985	3 177	70 214	49 036	2 200	1 000		
缺水率(%)	0.0	0.2	0.0	0.0	0.0	0.0			0.0	0.0	5.8	28.5	0.0	0.0		

续附表 15-22

项目	城镇生活	农村生活	一产	二产	三产	生态环境	可供	余水	城镇生活	农村生活	一产	二产	三产	生态环境	可供	余水
分区	许－1								许－2							
黄河干流	0	0	0	0	0	0	0	0	0	0	0	2 815	2 185	0	5 000	0
南水北调	3 841	0	0	1 159	0	0	5 000	0	8 255	0	0	6 058	0	0	25 600	11 287
大型水库	0	0	0	0	0	0	0	0	0	0	0	15 700	0	0	15 700	0
地表水	0	0	1 600	9 345	0	0	10 945	0	0	0	6 169	0	0	0	6 169	0
地下水	0	156	0	123	0	0	4 844	4 565	0	5 482	40 953	0	0	0	46 435	0
中水	0	0	0	156	569	1 950	2 675	0	0	0	0	8 339	0	950	9 290	1
雨水	0	0	0	0	0	50	50	0	0	0	0	0	0	50	50	0
需水	3 842	157	1 600	10 783	569	2 000			8 256	5 483	68 645	32 912	2 186	1 000		
缺水率(%)	0.0	0.3	0.0	0.0	0.0	0.0			0.0	0.0	31.4	0.0	0.0	0.0		
分区	漯－1								漯－2							
黄河干流	0	0	0	0	0	0	0	0	0	0	0	0	0	0	0	0
南水北调	4 956	0	419	5 395	924	0	16 670	4 976	3 320	0	5 250	21	339	0	8 930	0
大型水库	0	0	0	5 356	0	0	5 356	0	0	0	0	7 516	0	0	7 516	0
地表水	0	0	1 657	0	0	0	1 657	0	0	0	3 081	0	0	0	3 082	1
地下水	0	978	9 806	0	0	0	10 784	0	0	1 598	9 441	0	0	0	11 040	1
中水	0	0	0	3 882	0	1 196	5 078	0	0	0	0	1 948	0	1 144	3 092	0
雨水	0	0	0	0	0	200	200	0	0	0	0	0	0	200	200	0
需水	4 957	979	23 764	14 633	925	1 397			3 321	1 599	22 693	9 485	340	1 345		
缺水率(%)	0.0	0.1	50.0	0.0	0.1	0.1			0.0	0.0	21.7	0.0	0.2	0.1		
分区	济源								城市群							
黄河干流	0	0	0	3 315	685	0	4 000	0	0	0	91 714	136 426	28 846	11 294	270 776	2 496
南水北调	0	0	0	0	0	0	0	0	92 154	0	8 212	51 675	7 875	0	178 260	18 344
大型水库	0	0	0	7 277	0	0	9 461	2 184	0	0	0	120 631	0	0	122 815	2 184
地表水	0	0	15 511	0	0	0	25 287	9 776	0	0	169 506	9 345	0	219	188 849	9 779
地下水	2 308	594	0	0	0	0	8 264	5 362	35 837	48 612	269 955	46 620	0	0	472 747	71 723
中水	0	0	0	3 536	0	253	3 790	1	0	0	0	41 951	797	82 281	125 036	7
雨水	0	0	0	0	0	197	197	0	0	0	0	0	0	7 832	7 833	1
需水	2 308	594	15 512	14 128	685	450			128 000	48 620	602 207	411 494	37 525	101 629		
缺水率(%)	0.0	0.1	0.0	0.0	0.0	0.0			0.0	0.0	0.1	0.0	0.0	0.0		

附表 15-23 均衡发展型 2015 年黄河干流 + 南水北调 + 大型水库、产业结构调整方案一与强化节水组合方案 22 配置成果 （单位：万 m³）

项目	城镇生活	农村生活	一产	二产	三产	生态环境	可供	余水	城镇生活	农村生活	一产	二产	三产	生态环境	可供	余水
分区	郑－1								郑－2							
黄河干流	0	0	0	19 859	10 390	9 026	39 275	0	0	0	0	24 480	4 245	0	28 725	0
南水北调	23 805	0	0	7 465	0	0	31 270	0	10 467	0	0	19 963	0	0	30 430	0
大型水库	0	0	0	0	0	0	0	0	0	0	0	3 000	0	0	3 000	0
地表水	0	0	4 021	0	0	0	4 021	0	0	0	22 678	0	0	0	22 678	0
地下水	0	797	4 612	2 923	0	0	8 333	1	0	7 164	26 874	14 023	0	0	48 061	0
中水	0	0	0	0	0	18 161	18 686	525	0	0	0	2 258	0	17 488	20 392	646
雨水	0	0	0	0	0	524	524	0	0	0	0	0	0	1 012	1 012	0
需水	23 806	797	10 363	30 247	10 390	27 712			10 467	7 165	49 552	64 758	4 245	18 500		
缺水率(%)	0.0	0.0	16.7	0.0	0.0	0.0			0.0	0.0	0.0	1.6	0.0	0.0		
分区	开－1								开－2							
黄河干流	0	0	7 188	5 725	1 249	1 615	18 947	3 170	0	0	39 187	14 907	2 434	0	56 529	1
南水北调	0	0	0	0	0	0	0	0	0	0	0	0	0	0	0	0
大型水库	0	0	0	0	0	0	0	0	0	0	0	0	0	0	0	0
地表水	0	0	700	0	0	0	700	0	0	0	6 300	0	0	0	6 300	0
地下水	4 467	267	0	0	0	0	5 817	1 083	9 050	6 234	52 882	0	0	0	68 701	535
中水	0	0	0	0	0	2 854	2 968	114	0	0	0	4 042	0	2 132	6 455	281
雨水	0	0	0	0	0	1 035	1 035	0	0	0	0	0	0	1 896	1 897	1
需水	4 468	267	7 888	5 725	1 249	5 504			9 051	6 235	98 370	18 949	2 434	4 029		
缺水率(%)	0.0	0.0	0.0	0.0	0.0	0.0			0.0	0.0	0.0	0.0	0.0	0.0		
分区	洛－1								洛－2							
黄河干流	0	0	0	7 536	4 436	1 628	13 600	0	0	0	0	3 757	3 743	0	7 500	0
南水北调	0	0	0	0	0	0	0	0	0	0	0	0	0	0	0	0
大型水库	0	0	0	5 123	0	0	5 123	0	0	0	0	31 518	0	0	36 518	5 000
地表水	0	0	6 217	0	0	0	6 217	0	0	0	29 356	0	0	0	29 356	0
地下水	8 432	75	132	5 265	0	0	31 624	17 720	8 334	9 309	23 961	8 198	0	0	53 671	3 869
中水	0	0	0	0	0	7 379	7 716	337	0	0	0	242	0	11 235	12 087	610
雨水	0	0	0	0	0	500	500	0	0	0	0	0	0	1 000	1 000	0
需水	8 433	75	6 350	17 924	4 436	9 507			8 335	9 309	53 318	43 716	3 743	12 235		
缺水率(%)	0.0	0.5	0.0	0.0	0.0	0.0			0.0	0.0	0.0	0.0	0.0	0.0		

续附表 15-23

项目	城镇生活	农村生活	一产	二产	三产	生态环境	可供	余水	城镇生活	农村生活	一产	二产	三产	生态环境	可供	余水
分区	平 -1								平 -2							
黄河干流	0	0	0	0	0	0	0	0	0	0	0	0	0	0	0	0
南水北调	4 433	0	2 543	0	1 127	0	10 170	2 067	9 825	0	229	2 022	2 754	0	14 830	0
大型水库	0	0	0	13 870	0	0	13 870	0	0	0	0	24 838	0	153	24 991	0
地表水	0	0	1 814	0	0	0	1 815	1	0	0	29 144	0	0	0	29 145	1
地下水	0	333	123	0	0	0	456	0	0	5 403	11 468	0	0	0	16 871	0
中水	0	0	0	1 770	938	1 507	4 421	206	0	0	0	0	0	6 291	6 587	296
雨水	0	0	0	0	0	400	400	0	0	0	0	0	0	500	500	0
需水	4 433	333	4 481	15 640	2 065	1 907			9 825	5 403	56 576	26 860	2 754	6 944		
缺水率(%)	0.0	0.1	0.0	0.0	0.0	0.0			0.0	0.0	27.8	0.0	0.0	0.0		
分区	新 -1								新 -2							
黄河干流	0	0	0	0	0	0	0	0	0	0	45 302	25 713	2 685	0	73 700	0
南水北调	4 763	0	0	6 493	2 044	0	13 300	0	8 860	0	0	0	0	0	8 860	0
大型水库	0	0	0	0	0	0	0	0	0	0	0	0	0	0	0	0
地表水	0	0	1 383	0	0	0	1 383	0	0	0	21 943	0	0	0	21 943	0
地下水	0	244	4 398	2 191	0	0	11 735	4 902	1 981	6 447	36 603	0	0	0	74 611	29 580
中水	0	0	0	1 169	0	1 900	3 205	136	0	0	0	4 066	0	2 900	7 294	328
雨水	0	0	0	0	0	100	100	0	0	0	0	0	0	100	100	0
需水	4 763	245	5 782	9 853	2 044	2 000			10 842	6 448	103 848	29 779	2 685	3 000		
缺水率(%)	0.0	0.2	0.0	0.0	0.0	0.0			0.0	0.0	0.0	0.0	0.0	0.0		
分区	焦 -1								焦 -2							
黄河干流	0	0	0	0	0	0	0	0	0	0	0	20 800	2 700	0	23 500	0
南水北调	3 909	0	0	2 040	1 531	0	7 480	0	5 720	0	0	0	0	0	5 720	0
大型水库	0	0	0	0	0	0	0	0	0	0	0	7 280	0	0	7 280	0
地表水	0	0	2 090	0	0	344	2 434	0	0	0	15 717	0	0	0	15 717	0
地下水	0	354	1 160	7 145	0	0	16 600	7 941	1 265	3 177	50 458	0	0	0	54 900	0
中水	0	0	0	0	0	2 749	2 875	126	0	0	0	7 068	0	939	8 425	418
雨水	0	0	0	0	0	7	7	0	0	0	0	0	0	61	61	0
需水	3 909	355	3 251	9 186	1 531	3 100			6 985	3 177	70 214	39 704	2 700	1 000		
缺水率(%)	0.0	0.2	0.0	0.0	0.0	0.0			0.0	0.0	5.8	11.5	0.0	0.0		

续附表 15-23

项目	城镇生活	农村生活	一产	二产	三产	生态环境	可供	余水	城镇生活	农村生活	一产	二产	三产	生态环境	可供	余水
分区	许－1								许－2							
黄河干流	0	0	0	0	0	0	0	0	0	0	0	2 318	2 682	0	5 000	0
南水北调	3 841	0	0	0	88	0	5 000	1 071	8 255	0	0	17 345	0	0	25 600	0
大型水库	0	0	0	0	0	0	0	0	0	0	0	15 700	0	0	15 700	0
地表水	0	0	1 600	8 353	0	0	10 945	992	0	0	6 169	0	0	0	6 169	0
地下水	0	156	0	0	0	0	4 844	4 688	0	5 482	40 953	0	0	0	46 435	0
中水	0	0	0	0	610	1 950	2 675	115	0	0	0	7 882	0	950	9 290	458
雨水	0	0	0	0	0	50	50	0	0	0	0	0	0	50	50	0
需水	3 842	157	1 600	8 353	698	2 000			8 256	5 483	68 645	43 248	2 682	1 000		
缺水率(%)	0.0	0.3	0.0	0.0	0.0	0.0			0.0	0.0	31.4	0.0	0.0	0.0		
分区	漯－1								漯－2							
黄河干流	0	0	0	0	0	0	0	0	0	0	0	0	0	0	0	0
南水北调	4 956	0	1 487	9 092	1 135	0	16 670	0	3 320	0	1 095	4 099	416	0	8 930	0
大型水库	0	0	0	5 356	0	0	5 356	0	0	0	0	7 516	0	0	7 516	0
地表水	0	0	1 657	0	0	0	1 657	0	0	0	3 081	0	0	0	3 082	1
地下水	0	978	9 806	0	0	0	10 784	0	0	1 598	9 441	0	0	0	11 040	1
中水	0	0	0	3 644	0	1 196	5 078	238	0	0	0	1 819	0	1 144	3 092	129
雨水	0	0	0	0	0	200	200	0	0	0	0	0	0	200	200	0
需水	4 957	979	23 764	18 092	1 135	1 397			3 321	1 599	22 693	13 961	416	1 345		
缺水率(%)	0.0	0.1	45.5	0.0	0.0	0.1			0.0	0.0	40.0	3.8	0.0	0.1		
分区	济源								城市群							
黄河干流	0	0	0	3 159	841	0	4 000	0	0	0	91 677	128 254	35 405	12 269	270 776	3 171
南水北调	0	0	0	0	0	0	0	0	92 154	0	5 354	68 519	9 095	0	178 260	3 138
大型水库	0	0	0	8 328	0	0	8 461	133	0	0	0	122 529	0	153	127 815	5 133
地表水	0	0	15 511	0	0	0	25 287	9 776	0	0	169 381	8 353	0	344	188 849	10 771
地下水	2 308	594	0	0	0	0	8 264	5 362	35 837	48 612	272 871	39 745	0	0	472 747	75 682
中水	0	0	0	3 346	0	253	3 790	191	0	0	0	37 306	1 548	81 028	125 036	5 154
雨水	0	0	0	0	0	197	197	0	0	0	0	0	0	7 832	7 833	1
需水	2 308	594	15 512	14 833	841	450			124 114	46 898	598 956	393 977	46 048	106 450		
缺水率(%)	0.0	0.1	0.0	0.0	0.0	0.0			0.0	0.0	0.1	0.0	0.0	0.0		

附表 15-24　均衡发展型 2015 年黄河干流＋南水北调＋大型水库、产业结构调整方案二与强化节水组合方案 23 配置成果　（单位：万 m^3）

项目	城镇生活	农村生活	一产	二产	三产	生态环境	可供	余水	城镇生活	农村生活	一产	二产	三产	生态环境	可供	余水
分区	郑－1								郑－2							
黄河干流	0	0	0	22 309	8 465	8 501	39 275	0	0	0	0	25 266	3 459	0	28 725	0
南水北调	23 805	0	0	7 465	0	0	31 270	0	10 467	0	0	19 516	0	0	30 430	447
大型水库	0	0	0	0	0	0	0	0	0	0	0	3 000	0	0	3 000	0
地表水	0	0	4 021	0	0	0	4 021	0	0	0	22 678	0	0	0	22 678	0
地下水	0	797	5 505	2 030	0	0	8 333	1	0	7 164	26 874	11 889	0	0	48 061	2 134
中水	0	0	0	0	0	18 686	18 686	0	0	0	0	2 904	0	17 488	20 392	0
雨水	0	0	0	0	0	524	524	0	0	0	0	0	0	1 012	1 012	0
需水	23 806	797	10 363	31 805	8 466	27 712			10 467	7 165	49 552	62 575	3 459	18 500		
缺水率(%)	0.0	0.0	8.1	0.0	0.0	0.0			0.0	0.0	0.0	0.0	0.0	0.0		
分区	开－1								开－2							
黄河干流	0	0	7 188	6 745	1 017	1 502	18 947	2 495	0	0	35 005	19 540	1 983	0	56 529	1
南水北调	0	0	0	0	0	0	0	0	0	0	0	0	0	0	0	0
大型水库	0	0	0	0	0	0	0	0	0	0	0	0	0	0	0	0
地表水	0	0	700	0	0	0	700	0	0	0	6 300	0	0	0	6 300	0
地下水	4 467	267	0	0	0	0	5 817	1 083	9 050	6 234	53 417	0	0	0	68 701	0
中水	0	0	0	0	0	2 967	2 968	1	0	0	0	4 323	0	2 132	6 455	0
雨水	0	0	0	0	0	1 035	1 035	0	0	0	0	0	0	1 896	1 897	1
需水	4 468	267	7 888	6 746	1 018	5 504			9 051	6 235	98 370	23 864	1 984	4 029		
缺水率(%)	0.0	0.0	0.0	0.0	0.1	0.0			0.0	0.0	3.7	0.0	0.0	0.0		
分区	洛－1								洛－2							
黄河干流	0	0	132	8 562	3 615	1 291	13 600	0	0	0	0	4 450	3 050	0	7 500	0
南水北调	0	0	0	0	0	0	0	0	0	0	0	0	0	0	0	0
大型水库	0	0	0	5 123	0	0	5 123	0	0	0	0	31 518	0	0	36 518	5 000
地表水	0	0	6 217	0	0	0	6 217	0	0	0	29 356	0	0	0	29 356	0
地下水	8 432	75	0	23 117	0	0	31 624	0	8 334	9 309	23 961	6 999	0	0	53 671	5 068
中水	0	0	0	0	0	7 716	7 716	0	0	0	0	852	0	11 235	12 087	0
雨水	0	0	0	0	0	500	500	0	0	0	0	0	0	1 000	1 000	0
需水	8 433	75	6 350	38 270	3 615	9 507			8 335	9 309	53 318	43 819	3 050	12 235		
缺水率(%)	0.0	0.5	0.0	3.8	0.0	0.0			0.0	0.0	0.0	0.0	0.0	0.0		

续附表 15-24

项目	城镇生活	农村生活	一产	二产	三产	生态环境	可供	余水	城镇生活	农村生活	一产	二产	三产	生态环境	可供	余水
分区	平 -1								平 -2							
黄河干流	0	0	0	0	0	0	0	0	0	0	0	0	0	0	0	0
南水北调	4 433	0	2 543	0	1 597	0	10 170	1 597	9 825	0	0	2 903	2 102	0	14 830	0
大型水库	0	0	0	13 870	0	0	13 870	0	0	0	0	24 991	0	0	24 991	0
地表水	0	0	1 814	0	0	0	1 815	1	0	0	29 144	0	0	0	29 145	1
地下水	0	333	123	0	0	0	456	0	0	5 403	11 468	0	0	0	16 871	0
中水	0	0	0	2 828	86	1 507	4 421	0	0	0	0	0	142	6 444	6 587	1
雨水	0	0	0	0	0	400	400	0	0	0	0	0	0	500	500	0
需水	4 433	333	4 481	16 698	1 683	1 907			9 825	5 403	56 576	34 177	2 244	6 944		
缺水率(%)	0.0	0.1	0.0	0.0	0.0	0.0			0.0	0.0	28.2	18.4	0.0	0.0		
分区	新 -1								新 -2							
黄河干流	0	0	0	0	0	0	0	0	0	0	49 389	22 124	2 187	0	73 700	0
南水北调	4 763	0	0	6 835	1 665	0	13 300	37	8 860	0	0	0	0	0	8 860	0
大型水库	0	0	0	0	0	0	0	0	0	0	0	0	0	0	0	0
地表水	0	0	1 383	0	0	0	1 383	0	0	0	21 943	0	0	0	21 943	0
地下水	0	244	4 398	0	0	0	11 735	7 093	1 981	6 447	32 516	0	0	0	74 611	33 667
中水	0	0	0	1 304	0	1 900	3 205	1	0	0	0	4 393	0	2 900	7 294	1
雨水	0	0	0	0	0	100	100	0	0	0	0	0	0	100	100	0
需水	4 763	245	5 782	8 139	1 666	2 000			10 842	6 448	103 848	26 518	2 188	3 000		
缺水率(%)	0.0	0.2	0.0	0.0	0.0	0.0			0.0	0.0	0.0	0.0	0.0	0.0		
分区	焦 -1								焦 -2							
黄河干流	0	0	0	0	0	0	0	0	0	0	0	21 300	2 200	0	23 500	0
南水北调	3 909	0	0	2 323	1 248	0	7 480	0	5 720	0	0	0	0	0	5 720	0
大型水库	0	0	0	0	0	0	0	0	0	0	0	7 280	0	0	7 280	0
地表水	0	0	2 215	0	0	219	2 434	0	0	0	15 717	0	0	0	15 717	0
地下水	0	354	1 035	7 462	0	0	16 600	7 749	1 265	3 177	50 458	0	0	0	54 900	0
中水	0	0	0	0	0	2 874	2 875	1	0	0	0	7 486	0	939	8 425	0
雨水	0	0	0	0	0	7	7	0	0	0	0	0	0	61	61	0
需水	3 909	355	3 251	9 785	1 248	3 100			6 985	3 177	70 214	49 036	2 200	1 000		
缺水率(%)	0.0	0.2	0.0	0.0	0.0	0.0			0.0	0.0	5.8	26.5	0.0	0.0		

续附表 15-24

项目	城镇生活	农村生活	一产	二产	三产	生态环境	可供	余水	城镇生活	农村生活	一产	二产	三产	生态环境	可供	余水
分区	许 -1								许 -2							
黄河干流	0	0	0	0	0	0	0	0	0	0	0	2 815	2 185	0	5 000	0
南水北调	3 841	0	0	1 159	0	0	5 000	0	8 255	0	11 287	6 058	0	0	25 600	0
大型水库	0	0	0	0	0	0	0	0	0	0	0	15 700	0	0	15 700	0
地表水	0	0	1 600	9 345	0	0	10 945	0	0	0	6 169	0	0	0	6 169	0
地下水	0	156	0	123	0	0	4 844	4 565	0	5 482	40 953	0	0	0	46 435	0
中水	0	0	0	156	569	1 950	2 675	0	0	0	0	8 339	0	950	9 290	1
雨水	0	0	0	0	0	50	50	0	0	0	0	0	0	50	50	0
需水	3 842	157	1 600	10 783	569	2 000			8 256	5 483	68 645	32 912	2 186	1 000		
缺水率(%)	0.0	0.3	0.0	0.0	0.0	0.0			0.0	0.0	14.9	0.0	0.0	0.0		
分区	漯 -1								漯 -2							
黄河干流	0	0	0	0	0	0	0	0	0	0	0	0	0	0	0	0
南水北调	4 956	0	5 395	5 395	924	0	16 670	0	3 320	0	5 250	21	339	0	8 930	0
大型水库	0	0	0	5 356	0	0	5 356	0	0	0	0	7 516	0	0	7 516	0
地表水	0	0	1 657	0	0	0	1 657	0	0	0	3 081	0	0	0	3 082	1
地下水	0	978	9 806	0	0	0	10 784	0	0	1 598	9 441	0	0	0	11 040	1
中水	0	0	0	3 882	0	1 196	5 078	0	0	0	0	1 948	0	1 144	3 092	0
雨水	0	0	0	0	0	200	200	0	0	0	0	0	0	200	200	0
需水	4 957	979	23 764	14 633	925	1 397			3 321	1 599	22 693	9 485	340	1 345		
缺水率(%)	0.0	0.1	29.1	0.0	0.1	0.1			0.0	0.0	21.7	0.0	0.2	0.1		
分区	济源								城市群							
黄河干流	0	0	0	3 315	685	0	4 000	0	0	0	91 714	136 426	28 846	11 294	270 776	2 496
南水北调	0	0	0	0	0	0	0	0	92 154	0	24 475	51 675	7 875	0	178 260	2 081
大型水库	0	0	0	7 277	0	0	8 461	1 184	0	0	0	121 631	0	0	127 815	6 184
地表水	0	0	15 511	0	0	0	25 287	9 776	0	0	169 506	9 345	0	219	188 849	9 779
地下水	2 308	594	0	0	0	0	8 264	5 362	35 837	48 612	269 955	51 620	0	0	472 747	66 723
中水	0	0	0	3 536	0	253	3 790	1	0	0	0	41 951	797	82 281	125 036	7
雨水	0	0	0	0	0	197	197	0	0	0	0	0	0	7 832	7 833	1
需水	2 308	594	15 512	14 128	685	450			124 114	46 898	598 956	393 977	37 525	106 450		
缺水率(%)	0.0	0.1	0.0	0.0	0.0	0.0			0.0	0.0	0.1	0.0	0.0	0.0		

附表 20-1　均衡发展型 2020 年基本需水与基本供水组合基本方案配置成果　（单位：万 m^3）

项目	城镇生活	农村生活	一产	二产	三产	生态环境	可供	余水	城镇生活	农村生活	一产	二产	三产	生态环境	可供	余水
分区	郑－1								郑－2							
黄河干流	0	0	0	21 454	13 125	1 696	36 275	0	0	0	0	2 998	6 377	0	9 375	0
南水北调	30 556	0	0	714	0	0	31 270	0	12 892	0	0	7 538	0	0	20 430	0
大型水库	0	0	0	15 000	0	0	15 000	0	0	0	0	7 850	0	0	7 850	0
地表水	0	0	4 021	0	0	0	4 021	0	0	0	22 678	0	0	0	22 678	0
地下水	0	330	6 835	1 167	0	0	8 333	1	0	7 459	27 560	13 042	0	0	48 061	0
中水	0	0	0	0	0	27 937	27 937	0	0	0	0	12 702	0	17 549	30 252	1
雨水	0	0	0	0	0	663	664	1	0	0	0	0	0	1 051	1 051	0
需水	30 557	330	10 857	41 680	13 126	30 296			12 893	7 459	50 238	85 328	6 377	18 600		
缺水率（%）	0.0	0.0	0.0	8.0	0.0	0.0			0.0	0.0	0.0	48.3	0.0	0.0		
分区	开－1								开－2							
黄河干流	0	0	7 649	9 667	1 465	165	18 947	1	0	0	11 086	21 677	3 765	0	36 529	1
南水北调	0	0	0	0	0	0	0	0	0	0	0	0	0	0	0	0
大型水库	0	0	0	0	0	0	0	0	0	0	0	0	0	0	0	0
地表水	0	0	700	0	0	0	700	0	0	0	6 300	0	0	0	6 300	0
地下水	4 847	282	190	0	0	0	5 817	498	11 179	6 182	51 340	0	0	0	68 701	0
中水	0	0	0	0	0	4 749	4 750	1	0	0	0	6 937	0	3 509	10 446	0
雨水	0	0	0	0	0	1 086	1 087	1	0	0	0	0	0	1 991	1 991	0
需水	4 847	282	8 539	9 667	1 466	6 000			11 180	6 183	101 459	28 615	3 766	5 500		
缺水率（%）	0.0	0.1	0.0	0.0	0.0	0.0			0.0	0.0	32.3	0.0	0.0	0.0		
分区	洛－1								洛－2							
黄河干流	0	0	0	17 238	5 362	0	22 600	0	0	0	0	7 298	4 202	0	11 500	0
南水北调	0	0	0	0	0	0	0	0	0	0	0	0	0	0	0	0
大型水库	0	0	0	5 123	0	0	5 123	0	0	0	0	36 518	0	0	36 518	0
地表水	0	0	6 781	1 386	0	0	9 353	1 186	0	0	40 337	0	0	0	40 337	0
地下水	9 351	84	0	0	0	0	31 664	22 229	10 900	9 198	13 599	10 343	0	0	54 420	10 380
中水	0	0	0	1 571	0	9 774	11 346	1	0	0	0	6 180	0	12 520	18 700	0
雨水	0	0	0	0	0	500	500	0	0	0	0	0	0	1 000	1 000	0
需水	9 351	84	6 782	25 318	5 363	10 274			10 900	9 199	53 936	60 340	4 202	13 520		
缺水率（%）	0.0	0.5	0.0	0.0	0.0	0.0			0.0	0.0	0.0	0.0	0.0	0.0		

注："附表 20-1"中的数字"20"表示年份，即 2020 年，下同。

续附表 20-1

项目	城镇生活	农村生活	一产	二产	三产	生态环境	可供	余水	城镇生活	农村生活	一产	二产	三产	生态环境	可供	余水
分区	平 -1								平 -2							
黄河干流	0	0	0	0	0	0	0	0	0	0	0	0	0	0	0	0
南水北调	4 892	0	1 461	1 624	3 850	0	20 170	8 343	2 253	0	0	0	2 577	0	4 830	0
大型水库	0	0	0	13 870	0	0	13 870	0	0	0	862	19 129	0	0	19 991	0
地表水	0	0	3 139	0	0	0	3 139	0	0	0	36 259	0	0	0	36 260	1
地下水	0	290	189	0	0	0	479	0	11 985	4 227	798	0	0	0	17 010	0
中水	0	0	0	4 506	0	1 766	6 273	1	0	0	0	0	2 752	7 630	10 382	0
雨水	0	0	0	0	0	500	500	0	0	0	0	0	0	600	600	0
需水	4 892	290	4 790	20 000	3 851	2 266			14 238	4 228	63 197	35 200	5 330	8 230		
缺水率(%)	0.0	0.1	0.0	0.0	0.0	0.0			0.0	0.0	40.0	45.7	0.0	0.0		
分区	新 -1								新 -2							
黄河干流	0	0	0	0	0	0	0	0	0	0	66 976	33 539	3 185	0	103 700	0
南水北调	5 288	0	0	11 534	2 479	0	23 300	3 999	13 458	0	0	0	0	0	16 860	3 402
大型水库	0	0	0	0	0	0	0	0	0	0	0	0	0	0	0	0
地表水	0	0	4 050	0	0	0	4 050	0	0	0	22 514	0	0	0	22 514	0
地下水	0	220	1 908	0	0	0	11 735	9 607	0	6 277	14 631	0	0	0	74 611	53 703
中水	0	0	0	2 526	0	2 350	4 876	0	0	0	0	8 252	0	3 350	11 603	1
雨水	0	0	0	0	0	150	150	0	0	0	0	0	0	150	150	0
需水	5 289	221	5 959	14 060	2 479	2 500			13 459	6 278	104 122	41 792	3 185	3 500		
缺水率(%)	0.0	0.3	0.0	0.0	0.0	0.0			0.0	0.0	0.0	0.0	0.0	0.0		
分区	焦 -1								焦 -2							
黄河干流	0	0	0	0	0	0	0	0	0	0	0	20 187	3 313	0	23 500	0
南水北调	4 569	0	0	13 059	2 110	0	22 480	2 742	5 720	0	0	0	0	0	5 720	0
大型水库	0	0	0	0	0	0	0	0	0	0	0	6 280	0	0	6 280	0
地表水	0	0	2 434	0	0	0	2 434	0	0	0	15 717	0	0	0	15 717	0
地下水	0	279	603	0	0	0	16 600	15 718	2 296	3 253	49 351	0	0	0	54 900	0
中水	0	0	0	1 291	0	3 477	4 768	0	0	0	0	12 133	0	1 380	13 514	1
雨水	0	0	0	0	0	23	23	0	0	0	0	0	0	120	120	0
需水	4 570	279	3 037	14 351	2 110	3 500			8 016	3 254	71 753	56 335	3 313	1 500		
缺水率(%)	0.0	0.2	0.0	0.0	0.0	0.0			0.0	0.0	9.3	31.5	0.0	0.0		

续附表 20-1

项目	城镇生活	农村生活	一产	二产	三产	生态环境	可供	余水	城镇生活	农村生活	一产	二产	三产	生态环境	可供	余水
分区	许-1								许-2							
黄河干流	0	0	0	0	0	0	0	0	0	0	1 362	0	3 638	0	5 000	0
南水北调	4 281	0	0	0	719	0	5 000	0	10 066	0	0	7 534	0	0	17 600	0
大型水库	0	0	0	0	0	0	0	0	0	0	0	15 700	0	0	15 700	0
地表水	0	0	1 591	9 354	0	0	10 945	0	0	0	6 169	0	0	0	6 169	0
地下水	0	178	0	1 115	0	0	4 844	3 551	0	5 437	40 998	0	0	0	46 435	0
中水	0	0	0	1 554	154	2 400	4 109	1	0	0	0	13 051	0	1 400	14 452	1
雨水	0	0	0	0	0	100	100	0	0	0	0	0	0	100	100	0
需水	4 281	179	1 592	12 023	874	2 500			10 066	5 437	69 052	58 752	3 638	1 500		
缺水率(%)	0.0	0.4	0.1	0.0	0.1	0.0			0.0	0.0	29.7	38.2	0.0	0.0		
分区	漯-1								漯-2							
黄河干流	0	0	0	0	0	0	0	0	0	0	0	0	0	0	0	0
南水北调	5 707	0	0	0	963	0	6 670	0	3 930	0	0	0	0	0	3 930	0
大型水库	0	0	553	4 803	0	0	5 356	0	0	0	1 953	5 563	0	0	7 516	0
地表水	0	0	1 657	0	0	0	1 657	0	0	0	3 081	0	0	0	3 082	1
地下水	0	913	9 871	0	0	0	10 784	0	47	1 580	9 412	0	0	0	11 040	1
中水	0	0	0	4 494	1 174	1 236	6 904	0	0	0	0	2 568	736	1 179	4 484	1
雨水	0	0	0	0	0	300	300	0	0	0	0	0	0	300	300	0
需水	5 708	913	24 161	21 690	2 137	1 537			3 977	1 580	24 076	17 374	736	1 479		
缺水率(%)	0.0	0.0	50.0	57.1	0.0	0.0			0.0	0.0	40.0	53.2	0.0	0.0		
分区	济源								城市群							
黄河干流	0	0	0	5 540	1 460	0	7 000	0	0	0	87 073	139 598	45 892	1 861	274 425	1
南水北调	0	0	0	0	0	0	0	0	103 612	0	1 461	42 003	12 698	0	178 260	18 486
大型水库	0	0	0	8 021	0	0	9 461	1 440	0	0	3 368	137 857	0	0	142 666	1 441
地表水	0	0	19 241	0	0	0	26 846	7 605	0	0	196 669	10 740	0	0	216 202	8 793
地下水	2 759	559	0	0	0	0	8 203	4 885	53 364	46 748	227 285	25 667	0	0	473 638	120 574
中水	0	0	0	5 055	0	331	5 387	1	0	0	0	82 820	4 816	102 537	190 182	9
雨水	0	0	0	0	0	197	197	0	0	0	0	0	0	8 831	8 833	2
需水	2 759	560	19 242	18 616	1 461	528			156 984	46 756	622 792	561 141	63 414	113 230		
缺水率(%)	0.0	0.1	0.0	0.0	0.0	0.0			0.0	0.0	17.2	21.8	0.0	0.0		

附表 20-2　均衡发展型 2020 年基本需水与黄河干流供水组合方案 1 配置成果

（单位：万 m^3）

项目	城镇生活	农村生活	一产	二产	三产	生态环境	可供	余水	城镇生活	农村生活	一产	二产	三产	生态环境	可供	余水
分区	郑－1								郑－2							
黄河干流	0	0	0	24 454	13 125	1 696	39 275	0	0	0	0	25 998	6 377	0	32 375	0
南水北调	30 556	0	0	714	0	0	31 270	0	12 892	0	0	7 538	0	0	20 430	0
大型水库	0	0	0	15 000	0	0	15 000	0	0	0	0	7 850	0	0	7 850	0
地表水	0	0	4 021	0	0	0	4 021	0	0	0	22 678	0	0	0	22 678	0
地下水	0	330	6 835	1 167	0	0	8 333	1	0	7 459	27 560	13 042	0	0	48 061	0
中水	0	0	0	0	0	27 937	27 937	0	0	0	0	12 702	0	17 549	30 252	1
雨水	0	0	0	0	0	663	664	1	0	0	0	0	0	1 051	1 051	0
需水	30 557	330	10 857	41 680	13 126	30 296			12 893	7 459	50 238	85 328	6 377	18 600		
缺水率（%）	0.0	0.0	0.0	0.8	0.0	0.0			0.0	0.0	0.0	21.3	0.0	0.0		
分区	开－1								开－2							
黄河干流	0	0	7 649	9 667	1 465	165	18 947	1	0	0	31 086	21 677	3 765	0	56 529	1
南水北调	0	0	0	0	0	0	0	0	0	0	0	0	0	0	0	0
大型水库	0	0	0	0	0	0	0	0	0	0	0	0	0	0	0	0
地表水	0	0	700	0	0	0	700	0	0	0	6 300	0	0	0	6 300	0
地下水	4 847	282	190	0	0	0	5 817	498	11 179	6 182	51 340	0	0	0	68 701	0
中水	0	0	0	0	0	4 749	4 750	1	0	0	0	6 937	0	3 509	10 446	0
雨水	0	0	0	0	0	1 086	1 087	1	0	0	0	0	0	1 991	1 991	0
需水	4 847	282	8 539	9 667	1 466	6 000			11 180	6 183	101 459	28 615	3 766	5 500		
缺水率（%）	0.0	0.1	0.0	0.0	0.0	0.0			0.0	0.0	12.6	0.0	0.0	0.0		
分区	洛－1								洛－2							
黄河干流	0	0	0	8 238	5 362	0	13 600	0	0	0	0	3 298	4 202	0	7 500	0
南水北调	0	0	0	0	0	0	0	0	0	0	0	0	0	0	0	0
大型水库	0	0	0	5 123	0	0	5 123	0	0	0	0	36 518	0	0	36 518	0
地表水	0	0	6 781	2 572	0	0	9 353	0	0	0	40 337	0	0	0	40 337	0
地下水	9 351	84	0	7 814	0	0	31 664	14 415	10 900	9 198	13 599	14 343	0	0	54 420	6 380
中水	0	0	0	1 571	0	9 774	11 346	1	0	0	0	6 180	0	12 520	18 700	0
雨水	0	0	0	0	0	500	500	0	0	0	0	0	0	1 000	1 000	0
需水	9 351	84	6 782	25 318	5 363	10 274			10 900	9 199	53 936	60 340	4 202	13 520		
缺水率（%）	0.0	0.5	0.0	0.0	0.0	0.0			0.0	0.0	0.0	0.0	0.0	0.0		

续附表 20-2

项目	城镇生活	农村生活	一产	二产	三产	生态环境	可供	余水	城镇生活	农村生活	一产	二产	三产	生态环境	可供	余水
分区	平－1								平－2							
黄河干流	0	0	0	0	0	0	0	0	0	0	0	0	0	0	0	0
南水北调	4 892	0	1 461	1 624	3 850	0	20 170	8 343	2 253	0	0	0	2 577	0	4 830	0
大型水库	0	0	0	13 870	0	0	13 870	0	0	0	862	19 129	0	0	19 991	0
地表水	0	0	3 139	0	0	0	3 139	0	0	0	36 259	0	0	0	36 260	1
地下水	0	290	189	0	0	0	479	0	11 985	4 227	798	0	0	0	17 010	0
中水	0	0	0	4 506	0	1 766	6 273	1	0	0	0	0	2 752	7 630	10 382	0
雨水	0	0	0	0	0	500	500	0	0	0	0	0	0	600	600	0
需水	4 892	290	4 790	20 000	3 851	2 266			14 238	4 228	63 197	35 200	5 330	8 230		
缺水率(%)	0.0	0.1	0.0	0.0	0.0	0.0			0.0	0.0	40.0	45.7	0.0	0.0		
分区	新－1								新－2							
黄河干流	0	0	0	0	0	0	0	0	0	0	26 976	33 539	3 185	0	63 700	0
南水北调	5 288	0	0	11 534	2 479	0	23 300	3 999	13 458	0	0	0	0	0	16 860	3 402
大型水库	0	0	0	0	0	0	0	0	0	0	0	0	0	0	0	0
地表水	0	0	4 050	0	0	0	4 050	0	0	0	22 514	0	0	0	22 514	0
地下水	0	220	1 908	0	0	0	11 735	9 607	0	6 277	54 631	0	0	0	74 611	13 703
中水	0	0	0	2 526	0	2 350	4 876	0	0	0	0	8 252	0	3 350	11 603	1
雨水	0	0	0	0	0	150	150	0	0	0	0	0	0	150	150	0
需水	5 289	221	5 959	14 060	2 479	2 500			13 459	6 278	104 122	41 792	3 185	3 500		
缺水率(%)	0.0	0.3	0.0	0.0	0.0	0.0			0.0	0.0	0.0	0.0	0.0	0.0		
分区	焦－1								焦－2							
黄河干流	0	0	0	0	0	0	0	0	0	0	0	30 187	3 313	0	33 500	0
南水北调	4 569	0	0	13 059	2 110	0	22 480	2 742	5 720	0	0	0	0	0	5 720	0
大型水库	0	0	0	0	0	0	0	0	0	0	0	6 280	0	0	6 280	0
地表水	0	0	2 434	0	0	0	2 434	0	0	0	15 717	0	0	0	15 717	0
地下水	0	279	603	0	0	0	16 600	15 718	2 296	3 253	49 351	0	0	0	54 900	0
中水	0	0	0	1 291	0	3 477	4 768	0	0	0	0	12 133	0	1 380	13 514	1
雨水	0	0	0	0	0	23	23	0	0	0	0	0	0	120	120	0
需水	4 570	279	3 037	14 351	2 110	3 500			8 016	3 254	71 753	56 335	3 313	1 500		
缺水率(%)	0.0	0.2	0.0	0.0	0.0	0.0			0.0	0.0	9.3	13.7	0.0	0.0		

续附表 20-2

项目	城镇生活	农村生活	一产	二产	三产	生态环境	可供	余水	城镇生活	农村生活	一产	二产	三产	生态环境	可供	余水
分区	许 - 1								许 - 2							
黄河干流	0	0	0	0	0	0	0	0	0	0	1 362	0	3 638	0	5 000	0
南水北调	4 281	0	0	0	719	0	5 000	0	10 066	0	0	7 534	0	0	17 600	0
大型水库	0	0	0	0	0	0	0	0	0	0	0	15 700	0	0	15 700	0
地表水	0	0	1 591	9 354	0	0	10 945	0	0	0	6 169	0	0	0	6 169	0
地下水	0	178	0	1 115	0	0	4 844	3 551	0	5 437	40 998	0	0	0	46 435	0
中水	0	0	0	1 554	154	2 400	4 109	1	0	0	0	13 051	0	1 400	14 452	1
雨水	0	0	0	0	0	100	100	0	0	0	0	0	0	100	100	0
需水	4 281	179	1 592	12 023	874	2 500			10 066	5 437	69 052	58 752	3 638	1 500		
缺水率(%)	0.0	0.4	0.1	0.0	0.1	0.0			0.0	0.0	29.7	38.2	0.0	0.0		
分区	漯 - 1								漯 - 2							
黄河干流	0	0	0	0	0	0	0	0	0	0	0	0	0	0	0	0
南水北调	5 707	0	0	0	963	0	6 670	0	3 930	0	0	0	0	0	3 930	0
大型水库	0	0	553	4 803	0	0	5 356	0	0	0	1 953	5 563	0	0	7 516	0
地表水	0	0	1 657	0	0	0	1 657	0	0	0	3 081	0	0	0	3 082	1
地下水	0	913	9 871	0	0	0	10 784	0	47	1 580	9 412	0	0	0	11 040	1
中水	0	0	0	4 494	1 174	1 236	6 904	0	0	0	0	2 568	736	1 179	4 484	1
雨水	0	0	0	0	0	300	300	0	0	0	0	0	0	300	300	0
需水	5 708	913	24 161	21 690	2 137	1 537			3 977	1 580	24 076	17 374	736	1 479		
缺水率(%)	0.0	0.0	50.0	57.1	0.0	0.0			0.0	0.0	40.0	53.2	0.0	0.0		
分区	济源								城市群							
黄河干流	0	0	0	2 540	1 460	0	4 000	0	0	0	67 073	159 598	45 892	1 861	274 425	1
南水北调	0	0	0	0	0	0	0	0	103 612	0	1 461	42 003	12 698	0	178 260	18 486
大型水库	0	0	0	9 460	0	0	9 461	1	0	0	3 368	139 296	0	0	142 666	2
地表水	0	0	19 241	1 561	0	0	26 846	6 044	0	0	196 669	13 487	0	0	216 202	6 046
地下水	2 759	559	0	0	0	0	8 203	4 885	53 364	46 748	267 285	37 481	0	0	473 638	68 760
中水	0	0	0	5 055	0	331	5 387	1	0	0	0	82 820	4 816	102 537	190 182	9
雨水	0	0	0	0	0	197	197	0	0	0	0	0	0	8 831	8 833	2
需水	2 759	560	19 242	18 616	1 461	528			156 984	46 756	622 792	561 141	63 414	113 230		
缺水率(%)	0.0	0.1	0.0	0.0	0.0	0.0			0.0	0.0	14.0	15.4	0.0	0.0		

附表 20-3　均衡发展型 2020 年基本需水与黄河干流 + 南水北调供水组合方案 2 配置成果　（单位：万 m^3）

项目	城镇生活	农村生活	一产	二产	三产	生态环境	可供	余水	城镇生活	农村生活	一产	二产	三产	生态环境	可供	余水
分区	郑 - 1								郑 - 2							
黄河干流	0	0	0	24 454	13 125	1 696	39 275	0	0	0	0	25 998	6 377	0	32 375	0
南水北调	30 556	0	0	714	0	0	31 270	0	12 892	0	0	17 538	0	0	30 430	0
大型水库	0	0	0	15 000	0	0	15 000	0	0	0	0	7 850	0	0	7 850	0
地表水	0	0	4 021	0	0	0	4 021	0	0	0	22 678	0	0	0	22 678	0
地下水	0	330	6 835	1 167	0	0	8 333	1	0	7 459	27 560	13 042	0	0	48 061	0
中水	0	0	0	0	0	27 937	27 937	0	0	0	0	12 702	0	17 549	30 252	1
雨水	0	0	0	0	0	663	664	1	0	0	0	0	0	1 051	1 051	0
需水	30 557	330	10 857	41 680	13 126	30 296			12 893	7 459	50 238	85 328	6 377	18 600		
缺水率(%)	0.0	0.0	0.0	0.8	0.0	0.0			0.0	0.0	0.0	9.6	0.0	0.0		
分区	开 - 1								开 - 2							
黄河干流	0	0	7 649	9 667	1 465	165	18 947	1	0	0	31 086	21 677	3 765	0	56 529	1
南水北调	0	0	0	0	0	0	0	0	0	0	0	0	0	0	0	0
大型水库	0	0	0	0	0	0	0	0	0	0	0	0	0	0	0	0
地表水	0	0	700	0	0	0	700	0	0	0	6 300	0	0	0	6 300	0
地下水	4 847	282	190	0	0	0	5 817	498	11 179	6 182	51 340	0	0	0	68 701	0
中水	0	0	0	0	0	4 749	4 750	1	0	0	0	6 937	0	3 509	10 446	0
雨水	0	0	0	0	0	1 086	1 087	1	0	0	0	0	0	1 991	1 991	0
需水	4 847	282	8 539	9 667	1 466	6 000			11 180	6 183	101 459	28 615	3 766	5 500		
缺水率(%)	0.0	0.1	0.0	0.0	0.0	0.0			0.0	0.0	12.6	0.0	0.0	0.0		
分区	洛 - 1								洛 - 2							
黄河干流	0	0	0	8 238	5 362	0	13 600	0	0	0	0	3 298	4 202	0	7 500	0
南水北调	0	0	0	0	0	0	0	0	0	0	0	0	0	0	0	0
大型水库	0	0	0	5 123	0	0	5 123	0	0	0	0	36 518	0	0	36 518	0
地表水	0	0	6 781	2 572	0	0	9 353	0	0	0	40 337	0	0	0	40 337	0
地下水	9 351	84	0	7 814	0	0	31 664	14 415	10 900	9 198	13 599	14 343	0	0	54 420	6 380
中水	0	0	0	1 571	0	9 774	11 346	1	0	0	0	6 180	0	12 520	18 700	0
雨水	0	0	0	0	0	500	500	0	0	0	0	0	0	1 000	1 000	0
需水	9 351	84	6 782	25 318	5 363	10 274			10 900	9 199	53 936	60 340	4 202	13 520		
缺水率(%)	0.0	0.5	0.0	0.0	0.0	0.0			0.0	0.0	0.0	0.0	0.0	0.0		

续附表 20-3

项目	城镇生活	农村生活	一产	二产	三产	生态环境	可供	余水	城镇生活	农村生活	一产	二产	三产	生态环境	可供	余水
分区	平－1								平－2							
黄河干流	0	0	0	0	0	0	0	0	0	0	0	0	0	0	0	0
南水北调	4 892	0	1 461	1 624	3 850	0	14 170	2 343	12 253	0	0	0	2 577	0	14 830	0
大型水库	0	0	0	13 870	0	0	13 870	0	0	0	0	19 991	0	0	19 991	0
地表水	0	0	3 139	0	0	0	3 139	0	0	0	36 259	0	0	0	36 260	1
地下水	0	290	189	0	0	0	479	0	1 985	4 227	10 798	0	0	0	17 010	0
中水	0	0	0	4 506	0	1 766	6 273	1	0	0	0	0	2 752	7 630	10 382	0
雨水	0	0	0	0	0	500	500	0	0	0	0	0	0	600	600	0
需水	4 892	290	4 790	20 000	3 851	2 266			14 238	4 228	63 197	35 200	5 330	8 230		
缺水率(%)	0.0	0.1	0.0	0.0	0.0	0.0			0.0	0.0	25.5	43.2	0.0	0.0		
分区	新－1								新－2							
黄河干流	0	0	0	0	0	0	0	0	0	0	26 976	33 539	3 185	0	63 700	0
南水北调	5 288	0	0	5 533	2 479	0	13 300	0	6 860	0	0	0	0	0	6 860	0
大型水库	0	0	0	0	0	0	0	0	0	0	0	0	0	0	0	0
地表水	0	0	4 050	0	0	0	4 050	0	0	0	22 514	0	0	0	22 514	0
地下水	0	220	1 908	6 001	0	0	11 735	3 606	6 598	6 277	54 631	0	0	0	74 611	7 105
中水	0	0	0	2 526	0	2 350	4 876	0	0	0	0	8 252	0	3 350	11 603	1
雨水	0	0	0	0	0	150	150	0	0	0	0	0	0	150	150	0
需水	5 289	221	5 959	14 060	2 479	2 500			13 459	6 278	104 122	41 792	3 185	3 500		
缺水率(%)	0.0	0.3	0.0	0.0	0.0	0.0			0.0	0.0	0.0	0.0	0.0	0.0		
分区	焦－1								焦－2							
黄河干流	0	0	0	0	0	0	0	0	0	0	0	30 187	3 313	0	33 500	0
南水北调	4 569	0	0	3 801	2 110	0	10 480	0	5 720	0	0	0	0	0	5 720	0
大型水库	0	0	0	0	0	0	0	0	0	0	0	6 280	0	0	6 280	0
地表水	0	0	2 434	0	0	0	2 434	0	0	0	15 717	0	0	0	15 717	0
地下水	0	279	603	9 258	0	0	16 600	6 460	2 296	3 253	49 351	0	0	0	54 900	0
中水	0	0	0	1 291	0	3 477	4 768	0	0	0	0	12 133	0	1 380	13 514	1
雨水	0	0	0	0	0	23	23	0	0	0	0	0	0	120	120	0
需水	4 570	279	3 037	14 351	2 110	3 500			8 016	3 254	71 753	56 335	3 313	1 500		
缺水率(%)	0.0	0.2	0.0	0.0	0.0	0.0			0.0	0.0	9.3	13.7	0.0	0.0		

续附表 20-3

项目	城镇生活	农村生活	一产	二产	三产	生态环境	可供	余水	城镇生活	农村生活	一产	二产	三产	生态环境	可供	余水
分区	许－1								许－2							
黄河干流	0	0	0	0	0	0	0	0	0	0	1 362	0	3 638	0	5 000	0
南水北调	4 281	0	0	0	719	0	5 000	0	10 066	0	0	12 534	0	0	22 600	0
大型水库	0	0	0	0	0	0	0	0	0	0	0	15 700	0	0	15 700	0
地表水	0	0	1 591	9 354	0	0	10 945	0	0	0	6 169	0	0	0	6 169	0
地下水	0	178	0	1 115	0	0	4 844	3 551	0	5 437	40 998	0	0	0	46 435	0
中水	0	0	0	1 554	154	2 400	4 109	1	0	0	0	13 051	0	1 400	14 452	1
雨水	0	0	0	0	0	100	100	0	0	0	0	0	0	100	100	0
需水	4 281	179	1 592	12 023	874	2 500			10 066	5 437	69 052	58 752	3 638	1 500		
缺水率(%)	0.0	0.4	0.1	0.0	0.1	0.0			0.0	0.0	29.7	29.7	0.0	0.0		
分区	漯－1								漯－2							
黄河干流	0	0	0	0	0	0	0	0	0	0	0	0	0	0	0	0
南水北调	5 707	0	553	6 273	2 137	0	14 670	0	3 977	0	1 905	2 312	736	0	8 930	0
大型水库	0	0	0	5 356	0	0	5 356	0	0	0	1	7 515	0	0	7 516	0
地表水	0	0	1 657	0	0	0	1 657	0	0	0	3 081	0	0	0	3 082	1
地下水	0	913	9 871	0	0	0	10 784	0	0	1 580	9 459	0	0	0	11 040	1
中水	0	0	0	5 668	0	1 236	6 904	0	0	0	0	3 304	0	1 179	4 484	1
雨水	0	0	0	0	0	300	300	0	0	0	0	0	0	300	300	0
需水	5 708	913	24 161	21 690	2 137	1 537			3 977	1 580	24 076	17 374	736	1 479		
缺水率(%)	0.0	0.0	50.0	20.3	0.0	0.0			0.0	0.0	40.0	24.4	0.0	0.0		
分区	济源								城市群							
黄河干流	0	0	0	2 540	1 460	0	4 000	0	0	0	67 073	159 598	45 892	1 861	274 425	1
南水北调	0	0	0	0	0	0	0	0	107 061	0	3 919	50 329	14 608	0	188 260	2 343
大型水库	0	0	0	9 460	0	0	9 461	1	0	0	1	142 663	0	0	142 666	2
地表水	0	0	19 241	1 561	0	0	26 846	6 044	0	0	196 669	13 487	0	0	216 202	6 046
地下水	2 759	559	0	0	0	0	8 203	4 885	49 915	46 748	277 332	52 740	0	0	473 638	46 903
中水	0	0	0	5 055	0	331	5 387	1	0	0	0	84 730	2 906	102 537	190 182	9
雨水	0	0	0	0	0	197	197	0	0	0	0	0	0	8 831	8 833	2
需水	2 759	560	19 242	18 616	1 461	528			156 984	46 756	622 792	561 141	63 414	113 230		
缺水率(%)	0.0	0.1	0.0	0.0	0.0	0.0			0.0	0.0	12.5	10.3	0.0	0.0		

附表 20-4　均衡发展型 2020 年基本需水与黄河干流 + 南水北调 + 大型水库供水组合方案 3 配置成果　（单位：万 m^3）

项目	城镇生活	农村生活	一产	二产	三产	生态环境	可供	余水	城镇生活	农村生活	一产	二产	三产	生态环境	可供	余水
分区	郑－1								郑－2							
黄河干流	0	0	0	24 454	13 125	1 696	39 275	0	0	0	0	25 998	6 377	0	32 375	0
南水北调	30 556	0	0	714	0	0	31 270	0	12 892	0	0	17 538	0	0	30 430	0
大型水库	0	0	0	15 000	0	0	15 000	0	0	0	0	9 850	0	0	9 850	0
地表水	0	0	4 021	0	0	0	4 021	0	0	0	22 678	0	0	0	22 678	0
地下水	0	330	6 835	1 167	0	0	8 333	1	0	7 459	27 560	13 042	0	0	48 061	0
中水	0	0	0	0	0	27 937	27 937	0	0	0	0	12 702	0	17 549	30 252	1
雨水	0	0	0	0	0	663	664	1	0	0	0	0	0	1 051	1 051	0
需水	30 557	330	10 857	41 680	13 126	30 296			12 893	7 459	50 238	85 328	6 377	18 600		
缺水率(%)	0.0	0.0	0.0	0.8	0.0	0.0			0.0	0.0	0.0	7.3	0.0	0.0		
分区	开－1								开－2							
黄河干流	0	0	7 649	9 667	1 465	165	18 947	1	0	0	31 086	21 677	3 765	0	56 529	1
南水北调	0	0	0	0	0	0	0	0	0	0	0	0	0	0	0	0
大型水库	0	0	0	0	0	0	0	0	0	0	0	0	0	0	0	0
地表水	0	0	700	0	0	0	700	0	0	0	6 300	0	0	0	6 300	0
地下水	4 847	282	190	0	0	0	5 817	498	11 179	6 182	51 340	0	0	0	68 701	0
中水	0	0	0	0	0	4 749	4 750	1	0	0	0	6 937	0	3 509	10 446	0
雨水	0	0	0	0	0	1 086	1 087	1	0	0	0	0	0	1 991	1 991	0
需水	4 847	282	8 539	9 667	1 466	6 000			11 180	6 183	101 459	28 615	3 766	5 500		
缺水率(%)	0.0	0.1	0.0	0.0	0.0	0.0			0.0	0.0	12.6	0.0	0.0	0.0		
分区	洛－1								洛－2							
黄河干流	0	0	0	8 238	5 362	0	13 600	0	0	0	0	3 298	4 202	0	7 500	0
南水北调	0	0	0	0	0	0	0	0	0	0	0	0	0	0	0	0
大型水库	0	0	0	3 123	0	0	3 123	0	0	0	0	31 518	0	0	31 518	0
地表水	0	0	6 781	2 572	0	0	9 353	0	0	0	40 337	0	0	0	40 337	0
地下水	9 351	84	0	9 814	0	0	31 664	12 415	10 900	9 198	13 599	19 343	0	0	54 420	1 380
中水	0	0	0	1 571	0	9 774	11 346	1	0	0	0	6 180	0	12 520	18 700	0
雨水	0	0	0	0	0	500	500	0	0	0	0	0	0	1 000	1 000	0
需水	9 351	84	6 782	25 318	5 363	10 274			10 900	9 199	53 936	60 340	4 202	13 520		
缺水率(%)	0.0	0.5	0.0	0.0	0.0	0.0			0.0	0.0	0.0	0.0	0.0	0.0		

续附表 20-4

项目	城镇生活	农村生活	一产	二产	三产	生态环境	可供	余水	城镇生活	农村生活	一产	二产	三产	生态环境	可供	余水
分区	平－1								平－2							
黄河干流	0	0	0	0	0	0	0	0	0	0	0	0	0	0	0	0
南水北调	4 892	0	1 461	1 624	3 850	0	14 170	2 343	12 253	0	0	0	2 577	0	14 830	0
大型水库	0	0	0	13 870	0	0	13 870	0	0	0	0	24 991	0	0	24 991	0
地表水	0	0	3 139	0	0	0	3 139	0	0	0	36 259	0	0	0	36 260	1
地下水	0	290	189	0	0	0	479	0	1 985	4 227	10 798	0	0	0	17 010	0
中水	0	0	0	4 506	0	1 766	6 273	1	0	0	0	0	2 752	7 630	10 382	0
雨水	0	0	0	0	0	500	500	0	0	0	0	0	0	600	600	0
需水	4 892	290	4 790	20 000	3 851	2 266			14 238	4 228	63 197	35 200	5 330	8 230		
缺水率(%)	0.0	0.1	0.0	0.0	0.0	0.0			0.0	0.0	25.5	29.0	0.0	0.0		
分区	新－1								新－2							
黄河干流	0	0	0	0	0	0	0	0	0	0	26 976	33 539	3 185	0	63 700	0
南水北调	5 288	0	0	5 533	2 479	0	13 300	0	6 860	0	0	0	0	0	6 860	0
大型水库	0	0	0	0	0	0	0	0	0	0	0	0	0	0	0	0
地表水	0	0	4 050	0	0	0	4 050	0	0	0	22 514	0	0	0	22 514	0
地下水	0	220	1 908	6 001	0	0	11 735	3 606	6 598	6 277	54 631	0	0	0	74 611	7 105
中水	0	0	0	2 526	0	2 350	4 876	0	0	0	0	8 252	0	3 350	11 603	1
雨水	0	0	0	0	0	150	150	0	0	0	0	0	0	150	150	0
需水	5 289	221	5 959	14 060	2 479	2 500			13 459	6 278	104 122	41 792	3 185	3 500		
缺水率(%)	0.0	0.3	0.0	0.0	0.0	0.0			0.0	0.0	0.0	0.0	0.0	0.0		
分区	焦－1								焦－2							
黄河干流	0	0	0	0	0	0	0	0	0	0	0	30 187	3 313	0	33 500	0
南水北调	4 569	0	0	3 801	2 110	0	10 480	0	5 720	0	0	0	0	0	5 720	0
大型水库	0	0	0	0	0	0	0	0	0	0	0	9 280	0	0	9 280	0
地表水	0	0	2 434	0	0	0	2 434	0	0	0	15 717	0	0	0	15 717	0
地下水	0	279	603	9 258	0	0	16 600	6 460	2 296	3 253	49 351	0	0	0	54 900	0
中水	0	0	0	1 291	0	3 477	4 768	0	0	0	0	12 133	0	1 380	13 514	1
雨水	0	0	0	0	0	23	23	0	0	0	0	0	0	120	120	0
需水	4 570	279	3 037	14 351	2 110	3 500			8 016	3 254	71 753	56 335	3 313	1 500		
缺水率(%)	0.0	0.2	0.0	0.0	0.0	0.0			0.0	0.0	9.3	8.4	0.0	0.0		

续附表 20-4

项目	城镇生活	农村生活	一产	二产	三产	生态环境	可供	余水	城镇生活	农村生活	一产	二产	三产	生态环境	可供	余水
分区	许－1								许－2							
黄河干流	0	0	0	0	0	0	0	0	0	0	1 362	0	3 638	0	5 000	0
南水北调	4 281	0	0	0	719	0	5 000	0	10 066	0	0	12 534	0	0	22 600	0
大型水库	0	0	0	0	0	0	0	0	0	0	0	15 700	0	0	15 700	0
地表水	0	0	1 591	9 354	0	0	10 945	0	0	0	6 169	0	0	0	6 169	0
地下水	0	178	0	1 115	0	0	4 844	3 551	0	5 437	40 998	0	0	0	46 435	0
中水	0	0	0	1 554	154	2 400	4 109	1	0	0	0	13 051	0	1 400	14 452	1
雨水	0	0	0	0	0	100	100	0	0	0	0	0	0	100	100	0
需水	4 281	179	1 592	12 023	874	2 500			10 066	5 437	69 052	58 752	3 638	1 500		
缺水率(%)	0.0	0.4	0.1	0.0	0.1	0.0			0.0	0.0	29.7	29.7	0.0	0.0		
分区	漯－1								漯－2							
黄河干流	0	0	0	0	0	0	0	0	0	0	0	0	0	0	0	0
南水北调	5 707	0	553	6 273	2 137	0	14 670	0	3 977	0	1 905	2 312	736	0	8 930	0
大型水库	0	0	0	5 356	0	0	5 356	0	0	0	1	7 515	0	0	7 516	0
地表水	0	0	1 657	0	0	0	1 657	0	0	0	3 081	0	0	0	3 082	1
地下水	0	913	9 871	0	0	0	10 784	0	0	1 580	9 459	0	0	0	11 040	1
中水	0	0	0	5 668	0	1 236	6 904	0	0	0	0	3 304	0	1 179	4 484	1
雨水	0	0	0	0	0	300	300	0	0	0	0	0	0	300	300	0
需水	5 708	913	24 161	21 690	2 137	1 537			3 977	1 580	24 076	17 374	736	1 479		
缺水率(%)	0.0	0.0	50.0	20.3	0.0	0.0			0.0	0.0	40.0	24.4	0.0	0.0		
分区	济源								城市群							
黄河干流	0	0	0	2 540	1 460	0	4 000	0	0	0	67 073	159 598	45 892	1 861	274 425	1
南水北调	0	0	0	0	0	0	0	0	107 061	0	3 919	50 329	14 608	0	178 260	2 343
大型水库	0	0	0	6 460	0	0	9 461	3 001	0	0	1	142 663	0	0	145 666	3 002
地表水	0	0	19 241	4 561	0	0	26 846	3 044	0	0	196 669	16 487	0	0	216 202	3 046
地下水	2 759	559	0	0	0	0	8 203	4 885	49 915	46 748	277 332	59 740	0	0	473 638	39 903
中水	0	0	0	5 055	0	331	5 387	1	0	0	0	84 730	2 906	102 537	190 182	9
雨水	0	0	0	0	0	197	197	0	0	0	0	0	0	8 831	8 833	2
需水	2 759	560	19 242	18 616	1 461	528			156 984	46 756	622 792	561 141	63 414	113 230		
缺水率(%)	0.0	0.1	0.0	0.0	0.0	0.0			0.0	0.0	12.5	8.5	0.0	0.0		

附表20-5　均衡发展型2020年产业结构调整方案一需水与基本供水组合方案4配置成果　（单位：万 m^3）

项目	城镇生活	农村生活	一产	二产	三产	生态环境	可供	余水	城镇生活	农村生活	一产	二产	三产	生态环境	可供	余水
分区	郑－1								郑－2							
黄河干流	0	0	0	16 203	18 376	1 696	36 275	0	0	0	0	447	8 928	0	9 375	0
南水北调	30 556	0	0	714	0	0	31 270	0	12 892	0	0	7 538	0	0	20 430	0
大型水库	0	0	0	15 000	0	0	15 000	0	0	0	0	7 850	0	0	7 850	0
地表水	0	0	4 021	0	0	0	4 021	0	0	0	22 678	0	0	0	22 678	0
地下水	0	330	6 835	1 167	0	0	8 333	1	0	7 459	27 560	13 042	0	0	48 061	0
中水	0	0	0	0	0	27 937	27 937	0	0	0	0	12 702	0	17 549	30 252	1
雨水	0	0	0	0	0	663	664	1	0	0	0	0	0	1 051	1 051	0
需水	30 557	330	10 857	41 680	18 376	30 296			12 893	7 459	50 238	85 328	8 928	18 600		
缺水率(%)	0.0	0.0	0.0	20.6	0.0	0.0			0.0	0.0	0.0	51.3	0.0	0.0		
分区	开－1								开－2							
黄河干流	0	0	7 151	9 579	2 051	165	18 947	1	0	0	9 580	21 677	5 271	0	36 529	1
南水北调	0	0	0	0	0	0	0	0	0	0	0	0	0	0	0	0
大型水库	0	0	0	0	0	0	0	0	0	0	0	0	0	0	0	0
地表水	0	0	700	0	0	0	700	0	0	0	6 300	0	0	0	6 300	0
地下水	4 847	282	688	0	0	0	5 817	0	11 179	6 182	51 340	0	0	0	68 701	0
中水	0	0	0	0	0	4 749	4 750	1	0	0	0	6 937	0	3 509	10 446	0
雨水	0	0	0	0	0	1 086	1 087	1	0	0	0	0	0	1 991	1 991	0
需水	4 847	282	8 539	9 667	2 052	6 000			11 180	6 183	101 459	28 615	5 272	5 500		
缺水率(%)	0.0	0.1	0.0	0.9	0.0	0.0			0.0	0.0	33.7	0.0	0.0	0.0		
分区	洛－1								洛－2							
黄河干流	0	0	0	15 092	7 508	0	22 600	0	0	0	0	5 617	5 883	0	11 500	0
南水北调	0	0	0	0	0	0	0	0	0	0	0	0	0	0	0	0
大型水库	0	0	0	5 123	0	0	5 123	0	0	0	0	36 518	0	0	36 518	0
地表水	0	0	6 781	2 572	0	0	9 353	0	0	0	40 337	0	0	0	40 337	0
地下水	9 351	84	0	960	0	0	31 664	21 269	10 900	9 198	13 599	12 024	0	0	54 420	8 699
中水	0	0	0	1 571	0	9 774	11 346	1	0	0	0	6 180	0	12 520	18 700	0
雨水	0	0	0	0	0	500	500	0	0	0	0	0	0	1 000	1 000	0
需水	9 351	84	6 782	25 318	7 508	10 274			10 900	9 199	53 936	60 340	5 883	13 520		
缺水率(%)	0.0	0.5	0.0	0.0	0.0	0.0			0.0	0.0	0.0	0.0	0.0	0.0		

续附表 20-5

项目	城镇生活	农村生活	一产	二产	三产	生态环境	可供	余水	城镇生活	农村生活	一产	二产	三产	生态环境	可供	余水
分区	平-1								平-2							
黄河干流	0	0	0	0	0	0	0	0	0	0	0	0	0	0	0	0
南水北调	4 892	0	0	3 085	5 390	0	20 170	6 803	1 455	0	0	0	3 375	0	4 830	0
大型水库	0	0	1 461	12 409	0	0	13 870	0	0	0	1 660	16 997	1 334	0	19 991	0
地表水	0	0	3 139	0	0	0	3 139	0	0	0	36 259	0	0	0	36 260	1
地下水	0	290	189	0	0	0	479	0	12 783	4 227	0	0	0	0	17 010	0
中水	0	0	0	4 506	0	1 766	6 273	1	0	0	0	0	2 752	7 630	10 382	0
雨水	0	0	0	0	0	500	500	0	0	0	0	0	0	600	600	0
需水	4 892	290	4 790	20 000	5 391	2 266			14 238	4 228	63 197	35 200	7 461	8 230		
缺水率(%)	0.0	0.1	0.0	0.0	0.0	0.0			0.0	0.0	40.0	51.7	0.0	0.0		
分区	新-1								新-2							
黄河干流	0	0	0	0	0	0	0	0	0	0	65 702	33 539	4 459	0	103 700	0
南水北调	5 288	0	0	11 534	3 470	0	23 300	3 008	13 458	0	0	0	0	0	16 860	3 402
大型水库	0	0	0	0	0	0	0	0	0	0	0	0	0	0	0	0
地表水	0	0	4 050	0	0	0	4 050	0	0	0	22 514	0	0	0	22 514	0
地下水	0	220	1 908	0	0	0	11 735	9 607	0	6 277	15 905	0	0	0	74 611	52 429
中水	0	0	0	2 526	0	2 350	4 876	0	0	0	0	8 252	0	3 350	11 603	1
雨水	0	0	0	0	0	150	150	0	0	0	0	0	0	150	150	0
需水	5 289	221	5 959	14 060	3 471	2 500			13 459	6 278	104 122	41 792	4 459	3 500		
缺水率(%)	0.0	0.3	0.0	0.0	0.0	0.0			0.0	0.0	0.0	0.0	0.0	0.0		
分区	焦-1								焦-2							
黄河干流	0	0	0	0	0	0	0	0	0	0	0	18 862	4 638	0	23 500	0
南水北调	4 569	0	0	13 059	2 954	0	22 480	1 898	5 720	0	0	0	0	0	5 720	0
大型水库	0	0	0	0	0	0	0	0	0	0	0	6 280	0	0	6 280	0
地表水	0	0	2 434	0	0	0	2 434	0	0	0	15 717	0	0	0	15 717	0
地下水	0	279	603	0	0	0	16 600	15 718	2 296	3 253	49 351	0	0	0	54 900	0
中水	0	0	0	1 291	0	3 477	4 768	0	0	0	0	12 133	0	1 380	13 514	1
雨水	0	0	0	0	0	23	23	0	0	0	0	0	0	120	120	0
需水	4 570	279	3 037	14 351	2 954	3 500			8 016	3 254	71 753	56 335	4 639	1 500		
缺水率(%)	0.0	0.2	0.0	0.0	0.0	0.0			0.0	0.0	9.3	33.8	0.0	0.0		

续附表 20-5

项目	城镇生活	农村生活	一产	二产	三产	生态环境	可供	余水	城镇生活	农村生活	一产	二产	三产	生态环境	可供	余水
分区	许 - 1								许 - 2							
黄河干流	0	0	0	0	0	0	0	0	0	0	0	0	5 000	0	5 000	0
南水北调	4 281	0	0	0	719	0	5 000	0	10 066	0	0	7 441	93	0	17 600	0
大型水库	0	0	0	0	0	0	0	0	0	0	0	15 700	0	0	15 700	0
地表水	0	0	1 591	9 354	0	0	10 945	0	0	0	6 169	0	0	0	6 169	0
地下水	0	178	0	1 464	0	0	4 844	3 202	0	5 437	40 998	0	0	0	46 435	0
中水	0	0	0	1 205	503	2 400	4 109	1	0	0	0	13 051	0	1 400	14 452	1
雨水	0	0	0	0	0	100	100	0	0	0	0	0	0	100	100	0
需水	4 281	179	1 592	12 023	1 223	2 500			10 066	5 437	69 052	58 752	5 094	1 500		
缺水率(%)	0.0	0.4	0.1	0.0	0.1	0.0			0.0	0.0	31.7	38.4	0.0	0.0		
分区	漯 - 1								漯 - 2							
黄河干流	0	0	0	0	0	0	0	0	0	0	0	0	0	0	0	0
南水北调	5 707	0	0	0	963	0	6 670	0	3 930	0	0	0	0	0	3 930	0
大型水库	0	0	553	4 803	0	0	5 356	0	0	0	1 953	5 563	0	0	7 516	0
地表水	0	0	1 657	0	0	0	1 657	0	0	0	3 081	0	0	0	3 082	1
地下水	0	913	9 871	0	0	0	10 784	0	47	1 580	9 412	0	0	0	11 040	1
中水	0	0	0	3 639	2 029	1 236	6 904	0	0	0	0	2 274	1 030	1 179	4 484	1
雨水	0	0	0	0	0	300	300	0	0	0	0	0	0	300	300	0
需水	5 708	913	24 161	21 690	2 992	1 537			3 977	1 580	24 076	17 374	1 030	1 479		
缺水率(%)	0.0	0.0	50.0	61.1	0.0	0.0			0.0	0.0	40.0	54.9	0.0	0.0		
分区	济源								城市群							
黄河干流	0	0	0	4 956	2 044	0	7 000	0	0	0	82 433	125 972	64 158	1 861	274 425	1
南水北调	0	0	0	0	0	0	0	0	102 814	0	0	43 371	16 964	0	178 260	15 111
大型水库	0	0	0	8 605	0	0	9 461	856	0	0	5 627	134 848	1 334	0	142 666	857
地表水	0	0	19 241	0	0	0	26 846	7 605	0	0	196 669	11 926	0	0	216 202	7 607
地下水	2 759	559	0	0	0	0	8 203	4 885	54 162	46 748	228 259	28 657	0	0	473 638	115 812
中水	0	0	0	5 055	0	331	5 387	1	0	0	0	81 322	6 314	102 537	190 182	9
雨水	0	0	0	0	0	197	197	0	0	0	0	0	0	8 831	8 833	2
需水	2 759	560	19 242	18 616	2 045	528			156 984	46 756	622 792	561 141	88 779	113 230		
缺水率(%)	0.0	0.1	0.0	0.0	0.0	0.0			0.0	0.0	17.6	24.1	0.0	0.0		

附表 20-6　均衡发展型 2020 年产业结构调整方案二需水与基本供水组合方案 5 配置成果

（单位：万 m³）

项目	城镇生活	农村生活	一产	二产	三产	生态环境	可供	余水	城镇生活	农村生活	一产	二产	三产	生态环境	可供	余水
分区	郑－1								郑－2							
黄河干流	0	0	0	19 485	15 094	1 696	36 275	0	0	0	0	2 042	7 333	0	9 375	0
南水北调	30 556	0	0	714	0	0	31 270	0	12 892	0	0	7 538	0	0	20 430	0
大型水库	0	0	0	15 000	0	0	15 000	0	0	0	0	7 850	0	0	7 850	0
地表水	0	0	4 021	0	0	0	4 021	0	0	0	22 678	0	0	0	22 678	0
地下水	0	330	6 835	1 167	0	0	8 333	1	0	7 459	27 560	13 042	0	0	48 061	0
中水	0	0	0	0	0	27 937	27 937	0	0	0	0	12 702	0	17 549	30 252	1
雨水	0	0	0	0	0	663	664	1	0	0	0	0	0	1 051	1 051	0
需水	30 557	330	10 857	47 932	15 095	30 296			12 893	7 459	50 238	98 127	7 334	18 600		
缺水率（%）	0.0	0.0	0.0	24.1	0.0	0.0			0.0	0.0	0.0	56.0	0.0	0.0		
分区	开－1								开－2							
黄河干流	0	0	5 979	11 117	1 685	165	18 947	1	0	0	6 229	25 969	4 330	0	36 529	1
南水北调	0	0	0	0	0	0	0	0	0	0	0	0	0	0	0	0
大型水库	0	0	0	0	0	0	0	0	0	0	0	0	0	0	0	0
地表水	0	0	700	0	0	0	700	0	0	0	6 300	0	0	0	6 300	0
地下水	4 847	282	688	0	0	0	5 817	0	11 179	6 182	51 340	0	0	0	68 701	0
中水	0	0	0	0	0	4 749	4 750	1	0	0	0	6 937	0	3 509	10 446	0
雨水	0	0	0	0	0	1 086	1 087	1	0	0	0	0	0	1 991	1 991	0
需水	4 847	282	8 539	11 117	1 686	6 000			11 180	6 183	101 459	32 907	4 330	5 500		
缺水率（%）	0.0	0.1	13.7	0.0	0.0	0.0			0.0	0.0	37.0	0.0	0.0	0.0		
分区	洛－1								洛－2							
黄河干流	0	0	0	16 433	6 167	0	22 600	0	0	0	0	6 668	4 832	0	11 500	0
南水北调	0	0	0	0	0	0	0	0	0	0	0	0	0	0	0	0
大型水库	0	0	0	5 123	0	0	5 123	0	0	0	0	36 518	0	0	36 518	0
地表水	0	0	6 781	2 572	0	0	9 353	0	0	0	40 337	0	0	0	40 337	0
地下水	9 351	84	0	3 417	0	0	31 664	18 812	10 900	9 198	13 599	20 024	0	0	54 420	699
中水	0	0	0	1 571	0	9 774	11 346	1	0	0	0	6 180	0	12 520	18 700	0
雨水	0	0	0	0	0	500	500	0	0	0	0	0	0	1 000	1 000	0
需水	9 351	84	6 782	29 116	6 167	10 274			10 900	9 199	53 936	69 390	4 833	13 520		
缺水率（%）	0.0	0.5	0.0	0.0	0.0	0.0			0.0	0.0	0.0	0.0	0.0	0.0		

续附表 20-6

项目	城镇生活	农村生活	一产	二产	三产	生态环境	可供	余水	城镇生活	农村生活	一产	二产	三产	生态环境	可供	余水
分区	平－1								平－2							
黄河干流	0	0	0	0	0	0	0	0	0	0	0	0	0	0	0	0
南水北调	4 892	0	1 461	4 624	4 428	0	20 170	4 765	1 455	0	0	0	3 375	0	4 830	0
大型水库	0	0	0	13 870	0	0	13 870	0	0	0	1 660	18 330	1	0	19 991	0
地表水	0	0	3 139	0	0	0	3 139	0	0	0	36 259	0	0	0	36 260	1
地下水	0	290	189	0	0	0	479	0	12 783	4 227	0	0	0	0	17 010	0
中水	0	0	0	4 506	0	1 766	6 273	1	0	0	0	0	2 752	7 630	10 382	0
雨水	0	0	0	0	0	500	500	0	0	0	0	0	0	600	600	0
需水	4 892	290	4 790	23 000	4 428	2 266			14 238	4 228	63 197	40 480	6 129	8 230		
缺水率(%)	0.0	0.1	0.0	0.0	0.0	0.0			0.0	0.0	40.0	54.7	0.0	0.0		
分区	新－1								新－2							
黄河干流	0	0	0	0	0	0	0	0	0	0	60 229	39 808	3 663	0	103 700	0
南水北调	5 288	0	0	13 643	2 851	0	23 300	1 518	13 458	0	0	0	0	0	16 860	3 402
大型水库	0	0	0	0	0	0	0	0	0	0	0	0	0	0	0	0
地表水	0	0	4 050	0	0	0	4 050	0	0	0	22 514	0	0	0	22 514	0
地下水	0	220	1 908	0	0	0	11 735	9 607	0	6 277	21 378	0	0	0	74 611	46 956
中水	0	0	0	2 526	0	2 350	4 876	0	0	0	0	8 252	0	3 350	11 603	1
雨水	0	0	0	0	0	150	150	0	0	0	0	0	0	150	150	0
需水	5 289	221	5 959	16 170	2 851	2 500			13 459	6 278	104 122	48 061	3 663	3 500		
缺水率(%)	0.0	0.3	0.0	0.0	0.0	0.0			0.0	0.0	0.0	0.0	0.0	0.0		
分区	焦－1								焦－2							
黄河干流	0	0	0	0	0	0	0	0	0	0	0	19 690	3 810	0	23 500	0
南水北调	4 569	0	0	15 212	2 426	0	22 480	273	5 720	0	0	0	0	0	5 720	0
大型水库	0	0	0	0	0	0	0	0	0	0	0	6 280	0	0	6 280	0
地表水	0	0	2 434	0	0	0	2 434	0	0	0	15 717	0	0	0	15 717	0
地下水	0	279	603	0	0	0	16 600	15 718	2 296	3 253	49 351	0	0	0	54 900	0
中水	0	0	0	1 291	0	3 477	4 768	0	0	0	0	12 133	0	1 380	13 514	1
雨水	0	0	0	0	0	23	23	0	0	0	0	0	0	120	120	0
需水	4 570	279	3 037	16 503	2 427	3 500			8 016	3 254	71 753	64 785	3 810	1 500		
缺水率(%)	0.0	0.2	0.0	0.0	0.0	0.0			0.0	0.0	9.3	41.2	0.0	0.0		

续附表 20-6

项目	城镇生活	农村生活	一产	二产	三产	生态环境	可供	余水	城镇生活	农村生活	一产	二产	三产	生态环境	可供	余水
分区	许－1								许－2							
黄河干流	0	0	0	0	0	0	0	0	0	0	816	0	4 184	0	5 000	0
南水北调	4 281	0	0	0	719	0	5 000	0	10 066	0	0	7 534	0	0	17 600	0
大型水库	0	0	0	0	0	0	0	0	0	0	0	15 700	0	0	15 700	0
地表水	0	0	1 591	9 354	0	0	10 945	0	0	0	6 169	0	0	0	6 169	0
地下水	0	178	0	3 049	0	0	4 844	1 617	0	5 437	40 998	0	0	0	46 435	0
中水	0	0	0	1 423	285	2 400	4 109	1	0	0	0	13 051	0	1 400	14 452	1
雨水	0	0	0	0	0	100	100	0	0	0	0	0	0	100	100	0
需水	4 281	179	1 592	13 826	1 005	2 500			10 066	5 437	69 052	67 565	4 184	1 500		
缺水率(%)	0.0	0.4	0.1	0.0	0.1	0.0			0.0	0.0	30.5	46.3	0.0	0.0		
分区	漯－1								漯－2							
黄河干流	0	0	0	0	0	0	0	0	0	0	0	0	0	0	0	0
南水北调	5 707	0	0	0	963	0	6 670	0	3 930	0	0	0	0	0	3 930	0
大型水库	0	0	553	4 803	0	0	5 356	0	0	0	1 953	5 563	0	0	7 516	0
地表水	0	0	1 657	0	0	0	1 657	0	0	0	3 081	0	0	0	3 082	1
地下水	0	913	9 871	0	0	0	10 784	0	47	1 580	9 412	0	0	0	11 040	1
中水	0	0	0	4 173	1 495	1 236	6 904	0	0	0	0	2 458	846	1 179	4 484	1
雨水	0	0	0	0	0	300	300	0	0	0	0	0	0	300	300	0
需水	5 708	913	24 161	24 943	2 458	1 537			3 977	1 580	24 076	19 981	846	1 479		
缺水率(%)	0.0	0.0	50.0	64.0	0.0	0.0			0.0	0.0	40.0	59.9	0.0	0.0		
分区	济源								城市群							
黄河干流	0	0	0	5 321	1 679	0	7 000	0	0	0	73 253	146 533	52 777	1 861	274 425	1
南水北调	0	0	0	0	0	0	0	0	102 814	0	1 461	49 265	14 762	0	178 260	9 958
大型水库	0	0	0	9 460	0	0	9 461	1	0	0	4 166	138 497	1	0	142 666	2
地表水	0	0	19 241	1 572	0	0	26 846	6 033	0	0	196 669	13 498	0	0	216 202	6 035
地下水	2 759	559	0	0	0	0	8 203	4 885	54 162	46 748	233 732	40 699	0	0	473 638	98 297
中水	0	0	0	5 055	0	331	5 387	1	0	0	0	82 258	5 378	102 537	190 182	9
雨水	0	0	0	0	0	197	197	0	0	0	0	0	0	8 831	8 833	2
需水	2 759	560	19 242	21 409	1 680	528			156 984	46 756	622 792	645 313	72 926	113 230		
缺水率(%)	0.0	0.1	0.0	0.0	0.0	0.0			0.0	0.0	18.2	27.1	0.0	0.0		

附表 20-7 均衡发展型 2020 年强化节水与基本需水组合方案 6 配置成果

（单位：万 m^3）

项目	城镇生活	农村生活	一产	二产	三产	生态环境	可供	余水	城镇生活	农村生活	一产	二产	三产	生态环境	可供	余水
分区	郑 -1								郑 -2							
黄河干流	0	0	0	20 495	12 542	3 238	36 275	0	0	0	0	3 282	6 093	0	9 375	0
南水北调	29 657	0	0	1 613	0	0	31 270	0	12 720	0	0	7 710	0	0	20 430	0
大型水库	0	0	0	15 000	0	0	15 000	0	0	0	0	7 850	0	0	7 850	0
地表水	0	0	4 021	0	0	0	4 021	0	0	0	22 678	0	0	0	22 678	0
地下水	0	330	6 719	1 283	0	0	8 332	0	0	7 459	26 806	13 796	0	0	48 061	0
中水	0	0	0	0	0	26 395	26 396	1	0	0	0	10 772	0	17 549	28 322	1
雨水	0	0	0	0	0	663	664	1	0	0	0	0	0	1 051	1 051	0
需水	29 658	330	10 741	38 592	12 543	30 296			12 721	7 459	49 484	79 233	6 094	18 600		
缺水率(%)	0.0	0.0	0.0	0.5	0.0	0.0			0.0	0.0	0.0	45.2	0.0	0.0		
分区	开 -1								开 -2							
黄河干流	0	0	7 755	9 043	1 404	408	18 947	337	0	0	12 562	20 355	3 611	0	36 529	1
南水北调	0	0	0	0	0	0	0	0	0	0	0	0	0	0	0	0
大型水库	0	0	0	0	0	0	0	0	0	0	0	0	0	0	0	0
地表水	0	0	700	0	0	0	700	0	0	0	6 300	0	0	0	6 300	0
地下水	4 726	282	0	0	0	0	5 817	809	11 030	6 182	51 489	0	0	0	68 701	0
中水	0	0	0	0	0	4 506	4 506	0	0	0	0	6 413	0	3 509	9 922	0
雨水	0	0	0	0	0	1 086	1 087	1	0	0	0	0	0	1 991	1 991	0
需水	4 726	282	8 456	9 043	1 405	6 000			11 031	6 183	100 024	26 769	3 612	5 500		
缺水率(%)	0.0	0.1	0.0	0.0	0.0	0.0			0.0	0.0	29.7	0.0	0.0	0.0		
分区	洛 -1								洛 -2							
黄河干流	0	0	0	17 461	5 139	0	22 600	0	0	0	0	7 470	4 030	0	11 500	0
南水北调	0	0	0	0	0	0	0	0	0	0	0	0	0	0	0	0
大型水库	0	0	0	5 123	0	0	5 123	0	0	0	0	36 518	0	0	36 518	0
地表水	0	0	6 729	123	0	0	9 353	2 501	0	0	40 337	0	0	0	40 337	0
地下水	9 170	84	0	0	0	0	31 664	22 410	10 755	9 198	13 003	7 338	0	0	54 420	14 126
中水	0	0	0	977	0	9 774	10 752	1	0	0	0	5 120	0	12 520	17 640	0
雨水	0	0	0	0	0	500	500	0	0	0	0	0	0	1 000	1 000	0
需水	9 170	84	6 729	23 685	5 140	10 274			10 755	9 199	53 341	56 447	4 031	13 520		
缺水率(%)	0.0	0.5	0.0	0.0	0.0	0.0			0.0	0.0	0.0	0.0	0.0	0.0		

续附表 20-7

项目	城镇生活	农村生活	一产	二产	三产	生态环境	可供	余水	城镇生活	农村生活	一产	二产	三产	生态环境	可供	余水
分区	平－1								平－2							
黄河干流	0	0	0	0	0	0	0	0	0	0	0	0	0	0	0	0
南水北调	4 827	0	1 423	705	3 699	0	20 170	9 516	1 958	0	0	0	2 872	0	4 830	0
大型水库	0	0	0	13 870	0	0	13 870	0	0	0	434	19 557	0	0	19 991	0
地表水	0	0	3 139	0	0	0	3 139	0	0	0	36 259	0	0	0	36 260	1
地下水	0	290	189	0	0	0	479	0	12 083	4 227	700	0	0	0	17 010	0
中水	0	0	0	4 175	0	1 766	5 941	0	0	0	0	0	2 248	7 630	9 879	1
雨水	0	0	0	0	0	500	500	0	0	0	0	0	0	600	600	0
需水	4 827	290	4 752	18 750	3 700	2 266			14 042	4 228	62 321	33 000	5 121	8 230		
缺水率(%)	0.0	0.1	0.0	0.0	0.0	0.0			0.0	0.0	40.0	40.7	0.0	0.0		
分区	新－1								新－2							
黄河干流	0	0	0	0	0	0	0	0	0	0	69 126	31 514	3 060	0	103 700	0
南水北调	5 218	0	0	10 895	2 382	0	23 300	4 805	13 273	0	0	0	0	0	16 860	3 587
大型水库	0	0	0	0	0	0	0	0	0	0	0	0	0	0	0	0
地表水	0	0	4 050	0	0	0	4 050	0	0	0	22 514	0	0	0	22 514	0
地下水	0	220	1 821	0	0	0	11 735	9 694	0	6 277	10 894	0	0	0	74 611	57 440
中水	0	0	0	2 286	0	2 350	4 637	1	0	0	0	7 665	0	3 350	11 015	0
雨水	0	0	0	0	0	150	150	0	0	0	0	0	0	150	150	0
需水	5 218	221	5 871	13 182	2 382	2 500			13 273	6 278	102 534	39 180	3 060	3 500		
缺水率(%)	0.0	0.3	0.0	0.0	0.0	0.0			0.0	0.0	0.0	0.0	0.0	0.0		
分区	焦－1								焦－2							
黄河干流	0	0	0	0	0	0	0	0	0	0	0	20 317	3 183	0	23 500	0
南水北调	4 508	0	0	12 404	2 027	0	22 480	3 541	5 720	0	0	0	0	0	5 720	0
大型水库	0	0	0	0	0	0	0	0	0	0	0	6 280	0	0	6 280	0
地表水	0	0	2 434	0	0	0	2 434	0	0	0	15 717	0	0	0	15 717	0
地下水	0	279	576	0	0	0	16 600	15 745	2 185	3 253	49 462	0	0	0	54 900	0
中水	0	0	0	1 049	0	3 477	4 527	1	0	0	0	11 371	0	1 380	12 751	0
雨水	0	0	0	0	0	23	23	0	0	0	0	0	0	120	120	0
需水	4 509	279	3 011	13 454	2 027	3 500			7 905	3 254	70 547	52 814	3 183	1 500		
缺水率(%)	0.0	0.2	0.0	0.0	0.0	0.0			0.0	0.0	7.6	28.1	0.0	0.0		

续附表 20-7

项目	城镇生活	农村生活	一产	二产	三产	生态环境	可供	余水	城镇生活	农村生活	一产	二产	三产	生态环境	可供	余水
分区				许 -1								许 -2				
黄河干流	0	0	0	0	0	0	0	0	0	0	1 505	0	3 495	0	5 000	0
南水北调	4 224	0	0	0	776	0	5 000	0	9 927	0	0	7 673	0	0	17 600	0
大型水库	0	0	0	0	0	0	0	0	0	0	0	15 700	0	0	15 700	0
地表水	0	0	1 577	9 368	0	0	10 945	0	0	0	6 169	0	0	0	6 169	0
地下水	0	178	0	462	0	0	4 844	4 204	0	5 437	40 998	0	0	0	46 435	0
中水	0	0	0	1 441	63	2 400	3 905	1	0	0	0	12 251	0	1 400	13 652	1
雨水	0	0	0	0	0	100	100	0	0	0	0	0	0	100	100	0
需水	4 224	179	1 577	11 272	839	2 500			9 927	5 437	67 971	55 080	3 496	1 500		
缺水率(%)	0.0	0.4	0.0	0.0	0.0	0.0			0.0	0.0	28.4	35.3	0.0	0.0		
分区				漯 -1								漯 -2				
黄河干流	0	0	0	0	0	0	0	0	0	0	0	0	0	0	0	0
南水北调	5 631	0	0	0	1 039	0	6 670	0	3 922	0	0	0	8	0	3 930	0
大型水库	0	0	387	4 969	0	0	5 356	0	0	0	1 664	5 852	0	0	7 516	0
地表水	0	0	1 657	0	0	0	1 657	0	0	0	3 081	0	0	0	3 082	1
地下水	0	913	9 871	0	0	0	10 784	0	0	1 580	9 459	0	0	0	11 040	1
中水	0	0	0	4 293	1 014	1 236	6 543	0	0	0	0	2 366	699	1 179	4 244	0
雨水	0	0	0	0	0	300	300	0	0	0	0	0	0	300	300	0
需水	5 632	913	23 830	20 334	2 054	1 537			3 922	1 580	23 673	16 288	707	1 479		
缺水率(%)	0.0	0.0	50.0	54.5	0.0	0.0			0.0	0.0	40.0	49.5	0.0	0.0		
分区				济源								城市群				
黄河干流	0	0	0	5 597	1 403	0	7 000	0	0	0	90 948	135 534	43 960	3 646	274 426	338
南水北调	0	0	0	0	0	0	0	0	101 585	0	1 423	41 000	12 803	0	178 260	21 449
大型水库	0	0	0	7 102	0	0	9 461	2 359	0	0	2 485	137 821	0	0	142 665	2 359
地表水	0	0	18 991	0	0	0	26 846	7 855	0	0	196 353	9 491	0	0	216 202	10 358
地下水	2 722	559	0	0	0	0	8 203	4 922	52 671	46 748	221 987	22 879	0	0	473 636	129 351
中水	0	0	0	4 753	0	331	5 084	0	0	0	0	74 932	4 024	100 752	179 716	8
雨水	0	0	0	0	0	197	197	0	0	0	0	0	0	8 831	8 833	2
需水	2 723	560	18 992	17 453	1 403	528			154 264	46 756	613 854	524 576	60 795	113 230		
缺水率(%)	0.0	0.1	0.0	0.0	0.0	0.0			0.0	0.0	0.2	0.2	0.0	0.0		

附表 20-8　均衡发展型 2020 年产业结构调整方案一需水与黄河干流供水组合方案 7 配置成果　（单位：万 m^3）

项目	城镇生活	农村生活	一产	二产	三产	生态环境	可供	余水	城镇生活	农村生活	一产	二产	三产	生态环境	可供	余水
分区	郑 -1								郑 -2							
黄河干流	0	0	0	19 203	18 376	1 696	39 275	0	0	0	0	23 447	8 928	0	32 375	0
南水北调	30 556	0	0	714	0	0	31 270	0	12 892	0	0	7 538	0	0	20 430	0
大型水库	0	0	0	15 000	0	0	15 000	0	0	0	0	7 850	0	0	7 850	0
地表水	0	0	4 021	0	0	0	4 021	0	0	0	22 678	0	0	0	22 678	0
地下水	0	330	6 835	1 167	0	0	8 333	1	0	7 459	27 560	13 042	0	0	48 061	0
中水	0	0	0	0	0	27 937	27 937	0	0	0	0	12 702	0	17 549	30 252	1
雨水	0	0	0	0	0	663	664	1	0	0	0	0	0	1 051	1 051	0
需水	30 557	330	10 857	41 680	18 376	30 296			12 893	7 459	50 238	85 328	8 928	18 600		
缺水率(%)	0.0	0.0	0.0	13.4	0.0	0.0			0.0	0.0	0.0	24.3	0.0	0.0		
分区	开 -1								开 -2							
黄河干流	0	0	7 151	9 579	2 051	165	18 947	1	0	0	29 580	21 677	5 271	0	56 529	1
南水北调	0	0	0	0	0	0	0	0	0	0	0	0	0	0	0	0
大型水库	0	0	0	0	0	0	0	0	0	0	0	0	0	0	0	0
地表水	0	0	700	0	0	0	700	0	0	0	6 300	0	0	0	6 300	0
地下水	4 847	282	688	0	0	0	5 817	0	11 179	6 182	51 340	0	0	0	68 701	0
中水	0	0	0	0	0	4 749	4 750	1	0	0	0	6 937	0	3 509	10 446	0
雨水	0	0	0	0	0	1 086	1 087	1	0	0	0	0	0	1 991	1 991	0
需水	4 847	282	8 539	9 667	2 052	6 000			11 180	6 183	101 459	28 615	5 272	5 500		
缺水率(%)	0.0	0.1	0.0	0.9	0.1	0.0			0.0	0.0	14.0	0.0	0.0	0.0		
分区	洛 -1								洛 -2							
黄河干流	0	0	0	6 092	7 508	0	13 600	0	0	0	0	1 617	5 883	0	7 500	0
南水北调	0	0	0	0	0	0	0	0	0	0	0	0	0	0	0	0
大型水库	0	0	0	5 123	0	0	5 123	0	0	0	0	36 518	0	0	36 518	0
地表水	0	0	6 781	2 572	0	0	9 353	0	0	0	40 337	0	0	0	40 337	0
地下水	9 351	84	0	9 960	0	0	31 664	12 269	10 900	9 198	13 599	16 024	0	0	54 420	4 699
中水	0	0	0	1 571	0	9 774	11 346	1	0	0	0	6 180	0	12 520	18 700	0
雨水	0	0	0	0	0	500	500	0	0	0	0	0	0	1 000	1 000	0
需水	9 351	84	6 782	25 318	7 508	10 274			10 900	9 199	53 936	60 340	5 883	13 520		
缺水率(%)	0.0	0.5	0.0	0.0	0.0	0.0			0.0	0.0	0.0	0.0	0.0	0.0		

续附表 20-8

项目	城镇生活	农村生活	一产	二产	三产	生态环境	可供	余水	城镇生活	农村生活	一产	二产	三产	生态环境	可供	余水
分区	平－1								平－2							
黄河干流	0	0	0	0	0	0	0	0	0	0	0	0	0	0	0	0
南水北调	4 892	0	0	3 085	5 390	0	20 170	6 803	1 455	0	0	0	3 375	0	4 830	0
大型水库	0	0	1 461	12 409	0	0	13 870	0	0	0	1 660	16 997	1 334	0	19 991	0
地表水	0	0	3 139	0	0	0	3 139	0	0	0	36 259	0	0	0	36 260	1
地下水	0	290	189	0	0	0	479	0	12 783	4 227	0	0	0	0	17 010	0
中水	0	0	0	4 506	0	1 766	6 273	1	0	0	0	0	2 752	7 630	10 382	0
雨水	0	0	0	0	0	500	500	0	0	0	0	0	0	600	600	0
需水	4 892	290	4 790	20 000	5 391	2 266			14 238	4 228	63 197	35 200	7 461	8 230		
缺水率(%)	0.0	0.1	0.0	0.0	0.0	0.0			0.0	0.0	40.0	51.7	0.0	0.0		
分区	新－1								新－2							
黄河干流	0	0	0	0	0	0	0	0	0	0	25 702	33 539	4 459	0	63 700	0
南水北调	5 288	0	0	11 534	3 470	0	23 300	3 008	13 458	0	0	0	0	0	16 860	3 402
大型水库	0	0	0	0	0	0	0	0	0	0	0	0	0	0	0	0
地表水	0	0	4 050	0	0	0	4 050	0	0	0	22 514	0	0	0	22 514	0
地下水	0	220	1 908	0	0	0	11 735	9 607	0	6 277	55 905	0	0	0	74 611	12 429
中水	0	0	0	2 526	0	2 350	4 876	0	0	0	0	8 252	0	3 350	11 603	1
雨水	0	0	0	0	0	150	150	0	0	0	0	0	0	150	150	0
需水	5 289	221	5 959	14 060	3 471	2 500			13 459	6 278	104 122	41 792	4 459	3 500		
缺水率(%)	0.0	0.3	0.0	0.0	0.0	0.0			0.0	0.0	0.0	0.0	0.0	0.0		
分区	焦－1								焦－2							
黄河干流	0	0	0	0	0	0	0	0	0	0	0	28 862	4 638	0	33 500	0
南水北调	4 569	0	0	13 058	2 954	0	22 480	1 899	5 720	0	0	0	0	0	5 720	0
大型水库	0	0	0	0	0	0	0	0	0	0	0	6 280	0	0	6 280	0
地表水	0	0	2 434	0	0	0	2 434	0	0	0	15 717	0	0	0	15 717	0
地下水	0	279	603	0	0	0	16 600	15 718	2 296	3 253	49 351	0	0	0	54 900	0
中水	0	0	0	1 291	0	3 477	4 768	0	0	0	0	12 133	0	1 380	13 514	1
雨水	0	0	0	0	0	23	23	0	0	0	0	0	0	120	120	0
需水	4 570	279	3 037	14 351	2 954	3 500			8 016	3 254	71 753	56 335	4 639	1 500		
缺水率(%)	0.0	0.2	0.0	0.0	0.0	0.0			0.0	0.0	9.3	16.1	0.0	0.0		

续附表 20-8

项目	城镇生活	农村生活	一产	二产	三产	生态环境	可供	余水	城镇生活	农村生活	一产	二产	三产	生态环境	可供	余水
分区	许－1								许－2							
黄河干流	0	0	0	0	0	0	0	0	0	0	0	0	5 000	0	5 000	0
南水北调	4 281	0	0	0	719	0	5 000	0	10 066	0	0	7 441	93	0	17 600	0
大型水库	0	0	0	0	0	0	0	0	0	0	0	15 700	0	0	15 700	0
地表水	0	0	1 591	9 354	0	0	10 945	0	0	0	6 169	0	0	0	6 169	0
地下水	0	178	0	1 464	0	0	4 844	3 202	0	5 437	40 998	0	0	0	46 435	0
中水	0	0	0	1 205	503	2 400	4 109	1	0	0	0	13 051	0	1 400	14 452	1
雨水	0	0	0	0	0	100	100	0	0	0	0	0	0	100	100	0
需水	4 281	179	1 592	12 023	1 223	2 500			10 066	5 437	69 052	58 752	5 094	1 500		
缺水率(%)	0.0	0.4	0.1	0.0	0.1	0.0			0.0	0.0	31.7	38.4	0.0	0.0		
分区	漯－1								漯－2							
黄河干流	0	0	0	0	0	0	0	0	0	0	0	0	0	0	0	0
南水北调	5 707	0	0	0	963	0	6 670	0	3 930	0	0	0	0	0	3 930	0
大型水库	0	0	553	4 803	0	0	5 356	0	0	0	1 953	5 563	0	0	7 516	0
地表水	0	0	1 657	0	0	0	1 657	0	0	0	3 081	0	0	0	3 082	1
地下水	0	913	9 871	0	0	0	10 784	0	47	1 580	9 412	0	0	0	11 040	1
中水	0	0	0	3 639	2 029	1 236	6 904	0	0	0	0	2 274	1 030	1 179	4 484	1
雨水	0	0	0	0	0	300	300	0	0	0	0	0	0	300	300	0
需水	5 708	913	24 161	21 690	2 992	1 537			3 977	1 580	24 076	17 374	1 030	1 479		
缺水率(%)	0.0	0.0	50.0	61.1	0.0	0.0			0.0	0.0	40.0	54.9	0.0	0.0		
分区	济源								城市群							
黄河干流	0	0	0	1 956	2 044	0	4 000	0	0	0	62 433	145 972	64 158	1 861	274 425	1
南水北调	0	0	0	0	0	0	0	0	102 814	0	0	43 370	16 964	0	178 260	15 112
大型水库	0	0	0	9 460	0	0	9 461	1	0	0	5 627	135 703	1 334	0	142 666	2
地表水	0	0	19 241	2 145	0	0	26 846	5 460	0	0	196 669	14 071	0	0	216 202	5 462
地下水	2 759	559	0	0	0	0	8 203	4 885	54 162	46 748	268 259	41 657	0	0	473 638	62 812
中水	0	0	0	5 055	0	331	5 387	1	0	0	0	81 322	6 314	102 537	190 182	9
雨水	0	0	0	0	0	197	197	0	0	0	0	0	0	8 831	8 833	2
需水	2 759	560	19 242	18 616	2 045	528			156 984	46 756	622 792	561 141	88 779	113 230		
缺水率(%)	0.0	0.1	0.0	0.0	0.0	0.0			0.0	0.0	14.4	17.7	0.0	0.0		

附表 20-9 均衡发展型 2020 年产业结构调整方案二需水与黄河干流供水组合方案 8 配置成果 （单位：万 m³）

项目	城镇生活	农村生活	一产	二产	三产	生态环境	可供	余水	城镇生活	农村生活	一产	二产	三产	生态环境	可供	余水
分区	郑 -1								郑 -2							
黄河干流	0	0	0	29 485	15 094	1 696	46 275	0	0	0	0	22 042	7 333	0	29 375	0
南水北调	30 556	0	0	714	0	0	31 270	0	12 892	0	0	7 538	0	0	20 430	0
大型水库	0	0	0	15 000	0	0	15 000	0	0	0	0	7 850	0	0	7 850	0
地表水	0	0	4 021	0	0	0	4 021	0	0	0	22 678	0	0	0	22 678	0
地下水	0	330	6 835	1 167	0	0	8 333	1	0	7 459	27 560	13 042	0	0	48 061	0
中水	0	0	0	0	0	27 937	27 937	0	0	0	0	12 702	0	17 549	30 252	1
雨水	0	0	0	0	0	663	664	1	0	0	0	0	0	1 051	1 051	0
需水	30 557	330	10 857	47 932	15 095	30 296			12 893	7 459	50 238	98 127	7 334	18 600		
缺水率(%)	0.0	0.0	0.0	3.3	0.0	0.0			0.0	0.0	0.0	35.6	0.0	0.0		
分区	开 -1								开 -2							
黄河干流	0	0	5 979	11 117	1 685	165	18 947	1	0	0	21 229	25 969	4 330	0	51 529	1
南水北调	0	0	0	0	0	0	0	0	0	0	0	0	0	0	0	0
大型水库	0	0	0	0	0	0	0	0	0	0	0	0	0	0	0	0
地表水	0	0	700	0	0	0	700	0	0	0	6 300	0	0	0	6 300	0
地下水	4 847	282	688	0	0	0	5 817	0	11 179	6 182	51 340	0	0	0	68 701	0
中水	0	0	0	0	0	4 749	4 750	1	0	0	0	6 937	0	3 509	10 446	0
雨水	0	0	0	0	0	1 086	1 087	1	0	0	0	0	0	1 991	1 991	0
需水	4 847	282	8 539	11 117	1 686	6 000			11 180	6 183	101 459	32 907	4 330	5 500		
缺水率(%)	0.0	0.1	13.7	0.0	0.0	0.0			0.0	0.0	22.3	0.0	0.0	0.0		
分区	洛 -1								洛 -2							
黄河干流	0	0	0	7 433	6 167	0	13 600	0	0	0	0	6 668	4 832	0	11 500	0
南水北调	0	0	0	0	0	0	0	0	0	0	0	0	0	0	0	0
大型水库	0	0	0	5 123	0	0	5 123	0	0	0	0	36 518	0	0	36 518	0
地表水	0	0	6 781	2 572	0	0	9 353	0	0	0	40 337	0	0	0	40 337	0
地下水	9 351	84	0	12 417	0	0	31 664	9 812	10 900	9 198	13 599	20 024	0	0	54 420	699
中水	0	0	0	1 571	0	9 774	11 346	1	0	0	0	6 180	0	12 520	18 700	0
雨水	0	0	0	0	0	500	500	0	0	0	0	0	0	1 000	1 000	0
需水	9 351	84	6 782	29 116	6 167	10 274			10 900	9 199	53 936	69 390	4 833	13 520		
缺水率(%)	0.0	0.5	0.0	0.0	0.0	0.0			0.0	0.0	0.0	0.0	0.0	0.0		

续附表 20-9

项目	城镇生活	农村生活	一产	二产	三产	生态环境	可供	余水	城镇生活	农村生活	一产	二产	三产	生态环境	可供	余水
分区	平 -1								平 -2							
黄河干流	0	0	0	0	0	0	0	0	0	0	0	0	0	0	0	0
南水北调	4 892	0	1 461	4 624	4 428	0	20 170	4 765	1 455	0	0	0	3 375	0	4 830	0
大型水库	0	0	0	13 870	0	0	13 870	0	0	0	1 660	18 330	1	0	19 991	0
地表水	0	0	3 139	0	0	0	3 139	0	0	0	36 259	0	0	0	36 260	1
地下水	0	290	189	0	0	0	479	0	12 783	4 227	0	0	0	0	17 010	0
中水	0	0	0	4 506	0	1 766	6 273	1	0	0	0	0	2 752	7 630	10 382	0
雨水	0	0	0	0	0	500	500	0	0	0	0	0	0	600	600	0
需水	4 892	290	4 790	23 000	4 428	2 266			14 238	4 228	63 197	40 480	6 129	8 230		
缺水率(%)	0.0	0.1	0.0	0.0	0.0	0.0			0.0	0.0	40.0	54.7	0.0	0.0		
分区	新 -1								新 -2							
黄河干流	0	0	0	0	0	0	0	0	0	0	25 229	39 808	3 663	0	68 700	0
南水北调	5 288	0	0	13 643	2 851	0	23 300	1 518	13 458	0	0	0	0	0	16 860	3 402
大型水库	0	0	0	0	0	0	0	0	0	0	0	0	0	0	0	0
地表水	0	0	4 050	0	0	0	4 050	0	0	0	22 514	0	0	0	22 514	0
地下水	0	220	1 908	0	0	0	11 735	9 607	0	6 277	56 378	0	0	0	74 611	11 956
中水	0	0	0	2 526	0	2 350	4 876	0	0	0	0	8 252	0	3 350	11 603	1
雨水	0	0	0	0	0	150	150	0	0	0	0	0	0	150	150	0
需水	5 289	221	5 959	16 170	2 851	2 500			13 459	6 278	104 122	48 061	3 663	3 500		
缺水率(%)	0.0	0.3	0.0	0.0	0.0	0.0			0.0	0.0	0.0	0.0	0.0	0.0		
分区	焦 -1								焦 -2							
黄河干流	0	0	0	0	0	0	0	0	0	0	0	21 690	3 810	0	25 500	0
南水北调	4 569	0	0	15 212	2 426	0	22 480	273	5 720	0	0	0	0	0	5 720	0
大型水库	0	0	0	0	0	0	0	0	0	0	0	6 280	0	0	6 280	0
地表水	0	0	2 434	0	0	0	2 434	0	0	0	15 717	0	0	0	15 717	0
地下水	0	279	603	0	0	0	16 600	15 718	2 296	3 253	49 351	0	0	0	54 900	0
中水	0	0	0	1 291	0	3 477	4 768	0	0	0	0	12 133	0	1 380	13 514	1
雨水	0	0	0	0	0	23	23	0	0	0	0	0	0	120	120	0
需水	4 570	279	3 037	16 503	2 427	3 500			8 016	3 254	71 753	64 785	3 810	1 500		
缺水率(%)	0.0	0.2	0.0	0.0	0.0	0.0			0.0	0.0	9.3	38.1	0.0	0.0		

续附表 20-9

项目	城镇生活	农村生活	一产	二产	三产	生态环境	可供	余水	城镇生活	农村生活	一产	二产	三产	生态环境	可供	余水
分区	许 -1								许 -2							
黄河干流	0	0	0	0	0	0	0	0	0	0	816	0	4 184	0	5 000	0
南水北调	4 281	0	0	0	719	0	5 000	0	10 066	0	0	7 534	0	0	17 600	0
大型水库	0	0	0	0	0	0	0	0	0	0	0	15 700	0	0	15 700	0
地表水	0	0	1 591	9 354	0	0	10 945	0	0	0	6 169	0	0	0	6 169	0
地下水	0	178	0	3 049	0	0	4 844	1 617	0	5 437	40 998	0	0	0	46 435	0
中水	0	0	0	1 423	285	2 400	4 109	1	0	0	0	13 051	0	1 400	14 452	1
雨水	0	0	0	0	0	100	100	0	0	0	0	0	0	100	100	0
需水	4 281	179	1 592	13 826	1 005	2 500			10 066	5 437	69 052	67 565	4 184	1 500		
缺水率(%)	0.0	0.4	0.1	0.0	0.1	0.0			0.0	0.0	30.5	46.3	0.0	0.0		
分区	漯 -1								漯 -2							
黄河干流	0	0	0	0	0	0	0	0	0	0	0	0	0	0	0	0
南水北调	5 707	0	0	0	963	0	6 670	0	3 930	0	0	0	0	0	3 930	0
大型水库	0	0	553	4 803	0	0	5 356	0	0	0	1 953	5 563	0	0	7 516	0
地表水	0	0	1 657	0	0	0	1 657	0	0	0	3 081	0	0	0	3 082	1
地下水	0	913	9 871	0	0	0	10 784	0	47	1 580	9 412	0	0	0	11 040	1
中水	0	0	0	4 173	1 495	1 236	6 904	0	0	0	0	2 458	846	1 179	4 484	1
雨水	0	0	0	0	0	300	300	0	0	0	0	0	0	300	300	0
需水	5 708	913	24 161	24 943	2 458	1 537			3 977	1 580	24 076	19 981	846	1 479		
缺水率(%)	0.0	0.0	50.0	64.0	0.0	0.0			0.0	0.0	40.0	59.9	0.0	0.0		
分区	济源								城市群							
黄河干流	0	0	0	2 321	1 679	0	4 000	0	0	0	53 253	166 533	52 777	1 861	274 425	1
南水北调	0	0	0	0	0	0	0	0	102 814	0	1 461	49 265	14 762	0	178 260	9 958
大型水库	0	0	0	9 460	0	0	9 461	1	0	0	4 166	138 497	1	0	142 666	2
地表水	0	0	19 241	4 572	0	0	26 846	3 033	0	0	196 669	16 498	0	0	216 202	3 035
地下水	2 759	559	0	0	0	0	8 203	4 885	54 162	46 748	268 732	49 699	0	0	473 638	54 297
中水	0	0	0	5 055	0	331	5 387	1	0	0	0	82 258	5 378	102 537	190 182	9
雨水	0	0	0	0	0	197	197	0	0	0	0	0	0	8 831	8 833	2
需水	2 759	560	19 242	21 409	1 680	528			156 984	46 756	622 792	645 313	72 926	113 230		
缺水率(%)	0.0	0.1	0.0	0.0	0.0	0.0			0.0	0.0	15.8	22.1	0.0	0.0		

附表 20-10　均衡发展型 2020 年黄河干流与强化节水组合方案 9 配置成果

（单位：万 m^3）

项目	城镇生活	农村生活	一产	二产	三产	生态环境	可供	余水	城镇生活	农村生活	一产	二产	三产	生态环境	可供	余水
分区	郑 – 1								郑 – 2							
黄河干流	0	0	0	23 495	12 542	3 238	39 275	0	0	0	0	26 282	6 093	0	32 375	0
南水北调	29 657	0	0	97	0	0	31 270	1 516	12 720	0	0	7 710	0	0	20 430	0
大型水库	0	0	0	15 000	0	0	15 000	0	0	0	0	7 850	0	0	7 850	0
地表水	0	0	4 021	0	0	0	4 021	0	0	0	22 678	0	0	0	22 678	0
地下水	0	330	6 719	0	0	0	8 332	1 283	0	7 459	26 806	13 796	0	0	48 061	0
中水	0	0	0	0	0	26 395	26 396	1	0	0	0	10 772	0	17 549	28 322	1
雨水	0	0	0	0	0	663	664	1	0	0	0	0	0	1 051	1 051	0
需水	29 658	330	10 741	38 592	12 543	30 296			12 721	7 459	49 484	79 233	6 094	18 600		
缺水率(%)	0.0	0.0	0.0	0.0	0.0	0.0			0.0	0.0	0.0	16.2	0.0	0.0		
分区	开 – 1								开 – 2							
黄河干流	0	0	7 755	9 043	1 404	408	18 947	337	0	0	32 562	20 355	3 611	0	56 529	1
南水北调	0	0	0	0	0	0	0	0	0	0	0	0	0	0	0	0
大型水库	0	0	0	0	0	0	0	0	0	0	0	0	0	0	0	0
地表水	0	0	700	0	0	0	700	0	0	0	6 300	0	0	0	6 300	0
地下水	4 726	282	0	0	0	0	5 817	809	11 030	6 182	51 489	0	0	0	68 701	0
中水	0	0	0	0	0	4 506	4 506	0	0	0	0	6 413	0	3 509	9 922	0
雨水	0	0	0	0	0	1 086	1 087	1	0	0	0	0	0	1 991	1 991	0
需水	4 726	282	8 456	9 043	1 405	6 000			11 031	6 183	100 024	26 769	3 612	5 500		
缺水率(%)	0.0	0.1	0.0	0.0	0.0	0.0			0.0	0.0	9.7	0.0	0.0	0.0		
分区	洛 – 1								洛 – 2							
黄河干流	0	0	0	8 461	5 139	0	13 600	0	0	0	0	3 470	4 030	0	7 500	0
南水北调	0	0	0	0	0	0	0	0	0	0	0	0	0	0	0	0
大型水库	0	0	0	5 123	0	0	5 123	0	0	0	0	36 518	0	0	36 518	0
地表水	0	0	6 729	2 624	0	0	9 353	0	0	0	40 337	0	0	0	40 337	0
地下水	9 170	84	0	6 499	0	0	31 664	15 911	10 755	9 198	13 003	11 338	0	0	54 420	10 126
中水	0	0	0	977	0	9 774	10 752	1	0	0	0	5 120	0	12 520	17 640	0
雨水	0	0	0	0	0	500	500	0	0	0	0	0	0	1 000	1 000	0
需水	9 170	84	6 729	23 685	5 140	10 274			10 755	9 199	53 341	56 447	4 031	13 520		
缺水率(%)	0.0	0.5	0.0	0.0	0.0	0.0			0.0	0.0	0.0	0.0	0.0	0.0		

续附表 20-10

项目	城镇生活	农村生活	一产	二产	三产	生态环境	可供	余水	城镇生活	农村生活	一产	二产	三产	生态环境	可供	余水
分区	平－1								平－2							
黄河干流	0	0	0	0	0	0	0	0	0	0	0	0	0	0	0	0
南水北调	4 827	0	1 423	705	3 699	0	20 170	9 516	1 958	0	0	0	2 872	0	4 830	0
大型水库	0	0	0	13 870	0	0	13 870	0	0	0	434	19 557	0	0	19 991	0
地表水	0	0	3 139	0	0	0	3 139	0	0	0	36 259	0	0	0	36 260	1
地下水	0	290	189	0	0	0	479	0	12 083	4 227	700	0	0	0	17 010	0
中水	0	0	0	4 175	0	1 766	5 941	0	0	0	0	0	2 248	7 630	9 879	1
雨水	0	0	0	0	0	500	500	0	0	0	0	0	0	600	600	0
需水	4 827	290	4 752	18 750	3 700	2 266			14 042	4 228	62 321	33 000	5 121	8 230		
缺水率(%)	0.0	0.1	0.0	0.0	0.0	0.0			0.0	0.0	40.0	40.7	0.0	0.0		
分区	新－1								新－2							
黄河干流	0	0	0	0	0	0	0	0	0	0	29 126	31 514	3 060	0	63 700	0
南水北调	5 218	0	0	10 895	2 382	0	23 300	4 805	13 273	0	0	0	0	0	16 860	3 587
大型水库	0	0	0	0	0	0	0	0	0	0	0	0	0	0	0	0
地表水	0	0	4 050	0	0	0	4 050	0	0	0	22 514	0	0	0	22 514	0
地下水	0	220	1 821	0	0	0	11 735	9 694	0	6 277	50 894	0	0	0	74 611	17 440
中水	0	0	0	2 286	0	2 350	4 637	1	0	0	0	7 665	0	3 350	11 015	0
雨水	0	0	0	0	0	150	150	0	0	0	0	0	0	150	150	0
需水	5 218	221	5 871	13 182	2 382	2 500			13 273	6 278	102 534	39 180	3 060	3 500		
缺水率(%)	0.0	0.3	0.0	0.0	0.0	0.0			0.0	0.0	0.0	0.0	0.0	0.0		
分区	焦－1								焦－2							
黄河干流	0	0	0	0	0	0	0	0	0	0	0	30 317	3 183	0	33 500	0
南水北调	4 508	0	0	12 404	2 027	0	22 480	3 541	5 720	0	0	0	0	0	5 720	0
大型水库	0	0	0	0	0	0	0	0	0	0	0	6 280	0	0	6 280	0
地表水	0	0	2 434	0	0	0	2 434	0	0	0	15 717	0	0	0	15 717	0
地下水	0	279	576	0	0	0	16 600	15 745	2 185	3 253	49 462	0	0	0	54 900	0
中水	0	0	0	1 049	0	3 477	4 527	1	0	0	0	11 371	0	1 380	12 751	0
雨水	0	0	0	0	0	23	23	0	0	0	0	0	0	120	120	0
需水	4 509	279	3 011	13 454	2 027	3 500			7 905	3 254	70 547	52 814	3 183	1 500		
缺水率(%)	0.0	0.2	0.0	0.0	0.0	0.0			0.0	0.0	7.6	9.2	0.0	0.0		

续附表 20-10

项目	城镇生活	农村生活	一产	二产	三产	生态环境	可供	余水	城镇生活	农村生活	一产	二产	三产	生态环境	可供	余水
分区	许－1								许－2							
黄河干流	0	0	0	0	0	0	0	0	0	0	0	1 505	3 495	0	5 000	0
南水北调	4 224	0	0	0	776	0	5 000	0	9 927	0	0	7 673	0	0	17 600	0
大型水库	0	0	0	0	0	0	0	0	0	0	0	15 700	0	0	15 700	0
地表水	0	0	1 577	9 368	0	0	10 945	0	0	0	6 169	0	0	0	6 169	0
地下水	0	178	0	462	0	0	4 844	4 204	0	5 437	40 998	0	0	0	46 435	0
中水	0	0	0	1 441	63	2 400	3 905	1	0	0	0	12 251	0	1 400	13 652	1
雨水	0	0	0	0	0	100	100	0	0	0	0	0	0	100	100	0
需水	4 224	179	1 577	11 272	839	2 500			9 927	5 437	67 971	55 080	3 496	1 500		
缺水率(%)	0.0	0.4	0.0	0.0	0.0	0.0			0.0	0.0	30.6	32.6	0.0	0.0		
分区	漯－1								漯－2							
黄河干流	0	0	0	0	0	0	0	0	0	0	0	0	0	0	0	0
南水北调	5 631	0	0	0	1 039	0	6 670	0	3 922	0	0	0	8	0	3 930	0
大型水库	0	0	387	4 969	0	0	5 356	0	0	0	1 664	5 852	0	0	7 516	0
地表水	0	0	1 657	0	0	0	1 657	0	0	0	3 081	0	0	0	3 082	1
地下水	0	913	9 871	0	0	0	10 784	0	0	1 580	9 459	0	0	0	11 040	1
中水	0	0	0	4 293	1 014	1 236	6 543	0	0	0	0	2 366	699	1 179	4 244	0
雨水	0	0	0	0	0	300	300	0	0	0	0	0	0	300	300	0
需水	5 632	913	23 830	20 334	2 054	1 537			3 922	1 580	23 673	16 288	707	1 479		
缺水率(%)	0.0	0.0	50.0	54.5	0.0	0.0			0.0	0.0	40.0	49.5	0.0	0.0		
分区	济源								城市群							
黄河干流	0	0	0	2 597	1 403	0	4 000	0	0	0	69 443	157 039	43 960	3 646	274 426	338
南水北调	0	0	0	0	0	0	0	0	101 585	0	1 423	39 484	12 803	0	178 260	22 965
大型水库	0	0	0	9 460	0	0	9 461	1	0	0	2 485	140 179	0	0	142 665	1
地表水	0	0	18 991	642	0	0	26 846	7 213	0	0	196 353	12 634	0	0	216 202	7 215
地下水	2 722	559	0	0	0	0	8 203	4 922	52 671	46 748	261 987	32 095	0	0	473 636	80 135
中水	0	0	0	4 753	0	331	5 084	0	0	0	0	74 932	4 024	100 752	179 716	8
雨水	0	0	0	0	0	197	197	0	0	0	0	0	0	8 831	8 833	2
需水	2 723	560	18 992	17 453	1 403	528			154 264	46 756	613 854	524 576	60 795	113 230		
缺水率(%)	0.0	0.1	0.0	0.0	0.0	0.0			0.0	0.0	0.1	0.1	0.0	0.0		

附表 20-11 均衡发展型 2020 年产业结构调整方案一需水与黄河干流 + 南水北调供水组合方案 10 配置成果 （单位：万 m^3）

项目	城镇生活	农村生活	一产	二产	三产	生态环境	可供	余水	城镇生活	农村生活	一产	二产	三产	生态环境	可供	余水
分区	郑－1								郑－2							
黄河干流	0	0	0	19 203	18 376	1 696	39 275	0	0	0	0	23 447	8 928	0	32 375	0
南水北调	30 556	0	0	714	0	0	31 270	0	12 892	0	0	17 538	0	0	30 430	0
大型水库	0	0	0	15 000	0	0	15 000	0	0	0	0	7 850	0	0	7 850	0
地表水	0	0	4 021	0	0	0	4 021	0	0	0	22 678	0	0	0	22 678	0
地下水	0	330	6 835	1 167	0	0	8 333	1	0	7 459	27 560	13 042	0	0	48 061	0
中水	0	0	0	0	0	27 937	27 937	0	0	0	0	12 702	0	17 549	30 252	1
雨水	0	0	0	0	0	663	664	1	0	0	0	0	0	1 051	1 051	0
需水	30 557	330	10 857	41 680	18 376	30 296			12 893	7 459	50 238	85 328	8 928	18 600		
缺水率(%)	0.0	0.0	0.0	13.4	0.0	0.0			0.0	0.0	0.0	12.6	0.0	0.0		
分区	开－1								开－2							
黄河干流	0	0	7 151	9 579	2 051	165	18 947	1	0	0	29 580	21 677	5 271	0	56 529	1
南水北调	0	0	0	0	0	0	0	0	0	0	0	0	0	0	0	0
大型水库	0	0	0	0	0	0	0	0	0	0	0	0	0	0	0	0
地表水	0	0	700	0	0	0	700	0	0	0	6 300	0	0	0	6 300	0
地下水	4 847	282	688	0	0	0	5 817	0	11 179	6 182	51 340	0	0	0	68 701	0
中水	0	0	0	0	0	4 749	4 750	1	0	0	0	6 937	0	3 509	10 446	0
雨水	0	0	0	0	0	1 086	1 087	1	0	0	0	0	0	1 991	1 991	0
需水	4 847	282	8 539	9 667	2 052	6 000			11 180	6 183	101 459	28 615	5 272	5 500		
缺水率(%)	0.0	0.1	0.0	0.9	0.0	0.0			0.0	0.0	14.0	0.0	0.0	0.0		
分区	洛－1								洛－2							
黄河干流	0	0	0	6 092	7 508	0	13 600	0	0	0	0	1 617	5 883	0	7 500	0
南水北调	0	0	0	0	0	0	0	0	0	0	0	0	0	0	0	0
大型水库	0	0	0	5 123	0	0	5 123	0	0	0	0	36 518	0	0	36 518	0
地表水	0	0	6 781	2 572	0	0	9 353	0	0	0	40 337	0	0	0	40 337	0
地下水	9 351	84	0	9 960	0	0	31 664	12 269	10 900	9 198	13 599	16 024	0	0	54 420	4 699
中水	0	0	0	1 571	0	9 774	11 346	1	0	0	0	6 180	0	12 520	18 700	0
雨水	0	0	0	0	0	500	500	0	0	0	0	0	0	1 000	1 000	0
需水	9 351	84	6 782	25 318	7 508	10 274			10 900	9 199	53 936	60 340	5 883	13 520		
缺水率(%)	0.0	0.5	0.0	0.0	0.0	0.0			0.0	0.0	0.0	0.0	0.0	0.0		

续附表 20-11

项目	城镇生活	农村生活	一产	二产	三产	生态环境	可供	余水	城镇生活	农村生活	一产	二产	三产	生态环境	可供	余水
分区	平 -1								平 -2							
黄河干流	0	0	0	0	0	0	0	0	0	0	0	0	0	0	0	0
南水北调	4 892	0	0	3 085	5 390	0	14 170	803	10 121	0	0	0	4 709	0	14 830	0
大型水库	0	0	1 461	12 409	0	0	13 870	0	0	0	0	19 991	0	0	19 991	0
地表水	0	0	3 139	0	0	0	3 139	0	0	0	36 259	0	0	0	36 260	1
地下水	0	290	189	0	0	0	479	0	4 117	4 227	8 666	0	0	0	17 010	0
中水	0	0	0	4 506	0	1 766	6 273	1	0	0	0	0	2 752	7 630	10 382	0
雨水	0	0	0	0	0	500	500	0	0	0	0	0	0	600	600	0
需水	4 892	290	4 790	20 000	5 391	2 266			14 238	4 228	63 197	35 200	7 461	8 230		
缺水率(%)	0.0	0.1	0.0	0.0	0.0	0.0			0.0	0.0	28.9	43.2	0.0	0.0		
分区	新 -1								新 -2							
黄河干流	0	0	0	0	0	0	0	0	0	0	25 702	33 539	4 459	0	63 700	0
南水北调	5 288	0	0	4 542	3 470	0	13 300	0	6 860	0	0	0	0	0	6 860	0
大型水库	0	0	0	0	0	0	0	0	0	0	0	0	0	0	0	0
地表水	0	0	4 050	0	0	0	4 050	0	0	0	22 514	0	0	0	22 514	0
地下水	0	220	1 908	6 992	0	0	11 735	2 615	6 598	6 277	55 905	0	0	0	74 611	5 831
中水	0	0	0	2 526	0	2 350	4 876	0	0	0	0	8 252	0	3 350	11 603	1
雨水	0	0	0	0	0	150	150	0	0	0	0	0	0	150	150	0
需水	5 289	221	5 959	14 060	3 471	2 500			13 459	6 278	104 122	41 792	4 459	3 500		
缺水率(%)	0.0	0.3	0.0	0.0	0.0	0.0			0.0	0.0	0.0	0.0	0.0	0.0		
分区	焦 -1								焦 -2							
黄河干流	0	0	0	0	0	0	0	0	0	0	0	28 862	4 638	0	33 500	0
南水北调	4 569	0	0	2 957	2 954	0	10 480	0	5 720	0	0	0	0	0	5 720	0
大型水库	0	0	0	0	0	0	0	0	0	0	0	6 280	0	0	6 280	0
地表水	0	0	2 434	0	0	0	2 434	0	0	0	15 717	0	0	0	15 717	0
地下水	0	279	603	10 102	0	0	16 600	5 616	2 296	3 253	49 351	0	0	0	54 900	0
中水	0	0	0	1 291	0	3 477	4 768	0	0	0	0	12 133	0	1 380	13 514	1
雨水	0	0	0	0	0	23	23	0	0	0	0	0	0	120	120	0
需水	4 570	279	3 037	14 351	2 954	3 500			8 016	3 254	71 753	56 335	4 639	1 500		
缺水率(%)	0.0	0.2	0.0	0.0	0.0	0.0			0.0	0.0	9.3	16.1	0.0	0.0		

续附表 20-11

项目	城镇生活	农村生活	一产	二产	三产	生态环境	可供	余水	城镇生活	农村生活	一产	二产	三产	生态环境	可供	余水
分区	许－1								许－2							
黄河干流	0	0	0	0	0	0	0	0	0	0	0	0	5 000	0	5 000	0
南水北调	4 281	0	0	0	719	0	5 000	0	10 066	0	0	12 441	93	0	22 600	0
大型水库	0	0	0	0	0	0	0	0	0	0	0	15 700	0	0	15 700	0
地表水	0	0	1 591	9 354	0	0	10 945	0	0	0	6 169	0	0	0	6 169	0
地下水	0	178	0	1 464	0	0	4 844	3 202	0	5 437	40 998	0	0	0	46 435	0
中水	0	0	0	1 205	503	2 400	4 109	1	0	0	0	13 051	0	1 400	14 452	1
雨水	0	0	0	0	0	100	100	0	0	0	0	0	0	100	100	0
需水	4 281	179	1 592	12 023	1 223	2 500			10 066	5 437	69 052	58 752	5 094	1 500		
缺水率(%)	0.0	0.4	0.1	0.0	0.1	0.0			0.0	0.0	31.7	29.9	0.0	0.0		
分区	漯－1								漯－2							
黄河干流	0	0	0	0	0	0	0	0	0	0	0	0	0	0	0	0
南水北调	5 707	0	553	5 418	2 992	0	14 670	0	3 977	0	1 906	2 017	1 030	0	8 930	0
大型水库	0	0	0	5 356	0	0	5 356	0	0	0	0	7 516	0	0	7 516	0
地表水	0	0	1 657	0	0	0	1 657	0	0	0	3 081	0	0	0	3 082	1
地下水	0	913	9 871	0	0	0	10 784	0	0	1 580	9 459	0	0	0	11 040	1
中水	0	0	0	5 668	0	1 236	6 904	0	0	0	0	3 304	0	1 179	4 484	1
雨水	0	0	0	0	0	300	300	0	0	0	0	0	0	300	300	0
需水	5 708	913	24 161	21 690	2 992	1 537			3 977	1 580	24 076	17 374	1 030	1 479		
缺水率(%)	0.0	0.0	50.0	24.2	0.0	0.0			0.0	0.0	40.0	26.1	0.0	0.0		
分区	济源								城市群							
黄河干流	0	0	0	1 956	2 044	0	4 000	0	0	0	62 433	145 972	64 158	1 861	274 425	1
南水北调	0	0	0	0	0	0	0	0	104 929	0	2 459	48 712	21 357	0	178 260	803
大型水库	0	0	0	9 460	0	0	9 461	1	0	0	1 461	141 203	0	0	142 666	2
地表水	0	0	19 241	2 145	0	0	26 846	5 460	0	0	196 669	14 071	0	0	216 202	5 462
地下水	2 759	559	0	0	0	0	8 203	4 885	52 047	46 748	276 972	58 751	0	0	473 638	39 120
中水	0	0	0	5 055	0	331	5 387	1	0	0	0	84 381	3 255	102 537	190 182	9
雨水	0	0	0	0	0	197	197	0	0	0	0	0	0	8 831	8 833	2
需水	2 759	560	19 242	18 616	2 045	528			156 984	46 756	622 792	561 141	88 779	113 230		
缺水率(%)	0.0	0.1	0.0	0.0	0.0	0.0			0.0	0.0	13.3	12.1	0.0	0.0		

附表 20-12　均衡发展型 2020 年产业结构调整方案二需水与黄河干流＋南水北调供水组合方案 11 配置成果　（单位：万 m^3）

项目	城镇生活	农村生活	一产	二产	三产	生态环境	可供	余水	城镇生活	农村生活	一产	二产	三产	生态环境	可供	余水
分区	郑－1								郑－2							
黄河干流	0	0	0	29 485	15 094	1 696	46 275	0	0	0	0	22 042	7 333	0	29 375	0
南水北调	30 556	0	0	714	0	0	31 270	0	12 892	0	0	17 538	0	0	30 430	0
大型水库	0	0	0	15 000	0	0	15 000	0	0	0	0	7 850	0	0	7 850	0
地表水	0	0	4 021	0	0	0	4 021	0	0	0	22 678	0	0	0	22 678	0
地下水	0	330	6 835	1 167	0	0	8 333	1	0	7 459	27 560	13 042	0	0	48 061	0
中水	0	0	0	0	0	27 937	27 937	0	0	0	0	12 702	0	17 549	30 252	1
雨水	0	0	0	0	0	663	664	1	0	0	0	0	0	1 051	1 051	0
需水	30 557	330	10 857	47 932	15 095	30 296			12 893	7 459	50 238	98 127	7 334	18 600		
缺水率（%）	0.0	0.0	0.0	3.3	0.0	0.0			0.0	0.0	0.0	25.4	0.0	0.0		
分区	开－1								开－2							
黄河干流	0	0	5 979	11 117	1 685	165	18 947	1	0	0	21 229	25 969	4 330	0	51 529	1
南水北调	0	0	0	0	0	0	0	0	0	0	0	0	0	0	0	0
大型水库	0	0	0	0	0	0	0	0	0	0	0	0	0	0	0	0
地表水	0	0	700	0	0	0	700	0	0	0	6 300	0	0	0	6 300	0
地下水	4 847	282	688	0	0	0	5 817	0	11 179	6 182	51 340	0	0	0	68 701	0
中水	0	0	0	0	0	4 749	4 750	1	0	0	0	6 937	0	3 509	10 446	0
雨水	0	0	0	0	0	1 086	1 087	1	0	0	0	0	0	1 991	1 991	0
需水	4 847	282	8 539	11 117	1 686	6 000			11 180	6 183	101 459	32 907	4 330	5 500		
缺水率（%）	0.0	0.1	13.7	0.0	0.0	0.0			0.0	0.0	22.3	0.0	0.0	0.0		
分区	洛－1								洛－2							
黄河干流	0	0	0	7 433	6 167	0	13 600	0	0	0	0	6 668	4 832	0	11 500	0
南水北调	0	0	0	0	0	0	0	0	0	0	0	0	0	0	0	0
大型水库	0	0	0	5 123	0	0	5 123	0	0	0	0	36 518	0	0	36 518	0
地表水	0	0	6 781	2 572	0	0	9 353	0	0	0	40 337	0	0	0	40 337	0
地下水	9 351	84	0	12 417	0	0	31 664	9 812	10 900	9 198	13 599	20 024	0	0	54 420	699
中水	0	0	0	1 571	0	9 774	11 346	1	0	0	0	6 180	0	12 520	18 700	0
雨水	0	0	0	0	0	500	500	0	0	0	0	0	0	1 000	1 000	0
需水	9 351	84	6 782	29 116	6 167	10 274			10 900	9 199	53 936	69 390	4 833	13 520		
缺水率（%）	0.0	0.5	0.0	0.0	0.0	0.0			0.0	0.0	0.0	0.0	0.0	0.0		

续附表 20-12

项目	城镇生活	农村生活	一产	二产	三产	生态环境	可供	余水	城镇生活	农村生活	一产	二产	三产	生态环境	可供	余水
分区	平 -1								平 -2							
黄河干流	0	0	0	0	0	0	0	0	0	0	0	0	0	0	0	0
南水北调	4 892	0	1 461	4 624	4 428	0	16 170	765	11 454	0	0	0	3 376	0	14 830	0
大型水库	0	0	0	13 870	0	0	13 870	0	0	0	0	19 991	0	0	19 991	0
地表水	0	0	3 139	0	0	0	3 139	0	0	0	36 259	0	0	0	36 260	1
地下水	0	290	189	0	0	0	479	0	2 784	4 227	9 999	0	0	0	17 010	0
中水	0	0	0	4 506	0	1 766	6 273	1	0	0	0	0	2 752	7 630	10 382	0
雨水	0	0	0	0	0	500	500	0	0	0	0	0	0	600	600	0
需水	4 892	290	4 790	23 000	4 428	2 266			14 238	4 228	63 197	40 480	6 129	8 230		
缺水率(%)	0.0	0.1	0.0	0.0	0.0	0.0			0.0	0.0	26.8	50.6	0.0	0.0		
分区	新 -1								新 -2							
黄河干流	0	0	0	0	0	0	0	0	0	0	25 229	39 808	3 663	0	68 700	0
南水北调	5 288	0	0	5 161	2 851	0	13 300	0	6 860	0	0	0	0	0	6 860	0
大型水库	0	0	0	0	0	0	0	0	0	0	0	0	0	0	0	0
地表水	0	0	4 050	0	0	0	4 050	0	0	0	22 514	0	0	0	22 514	0
地下水	0	220	1 908	8 482	0	0	11 735	1 125	6 598	6 277	56 378	0	0	0	74 611	5 358
中水	0	0	0	2 526	0	2 350	4 876	0	0	0	0	8 252	0	3 350	11 603	1
雨水	0	0	0	0	0	150	150	0	0	0	0	0	0	150	150	0
需水	5 289	221	5 959	16 170	2 851	2 500			13 459	6 278	104 122	48 061	3 663	3 500		
缺水率(%)	0.0	0.3	0.0	0.0	0.0	0.0			0.0	0.0	0.0	0.0	0.0	0.0		
分区	焦 -1								焦 -2							
黄河干流	0	0	0	0	0	0	0	0	0	0	0	21 690	3 810	0	25 500	0
南水北调	4 569	0	0	3 485	2 426	0	10 480	0	8 016	0	0	1 704	0	0	9 720	0
大型水库	0	0	0	0	0	0	0	0	0	0	0	6 280	0	0	6 280	0
地表水	0	0	2 434	0	0	0	2 434	0	0	0	15 717	0	0	0	15 717	0
地下水	0	279	603	11 727	0	0	16 600	3 991	0	3 253	51 647	0	0	0	54 900	0
中水	0	0	0	1 291	0	3 477	4 768	0	0	0	0	12 133	0	1 380	13 514	1
雨水	0	0	0	0	0	23	23	0	0	0	0	0	0	120	120	0
需水	4 570	279	3 037	16 503	2 427	3 500			8 016	3 254	71 753	64 785	3 810	1 500		
缺水率(%)	0.0	0.2	0.0	0.0	0.0	0.0			0.0	0.0	6.1	35.5	0.0	0.0		

续附表 20-12

项目	城镇生活	农村生活	一产	二产	三产	生态环境	可供	余水	城镇生活	农村生活	一产	二产	三产	生态环境	可供	余水
分区	许－1								许－2							
黄河干流	0	0	0	0	0	0	0	0	0	0	816	0	4 184	0	5 000	0
南水北调	4 281	0	0	0	719	0	5 000	0	10 066	0	0	11 534	0	0	21 600	0
大型水库	0	0	0	0	0	0	0	0	0	0	0	15 700	0	0	15 700	0
地表水	0	0	1 591	9 354	0	0	10 945	0	0	0	6 169	0	0	0	6 169	0
地下水	0	178	0	3 049	0	0	4 844	1 617	0	5 437	40 998	0	0	0	46 435	0
中水	0	0	0	1 423	285	2 400	4 109	1	0	0	0	13 051	0	1 400	14 452	1
雨水	0	0	0	0	0	100	100	0	0	0	0	0	0	100	100	0
需水	4 281	179	1 592	13 826	1 005	2 500			10 066	5 437	69 052	67 565	4 184	1 500		
缺水率(%)	0.0	0.4	0.1	0.0	0.1	0.0			0.0	0.0	30.5	40.4	0.0	0.0		
分区	漯－1								漯－2							
黄河干流	0	0	0	0	0	0	0	0	0	0	0	0	0	0	0	0
南水北调	5 707	0	553	1 952	2 458	0	10 670	0	3 977	0	1 906	1 201	846	0	7 930	0
大型水库	0	0	0	5 356	0	0	5 356	0	0	0	0	7 516	0	0	7 516	0
地表水	0	0	1 657	0	0	0	1 657	0	0	0	3 081	0	0	0	3 082	1
地下水	0	913	9 871	0	0	0	10 784	0	0	1 580	9 459	0	0	0	11 040	1
中水	0	0	0	5 668	0	1 236	6 904	0	0	0	0	3 304	0	1 179	4 484	1
雨水	0	0	0	0	0	300	300	0	0	0	0	0	0	300	300	0
需水	5 708	913	24 161	24 943	2 458	1 537			3 977	1 580	24 076	19 981	846	1 479		
缺水率(%)	0.0	0.0	50.0	48.0	0.0	0.0			0.0	0.0	40.0	39.8	0.0	0.0		
分区	济源								城市群							
黄河干流	0	0	0	2 321	1 679	0	4 000	0	0	0	53 253	166 533	52 777	1 861	274 425	1
南水北调	0	0	0	0	0	0	0	0	108 558	0	3 920	47 913	17 104	0	178 260	765
大型水库	0	0	0	9 460	0	0	9 461	1	0	0	0	142 664	0	0	142 666	2
地表水	0	0	19 241	4 572	0	0	26 846	3 033	0	0	196 669	16 498	0	0	216 202	3 035
地下水	2 759	559	0	0	0	0	8 203	4 885	48 418	46 748	281 074	69 908	0	0	473 638	27 490
中水	0	0	0	5 055	0	331	5 387	1	0	0	0	84 599	3 037	102 537	190 182	9
雨水	0	0	0	0	0	197	197	0	0	0	0	0	0	8 831	8 833	2
需水	2 759	560	19 242	21 409	1 680	528			156 984	46 756	622 792	645 313	72 926	113 230		
缺水率(%)	0.0	0.1	0.0	0.0	0.0	0.0			0.0	0.0	14.1	18.2	0.0	0.0		

附表 20-13 均衡发展型 2020 年黄河干流 + 南水北调与强化节水组合方案 12 配置成果 （单位：万 m^3）

项目	城镇生活	农村生活	一产	二产	三产	生态环境	可供	余水	城镇生活	农村生活	一产	二产	三产	生态环境	可供	余水
分区	郑 -1								郑 -2							
黄河干流	0	0	0	23 495	12 542	3 238	39 275	0	0	0	0	26 282	6 093	0	32 375	0
南水北调	29 657	0	0	97	0	0	31 270	1 516	12 720	0	0	17 710	0	0	30 430	0
大型水库	0	0	0	15 000	0	0	15 000	0	0	0	0	7 850	0	0	7 850	0
地表水	0	0	4 021	0	0	0	4 021	0	0	0	22 678	0	0	0	22 678	0
地下水	0	330	6 719	0	0	0	8 332	1 283	0	7 459	26 806	13 796	0	0	48 061	0
中水	0	0	0	0	0	26 395	26 396	1	0	0	0	10 772	0	17 549	28 322	1
雨水	0	0	0	0	0	663	664	1	0	0	0	0	0	1 051	1 051	0
需水	29 658	330	10 741	38 592	12 543	30 296			12 721	7 459	49 484	79 233	6 094	18 600		
缺水率（%）	0.0	0.0	0.0	0.0	0.0	0.0			0.0	0.0	0.0	3.6	0.0	0.0		
分区	开 -1								开 -2							
黄河干流	0	0	7 755	9 043	1 404	408	18 947	337	0	0	32 562	20 355	3 611	0	56 529	1
南水北调	0	0	0	0	0	0	0	0	0	0	0	0	0	0	0	0
大型水库	0	0	0	0	0	0	0	0	0	0	0	0	0	0	0	0
地表水	0	0	700	0	0	0	700	0	0	0	6 300	0	0	0	6 300	0
地下水	4 726	282	0	0	0	0	5 817	809	11 030	6 182	51 489	0	0	0	68 701	0
中水	0	0	0	0	0	4 506	4 506	0	0	0	0	6 413	0	3 509	9 922	0
雨水	0	0	0	0	0	1 086	1 087	1	0	0	0	0	0	1 991	1 991	0
需水	4 726	282	8 456	9 043	1 405	6 000			11 031	6 183	100 024	26 769	3 612	5 500		
缺水率（%）	0.0	0.1	0.0	0.0	0.0	0.0			0.0	0.0	9.7	0.0	0.0	0.0		
分区	洛 -1								洛 -2							
黄河干流	0	0	0	8 461	5 139	0	13 600	0	0	0	0	3 470	4 030	0	7 500	0
南水北调	0	0	0	0	0	0	0	0	0	0	0	0	0	0	0	0
大型水库	0	0	0	5 123	0	0	5 123	0	0	0	0	36 518	0	0	36 518	0
地表水	0	0	6 729	2 624	0	0	9 353	0	0	0	40 337	0	0	0	40 337	0
地下水	9 170	84	0	6 499	0	0	31 664	15 911	10 755	9 198	13 003	11 338	0	0	54 420	10 126
中水	0	0	0	977	0	9 774	10 752	1	0	0	0	5 120	0	12 520	17 640	0
雨水	0	0	0	0	0	500	500	0	0	0	0	0	0	1 000	1 000	0
需水	9 170	84	6 729	23 685	5 140	10 274			10 755	9 199	53 341	56 447	4 031	13 520		
缺水率（%）	0.0	0.5	0.0	0.0	0.0	0.0			0.0	0.0	0.0	0.0	0.0	0.0		

续附表 20-13

项目	城镇生活	农村生活	一产	二产	三产	生态环境	可供	余水	城镇生活	农村生活	一产	二产	三产	生态环境	可供	余水
分区	平 -1								平 -2							
黄河干流	0	0	0	0	0	0	0	0	0	0	0	0	0	0	0	0
南水北调	4 827	0	1 423	705	3 699	0	14 170	3 516	11 958	0	0	0	2 872	0	14 830	0
大型水库	0	0	0	13 870	0	0	13 870	0	0	0	0	19 991	0	0	19 991	0
地表水	0	0	3 139	0	0	0	3 139	0	0	0	36 259	0	0	0	36 260	1
地下水	0	290	189	0	0	0	479	0	2 083	4 227	10 700	0	0	0	17 010	0
中水	0	0	0	4 175	0	1 766	5 941	0	0	0	0	0	2 248	7 630	9 879	1
雨水	0	0	0	0	0	500	500	0	0	0	0	0	0	600	600	0
需水	4 827	290	4 752	18 750	3 700	2 266			14 042	4 228	62 321	33 000	5 121	8 230		
缺水率(%)	0.0	0.1	0.0	0.0	0.0	0.0			0.0	0.0	24.6	39.4	0.0	0.0		
分区	新 -1								新 -2							
黄河干流	0	0	0	0	0	0	0	0	0	0	29 126	31 514	3 060	0	63 700	0
南水北调	5 218	0	0	5 700	2 382	0	13 300	0	6 860	0	0	0	0	0	6 860	0
大型水库	0	0	0	0	0	0	0	0	0	0	0	0	0	0	0	0
地表水	0	0	4 050	0	0	0	4 050	0	0	0	22 514	0	0	0	22 514	0
地下水	0	220	1 821	5 195	0	0	11 735	4 499	6 413	6 277	50 894	0	0	0	74 611	11 027
中水	0	0	0	2 286	0	2 350	4 637	1	0	0	0	7 665	0	3 350	11 015	0
雨水	0	0	0	0	0	150	150	0	0	0	0	0	0	150	150	0
需水	5 218	221	5 871	13 182	2 382	2 500			13 273	6 278	102 534	39 180	3 060	3 500		
缺水率(%)	0.0	0.3	0.0	0.0	0.0	0.0			0.0	0.0	0.0	0.0	0.0	0.0		
分区	焦 -1								焦 -2							
黄河干流	0	0	0	0	0	0	0	0	0	0	0	30 317	3 183	0	33 500	0
南水北调	4 508	0	0	3 945	2 027	0	10 480	0	5 720	0	0	0	0	0	5 720	0
大型水库	0	0	0	0	0	0	0	0	0	0	0	6 280	0	0	6 280	0
地表水	0	0	2 434	0	0	0	2 434	0	0	0	15 717	0	0	0	15 717	0
地下水	0	279	576	8 459	0	0	16 600	7 286	2 185	3 253	49 462	0	0	0	54 900	0
中水	0	0	0	1 049	0	3 477	4 527	1	0	0	0	11 371	0	1 380	12 751	0
雨水	0	0	0	0	0	23	23	0	0	0	0	0	0	120	120	0
需水	4 509	279	3 011	13 454	2 027	3 500			7 905	3 254	70 547	52 814	3 183	1 500		
缺水率(%)	0.0	0.2	0.0	0.0	0.0	0.0			0.0	0.0	7.6	9.2	0.0	0.0		

续附表 20-13

项目	城镇生活	农村生活	一产	二产	三产	生态环境	可供	余水	城镇生活	农村生活	一产	二产	三产	生态环境	可供	余水
分区	许 -1								许 -2							
黄河干流	0	0	0	0	0	0	0	0	0	0	0	1 505	3 495	0	5 000	0
南水北调	4 224	0	0	0	776	0	5 000	0	9 927	0	0	12 673	0	0	22 600	0
大型水库	0	0	0	0	0	0	0	0	0	0	0	15 700	0	0	15 700	0
地表水	0	0	1 577	9 368	0	0	10 945	0	0	0	6 169	0	0	0	6 169	0
地下水	0	178	0	462	0	0	4 844	4 204	0	5 437	40 998	0	0	0	46 435	0
中水	0	0	0	1 441	63	2 400	3 905	1	0	0	0	12 251	0	1 400	13 652	1
雨水	0	0	0	0	0	100	100	0	0	0	0	0	0	100	100	0
需水	4 224	179	1 577	11 272	839	2 500			9 927	5 437	67 971	55 080	3 496	1 500		
缺水率(%)	0.0	0.4	0.0	0.0	0.0	0.0			0.0	0.0	30.6	23.5	0.0	0.0		
分区	漯 -1								漯 -2							
黄河干流	0	0	0	0	0	0	0	0	0	0	0	0	0	0	0	0
南水北调	5 631	0	387	6 599	2 053	0	14 670	0	3 922	0	1 664	2 637	707	0	8 930	0
大型水库	0	0	0	5 356	0	0	5 356	0	0	0	0	7 516	0	0	7 516	0
地表水	0	0	1 657	0	0	0	1 657	0	0	0	3 081	0	0	0	3 082	1
地下水	0	913	9 871	0	0	0	10 784	0	0	1 580	9 459	0	0	0	11 040	1
中水	0	0	0	5 307	0	1 236	6 543	0	0	0	0	3 065	0	1 179	4 244	0
雨水	0	0	0	0	0	300	300	0	0	0	0	0	0	300	300	0
需水	5 632	913	23 830	20 334	2 054	1 537			3 922	1 580	23 673	16 288	707	1 479		
缺水率(%)	0.0	0.0	50.0	15.1	0.0	0.0			0.0	0.0	40.0	18.9	0.0	0.0		
分区	济源								城市群							
黄河干流	0	0	0	2 597	1 403	0	4 000	0	0	0	69 443	157 039	43 960	3 646	274 426	338
南水北调	0	0	0	0	0	0	0	0	105 172	0	3 474	50 066	14 516	0	178 260	5 032
大型水库	0	0	0	9 460	0	0	9 461	1	0	0	0	142 664	0	0	142 665	1
地表水	0	0	18 991	642	0	0	26 846	7 213	0	0	196 353	12 634	0	0	216 202	7 215
地下水	2 722	559	0	0	0	0	8 203	4 922	49 084	46 748	271 987	45 749	0	0	473 636	60 068
中水	0	0	0	4 753	0	331	5 084	0	0	0	0	76 645	2 311	100 752	179 716	8
雨水	0	0	0	0	0	197	197	0	0	0	0	0	0	8 831	8 833	2
需水	2 723	560	18 992	17 453	1 403	528			154 264	46 756	613 854	524 576	60 795	113 230		
缺水率(%)	0.0	0.1	0.0	0.0	0.0	0.0			0.0	0.0	0.1	0.1	0.0	0.0		

附表 20-14　均衡发展型 2020 年产业结构调整方案一需水与黄河干流＋南水北调＋大型水库供水组合方案 13 配置成果（单位：万 m^3）

项目	城镇生活	农村生活	一产	二产	三产	生态环境	可供	余水	城镇生活	农村生活	一产	二产	三产	生态环境	可供	余水
分区	郑－1								郑－2							
黄河干流	0	0	0	19 203	18 376	1 696	39 275	0	0	0	0	23 447	8 928	0	32 375	0
南水北调	30 556	0	0	714	0	0	31 270	0	12 892	0	0	17 538	0	0	30 430	0
大型水库	0	0	0	15 000	0	0	15 000	0	0	0	0	9 850	0	0	9 850	0
地表水	0	0	4 021	0	0	0	4 021	0	0	0	22 678	0	0	0	22 678	0
地下水	0	330	6 835	1 167	0	0	8 333	1	0	7 459	27 560	13 042	0	0	48 061	0
中水	0	0	0	0	0	27 937	27 937	0	0	0	0	12 702	0	17 549	30 252	1
雨水	0	0	0	0	0	663	664	1	0	0	0	0	0	1 051	1 051	0
需水	30 557	330	10 857	41 680	18 376	30 296			12 893	7 459	50 238	85 328	8 928	18 600		
缺水率(%)	0.0	0.0	0.0	13.4	0.0	0.0			0.0	0.0	0.0	10.3	0.0	0.0		
分区	开－1								开－2							
黄河干流	0	0	7 151	9 579	2 051	165	18 947	1	0	0	29 580	21 677	5 271	0	56 529	1
南水北调	0	0	0	0	0	0	0	0	0	0	0	0	0	0	0	0
大型水库	0	0	0	0	0	0	0	0	0	0	0	0	0	0	0	0
地表水	0	0	700	0	0	0	700	0	0	0	6 300	0	0	0	6 300	0
地下水	4 847	282	688	0	0	0	5 817	0	11 179	6 182	51 340	0	0	0	68 701	0
中水	0	0	0	0	0	4 749	4 750	1	0	0	0	6 937	0	3 509	10 446	0
雨水	0	0	0	0	0	1 086	1 087	1	0	0	0	0	0	1 991	1 991	0
需水	4 847	282	8 539	9 667	2 052	6 000			11 180	6 183	101 459	28 615	5 272	5 500		
缺水率(%)	0.0	0.1	0.0	0.9	0.0	0.0			0.0	0.0	14.0	0.0	0.0	0.0		
分区	洛－1								洛－2							
黄河干流	0	0	0	6 092	7 508	0	13 600	0	0	0	0	1 617	5 883	0	7 500	0
南水北调	0	0	0	0	0	0	0	0	0	0	0	0	0	0	0	0
大型水库	0	0	0	3 123	0	0	3 123	0	0	0	0	33 518	0	0	33 518	0
地表水	0	0	6 781	2 572	0	0	9 353	0	0	0	40 337	0	0	0	40 337	0
地下水	9 351	84	0	11 960	0	0	31 664	10 269	10 900	9 198	13 599	19 024	0	0	54 420	1 699
中水	0	0	0	1 571	0	9 774	11 346	1	0	0	0	6 180	0	12 520	18 700	0
雨水	0	0	0	0	0	500	500	0	0	0	0	0	0	1 000	1 000	0
需水	9 351	84	6 782	25 318	7 508	10 274			10 900	9 199	53 936	60 340	5 883	13 520		
缺水率(%)	0.0	0.5	0.0	0.0	0.0	0.0			0.0	0.0	0.0	0.0	0.0	0.0		

续附表 20-14

项目	城镇生活	农村生活	一产	二产	三产	生态环境	可供	余水	城镇生活	农村生活	一产	二产	三产	生态环境	可供	余水
分区	平－1								平－2							
黄河干流	0	0	0	0	0	0	0	0	0	0	0	0	0	0	0	0
南水北调	4 892	0	0	3 085	5 390	0	14 170	803	10 121	0	0	0	4 709	0	14 830	0
大型水库	0	0	1 461	12 409	0	0	13 870	0	0	0	0	22 991	0	0	22 991	0
地表水	0	0	3 139	0	0	0	3 139	0	0	0	36 259	0	0	0	36 260	1
地下水	0	290	189	0	0	0	479	0	4 117	4 227	8 666	0	0	0	17 010	0
中水	0	0	0	4 506	0	1 766	6 273	1	0	0	0	0	2 752	7 630	10 382	0
雨水	0	0	0	0	0	500	500	0	0	0	0	0	0	600	600	0
需水	4 892	290	4 790	20 000	5 391	2 266			14 238	4 228	63 197	35 200	7 461	8 230		
缺水率(%)	0.0	0.1	0.0	0.0	0.0	0.0			0.0	0.0	28.9	34.7	0.0	0.0		
分区	新－1								新－2							
黄河干流	0	0	0	0	0	0	0	0	0	0	25 702	33 539	4 459	0	63 700	0
南水北调	5 288	0	0	4 542	3 470	0	13 300	0	6 860	0	0	0	0	0	6 860	0
大型水库	0	0	0	0	0	0	0	0	0	0	0	0	0	0	0	0
地表水	0	0	4 050	0	0	0	4 050	0	0	0	22 514	0	0	0	22 514	0
地下水	0	220	1 908	6 992	0	0	11 735	2 615	6 598	6 277	55 905	0	0	0	74 611	5 831
中水	0	0	0	2 526	0	2 350	4 876	0	0	0	0	8 252	0	3 350	11 603	1
雨水	0	0	0	0	0	150	150	0	0	0	0	0	0	150	150	0
需水	5 289	221	5 959	14 060	3 471	2 500			13 459	6 278	104 122	41 792	4 459	3 500		
缺水率(%)	0.0	0.3	0.0	0.0	0.0	0.0			0.0	0.0	0.0	0.0	0.0	0.0		
分区	焦－1								焦－2							
黄河干流	0	0	0	0	0	0	0	0	0	0	0	28 862	4 638	0	33 500	0
南水北调	4 569	0	0	2 957	2 954	0	10 480	0	5 720	0	0	0	0	0	5 720	0
大型水库	0	0	0	0	0	0	0	0	0	0	0	9 280	0	0	9 280	0
地表水	0	0	2 434	0	0	0	2 434	0	0	0	15 717	0	0	0	15 717	0
地下水	0	279	603	10 102	0	0	16 600	5 616	2 296	3 253	49 351	0	0	0	54 900	0
中水	0	0	0	1 291	0	3 477	4 768	0	0	0	0	12 133	0	1 380	13 514	1
雨水	0	0	0	0	0	23	23	0	0	0	0	0	0	120	120	0
需水	4 570	279	3 037	14 351	2 954	3 500			8 016	3 254	71 753	56 335	4 639	1 500		
缺水率(%)	0.0	0.2	0.0	0.0	0.0	0.0			0.0	0.0	9.3	10.8	0.0	0.0		

续附表 20-14

项目	城镇生活	农村生活	一产	二产	三产	生态环境	可供	余水	城镇生活	农村生活	一产	二产	三产	生态环境	可供	余水
分区	许－1								许－2							
黄河干流	0	0	0	0	0	0	0	0	0	0	0	0	5 000	0	5 000	0
南水北调	4 281	0	0	0	719	0	5 000	0	10 066	0	0	12 441	93	0	22 600	0
大型水库	0	0	0	0	0	0	0	0	0	0	0	15 700	0	0	15 700	0
地表水	0	0	1 591	9 354	0	0	10 945	0	0	0	6 169	0	0	0	6 169	0
地下水	0	178	0	1 464	0	0	4 844	3 202	0	5 437	40 998	0	0	0	46 435	0
中水	0	0	0	1 205	503	2 400	4 109	1	0	0	0	13 051	0	1 400	14 452	1
雨水	0	0	0	0	0	100	100	0	0	0	0	0	0	100	100	0
需水	4 281	179	1 592	12 023	1 223	2 500			10 066	5 437	69 052	58 752	5 094	1 500		
缺水率(%)	0.0	0.4	0.1	0.0	0.1	0.0			0.0	0.0	31.7	29.9	0.0	0.0		
分区	漯－1								漯－2							
黄河干流	0	0	0	0	0	0	0	0	0	0	0	0	0	0	0	0
南水北调	5 707	0	553	5 418	2 992	0	14 670	0	3 977	0	1 906	2 017	1 030	0	8 930	0
大型水库	0	0	0	5 356	0	0	5 356	0	0	0	0	7 516	0	0	7 516	0
地表水	0	0	1 657	0	0	0	1 657	0	0	0	3 081	0	0	0	3 082	1
地下水	0	913	9 871	0	0	0	10 784	0	0	1 580	9 459	0	0	0	11 040	1
中水	0	0	0	5 668	0	1 236	6 904	0	0	0	0	3 304	0	1 179	4 484	1
雨水	0	0	0	0	0	300	300	0	0	0	0	0	0	300	300	0
需水	5 708	913	24 161	21 690	2 992	1 537			3 977	1 580	24 076	17 374	1 030	1 479		
缺水率(%)	0.0	0.0	50.0	24.2	0.0	0.0			0.0	0.0	40.0	26.1	0.0	0.0		
分区	济源								城市群							
黄河干流	0	0	0	1 956	2 044	0	4 000	0	0	0	62 433	145 972	64 158	1 861	274 425	1
南水北调	0	0	0	0	0	0	0	0	104 929	0	2 459	48 712	21 357	0	178 260	803
大型水库	0	0	0	6 460	0	0	6 461	1	0	0	1 461	141 203	0	0	142 666	2
地表水	0	0	19 241	5 145	0	0	26 846	2 460	0	0	196 669	17 071	0	0	216 202	2 462
地下水	2 759	559	0	0	0	0	8 203	4 885	52 047	46 748	276 972	63 751	0	0	473 638	34 120
中水	0	0	0	5 055	0	331	5 387	1	0	0	0	84 381	3 255	102 537	190 182	9
雨水	0	0	0	0	0	197	197	0	0	0	0	0	0	8 831	8 833	2
需水	2 759	560	19 242	18 616	2 045	528			156 984	46 756	622 792	561 141	88 779	113 230		
缺水率(%)	0.0	0.1	0.0	0.0	0.0	0.0			0.0	0.0	13.3	10.7	0.0	0.0		

附表 20-15 均衡发展型 2020 年产业结构调整方案二需水与黄河干流 + 南水北调 + 大型水库供水组合方案 14 配置成果（单位：万 m^3）

项目	城镇生活	农村生活	一产	二产	三产	生态环境	可供	余水	城镇生活	农村生活	一产	二产	三产	生态环境	可供	余水
分区	郑－1								郑－2							
黄河干流	0	0	0	29 485	15 094	1 696	46 275	0	0	0	0	22 042	7 333	0	29 375	0
南水北调	30 556	0	0	714	0	0	31 270	0	12 892	0	0	17 538	0	0	30 430	0
大型水库	0	0	0	15 000	0	0	15 000	0	0	0	0	9 850	0	0	9 850	0
地表水	0	0	4 021	0	0	0	4 021	0	0	0	22 678	0	0	0	22 678	0
地下水	0	330	6 835	1 167	0	0	8 333	1	0	7 459	27 560	13 042	0	0	48 061	0
中水	0	0	0	0	0	27 937	27 937	0	0	0	0	12 702	0	17 549	30 252	1
雨水	0	0	0	0	0	663	664	1	0	0	0	0	0	1 051	1 051	0
需水	30 557	330	10 857	47 932	15 095	30 296			12 893	7 459	50 238	98 127	7 334	18 600		
缺水率(%)	0.0	0.0	0.0	3.3	0.0	0.0			0.0	0.0	0.0	23.4	0.0	0.0		
分区	开－1								开－2							
黄河干流	0	0	5 979	11 117	1 685	165	18 947	1	0	0	21 229	25 969	4 330	0	51 529	1
南水北调	0	0	0	0	0	0	0	0	0	0	0	0	0	0	0	0
大型水库	0	0	0	0	0	0	0	0	0	0	0	0	0	0	0	0
地表水	0	0	700	0	0	0	700	0	0	0	6 300	0	0	0	6 300	0
地下水	4 847	282	688	0	0	0	5 817	0	11 179	6 182	51 340	0	0	0	68 701	0
中水	0	0	0	0	0	4 749	4 750	1	0	0	0	6 937	0	3 509	10 446	0
雨水	0	0	0	0	0	1 086	1 087	1	0	0	0	0	0	1 991	1 991	0
需水	4 847	282	8 539	11 117	1 686	6 000			11 180	6 183	101 459	32 907	4 330	5 500		
缺水率(%)	0.0	0.1	13.7	0.0	0.0	0.0			0.0	0.0	22.3	0.0	0.0	0.0		
分区	洛－1								洛－2							
黄河干流	0	0	0	7 433	6 167	0	13 600	0	0	0	0	6 668	4 832	0	11 500	0
南水北调	0	0	0	0	0	0	0	0	0	0	0	0	0	0	0	0
大型水库	0	0	0	3 123	0	0	3 123	0	0	0	0	36 518	0	0	36 518	0
地表水	0	0	6 781	2 572	0	0	9 353	0	0	0	40 337	0	0	0	40 337	0
地下水	9 351	84	0	14 417	0	0	31 664	7 812	10 900	9 198	13 599	20 024	0	0	54 420	699
中水	0	0	0	1 571	0	9 774	11 346	1	0	0	0	6 180	0	12 520	18 700	0
雨水	0	0	0	0	0	500	500	0	0	0	0	0	0	1 000	1 000	0
需水	9 351	84	6 782	29 116	6 167	10 274			10 900	9 199	53 936	69 390	4 833	13 520		
缺水率(%)	0.0	0.5	0.0	0.0	0.0	0.0			0.0	0.0	0.0	0.0	0.0	0.0		

续附表 20-15

项目	城镇生活	农村生活	一产	二产	三产	生态环境	可供	余水	城镇生活	农村生活	一产	二产	三产	生态环境	可供	余水
分区	平 -1								平 -2							
黄河干流	0	0	0	0	0	0	0	0	0	0	0	0	0	0	0	0
南水北调	4 892	0	1 461	4 624	4 428	0	16 170	765	11 454	0	0	0	3 376	0	14 830	0
大型水库	0	0	0	13 870	0	0	13 870	0	0	0	0	19 991	0	0	19 991	0
地表水	0	0	3 139	0	0	0	3 139	0	0	0	36 259	0	0	0	36 260	1
地下水	0	290	189	0	0	0	479	0	2 784	4 227	9 999	0	0	0	17 010	0
中水	0	0	0	4 506	0	1 766	6 273	1	0	0	0	0	2 752	7 630	10 382	0
雨水	0	0	0	0	0	500	500	0	0	0	0	0	0	600	600	0
需水	4 892	290	4 790	23 000	4 428	2 266			14 238	4 228	63 197	40 480	6 129	8 230		
缺水率(%)	0.0	0.1	0.0	0.0	0.0	0.0			0.0	0.0	26.8	50.6	0.0	0.0		
分区	新 -1								新 -2							
黄河干流	0	0	0	0	0	0	0	0	0	0	25 229	39 808	3 663	0	68 700	0
南水北调	5 288	0	0	5 161	2 851	0	13 300	0	6 860	0	0	0	0	0	6 860	0
大型水库	0	0	0	0	0	0	0	0	0	0	0	0	0	0	0	0
地表水	0	0	4 050	0	0	0	4 050	0	0	0	22 514	0	0	0	22 514	0
地下水	0	220	1 908	8 482	0	0	11 735	1 125	6 598	6 277	56 378	0	0	0	74 611	5 358
中水	0	0	0	2 526	0	2 350	4 876	0	0	0	0	8 252	0	3 350	11 603	1
雨水	0	0	0	0	0	150	150	0	0	0	0	0	0	150	150	0
需水	5 289	221	5 959	16 170	2 851	2 500			13 459	6 278	104 122	48 061	3 663	3 500		
缺水率(%)	0.0	0.3	0.0	0.0	0.0	0.0			0.0	0.0	0.0	0.0	0.0	0.0		
分区	焦 -1								焦 -2							
黄河干流	0	0	0	0	0	0	0	0	0	0	0	21 690	3 810	0	25 500	0
南水北调	4 569	0	0	3 485	2 426	0	10 480	0	8 016	0	0	1 704	0	0	9 720	0
大型水库	0	0	0	0	0	0	0	0	0	0	0	9 280	0	0	9 280	0
地表水	0	0	2 434	0	0	0	2 434	0	0	0	15 717	0	0	0	15 717	0
地下水	0	279	603	11 727	0	0	16 600	3 991	0	3 253	51 647	0	0	0	54 900	0
中水	0	0	0	1 291	0	3 477	4 768	0	0	0	0	12 133	0	1 380	13 514	1
雨水	0	0	0	0	0	23	23	0	0	0	0	0	0	120	120	0
需水	4 570	279	3 037	16 503	2 427	3 500			8 016	3 254	71 753	64 785	3 810	1 500	153 118	
缺水率(%)	0.0	0.2	0.0	0.0	0.0	0.0			0.0	0.0	6.1	30.8	0.0	0.0		

续附表 20-15

项目	城镇生活	农村生活	一产	二产	三产	生态环境	可供	余水	城镇生活	农村生活	一产	二产	三产	生态环境	可供	余水
分区	许－1								许－2							
黄河干流	0	0	0	0	0	0	0	0	0	0	816	0	4 184	0	5 000	0
南水北调	4 281	0	0	0	719	0	5 000	0	10 066	0	0	11 534	0	0	21 600	0
大型水库	0	0	0	0	0	0	0	0	0	0	0	15 700	0	0	15 700	0
地表水	0	0	1 591	9 354	0	0	10 945	0	0	0	6 169	0	0	0	6 169	0
地下水	0	178	0	3 049	0	0	4 844	1 617	0	5 437	40 998	0	0	0	46 435	0
中水	0	0	0	1 423	285	2 400	4 109	1	0	0	0	13 051	0	1 400	14 452	1
雨水	0	0	0	0	0	100	100	0	0	0	0	0	0	100	100	0
需水	4 281	179	1 592	13 826	1 005	2 500			10 066	5 437	69 052	67 565	4 184	1 500		
缺水率(%)	0.0	0.4	0.1	0.0	0.1	0.0			0.0	0.0	30.5	40.4	0.0	0.0		
分区	漯－1								漯－2							
黄河干流	0	0	0	0	0	0	0	0	0	0	0	0	0	0	0	0
南水北调	5 707	0	553	1 952	2 458	0	10 670	0	3 977	0	1 906	1 201	846	0	7 930	0
大型水库	0	0	0	5 356	0	0	5 356	0	0	0	0	7 516	0	0	7 516	0
地表水	0	0	1 657	0	0	0	1 657	0	0	0	3 081	0	0	0	3 082	1
地下水	0	913	9 871	0	0	0	10 784	0	0	1 580	9 459	0	0	0	11 040	1
中水	0	0	0	5 668	0	1 236	6 904	0	0	0	0	3 304	0	1 179	4 484	1
雨水	0	0	0	0	0	300	300	0	0	0	0	0	0	300	300	0
需水	5 708	913	24 161	24 943	2 458	1 537			3 977	1 580	24 076	19 981	846	1 479		
缺水率(%)	0.0	0.0	50.0	48.0	0.0	0.0			0.0	0.0	40.0	39.8	0.0	0.0		
分区	济源								城市群							
黄河干流	0	0	0	2 321	1 679	0	4 000	0	0	0	53 253	166 533	52 777	1 861	274 425	1
南水北调	0	0	0	0	0	0	0	0	108 558	0	3 920	47 913	17 104	0	178 260	765
大型水库	0	0	0	6 460	0	0	6 461	1	0	0	0	142 664	0	0	142 666	2
地表水	0	0	19 241	7 572	0	0	26 846	33	0	0	196 669	19 498	0	0	216 202	35
地下水	2 759	559	0	0	0	0	8 203	4 885	48 418	46 748	281 074	71 908	0	0	473 638	25 490
中水	0	0	0	5 055	0	331	5 387	1	0	0	0	84 599	3 037	102 537	190 182	9
雨水	0	0	0	0	0	197	197	0	0	0	0	0	0	8 831	8 833	2
需水	2 759	560	19 242	21 409	1 680	528			156 984	46 756	622 792	645 313	72 926	113 230		
缺水率(%)	0.0	0.1	0.0	0.0	0.0	0.0			0.0	0.0	14.1	17.4	0.0	0.0		

附表 20-16　均衡发展型 2020 年黄河干流 + 南水北调 + 大型水库与强化节水组合方案 15 配置成果　（单位：万 m^3）

项目	城镇生活	农村生活	一产	二产	三产	生态环境	可供	余水	城镇生活	农村生活	一产	二产	三产	生态环境	可供	余水
分区	郑 – 1								郑 – 2							
黄河干流	0	0	0	23 494	12 543	3 238	39 275	0	0	0	0	26 281	6 094	0	32 375	0
南水北调	29 657	0	0	98	0	0	31 270	1 515	12 720	0	0	17 710	0	0	30 430	0
大型水库	0	0	0	15 000	0	0	15 000	0	0	0	0	9 850	0	0	9 850	0
地表水	0	0	4 021	0	0	0	4 021	0	0	0	22 678	0	0	0	22 678	0
地下水	0	330	6 719	0	0	0	8 332	1 283	0	7 459	26 806	13 796	0	0	48 061	0
中水	0	0	0	0	0	26 395	26 396	1	0	0	0	10 772	0	17 549	28 322	1
雨水	0	0	0	0	0	663	664	1	0	0	0	0	0	1 051	1 051	0
需水	29 658	330	10 741	38 592	12 543	30 296			12 721	7 459	49 484	79 233	6 094	18 600		
缺水率（%）	0.0	0.0	0.0	0.0	0.0	0.0			0.0	0.0	0.0	1.0	0.0	0.0		
分区	开 – 1								开 – 2							
黄河干流	0	0	7 755	9 043	1 405	408	18 947	336	0	0	32 561	20 355	3 612	0	56 529	1
南水北调	0	0	0	0	0	0	0	0	0	0	0	0	0	0	0	0
大型水库	0	0	0	0	0	0	0	0	0	0	0	0	0	0	0	0
地表水	0	0	700	0	0	0	700	0	0	0	6 300	0	0	0	6 300	0
地下水	4 726	282	0	0	0	0	5 817	809	11 030	6 182	51 489	0	0	0	68 701	0
中水	0	0	0	0	0	4 506	4 506	0	0	0	0	6 413	0	3 509	9 922	0
雨水	0	0	0	0	0	1 086	1 087	1	0	0	0	0	0	1 991	1 991	0
需水	4 726	282	8 456	9 043	1 405	6 000			11 031	6 183	100 024	26 769	3 612	5 500		
缺水率（%）	0.0	0.1	0.0	0.0	0.0	0.0			0.0	0.0	9.7	0.0	0.0	0.0		
分区	洛 – 1								洛 – 2							
黄河干流	0	0	0	8 460	5 140	0	13 600	0	0	0	0	3 469	4 031	0	7 500	0
南水北调	0	0	0	0	0	0	0	0	0	0	0	0	0	0	0	0
大型水库	0	0	0	3 123	0	0	3 123	0	0	0	0	33 518	0	0	33 518	0
地表水	0	0	6 729	2 624	0	0	9 353	0	0	0	40 337	0	0	0	40 337	0
地下水	9 170	84	0	8 500	0	0	31 664	13 910	10 755	9 198	13 003	14 339	0	0	54 420	7 125
中水	0	0	0	977	0	9 774	10 752	1	0	0	0	5 120	0	12 520	17 640	0
雨水	0	0	0	0	0	500	500	0	0	0	0	0	0	1 000	1 000	0
需水	9 170	84	6 729	23 685	5 140	10 274			10 755	9 199	53 341	56 447	4 031	13 520		
缺水率（%）	0.0	0.5	0.0	0.0	0.0	0.0			0.0	0.0	0.0	0.0	0.0	0.0		

续附表 20-16

项目	城镇生活	农村生活	一产	二产	三产	生态环境	可供	余水	城镇生活	农村生活	一产	二产	三产	生态环境	可供	余水
分区	平－1								平－2							
黄河干流	0	0	0	0	0	0	0	0	0	0	0	0	0	0	0	0
南水北调	4 827	0	1 423	705	3 700	0	14 170	3 515	11 957	0	0	0	2 873	0	14 830	0
大型水库	0	0	0	13 870	0	0	13 870	0	0	0	0	22 991	0	0	22 991	0
地表水	0	0	3 139	0	0	0	3 139	0	0	0	36 259	0	0	0	36 260	1
地下水	0	290	189	0	0	0	479	0	2 084	4 227	10 699	0	0	0	17 010	0
中水	0	0	0	4 175	0	1 766	5 941	0	0	0	0	0	2 248	7 630	9 879	1
雨水	0	0	0	0	0	500	500	0	0	0	0	0	0	600	600	0
需水	4 827	290	4 752	18 750	3 700	2 266			14 042	4 228	62 321	33 000	5 121	8 230		
缺水率(%)	0.0	0.1	0.0	0.0	0.0	0.0			0.0	0.0	24.7	30.3	0.0	0.0		
分区	新－1								新－2							
黄河干流	0	0	0	0	0	0	0	0	0	0	29 126	31 514	3 060	0	63 700	0
南水北调	5 218	0	0	5 700	2 382	0	13 300	0	6 860	0	0	0	0	0	6 860	0
大型水库	0	0	0	0	0	0	0	0	0	0	0	0	0	0	0	0
地表水	0	0	4 050	0	0	0	4 050	0	0	0	22 514	0	0	0	22 514	0
地下水	0	220	1 821	5 195	0	0	11 735	4 499	6 413	6 277	50 894	0	0	0	74 611	11 027
中水	0	0	0	2 286	0	2 350	4 637	1	0	0	0	7 665	0	3 350	11 015	0
雨水	0	0	0	0	0	150	150	0	0	0	0	0	0	150	150	0
需水	5 218	221	5 871	13 182	2 382	2 500			13 273	6 278	102 534	39 180	3 060	3 500		
缺水率(%)	0.0	0.3	0.0	0.0	0.0	0.0			0.0	0.0	0.0	0.0	0.0	0.0		
分区	焦－1								焦－2							
黄河干流	0	0	0	0	0	0	0	0	0	0	0	30 317	3 183	0	33 500	0
南水北调	4 508	0	0	3 945	2 027	0	10 480	0	5 720	0	0	0	0	0	5 720	0
大型水库	0	0	0	0	0	0	0	0	0	0	0	9 280	0	0	9 280	0
地表水	0	0	2 434	0	0	0	2 434	0	0	0	15 717	0	0	0	15 717	0
地下水	0	279	576	8 459	0	0	16 600	7 286	2 185	3 253	49 462	0	0	0	54 900	0
中水	0	0	0	1 049	0	3 477	4 527	1	0	0	0	11 371	0	1 380	12 751	0
雨水	0	0	0	0	0	23	23	0	0	0	0	0	0	120	120	0
需水	4 509	279	3 011	13 454	2 027	3 500			7 905	3 254	70 547	52 814	3 183	1 500		
缺水率(%)	0.0	0.2	0.0	0.0	0.0	0.0			0.0	0.0	7.6	3.5	0.0	0.0		

续附表 20-16

项目	城镇生活	农村生活	一产	二产	三产	生态环境	可供	余水	城镇生活	农村生活	一产	二产	三产	生态环境	可供	余水
分区	许-1								许-2							
黄河干流	0	0	0	0	0	0	0	0	0	0	0	1 504	3 496	0	5 000	0
南水北调	4 224	0	0	0	776	0	5 000	0	9 927	0	0	12 673	0	0	22 600	0
大型水库	0	0	0	0	0	0	0	0	0	0	0	15 700	0	0	15 700	0
地表水	0	0	1 577	9 368	0	0	10 945	0	0	0	6 169	0	0	0	6 169	0
地下水	0	178	0	462	0	0	4 844	4 204	0	5 437	40 998	0	0	0	46 435	0
中水	0	0	0	1 441	63	2 400	3 905	1	0	0	0	12 251	0	1 400	13 652	1
雨水	0	0	0	0	0	100	100	0	0	0	0	0	0	100	100	0
需水	4 224	179	1 577	11 272	839	2 500			9 927	5 437	67 971	55 080	3 496	1 500		
缺水率(%)	0.0	0.4	0.0	0.0	0.0	0.0			0.0	0.0	30.6	23.5	0.0	0.0		
分区	漯-1								漯-2							
黄河干流	0	0	0	0	0	0	0	0	0	0	0	0	0	0	0	0
南水北调	5 631	0	387	6 598	2 054	0	14 670	0	3 922	0	1 664	2 637	707	0	8 930	0
大型水库	0	0	0	5 356	0	0	5 356	0	0	0	0	7 516	0	0	7 516	0
地表水	0	0	1 657	0	0	0	1 657	0	0	0	3 081	0	0	0	3 082	1
地下水	0	913	9 871	0	0	0	10 784	0	0	1 580	9 459	0	0	0	11 040	1
中水	0	0	0	5 307	0	1 236	6 543	0	0	0	0	3 065	0	1 179	4 244	0
雨水	0	0	0	0	0	300	300	0	0	0	0	0	0	300	300	0
需水	5 632	913	23 830	20 334	2 054	1 537			3 922	1 580	23 673	16 288	707	1 479		
缺水率(%)	0.0	0.0	50.0	15.1	0.0	0.0			0.0	0.0	40.0	18.9	0.0	0.0		
分区	济源								城市群							
黄河干流	0	0	0	2 597	1 403	0	4 000	0	0	0	69 442	157 034	43 967	3 646	274 426	337
南水北调	0	0	0	0	0	0	0	0	105 171	0	3 474	50 066	14 519	0	178 260	5 030
大型水库	0	0	0	6 460	0	0	6 461	1	0	0	0	142 664	0	0	142 665	1
地表水	0	0	18 991	3 642	0	0	26 846	4 213	0	0	196 353	15 634	0	0	216 202	4 215
地下水	2 722	559	0	0	0	0	8 203	4 922	49 085	46 748	271 986	50 751	0	0	473 636	55 066
中水	0	0	0	4 753	0	331	5 084	0	0	0	0	76 645	2 311	100 752	179 716	8
雨水	0	0	0	0	0	197	197	0	0	0	0	0	0	8 831	8 833	2
需水	2 723	560	18 992	17 453	1 403	528			154 264	46 756	613 854	524 576	60 795	113 230		
缺水率(%)	0.0	0.1	0.0	0.0	0.0	0.0			0.0	0.0	0.1	0.1	0.0	0.0		

附表 20-17　均衡发展型 2020 年产业结构调整方案一与强化节水组合方案 16 配置成果　（单位：万 m^3）

项目	城镇生活	农村生活	一产	二产	三产	生态环境	可供	余水	城镇生活	农村生活	一产	二产	三产	生态环境	可供	余水
分区	郑－1								郑－2							
黄河干流	0	0	0	15 478	17 559	3 238	36 275	0	0	0	0	844	8 531	0	9 375	0
南水北调	29 657	0	0	1 613	0	0	31 270	0	12 720	0	0	7 710	0	0	20 430	0
大型水库	0	0	0	15 000	0	0	15 000	0	0	0	0	7 850	0	0	7 850	0
地表水	0	0	4 021	0	0	0	4 021	0	0	0	22 678	0	0	0	22 678	0
地下水	0	330	6 719	1 283	0	0	8 332	0	0	7 459	26 806	13 796	0	0	48 061	0
中水	0	0	0	0	0	26 395	26 396	1	0	0	0	10 772	0	17 549	28 322	1
雨水	0	0	0	0	0	663	664	1	0	0	0	0	0	1 051	1 051	0
需水	29 658	330	10 741	38 592	17 559	30 296			12 721	7 459	49 484	79 233	8 531	18 600		
缺水率(%)	0.0	0.0	0.0	13.5	0.0	0.0			0.0	0.0	0.0	48.3	0.0	0.0		
分区	开－1								开－2							
黄河干流	0	0	7 529	9 043	1 966	408	18 947	1	0	0	11 117	20 355	5 056	0	36 529	1
南水北调	0	0	0	0	0	0	0	0	0	0	0	0	0	0	0	0
大型水库	0	0	0	0	0	0	0	0	0	0	0	0	0	0	0	0
地表水	0	0	700	0	0	0	700	0	0	0	6 300	0	0	0	6 300	0
地下水	4 726	282	226	0	0	0	5 817	583	11 030	6 182	51 489	0	0	0	68 701	0
中水	0	0	0	0	0	4 506	4 506	0	0	0	0	6 413	0	3 509	9 922	0
雨水	0	0	0	0	0	1 086	1 087	1	0	0	0	0	0	1 991	1 991	0
需水	4 726	282	8 456	9 043	1 966	6 000			11 031	6 183	100 024	26 769	5 056	5 500		
缺水率(%)	0.0	0.1	0.0	0.0	0.0	0.0			0.0	0.0	31.1	0.0	0.0	0.0		
分区	洛－1								洛－2							
黄河干流	0	0	0	15 405	7 195	0	22 600	0	0	0	0	5 857	5 643	0	11 500	0
南水北调	0	0	0	0	0	0	0	0	0	0	0	0	0	0	0	0
大型水库	0	0	0	5 123	0	0	5 123	0	0	0	0	36 518	0	0	36 518	0
地表水	0	0	6 729	2 179	0	0	9 353	445	0	0	40 337	0	0	0	40 337	0
地下水	9 170	84	0	0	0	0	31 664	22 410	10 755	9 198	13 003	8 951	0	0	54 420	12 513
中水	0	0	0	977	0	9 774	10 752	1	0	0	0	5 120	0	12 520	17 640	0
雨水	0	0	0	0	0	500	500	0	0	0	0	0	0	1 000	1 000	0
需水	9 170	84	6 729	23 685	7 195	10 274			10 755	9 199	53 341	56 447	5 643	13 520		
缺水率(%)	0.0	0.5	0.0	0.0	0.0	0.0			0.0	0.0	0.0	0.0	0.0	0.0		

续附表 20-17

项目	城镇生活	农村生活	一产	二产	三产	生态环境	可供	余水	城镇生活	农村生活	一产	二产	三产	生态环境	可供	余水
分区	平－1								平－2							
黄河干流	0	0	0	0	0	0	0	0	0	0	0	0	0	0	0	0
南水北调	4 827	0	1 423	705	5 179	0	20 170	8 036	1 258	0	0	0	3 572	0	4 830	0
大型水库	0	0	0	13 870	0	0	13 870	0	0	0	1 134	18 857	0	0	19 991	0
地表水	0	0	3 139	0	0	0	3 139	0	0	0	36 259	0	0	0	36 260	1
地下水	0	290	189	0	0	0	479	0	12 783	4 227	0	0	0	0	17 010	0
中水	0	0	0	4 175	0	1 766	5 941	0	0	0	0	0	2 248	7 630	9 879	1
雨水	0	0	0	0	0	500	500	0	0	0	0	0	0	600	600	0
需水	4 827	290	4 752	18 750	5 179	2 266			14 042	4 228	62 321	33 000	7 169	8 230		
缺水率(%)	0.0	0.1	0.0	0.0	0.0	0.0			0.0	0.0	40.0	42.9	18.8	0.0		
分区	新－1								新－2							
黄河干流	0	0	0	0	0	0	0	0	0	0	67 902	31 514	4 284	0	103 700	0
南水北调	5 218	0	0	10 895	3 334	0	23 300	3 853	13 273	0	0	0	0	0	16 860	3 587
大型水库	0	0	0	0	0	0	0	0	0	0	0	0	0	0	0	0
地表水	0	0	4 050	0	0	0	4 050	0	0	0	22 514	0	0	0	22 514	0
地下水	0	220	1 821	0	0	0	11 735	9 694	0	6 277	12 118	0	0	0	74 611	56 216
中水	0	0	0	2 286	0	2 350	4 637	1	0	0	0	7 665	0	3 350	11 015	0
雨水	0	0	0	0	0	150	150	0	0	0	0	0	0	150	150	0
需水	5 218	221	5 871	13 182	3 335	2 500			13 273	6 278	102 534	39 180	4 285	3 500		
缺水率(%)	0.0	0.3	0.0	0.0	0.0	0.0			0.0	0.0	0.0	0.0	0.0	0.0		
分区	焦－1								焦－2							
黄河干流	0	0	0	0	0	0	0	0	0	0	0	19 044	4 456	0	23 500	0
南水北调	4 508	0	0	12 404	2 838	0	22 480	2 730	5 720	0	0	0	0	0	5 720	0
大型水库	0	0	0	0	0	0	0	0	0	0	0	6 280	0	0	6 280	0
地表水	0	0	2 434	0	0	0	2 434	0	0	0	15 717	0	0	0	15 717	0
地下水	0	279	576	0	0	0	16 600	15 745	2 185	3 253	49 462	0	0	0	54 900	0
中水	0	0	0	1 049	0	3 477	4 527	1	0	0	0	11 371	0	1 380	12 751	0
雨水	0	0	0	0	0	23	23	0	0	0	0	0	0	120	120	0
需水	4 509	279	3 011	13 454	2 838	3 500			7 905	3 254	70 547	52 814	4 457	1 500		
缺水率(%)	0.0	0.2	0.0	0.0	0.0	0.0			0.0	0.0	7.6	30.5	0.0	0.0		

续附表 20-17

项目	城镇生活	农村生活	一产	二产	三产	生态环境	可供	余水	城镇生活	农村生活	一产	二产	三产	生态环境	可供	余水
分区	许 -1								许 -2							
黄河干流	0	0	0	0	0	0	0	0	0	0	0	107	4 893	0	5 000	0
南水北调	3 825	0	0	0	1 175	0	5 000	0	9 927	0	0	7 673	0	0	17 600	0
大型水库	0	0	0	0	0	0	0	0	0	0	0	15 700	0	0	15 700	0
地表水	0	0	1 577	9 368	0	0	10 945	0	0	0	6 169	0	0	0	6 169	0
地下水	399	178	0	399	0	0	4 844	3 868	0	5 437	40 998	0	0	0	46 435	0
中水	0	0	0	1 504	0	2 400	3 905	1	0	0	0	12 251	0	1 400	13 652	1
雨水	0	0	0	0	0	100	100	0	0	0	0	0	0	100	100	0
需水	4 224	179	1 577	11 272	1 175	2 500			9 927	5 437	67 971	55 080	4 894	1 500		
缺水率(%)	0.0	0.4	0.0	0.0	0.0	0.0			0.0	0.0	30.6	35.1	0.0	0.0		
分区	漯 -1								漯 -2							
黄河干流	0	0	0	0	0	0	0	0	0	0	0	0	0	0	0	0
南水北调	5 631	0	0	0	1 039	0	6 670	0	3 922	0	0	0	8	0	3 930	0
大型水库	0	0	387	4 969	0	0	5 356	0	0	0	1 664	5 852	0	0	7 516	0
地表水	0	0	1 657	0	0	0	1 657	0	0	0	3 081	0	0	0	3 082	1
地下水	0	913	9 871	0	0	0	10 784	0	0	1 580	9 459	0	0	0	11 040	1
中水	0	0	0	3 471	1 836	1 236	6 543	0	0	0	0	2 084	981	1 179	4 244	0
雨水	0	0	0	0	0	300	300	0	0	0	0	0	0	300	300	0
需水	5 632	913	23 830	20 334	2 875	1 537			3 922	1 580	23 673	16 288	990	1 479		
缺水率(%)	0.0	0.0	50.0	58.5	0.0	0.0			0.0	0.0	40.0	51.3	0.1	0.0		
分区	济源								城市群							
黄河干流	0	0	0	5 036	1 964	0	7 000	0	0	0	86 548	122 683	61 547	3 646	274 426	2
南水北调	0	0	0	0	0	0	0	0	100 486	0	1 423	41 000	17 145	0	178 260	18 206
大型水库	0	0	0	7 663	0	0	9 461	1 798	0	0	3 185	137 682	0	0	142 665	1 798
地表水	0	0	18 991	0	0	0	26 846	7 855	0	0	196 353	11 547	0	0	216 202	8 302
地下水	2 722	559	0	0	0	0	8 203	4 922	53 770	46 748	222 737	24 429	0	0	473 636	125 952
中水	0	0	0	4 753	0	331	5 084	0	0	0	0	73 891	5 065	100 752	179 716	8
雨水	0	0	0	0	0	197	197	0	0	0	0	0	0	8 831	8 833	2
需水	2 723	560	18 992	17 453	1 965	528			154 264	46 756	613 854	524 576	85 112	113 230		
缺水率(%)	0.0	0.1	0.0	0.0	0.1	0.0			0.0	0.0	0.2	0.2	0.0	0.0		

附表 20-18　均衡发展型 2020 年产业结构调整方案二与强化节水组合方案 17 配置成果　（单位：万 m^3）

项目	城镇生活	农村生活	一产	二产	三产	生态环境	可供	余水	城镇生活	农村生活	一产	二产	三产	生态环境	可供	余水
分区	郑－1								郑－2							
黄河干流	0	0	0	18 613	14 424	3 238	36 275	0	0	0	0	2 367	7 008	0	9 375	0
南水北调	29 657	0	0	1 613	0	0	31 270	0	12 720	0	0	7 710	0	0	20 430	0
大型水库	0	0	0	15 000	0	0	15 000	0	0	0	0	7 850	0	0	7 850	0
地表水	0	0	4 021	0	0	0	4 021	0	0	0	22 678	0	0	0	22 678	0
地下水	0	330	6 719	1 283	0	0	8 332	0	0	7 459	26 806	13 796	0	0	48 061	0
中水	0	0	0	0	0	26 395	26 396	1	0	0	0	10 772	0	17 549	28 322	1
雨水	0	0	0	0	0	663	664	1	0	0	0	0	0	1 051	1 051	0
需水	29 658	330	10 741	44 381	14 424	30 296			12 721	7 459	49 484	91 118	7 008	18 600		
缺水率(%)	0.0	0.0	0.0	17.7	0.0	0.0			0.0	0.0	0.0	53.4	0.0	0.0		
分区	开－1								开－2							
黄河干流	0	0	6 523	10 400	1 615	408	18 947	1	0	0	8 003	24 371	4 154	0	36 529	1
南水北调	0	0	0	0	0	0	0	0	0	0	0	0	0	0	0	0
大型水库	0	0	0	0	0	0	0	0	0	0	0	0	0	0	0	0
地表水	0	0	700	0	0	0	700	0	0	0	6 300	0	0	0	6 300	0
地下水	4 726	282	809	0	0	0	5 817	0	11 030	6 182	51 489	0	0	0	68 701	0
中水	0	0	0	0	0	4 506	4 506	0	0	0	0	6 413	0	3 509	9 922	0
雨水	0	0	0	0	0	1 086	1 087	1	0	0	0	0	0	1 991	1 991	0
需水	4 726	282	8 456	10 400	1 615	6 000			11 031	6 183	100 024	30 784	4 154	5 500		
缺水率(%)	0.0	0.1	5.0	0.0	0.0	0.0			0.0	0.0	34.2	0.0	0.0	0.0		
分区	洛－1								洛－2							
黄河干流	0	0	0	16 690	5 910	0	22 600	0	0	0	0	6 865	4 635	0	11 500	0
南水北调	0	0	0	0	0	0	0	0	0	0	0	0	0	0	0	0
大型水库	0	0	0	5 123	0	0	5 123	0	0	0	0	36 518	0	0	36 518	0
地表水	0	0	6 729	2 624	0	0	9 353	0	0	0	40 337	0	0	0	40 337	0
地下水	9 170	84	0	1 824	0	0	31 664	20 586	10 755	9 198	13 003	16 411	0	0	54 420	5 053
中水	0	0	0	977	0	9 774	10 752	1	0	0	0	5 120	0	12 520	17 640	0
雨水	0	0	0	0	0	500	500	0	0	0	0	0	0	1 000	1 000	0
需水	9 170	84	6 729	27 238	5 910	10 274			10 755	9 199	53 341	64 914	4 635	13 520		
缺水率(%)	0.0	0.5	0.0	0.0	0.0	0.0			0.0	0.0	0.0	0.0	0.0	0.0		

续附表 20-18

项目	城镇生活	农村生活	一产	二产	三产	生态环境	可供	余水	城镇生活	农村生活	一产	二产	三产	生态环境	可供	余水
分区	平－1								平－2							
黄河干流	0	0	0	0	0	0	0	0	0	0	0	0	0	0	0	0
南水北调	4 827	0	0	4 941	4 254	0	20 170	6 148	1 258	0	0	0	3 572	0	4 830	0
大型水库	0	0	1 423	12 447	0	0	13 870	0	0	0	1134	18 788	69	0	19 991	0
地表水	0	0	3 139	0	0	0	3 139	0	0	0	36 259	0	0	0	36 260	1
地下水	0	290	189	0	0	0	479	0	12 783	4 227	0	0	0	0	17 010	0
中水	0	0	0	4 175	0	1 766	5 941	0	0	0	0	0	2 248	7 630	9 879	1
雨水	0	0	0	0	0	500	500	0	0	0	0	0	0	600	600	0
需水	4 827	290	4 752	21 563	4 254	2 266			14 042	4 228	62 321	37 950	5 889	8 230		
缺水率(%)	0.0	0.1	0.0	0.0	0.0	0.0			0.0	0.0	40.0	50.5	0.0	0.0		
分区	新－1								新－2							
黄河干流	0	0	0	0	0	0	0	0	0	0	62 789	37 392	3 519	0	103 700	0
南水北调	5 218	0	0	12 873	2 739	0	23 300	2 470	13 273	0	0	0	0	0	16 860	3 587
大型水库	0	0	0	0	0	0	0	0	0	0	0	0	0	0	0	0
地表水	0	0	4 050	0	0	0	4 050	0	0	0	22 514	0	0	0	22 514	0
地下水	0	220	1 821	0	0	0	11 735	9 694	0	6 277	17 231	0	0	0	74 611	51 103
中水	0	0	0	2 286	0	2 350	4 637	1	0	0	0	7 665	0	3 350	11 015	0
雨水	0	0	0	0	0	150	150	0	0	0	0	0	0	150	150	0
需水	5 218	221	5 871	15 159	2 739	2 500			13 273	6 278	102 534	45 057	3 519	3 500		
缺水率(%)	0.0	0.3	0.0	0.0	0.0	0.0			0.0	0.0	0.0	0.0	0.0	0.0		
分区	焦－1								焦－2							
黄河干流	0	0	0	0	0	0	0	0	0	0	0	19 839	3 661	0	23 500	0
南水北调	4 508	0	0	14 423	2 332	0	22 480	1 217	5 720	0	0	0	0	0	5 720	0
大型水库	0	0	0	0	0	0	0	0	0	0	0	6 280	0	0	6 280	0
地表水	0	0	2 434	0	0	0	2 434	0	0	0	15 717	0	0	0	15 717	0
地下水	0	279	576	0	0	0	16 600	15 745	2 185	3 253	49 462	0	0	0	54 900	0
中水	0	0	0	1 049	0	3 477	4 527	1	0	0	0	11 371	0	1 380	12 751	0
雨水	0	0	0	0	0	23	23	0	0	0	0	0	0	120	120	0
需水	4 509	279	3 011	15 472	2 332	3 500			7 905	3 254	70 547	60 736	3 661	1 500		
缺水率(%)	0.0	0.2	0.0	0.0	0.0	0.0			0.0	0.0	7.6	38.3	0.0	0.0		

续附表 20-18

项目	城镇生活	农村生活	一产	二产	三产	生态环境	可供	余水	城镇生活	农村生活	一产	二产	三产	生态环境	可供	余水
分区	许－1								许－2							
黄河干流	0	0	0	0	0	0	0	0	0	0	980	0	4 020	0	5 000	0
南水北调	4 224	0	0	0	776	0	5 000	0	9 927	0	0	7 673	0	0	17 600	0
大型水库	0	0	0	0	0	0	0	0	0	0	0	15 700	0	0	15 700	0
地表水	0	0	1 577	9 368	0	0	10 945	0	0	0	6 169	0	0	0	6 169	0
地下水	0	178	0	2 279	0	0	4 844	2 387	0	5 437	40 998	0	0	0	46 435	0
中水	0	0	0	1 315	189	2 400	3 905	1	0	0	0	12 251	0	1 400	13 652	1
雨水	0	0	0	0	0	100	100	0	0	0	0	0	0	100	100	0
需水	4 224	179	1 577	12 962	965	2 500			9 927	5 437	67 971	63 342	4 020	1 500		
缺水率(%)	0.0	0.4	0.0	0.0	0.0	0.0			0.0	0.0	29.2	43.8	0.0	0.0		
分区	漯－1								漯－2							
黄河干流	0	0	0	0	0	0	0	0	0	0	0	0	0	0	0	0
南水北调	5 631	0	0	0	1 039	0	6 670	0	3 922	0	0	0	8	0	3 930	0
大型水库	0	0	387	4 969	0	0	5 356	0	0	0	1 664	5 852	0	0	7 516	0
地表水	0	0	1 657	0	0	0	1 657	0	0	0	3 081	0	0	0	3 082	1
地下水	0	913	9 871	0	0	0	10 784	0	0	1 580	9 459	0	0	0	11 040	1
中水	0	0	0	3 984	1 323	1 236	6 543	0	0	0	0	2 260	805	1 179	4 244	0
雨水	0	0	0	0	0	300	300	0	0	0	0	0	0	300	300	0
需水	5 632	913	23 830	23 384	2 362	1 537			3 922	1 580	23 673	18 732	813	1 479		
缺水率(%)	0.0	0.0	50.0	61.7	0.0	0.0			0.0	0.0	40.0	56.7	0.0	0.0		
分区	济源								城市群							
黄河干流	0	0	0	5 386	1 614	0	7 000	0	0	0	78 295	141 923	50 560	3 646	274 426	2
南水北调	0	0	0	0	0	0	0	0	100 885	0	0	49 233	14 720	0	178 260	13 422
大型水库	0	0	0	9 460	0	0	9 461	1	0	0	4 608	137 987	69	0	142 665	1
地表水	0	0	18 991	472	0	0	26 846	7 383	0	0	196 353	12 464	0	0	216 202	7 385
地下水	2 722	559	0	0	0	0	8 203	4 922	53 371	46 748	228 433	35 593	0	0	473 636	109 491
中水	0	0	0	4 753	0	331	5 084	0	0	0	0	74 391	4 565	100 752	179 716	8
雨水	0	0	0	0	0	197	197	0	0	0	0	0	0	8 831	8 833	2
需水	2 723	560	18 992	20 071	1 614	528			154 264	46 756	613 854	603 263	69 914	113 230		
缺水率(%)	0.0	0.1	0.0	0.0	0.0	0.0			0.0	0.0	0.2	0.3	0.0	0.0		

附表 20-19 均衡发展型 2020 年黄河干流、产业结构调整方案一与强化节水组合方案 18 配置成果 （单位：万 m^3）

项目	城镇生活	农村生活	一产	二产	三产	生态环境	可供	余水	城镇生活	农村生活	一产	二产	三产	生态环境	可供	余水
分区	郑 -1								郑 -2							
黄河干流	0	0	0	20 078	7 696	8 501	36 275	0	0	0	0	2 581	3 144	0	5 725	0
南水北调	23 805	0	0	7 465	0	0	31 270	0	10 467	0	0	9 963	0	0	20 430	0
大型水库	0	0	0	0	0	0	0	0	0	0	0	3 000	0	0	3 000	0
地表水	0	0	4 021	0	0	0	4 021	0	0	0	22 678	0	0	0	22 678	0
地下水	0	797	6 165	1 370	0	0	8 333	1	0	7 164	7 054	33 843	0	0	48 061	0
中水	0	0	0	0	0	18 686	18 686	0	0	0	0	2 904	0	17 488	20 392	0
雨水	0	0	0	0	0	524	525	1	0	0	0	0	0	1 012	1 013	1
需水	23 806	797	10 363	28 914	7 696	27 712			10 467	7 165	49 552	56 887	3 145	18 500		
缺水率（%）	0.0	0.0	1.7	0.0	0.0	0.0			0.0	0.0	40.0	8.1	0.0	0.0		
分区	开 -1								开 -2							
黄河干流	0	0	7 188	6 132	925	1 502	18 947	3 200	0	0	17 354	17 371	1 803	0	36 529	1
南水北调	0	0	0	0	0	0	0	0	0	0	0	0	0	0	0	0
大型水库	0	0	0	0	0	0	0	0	0	0	0	0	0	0	0	0
地表水	0	0	700	0	0	0	700	0	0	0	6 300	0	0	0	6 300	0
地下水	4 467	267	0	0	0	0	5 817	1 083	9 050	6 234	53 417	0	0	0	68 701	0
中水	0	0	0	0	0	2 967	2 968	1	0	0	0	4 323	0	2 132	6 455	0
雨水	0	0	0	0	0	1 035	1 035	0	0	0	0	0	0	1 896	1 897	1
需水	4 468	267	7 888	6 132	925	5 504			9 051	6 235	98 370	21 695	1 803	4 029		
缺水率（%）	0.0	0.0	0.0	0.0	0.0	0.0			0.0	0.0	21.7	0.0	0.0	0.0		
分区	洛 -1								洛 -2							
黄河干流	0	0	7 188	6 132	925	1 502	18 947	3 200	0	0	17 354	17 371	1 803	0	36 529	1
南水北调	0	0	0	0	0	0	0	0	0	0	0	0	0	0	0	0
大型水库	0	0	0	0	0	0	0	0	0	0	0	0	0	0	0	0
地表水	0	0	700	0	0	0	700	0	0	0	6 300	0	0	0	6 300	0
地下水	4 467	267	0	0	0	0	5 817	1 083	9 050	6 234	53 417	0	0	0	68 701	0
中水	0	0	0	0	0	2 967	2 968	1	0	0	0	4 323	0	2 132	6 455	0
雨水	0	0	0	0	0	1 035	1 035	0	0	0	0	0	0	1 896	1 897	1
需水	4 468	267	7 888	6 132	925	5 504			9 051	6 235	98 370	21 695	1 803	4 029		
缺水率（%）	0.0	0.0	0.0	0.0	0.0	0.0			0.0	0.0	21.7	0.0	0.0	0.0		

续附表 20-19

项目	城镇生活	农村生活	一产	二产	三产	生态环境	可供	余水	城镇生活	农村生活	一产	二产	三产	生态环境	可供	余水
分区	平-1								平-2							
黄河干流	0	0	0	0	0	0	0	0	0	0	0	0	0	0	0	0
南水北调	4 433	0	2 469	0	0	0	20 170	13 268	2 932	0	0	0	1 898	0	4 830	0
大型水库	0	0	74	13 796	0	0	13 870	0	0	0	227	19 764	0	0	19 991	0
地表水	0	0	1 814	0	0	0	1 815	1	0	0	29 144	0	0	0	29 145	1
地下水	0	333	123	0	0	0	456	0	6 893	5 403	4 575	0	0	0	16 871	0
中水	0	0	0	1 384	1 530	1 507	4 421	0	0	0	0	0	142	6 444	6 587	1
雨水	0	0	0	0	0	400	400	0	0	0	0	0	0	500	500	0
需水	4 433	333	4 481	15 180	1 530	1 907			9 825	5 403	56 576	31 070	2 040	6 944		
缺水率(%)	0.0	0.0	0.0	0.0	0.0	0.0			0.0	0.0	40.0	36.4	0.0	0.0		
分区	新-1								新-2							
黄河干流	0	0	0	0	0	0	0	0	0	0	81 905	19 713	1 988	0	103 700	94
南水北调	4 763	0	0	6 095	1 514	0	23 300	10 928	10 841	0	0	0	0	0	16 860	6 019
大型水库	0	0	0	0	0	0	0	0	0	0	0	0	0	0	0	0
地表水	0	0	1 383	0	0	0	1 383	0	0	0	21 943	0	0	0	21 943	0
地下水	0	244	4 398	0	0	0	11 735	7 093	0	6 447	0	0	0	0	74 611	68 164
中水	0	0	0	1 304	0	1 900	3 205	1	0	0	0	4 393	0	2 900	7 294	1
雨水	0	0	0	0	0	100	100	0	0	0	0	0	0	100	100	0
需水	4 763	245	5 782	7 399	1 514	2 000			10 842	6 448	103 848	24 107	1 989	3 000		
缺水率(%)	0.0	0.2	0.0	0.0	0.0	0.0			0.0	0.0	0.0	0.0	0.0	0.0		
分区	焦-1								焦-2							
黄河干流	0	0	0	0	0	0	0	0	0	0	0	21 500	2 000	0	23 500	0
南水北调	3 909	0	0	8 895	1 134	0	22 480	8 542	5 720	0	0	0	0	0	5 720	0
大型水库	0	0	0	0	0	0	0	0	0	0	0	6 280	0	0	6 280	0
地表水	0	0	2 215	0	0	219	2 434	0	0	0	15 717	0	0	0	15 717	0
地下水	0	354	1 035	0	0	0	16 600	15 211	1 265	3 177	50 458	0	0	0	54 900	0
中水	0	0	0	0	0	2 874	2 875	1	0	0	0	7 486	0	939	8 425	0
雨水	0	0	0	0	0	7	7	0	0	0	0	0	0	61	61	0
需水	3 909	355	3 251	8 896	1 135	3 100			6 985	3 177	70 214	44 579	2 000	1 000		
缺水率(%)	0.0	0.2	0.0	0.0	0.1	0.0			0.0	0.0	5.8	20.9	0.0	0.0		

续附表 20-19

项目	城镇生活	农村生活	一产	二产	三产	生态环境	可供	余水	城镇生活	农村生活	一产	二产	三产	生态环境	可供	余水
分区	许－1								许－2							
黄河干流	0	0	0	0	0	0	0	0	0	0	0	3 014	1 986	0	5 000	0
南水北调	3 841	0	0	250	0	0	5 000	909	8 255	0	6 478	2 867	0	0	17 600	0
大型水库	0	0	0	0	0	0	0	0	0	0	0	15 700	0	0	15 700	0
地表水	0	0	1 600	9 345	0	0	10 945	0	0	0	6 169	0	0	0	6 169	0
地下水	0	156	0	0	0	0	4 844	4 688	0	5 482	40 953	0	0	0	46 435	0
中水	0	0	0	208	517	1 950	2 675	0	0	0	0	8 339	0	950	9 290	1
雨水	0	0	0	0	0	50	50	0	0	0	0	0	0	50	50	0
需水	3 842	157	1 600	9 803	517	2 000			8 256	5 483	68 645	29 920	1 987	1 000		
缺水率(%)	0.0	0.3	0.0	0.0	0.1	0.0			0.0	0.0	21.9	0.0	0.0	0.0		
分区	漯－1								漯－2							
黄河干流	0	0	0	0	0	0	0	0	0	0	0	0	0	0	0	0
南水北调	4 956	0	419	455	840	0	6 670	0	3 320	0	254	0	308	0	3 930	48
大型水库	0	0	0	5 356	0	0	5 356	0	0	0	841	6 675	0	0	7 516	0
地表水	0	0	1 657	0	0	0	1 657	0	0	0	3 081	0	0	0	3 082	1
地下水	0	978	9 806	0	0	0	10 784	0	0	1 598	9 441	0	0	0	11 040	1
中水	0	0	0	3 882	0	1 196	5 078	0	0	0	0	1 948	0	1 144	3 092	0
雨水	0	0	0	0	0	200	200	0	0	0	0	0	0	200	200	0
需水	4 957	979	23 764	13 303	841	1 397			3 321	1 599	22 693	8 623	309	1 345		
缺水率(%)	0.0	0.1	50.0	27.1	0.1	0.1			0.0	0.0	40.0	0.0	0.2	0.1		
分区	济源								城市群							
黄河干流	0	0	0	6 378	622	0	7 000	0	0	0	112 842	117 123	26 222	11 294	270 776	3 295
南水北调	0	0	0	0	0	0	0	0	87 242	0	9 620	35 990	5 694	0	178 260	39 714
大型水库	0	0	0	2 929	0	0	9 461	6 532	0	0	1 142	115 141	0	0	122 815	6 532
地表水	0	0	15 511	0	0	0	25 287	9 776	0	0	169 506	9 345	0	219	188 849	9 779
地下水	2 308	594	0	0	0	0	8 264	5 362	40 749	48 612	205 123	46 989	0	0	472 747	131 274
中水	0	0	0	3 536	0	253	3 790	1	0	0	0	40 559	2 189	82 281	125 036	7
雨水	0	0	0	0	0	197	197	0	0	0	0	0	0	7 832	7 835	3
需水	2 308	594	15 512	12 844	623	450			128 000	48 620	602 207	393 977	34 113	101 629		
缺水率(%)	0.0	0.1	0.0	0.0	0.2	0.0			0.0	0.0	0.2	0.1	0.0	0.0		

附表 20-20　均衡发展型 2020 年黄河干流、产业结构调整方案二与强化节水组合方案 19 配置成果　（单位：万 m³）

项目	城镇生活	农村生活	一产	二产	三产	生态环境	可供	余水	城镇生活	农村生活	一产	二产	三产	生态环境	可供	余水
分区	郑 -1								郑 -2							
黄河干流	0	0	0	18 478	17 559	3 238	39 275	0	0	0	0	23 844	8 531	0	32 375	0
南水北调	29 657	0	0	1 613	0	0	31 270	0	12 720	0	0	7 710	0	0	20 430	0
大型水库	0	0	0	15 000	0	0	15 000	0	0	0	0	7 850	0	0	7 850	0
地表水	0	0	4 021	0	0	0	4 021	0	0	0	22 678	0	0	0	22 678	0
地下水	0	330	4 501	3 501	0	0	8 332	0	0	7 459	26 806	13 796	0	0	48 061	0
中水	0	0	0	0	0	26 395	26 396	1	0	0	0	10 772	0	17 549	28 322	1
雨水	0	0	0	0	0	663	664	1	0	0	0	0	0	1 051	1 051	0
需水	29 658	330	10 741	38 592	17 559	30 296			12 721	7 459	49 484	79 233	8 531	18 600		
缺水率(%)	0.0	0.0	20.7	0.0	0.0	0.0			0.0	0.0	0.0	19.3	0.0	0.0		
分区	开 -1								开 -2							
黄河干流	0	0	7 755	8 817	1 966	408	18 947	1	0	0	51 472	0	5 056	0	56 529	1
南水北调	0	0	0	0	0	0	0	0	0	0	0	0	0	0	0	0
大型水库	0	0	0	0	0	0	0	0	0	0	0	0	0	0	0	0
地表水	0	0	700	0	0	0	700	0	0	0	6 300	0	0	0	6 300	0
地下水	4 726	282	0	226	0	0	5 817	583	11 030	6 182	42 251	9 238	0	0	68 701	0
中水	0	0	0	0	0	4 506	4 506	0	0	0	0	6 413	0	3 509	9 922	0
雨水	0	0	0	0	0	1 086	1 087	1	0	0	0	0	0	1 991	1 991	0
需水	4 726	282	8 456	9 043	1 966	6 000			11 031	6 183	100 024	26 769	5 056	5 500		
缺水率(%)	0.0	0.1	0.0	0.0	0.0	0.0			0.0	0.0	0.0	41.5	0.0	0.0		
分区	洛 -1								洛 -2							
黄河干流	0	0	0	6 405	7 195	0	13 600	0	0	0	0	1 857	5 643	0	7 500	0
南水北调	0	0	0	0	0	0	0	0	0	0	0	0	0	0	0	0
大型水库	0	0	0	5 123	0	0	5 123	0	0	0	0	36 518	0	0	36 518	0
地表水	0	0	6 729	2 624	0	0	9 353	0	0	0	40 337	0	0	0	40 337	0
地下水	9 170	84	0	0	0	0	31 664	22 410	10 755	9 198	0	12 951	0	0	54 420	21 516
中水	0	0	0	977	0	9 774	10 752	1	0	0	0	5 120	0	12 520	17 640	0
雨水	0	0	0	0	0	500	500	0	0	0	0	0	0	1 000	1 000	0
需水	9 170	84	6 729	23 685	7 195	10 274			10 755	9 199	53 341	56 447	5 643	13 520		
缺水率(%)	0.0	0.5	0.0	36.1	0.0	0.0			0.0	0.0	24.4	0.0	0.0	0.0		

续附表 20-20

项目	城镇生活	农村生活	一产	二产	三产	生态环境	可供	余水	城镇生活	农村生活	一产	二产	三产	生态环境	可供	余水
分区	平－1								平－2							
黄河干流	0	0	0	0	0	0	0	0	0	0	0	0	0	0	0	0
南水北调	4 827	0	1 423	705	5 179	0	20 170	8 036	1 258	0	0	0	3 572	0	4 830	0
大型水库	0	0	0	13 870	0	0	13 870	0	0	0	1 134	17 509	1 348	0	19 991	0
地表水	0	0	3 139	0	0	0	3 139	0	0	0	36 259	0	0	0	36 260	1
地下水	0	290	189	0	0	0	479	0	12 783	4 227	0	0	0	0	17 010	0
中水	0	0	0	4 175	0	1 766	5 941	0	0	0	0	0	2 248	7 630	9 879	1
雨水	0	0	0	0	0	500	500	0	0	0	0	0	0	600	600	0
需水	4 827	290	4 752	18 750	5 179	2 266			14 042	4 228	62 321	33 000	7 169	8 230		
缺水率(%)	0.0	0.1	0.0	0.0	0.0	0.0			0.0	0.0	40.0	46.9	0.0	0.0		
分区	新－1								新－2							
黄河干流	0	0	0	0	0	0	0	0	0	0	31 489	27 927	4 284	0	63 700	0
南水北调	5 218	0	0	10 895	3 334	0	23 300	3 853	13 273	0	0	3 587	0	0	16 860	0
大型水库	0	0	0	0	0	0	0	0	0	0	0	0	0	0	0	0
地表水	0	0	4 050	0	0	0	4 050	0	0	0	22 514	0	0	0	22 514	0
地下水	0	220	1 821	0	0	0	11 735	9 694	0	6 277	48 531	0	0	0	74 611	19 803
中水	0	0	0	2 286	0	2 350	4 637	1	0	0	0	7 665	0	3 350	11 015	0
雨水	0	0	0	0	0	150	150	0	0	0	0	0	0	150	150	0
需水	5 218	221	5 871	13 182	3 335	2 500			13 273	6 278	102 534	39 180	4 285	3 500		
缺水率(%)	0.0	0.3	0.0	0.0	0.0	0.0			0.0	0.0	0.0	0.0	0.0	0.0		
分区	焦－1								焦－2							
黄河干流	0	0	0	0	0	0	0	0	0	0	5 368	23 676	4 456	0	33 500	0
南水北调	4 508	0	0	12 404	2 838	0	22 480	2 730	5 720	0	0	0	0	0	5 720	0
大型水库	0	0	0	0	0	0	0	0	0	0	0	6 280	0	0	6 280	0
地表水	0	0	2 434	0	0	0	2 434	0	0	0	15 717	0	0	0	15 717	0
地下水	0	279	576	0	0	0	16 600	15 745	2 185	3 253	49 462	0	0	0	54 900	0
中水	0	0	0	1 049	0	3 477	4 527	1	0	0	0	11 371	0	1 380	12 751	0
雨水	0	0	0	0	0	23	23	0	0	0	0	0	0	120	120	0
需水	4 509	279	3 011	13 454	2 838	3 500			7 905	3 254	70 547	52 814	4 457	1 500		
缺水率(%)	0.0	0.2	0.0	0.0	0.0	0.0			0.0	0.0	0.0	21.7	0.0	0.0		

续附表 20-20

项目	城镇生活	农村生活	一产	二产	三产	生态环境	可供	余水	城镇生活	农村生活	一产	二产	三产	生态环境	可供	余水
分区	许－1								许－2							
黄河干流	0	0	0	0	0	0	0	0	0	0	107	0	4 893	0	5 000	0
南水北调	3 825	0	0	0	1 175	0	5 000	0	9 927	0	0	7 673	0	0	17 600	0
大型水库	0	0	0	0	0	0	0	0	0	0	0	15 700	0	0	15 700	0
地表水	0	0	1 577	9 368	0	0	10 945	0	0	0	6 169	0	0	0	6 169	0
地下水	399	178	0	399	0	0	4 844	3 868	0	5 437	34 507	6 491	0	0	46 435	0
中水	0	0	0	1 504	0	2 400	3 905	1	0	0	0	12 251	0	1 400	13 652	1
雨水	0	0	0	0	0	100	100	0	0	0	0	0	0	100	100	0
需水	4 224	179	1 577	11 272	1 175	2 500			9 927	5 437	67 971	55 080	4 893	1 500		
缺水率(％)	0.0	0.4	0.0	0.0	0.0	0.0			0.0	0.0	40.0	23.5	0.0	0.0		
分区	漯－1								漯－2							
黄河干流	0	0	0	0	0	0	0	0	0	0	0	0	0	0	0	0
南水北调	3 795	0	0	0	2 875	0	6 670	0	3 570	0	0	0	360	0	3 930	0
大型水库	0	0	2 223	3 133	0	0	5 356	0	0	0	2 016	5 500	0	0	7 516	0
地表水	0	0	1 657	0	0	0	1 657	0	0	0	3 081	0	0	0	3 082	1
地下水	1 836	913	8 035	0	0	0	10 784	0	352	1 580	9 107	0	0	0	11 040	1
中水	0	0	0	5 307	0	1 236	6 543	0	0	0	0	2 435	630	1 179	4 244	0
雨水	0	0	0	0	0	300	300	0	0	0	0	0	0	300	300	0
需水	5 632	913	23 830	20 334	2 875	1 537			3 922	1 580	23 673	16 288	990	1 479		
缺水率(％)	0.0	0.0	50.0	58.5	0.0	0.0			0.0	0.0	40.0	51.3	0.0	0.0		
分区	济源								城市群							
黄河干流	0	0	0	2 036	1 964	0	4 000	0	0	0	96 191	113 040	61 547	3 646	274 426	2
南水北调	0	0	0	0	0	0	0	0	98 298	0	1 423	44 587	19 333	0	178 260	14 619
大型水库	0	0	0	9 460	0	0	9 461	1	0	0	5 373	135 943	1 348	0	142 665	1
地表水	0	0	18 991	1 203	0	0	26 846	6 652	0	0	196 353	13 195	0	0	216 202	6 654
地下水	2 722	559	0	0	0	0	8 203	4 922	55 958	46 748	225 786	46 602	0	0	473 636	98 542
中水	0	0	0	4 753	0	331	5 084	0	0	0	0	76 078	2 878	100 752	179 716	8
雨水	0	0	0	0	0	197	197	0	0	0	0	0	0	8 831	8 833	2
需水	2 723	560	18 992	17 453	1 965	528			154 264	46 756	613 854	524 576	85 111	113 230		
缺水率(％)	0.0	0.1	0.0	0.0	0.1	0.0			0.0	0.0	0.1	0.2	0.0	0.0		

附表 20-21 均衡发展型 2020 年黄河干流 + 南水北调、产业结构调整方案一与强化节水组合方案 20 配置成果 （单位：万 m^3）

项目	城镇生活	农村生活	一产	二产	三产	生态环境	可供	余水	城镇生活	农村生活	一产	二产	三产	生态环境	可供	余水
分区	郑－1								郑－2							
黄河干流	0	0	0	18 478	17 559	3 238	39 275	0	0	0	0	23 844	8 531	0	32 375	0
南水北调	29 657	0	0	1 613	0	0	31 270	0	12 720	0	0	17 710	0	0	30 430	0
大型水库	0	0	0	15 000	0	0	15 000	0	0	0	0	7 850	0	0	7 850	0
地表水	0	0	4 021	0	0	0	4 021	0	0	0	22 678	0	0	0	22 678	0
地下水	0	330	6 719	1 283	0	0	8 332	0	0	7 459	26 806	13 796	0	0	48 061	0
中水	0	0	0	0	0	26 395	26 396	1	0	0	0	10 772	0	17 549	28 322	1
雨水	0	0	0	0	0	663	664	1	0	0	0	0	0	1 051	1 051	0
需水	29 658	330	10 741	38 592	17 559	30 296			12 721	7 459	49 484	79 233	8 531	18 600		
缺水率(%)	0.0	0.0	0.0	5.7	0.0	0.0			0.0	0.0	0.0	6.6	0.0	0.0		
分区	开－1								开－2							
黄河干流	0	0	7 529	9 043	1 966	408	18 947	1	0	0	31 117	20 355	5 056	0	56 529	1
南水北调	0	0	0	0	0	0	0	0	0	0	0	0	0	0	0	0
大型水库	0	0	0	0	0	0	0	0	0	0	0	0	0	0	0	0
地表水	0	0	700	0	0	0	700	0	0	0	6 300	0	0	0	6 300	0
地下水	4 726	282	226	0	0	0	5 817	583	11 030	6 182	51 489	0	0	0	68 701	0
中水	0	0	0	0	0	4 506	4 506	0	0	0	0	6 413	0	3 509	9 922	0
雨水	0	0	0	0	0	1 086	1 087	1	0	0	0	0	0	1 991	1 991	0
需水	4 726	282	8 456	9 043	1 966	6 000			11 031	6 183	100 024	26 769	5 056	5 500		
缺水率(%)	0.0	0.1	0.0	0.0	0.0	0.0			0.0	0.0	11.1	0.0	0.0	0.0		
分区	洛－1								洛－2							
黄河干流	0	0	0	6 405	7 195	0	13 600	0	0	0	0	1 857	5 643	0	7 500	0
南水北调	0	0	0	0	0	0	0	0	0	0	0	0	0	0	0	0
大型水库	0	0	0	5 123	0	0	5 123	0	0	0	0	36 518	0	0	36 518	0
地表水	0	0	6 729	2 624	0	0	9 353	0	0	0	40 337	0	0	0	40 337	0
地下水	9 170	84	0	8 555	0	0	31 664	13 855	10 755	9 198	13 003	12 951	0	0	54 420	8 513
中水	0	0	0	977	0	9 774	10 752	1	0	0	0	5 120	0	12 520	17 640	0
雨水	0	0	0	0	0	500	500	0	0	0	0	0	0	1 000	1 000	0
需水	9 170	84	6 729	23 685	7 195	10 274			10 755	9 199	53 341	56 447	5 643	13 520		
缺水率(%)	0.0	0.5	0.0	0.0	0.0	0.0			0.0	0.0	0.0	0.0	0.0	0.0		

续附表 20-21

项目	城镇生活	农村生活	一产	二产	三产	生态环境	可供	余水	城镇生活	农村生活	一产	二产	三产	生态环境	可供	余水
分区	平-1								平-2							
黄河干流	0	0	0	0	0	0	0	0	0	0	0	0	0	0	0	0
南水北调	4 827	0	1 423	705	5 179	0	14 170	2 036	7 662	0	0	0	7 168	0	14 830	0
大型水库	0	0	0	13 870	0	0	13 870	0	0	0	0	19 991	0	0	19 991	0
地表水	0	0	3 139	0	0	0	3 139	0	0	0	36 259	0	0	0	36 260	1
地下水	0	290	189	0	0	0	479	0	6 379	4 227	6 404	0	0	0	17 010	0
中水	0	0	0	4 175	0	1 766	5 941	0	0	0	0	2 248	0	7 630	9 879	1
雨水	0	0	0	0	0	500	500	0	0	0	0	0	0	600	600	0
需水	4 827	290	4 752	18 750	5 179	2 266			14 042	4 228	62 321	33 000	7 168	8 230		
缺水率(%)	0.0	0.1	0.0	0.0	0.0	0.0			0.0	0.0	31.5	32.6	0.0	0.0		
分区	新-1								新-2							
黄河干流	0	0	0	0	0	0	0	0	0	0	27 902	31 514	4 284	0	63 700	0
南水北调	5 218	0	0	4 748	3 334	0	13 300	0	6 860	0	0	0	0	0	6 860	0
大型水库	0	0	0	0	0	0	0	0	0	0	0	0	0	0	0	0
地表水	0	0	4 050	0	0	0	4 050	0	0	0	22 514	0	0	0	22 514	0
地下水	0	220	1 821	6 147	0	0	11 735	3 547	6 413	6 277	52 118	0	0	0	74 611	9 803
中水	0	0	0	2 286	0	2 350	4 637	1	0	0	0	7 665	0	3 350	11 015	0
雨水	0	0	0	0	0	150	150	0	0	0	0	0	0	150	150	0
需水	5 218	221	5 871	13 182	3 334	2 500			13 273	6 278	102 534	39 180	4 284	3 500		
缺水率(%)	0.0	0.3	0.0	0.0	0.0	0.0			0.0	0.0	0.0	0.0	0.0	0.0		
分区	焦-1								焦-2							
黄河干流	0	0	0	0	0	0	0	0	0	0	0	29 044	4 456	0	33 500	0
南水北调	4 508	0	0	3 134	2 838	0	10 480	0	5 720	0	0	0	0	0	5 720	0
大型水库	0	0	0	0	0	0	0	0	0	0	0	6 280	0	0	6 280	0
地表水	0	0	2 434	0	0	0	2 434	0	0	0	15 717	0	0	0	15 717	0
地下水	0	279	576	9 270	0	0	16 600	6 475	2 185	3 253	49 462	0	0	0	54 900	0
中水	0	0	0	1 049	0	3 477	4 527	1	0	0	0	11 371	0	1 380	12 751	0
雨水	0	0	0	0	0	23	23	0	0	0	0	0	0	120	120	0
需水	4 509	279	3 011	13 454	2 838	3 500			7 905	3 254	70 547	52 814	4 456	1 500		
缺水率(%)	0.0	0.2	0.0	0.0	0.0	0.0			0.0	0.0	7.6	11.6	0.0	0.0		

续附表 20-21

项目	城镇生活	农村生活	一产	二产	三产	生态环境	可供	余水	城镇生活	农村生活	一产	二产	三产	生态环境	可供	余水
分区	许－1								许－2							
黄河干流	0	0	0	0	0	0	0	0	0	0	0	107	4 893	0	5 000	0
南水北调	3 825	0	0	0	1 175	0	5 000	0	9 927	0	0	12 673	0	0	22 600	0
大型水库	0	0	0	0	0	0	0	0	0	0	0	15 700	0	0	15 700	0
地表水	0	0	1 577	9 368	0	0	10 945	0	0	0	6 169	0	0	0	6 169	0
地下水	399	178	0	399	0	0	4 844	3 868	0	5 437	40 998	0	0	0	46 435	0
中水	0	0	0	1 504	0	2 400	3 905	1	0	0	0	12 251	0	1 400	13 652	1
雨水	0	0	0	0	0	100	100	0	0	0	0	0	0	100	100	0
需水	4 224	179	1 577	11 272	1 175	2 500			9 927	5 437	67 971	55 080	4 893	1 500		
缺水率(%)	0.0	0.4	0.0	0.0	0.0	0.0			0.0	0.0	30.6	26.1	0.0	0.0		
分区	漯－1								漯－2							
黄河干流	0	0	0	0	0	0	0	0	0	0	0	0	0	0	0	0
南水北调	5 631	0	387	5 777	2 875	0	14 670	0	3 922	0	1 664	2 354	990	0	8 930	0
大型水库	0	0	0	5 356	0	0	5 356	0	0	0	0	7 516	0	0	7 516	0
地表水	0	0	1 657	0	0	0	1 657	0	0	0	3 081	0	0	0	3 082	1
地下水	0	913	9 871	0	0	0	10 784	0	0	1 580	9 459	0	0	0	11 040	1
中水	0	0	0	5 307	0	1 236	6 543	0	0	0	0	3 065	0	1 179	4 244	0
雨水	0	0	0	0	0	300	300	0	0	0	0	0	0	300	300	0
需水	5 632	913	23 830	20 334	2 875	1 537			3 922	1 580	23 673	16 288	990	1 479		
缺水率(%)	0.0	0.0	50.0	19.2	0.0	0.0			0.0	0.0	40.0	20.6	0.0	0.0		
分区	济源								城市群							
黄河干流	0	0	0	2 036	1 964	0	4 000	0	0	0	66 548	142 683	61 547	3 646	274 426	2
南水北调	0	0	0	0	0	0	0	0	100 477	0	3 474	48 714	23 559	0	178 260	2 036
大型水库	0	0	0	9 460	0	0	9 461	1	0	0	0	142 664	0	0	142 665	1
地表水	0	0	18 991	1 203	0	0	26 846	6 652	0	0	196 353	13 195	0	0	216 202	6 654
地下水	2 722	559	0	0	0	0	8 203	4 922	53 779	46 748	269 141	52 401	0	0	473 636	51 567
中水	0	0	0	4 753	0	331	5 084	0	0	0	0	78 956	0	100 752	179 716	8
雨水	0	0	0	0	0	197	197	0	0	0	0	0	0	8 831	8 833	2
需水	2 723	560	18 992	17 453	1 964	528			154 264	46 756	613 854	524 576	85 106	113 230		
缺水率(%)	0.0	0.1	0.0	0.0	0.0	0.0			0.0	0.0	0.1	0.1	0.0	0.0		

附表 20-22　均衡发展型 2020 年黄河干流 + 南水北调、产业结构调整方案二与强化节水组合方案 21 配置成果　（单位：万 m^3）

项目	城镇生活	农村生活	一产	二产	三产	生态环境	可供	余水	城镇生活	农村生活	一产	二产	三产	生态环境	可供	余水
分区	郑－1								郑－2							
黄河干流	0	0	0	21 613	14 424	3 238	39 275	0	0	0	0	25 367	7 008	0	32 375	0
南水北调	29 657	0	0	1 613	0	0	31 270	0	12 720	0	0	17 710	0	0	30 430	0
大型水库	0	0	0	15 000	0	0	15 000	0	0	0	0	7 850	0	0	7 850	0
地表水	0	0	4 021	0	0	0	4 021	0	0	0	22 678	0	0	0	22 678	0
地下水	0	330	6 719	1 283	0	0	8 332	0	0	7 459	26 806	13 796	0	0	48 061	0
中水	0	0	0	0	0	26 395	26 396	1	0	0	0	10 772	0	17 549	28 322	1
雨水	0	0	0	0	0	663	664	1	0	0	0	0	0	1 051	1 051	0
需水	29 658	330	10 741	44 381	14 424	30 296			12 721	7 459	49 484	91 118	7 008	18 600		
缺水率(%)	0.0	0.0	0.0	11.0	0.0	0.0			0.0	0.0	0.0	17.1	0.0	0.0		
分区	开－1								开－2							
黄河干流	0	0	6 523	10 400	1 615	408	18 947	1	0	0	28 003	24 371	4 154	0	56 529	1
南水北调	0	0	0	0	0	0	0	0	0	0	0	0	0	0	0	0
大型水库	0	0	0	0	0	0	0	0	0	0	0	0	0	0	0	0
地表水	0	0	700	0	0	0	700	0	0	0	6 300	0	0	0	6 300	0
地下水	4 726	282	809	0	0	0	5 817	0	11 030	6 182	51 489	0	0	0	68 701	0
中水	0	0	0	0	0	4 506	4 506	0	0	0	0	6 413	0	3 509	9 922	0
雨水	0	0	0	0	0	1 086	1 087	1	0	0	0	0	0	1 991	1 991	0
需水	4 726	282	8 456	10 400	1 615	6 000			11 031	6 183	100 024	30 784	4 154	5 500		
缺水率(%)	0.0	0.1	5.0	0.0	0.0	0.0			0.0	0.0	14.2	0.0	0.0	0.0		
分区	洛－1								洛－2							
黄河干流	0	0	0	7 690	5 910	0	13 600	0	0	0	0	2 865	4 635	0	7 500	0
南水北调	0	0	0	0	0	0	0	0	0	0	0	0	0	0	0	0
大型水库	0	0	0	5 123	0	0	5 123	0	0	0	0	36 518	0	0	36 518	0
地表水	0	0	6 729	2 624	0	0	9 353	0	0	0	40 337	0	0	0	40 337	0
地下水	9 170	84	0	10 824	0	0	31 664	11 586	10 755	9 198	13 003	20 411	0	0	54 420	1 053
中水	0	0	0	977	0	9 774	10 752	1	0	0	0	5 120	0	12 520	17 640	0
雨水	0	0	0	0	0	500	500	0	0	0	0	0	0	1 000	1 000	0
需水	9 170	84	6 729	27 238	5 910	10 274			10 755	9 199	53 341	64 914	4 635	13 520		
缺水率(%)	0.0	0.5	0.0	0.0	0.0	0.0			0.0	0.0	0.0	0.0	0.0	0.0		

续附表 20-22

项目	城镇生活	农村生活	一产	二产	三产	生态环境	可供	余水	城镇生活	农村生活	一产	二产	三产	生态环境	可供	余水
分区	平－1								平－2							
黄河干流	0	0	0	0	0	0	0	0	0	0	0	0	0	0	0	0
南水北调	4 827	0	0	4 941	4 254	0	14 170	148	11 189	0	0	0	3 641	0	14 830	0
大型水库	0	0	1 423	12 447	0	0	13 870	0	0	0	0	19 991	0	0	19 991	0
地表水	0	0	3 139	0	0	0	3 139	0	0	0	36 259	0	0	0	36 260	1
地下水	0	290	189	0	0	0	479	0	2 852	4 227	9 931	0	0	0	17 010	0
中水	0	0	0	4 175	0	1 766	5 941	0	0	0	0	0	2 248	7 630	9 879	1
雨水	0	0	0	0	0	500	500	0	0	0	0	0	0	600	600	0
需水	4 827	290	4 752	21 563	4 254	2 266			14 042	4 228	62 321	37 950	5 889	8 230		
缺水率(%)	0.0	0.1	0.0	0.0	0.0	0.0			0.0	0.0	25.9	47.3	0.0	0.0		
分区	新－1								新－2							
黄河干流	0	0	0	0	0	0	0	0	0	0	22 789	37 392	3 519	0	63 700	0
南水北调	5 218	0	0	5 343	2 739	0	13 300	0	6 860	0	0	0	0	0	6 860	0
大型水库	0	0	0	0	0	0	0	0	0	0	0	0	0	0	0	0
地表水	0	0	4 050	0	0	0	4 050	0	0	0	22 514	0	0	0	22 514	0
地下水	0	220	1 821	7 530	0	0	11 735	2 164	6 413	6 277	57 231	0	0	0	74 611	4 690
中水	0	0	0	2 286	0	2 350	4 637	1	0	0	0	7 665	0	3 350	11 015	0
雨水	0	0	0	0	0	150	150	0	0	0	0	0	0	150	150	0
需水	5 218	221	5 871	15 159	2 739	2 500			13 273	6 278	102 534	45 057	3 519	3 500		
缺水率(%)	0.0	0.3	0.0	0.0	0.0	0.0			0.0	0.0	0.0	0.0	0.0	0.0		
分区	焦－1								焦－2							
黄河干流	0	0	0	0	0	0	0	0	0	0	0	29 839	3 661	0	33 500	0
南水北调	4 508	0	0	3 640	2 332	0	10 480	0	5 720	0	0	0	0	0	5 720	0
大型水库	0	0	0	0	0	0	0	0	0	0	0	6 280	0	0	6 280	0
地表水	0	0	2 434	0	0	0	2 434	0	0	0	15 717	0	0	0	15 717	0
地下水	0	279	576	10 783	0	0	16 600	4 962	2 185	3 253	49 462	0	0	0	54 900	0
中水	0	0	0	1 049	0	3 477	4 527	1	0	0	0	11 371	0	1 380	12 751	0
雨水	0	0	0	0	0	23	23	0	0	0	0	0	0	120	120	0
需水	4 509	279	3 011	15 472	2 332	3 500			7 905	3 254	70 547	60 736	3 661	1 500		
缺水率(%)	0.0	0.2	0.0	0.0	0.0	0.0			0.0	0.0	7.6	21.8	0.0	0.0		

续附表 20-22

项目	城镇生活	农村生活	一产	二产	三产	生态环境	可供	余水	城镇生活	农村生活	一产	二产	三产	生态环境	可供	余水
分区	许－1								许－2							
黄河干流	0	0	0	0	0	0	0	0	0	0	980	0	4 020	0	5 000	0
南水北调	4 224	0	0	0	776	0	5 000	0	9 927	0	0	12 673	0	0	22 600	0
大型水库	0	0	0	0	0	0	0	0	0	0	0	15 700	0	0	15 700	0
地表水	0	0	15 77	9 368	0	0	10 945	0	0	0	6 169	0	0	0	6 169	0
地下水	0	178	0	2 279	0	0	4 844	2 387	0	5 437	40 998	0	0	0	46 435	0
中水	0	0	0	1 315	189	2 400	3 905	1	0	0	0	12 251	0	1 400	13 652	1
雨水	0	0	0	0	0	100	100	0	0	0	0	0	0	100	100	0
需水	4 224	179	1 577	12 962	965	2 500			9 927	5 437	67 971	63 342	4 020	1 500		
缺水率(%)	0.0	0.4	0.0	0.0	0.0	0.0			0.0	0.0	29.2	35.9	0.0	0.0		
分区	漯－1								漯－2							
黄河干流	0	0	0	0	0	0	0	0	0	0	0	0	0	0	0	0
南水北调	5 631	0	387	6 290	2 362	0	14 670	0	3 922	0	1 664	2 531	813	0	8 930	0
大型水库	0	0	0	5 356	0	0	5 356	0	0	0	0	7 516	0	0	7 516	0
地表水	0	0	1 657	0	0	0	1 657	0	0	0	3 081	0	0	0	3 082	1
地下水	0	913	9 871	0	0	0	10 784	0	0	1 580	9 459	0	0	0	11 040	1
中水	0	0	0	5 307	0	1 236	6 543	0	0	0	0	3 065	0	1 179	4 244	0
雨水	0	0	0	0	0	300	300	0	0	0	0	0	0	300	300	0
需水	5 632	913	23 830	23 384	2 362	1 537			3 922	1 580	23 673	18 732	813	1 479		
缺水率(%)	0.0	0.0	50.0	27.5	0.0	0.0			0.0	0.0	40.0	30.0	0.0	0.0		
分区	济源								城市群							
黄河干流	0	0	0	2 386	1 614	0	4 000	0	0	0	58 295	161 923	50 560	3 646	274 426	2
南水北调	0	0	0	0	0	0	0	0	104 403	0	2 051	54 741	16 917	0	178 260	148
大型水库	0	0	0	9 460	0	0	9 461	1	0	0	1 423	141 241	0	0	142 665	1
地表水	0	0	18 991	3 472	0	0	26 846	4 383	0	0	196 353	15 464	0	0	216 202	4 385
地下水	2 722	559	0	0	0	0	8 203	4 922	49 853	46 748	278 364	66 906	0	0	473 636	31 765
中水	0	0	0	4 753	0	331	5 084	0	0	0	0	76 519	2 437	100 752	179 716	8
雨水	0	0	0	0	0	197	197	0	0	0	0	0	0	8 831	8 833	2
需水	2 723	560	18 992	20 071	1 614	528			154 264	46 756	613 854	603 263	69 914	113 230		
缺水率(%)	0.0	0.1	0.0	0.0	0.0	0.0			0.0	0.0	0.1	0.1	0.0	0.0		

附表 20-23　均衡发展型 2020 年黄河干流 + 南水北调 + 大型水库、产业结构调整方案一与强化节水组合方案 22 配置成果　（单位：万 m^3）

项目	城镇生活	农村生活	一产	二产	三产	生态环境	可供	余水	城镇生活	农村生活	一产	二产	三产	生态环境	可供	余水
分区	郑 - 1								郑 - 2							
黄河干流	0	0	0	18 478	17 559	3 238	39 275	0	0	0	0	23 844	8 531	0	32 375	0
南水北调	29 657	0	0	1 613	0	0	31 270	0	12 720	0	0	17 710	0	0	30 430	0
大型水库	0	0	0	15 000	0	0	15 000	0	0	0	0	9 850	0	0	9 850	0
地表水	0	0	4 021	0	0	0	4 021	0	0	0	22 678	0	0	0	22 678	0
地下水	0	330	6 719	1 283	0	0	8 332	0	0	7 459	26 806	13 796	0	0	48 061	0
中水	0	0	0	0	0	26 395	26 396	1	0	0	0	10 772	0	17 549	28 322	1
雨水	0	0	0	0	0	663	664	1	0	0	0	0	0	1 051	1 051	0
需水	29 658	330	10 741	38 592	17 559	30 296			12 721	7 459	49 484	79 233	8 531	18 600		
缺水率(%)	0.0	0.0	0.0	5.7	0.0	0.0			0.0	0.0	0.0	4.1	0.0	0.0		
分区	开 - 1								开 - 2							
黄河干流	0	0	7 529	9 043	1 966	408	18 947	1	0	0	31 117	20 355	5 056	0	56 529	1
南水北调	0	0	0	0	0	0	0	0	0	0	0	0	0	0	0	0
大型水库	0	0	0	0	0	0	0	0	0	0	0	0	0	0	0	0
地表水	0	0	700	0	0	0	700	0	0	0	6 300	0	0	0	6 300	0
地下水	4 726	282	226	0	0	0	5 817	583	11 030	6 182	51 489	0	0	0	68 701	0
中水	0	0	0	0	0	4 506	4 506	0	0	0	0	6 413	0	3 509	9 922	0
雨水	0	0	0	0	0	1 086	1 087	1	0	0	0	0	0	1 991	1 991	0
需水	4 726	282	8 456	9 043	1 966	6 000			11 031	6 183	100 024	26 769	5 056	5 500		
缺水率(%)	0.0	0.1	0.0	0.0	0.0	0.0			0.0	0.0	11.1	0.0	0.0	0.0		
分区	洛 - 1								洛 - 2							
黄河干流	0	0	0	6 405	7 195	0	13 600	0	0	0	0	1 857	5 643	0	7 500	0
南水北调	0	0	0	0	0	0	0	0	0	0	0	0	0	0	0	0
大型水库	0	0	0	3 123	0	0	3 123	0	0	0	0	33 518	0	0	33 518	0
地表水	0	0	6 729	2 624	0	0	9 353	0	0	0	40 337	0	0	0	40 337	0
地下水	9 170	84	0	10 555	0	0	31 664	11 855	10 755	9 198	13 003	15 951	0	0	54 420	5 513
中水	0	0	0	977	0	9 774	10 752	1	0	0	0	5 120	0	12 520	17 640	0
雨水	0	0	0	0	0	500	500	0	0	0	0	0	0	1 000	1 000	0
需水	9 170	84	6 729	23 685	7 195	10 274			10 755	9 199	53 341	56 447	5 643	13 520		
缺水率(%)	0.0	0.5	0.0	0.0	0.0	0.0			0.0	0.0	0.0	0.0	0.0	0.0		

续附表 20-23

项目	城镇生活	农村生活	一产	二产	三产	生态环境	可供	余水	城镇生活	农村生活	一产	二产	三产	生态环境	可供	余水
分区	平－1								平－2							
黄河干流	0	0	0	0	0	0	0	0	0	0	0	0	0	0	0	0
南水北调	4 827	0	1 423	705	5 179	0	14 170	2 036	7 662	0	0	0	7 168	0	14 830	0
大型水库	0	0	0	13 870	0	0	13 870	0	0	0	0	22 991	0	0	22 991	0
地表水	0	0	3 139	0	0	0	3 139	0	0	0	36 259	0	0	0	36 260	1
地下水	0	290	189	0	0	0	479	0	6 379	4 227	6 404	0	0	0	17 010	0
中水	0	0	0	4 175	0	1 766	5 941	0	0	0	0	2 248	0	7 630	9 879	1
雨水	0	0	0	0	0	500	500	0	0	0	0	0	0	600	600	0
需水	4 827	290	4 752	18 750	5 179	2 266			14 042	4 228	62 321	33 000	7 168	8 230		
缺水率(%)	0.0	0.1	0.0	0.0	0.0	0.0			0.0	0.0	31.5	23.5	0.0	0.0		
分区	新－1								新－2							
黄河干流	0	0	0	0	0	0	0	0	0	0	27 902	31 514	4 284	0	63 700	0
南水北调	5 218	0	0	4 748	3 334	0	13 300	0	6 860	0	0	0	0	0	6 860	0
大型水库	0	0	0	0	0	0	0	0	0	0	0	0	0	0	0	0
地表水	0	0	4 050	0	0	0	4 050	0	0	0	22 514	0	0	0	22 514	0
地下水	0	220	1 821	6 147	0	0	11 735	3 547	6 413	6 277	52 118	0	0	0	74 611	9 803
中水	0	0	0	2 286	0	2 350	4 637	1	0	0	0	7 665	0	3 350	11 015	0
雨水	0	0	0	0	0	150	150	0	0	0	0	0	0	150	150	0
需水	5 218	221	5 871	13 182	3 334	2 500			13 273	6 278	102 534	39 180	4 284	3 500		
缺水率(%)	0.0	0.3	0.0	0.0	0.0	0.0			0.0	0.0	0.0	0.0	0.0	0.0		
分区	焦－1								焦－2							
黄河干流	0	0	0	0	0	0	0	0	0	0	0	29 044	4 456	0	33 500	0
南水北调	4 508	0	0	3 134	2 838	0	10 480	0	5 720	0	0	0	0	0	5 720	0
大型水库	0	0	0	0	0	0	0	0	0	0	0	9 280	0	0	9 280	0
地表水	0	0	2 434	0	0	0	2 434	0	0	0	15 717	0	0	0	15 717	0
地下水	0	279	576	9 270	0	0	16 600	6 475	2 185	3 253	49 462	0	0	0	54 900	0
中水	0	0	0	1 049	0	3 477	4 527	1	0	0	0	11 371	0	1 380	12 751	0
雨水	0	0	0	0	0	23	23	0	0	0	0	0	0	120	120	0
需水	4 509	279	3 011	13 454	2 838	3 500			7 905	3 254	70 547	52 814	4 456	1 500		
缺水率(%)	0.0	0.2	0.0	0.0	0.0	0.0			0.0	0.0	7.6	5.9	0.0	0.0		

续附表 20-23

项目	城镇生活	农村生活	一产	二产	三产	生态环境	可供	余水	城镇生活	农村生活	一产	二产	三产	生态环境	可供	余水
分区	许－1								许－2							
黄河干流	0	0	0	0	0	0	0	0	0	0	0	107	4 893	0	5 000	0
南水北调	3 825	0	0	0	1 175	0	5 000	0	9 927	0	0	12 673	0	0	22 600	0
大型水库	0	0	0	0	0	0	0	0	0	0	0	15 700	0	0	15 700	0
地表水	0	0	1 577	9 368	0	0	10 945	0	0	0	6 169	0	0	0	6 169	0
地下水	399	178	0	399	0	0	4 844	3 868	0	5 437	40 998	0	0	0	46 435	0
中水	0	0	0	1 504	0	2 400	3 905	1	0	0	0	12 251	0	1 400	13 652	1
雨水	0	0	0	0	0	100	100	0	0	0	0	0	0	100	100	0
需水	4 224	179	1 577	11 272	1 175	2 500			9 927	5 437	67 971	55 080	4 893	1 500		
缺水率(%)	0.0	0.4	0.0	0.0	0.0	0.0			0.0	0.0	30.6	26.1	0.0	0.0		
分区	漯－1								漯－2							
黄河干流	0	0	0	0	0	0	0	0	0	0	0	0	0	0	0	0
南水北调	5 631	0	387	5 777	2 875	0	14 670	0	3 922	0	1 664	2 355	989	0	8 930	0
大型水库	0	0	0	5 356	0	0	5 356	0	0	0	0	7 516	0	0	7 516	0
地表水	0	0	1 657	0	0	0	1 657	0	0	0	3 081	0	0	0	3 082	1
地下水	0	913	9 871	0	0	0	10 784	0	0	1 580	9 459	0	0	0	11 040	1
中水	0	0	0	5 307	0	1 236	6 543	0	0	0	0	3 065	0	1 179	4 244	0
雨水	0	0	0	0	0	300	300	0	0	0	0	0	0	300	300	0
需水	5 632	913	23 830	20 334	2 875	1 537			3 922	1 580	23 673	16 288	989	1 479		
缺水率(%)	0.0	0.0	50.0	19.2	0.0	0.0			0.0	0.0	40.0	20.6	0.0	0.0		
分区	济源								城市群							
黄河干流	0	0	0	2 036	1 964	0	4 000	0	0	0	66 548	142 683	61 547	3 646	274 426	2
南水北调	0	0	0	0	0	0	0	0	100 477	0	3 474	48 715	23 558	0	178 260	2 036
大型水库	0	0	0	6 460	0	0	6 461	1	0	0	0	142 664	0	0	142 665	1
地表水	0	0	18 991	4 203	0	0	26 846	3 652	0	0	196 353	16 195	0	0	216 202	3 654
地下水	2 722	559	0	0	0	0	8 203	4 922	53 779	46 748	269 141	57 401	0	0	473 636	46 567
中水	0	0	0	4 753	0	331	5 084	0	0	0	0	78 956	0	100 752	179 716	8
雨水	0	0	0	0	0	197	197	0	0	0	0	0	0	8 831	8 833	2
需水	2 723	560	18 992	17 453	1 964	528			154 264	46 756	613 854	524 576	85 105	113 230		
缺水率(%)	0.0	0.1	0.0	0.0	0.0	0.0			0.0	0.0	0.1	0.1	0.0	0.0		

附表 20-24　均衡发展型 2020 年黄河干流 + 南水北调 + 大型水库、产业结构调整方案二与强化节水组合方案 23 配置成果　（单位：万 m^3）

项目	城镇生活	农村生活	一产	二产	三产	生态环境	可供	余水	城镇生活	农村生活	一产	二产	三产	生态环境	可供	余水
分区	郑－1								郑－2							
黄河干流	0	0	0	21 613	14 424	3 238	39 275	0	0	0	0	25 367	7 008	0	32 375	0
南水北调	29 657	0	0	1 613	0	0	31 270	0	12 720	0	0	17 710	0	0	30 430	0
大型水库	0	0	0	15 000	0	0	15 000	0	0	0	0	9 850	0	0	9 850	0
地表水	0	0	4 021	0	0	0	4 021	0	0	0	22 678	0	0	0	22 678	0
地下水	0	330	6 719	1 283	0	0	8 332	8 002	0	7 459	26 806	13 796	0	0	48 061	0
中水	0	0	0	0	0	26 395	26 396	1	0	0	0	10 772	0	17 549	28 322	1
雨水	0	0	0	0	0	663	664	1	0	0	0	0	0	1 051	1 051	0
需水	29 658	330	10 741	44 381	14 424	30 296			12 721	7 459	49 484	91 118	7 008	18 600		
缺水率(%)	0.0	0.0	0.0	11.0	0.0	0.0			0.0	0.0	0.0	15.0	0.0	0.0		
分区	开－1								开－2							
黄河干流	0	0	6 523	10 400	1 615	408	18 947	1	0	0	28 003	24 371	4 154	0	56 529	1
南水北调	0	0	0	0	0	0	0	0	0	0	0	0	0	0	0	0
大型水库	0	0	0	0	0	0	0	0	0	0	0	0	0	0	0	0
地表水	0	0	700	0	0	0	700	0	0	0	6 300	0	0	0	6 300	0
地下水	4 726	282	809	0	0	0	5 817	0	11 030	6 182	51 489	0	0	0	68 701	0
中水	0	0	0	0	0	4 506	4 506	0	0	0	0	6 413	0	3 509	9 922	0
雨水	0	0	0	0	0	1 086	1 087	1	0	0	0	0	0	1 991	1 991	0
需水	4 726	282	8 456	10 400	1 615	6 000			11 031	6 183	100 024	30 784	4 154	5 500		
缺水率(%)	0.0	0.1	5.0	0.0	0.0	0.0			0.0	0.0	0.0	35.5	0.0	0.0		
分区	洛－1								洛－2							
黄河干流	0	0	0	7 690	5 910	0	13 600	0	0	0	0	0	4 635	0	7 500	0
南水北调	0	0	0	0	0	0	0	0	0	0	0	0	0	0	0	0
大型水库	0	0	0	3 123	0	0	3 123	0	0	0	0	33 518	0	0	33 518	0
地表水	0	0	6 729	2 624	0	0	9 353	0	0	0	40 337	0	0	0	40 337	0
地下水	9 170	84	0	12 824	0	0	31 664	15 750	10 755	9 198	13 003	21 464	0	0	54 420	0
中水	0	0	0	977	0	9 774	10 752	1	0	0	0	5 120	0	12 520	17 640	0
雨水	0	0	0	0	0	500	500	0	0	0	0	0	0	1 000	1 000	0
需水	9 170	84	6 729	27 238	5 910	10 274			10 755	9 199	53 341	64 914	4 635	13 520		
缺水率(%)	0.0	0.5	0.0	0.0	0.0	0.0			0.0	0.0	0.0	3.0	0.0	0.0		

续附表 20-24

项目	城镇生活	农村生活	一产	二产	三产	生态环境	可供	余水	城镇生活	农村生活	一产	二产	三产	生态环境	可供	余水
分区	平-1								平-2							
黄河干流	0	0	0	0	0	0	0	0	0	0	0	0	0	0	0	0
南水北调	4 827	0	0	4 941	4 254	0	14 170	0	11 189	0	0	0	3 641	0	14 830	0
大型水库	0	0	1 423	12 447	0	0	13 870	0	0	0	0	22 991	0	0	22 991	0
地表水	0	0	3 139	0	0	0	3 139	0	0	0	36 259	0	0	0	36 260	1
地下水	0	290	189	0	0	0	479	148	2 852	4 227	9 931	0	0	0	17 010	0
中水	0	0	0	4 175	0	1 766	5 941	0	0	0	0	0	2 248	7 630	9 879	1
雨水	0	0	0	0	0	500	500	0	0	0	0	0	0	600	600	0
需水	4 827	290	4 752	21 563	4 254	2 266			14 042	4 228	62 321	37 950	5 889	8 230		
缺水率(%)	0.0	0.1	0.0	0.0	0.0	0.0			0.0	0.0	25.9	39.4	0.0	0.0		
分区	新-1								新-2							
黄河干流	0	0	0	0	0	0	0	0	0	0	22 789	37 392	3 519	0	63 700	0
南水北调	5 218	0	0	5 343	2 739	0	13 300	0	6 860	0	0	0	0	0	6 860	0
大型水库	0	0	0	0	0	0	0	0	0	0	0	0	0	0	0	0
地表水	0	0	4 050	0	0	0	4 050	0	0	0	22 514	0	0	0	22 514	0
地下水	0	220	1 821	7 530	0	0	11 735	3 664	6 413	6 277	57 231	0	0	0	74 611	6 790
中水	0	0	0	2 286	0	2 350	4 637	1	0	0	0	7 665	0	3 350	11 015	0
雨水	0	0	0	0	0	150	150	0	0	0	0	0	0	150	150	0
需水	5 218	221	5 871	15 159	2 739	2 500			13 273	6 278	102 534	45 057	3 519	3 500		
缺水率(%)	0.0	0.3	0.0	0.0	0.0	0.0			0.0	0.0	0.0	0.0	0.0	0.0		
分区	焦-1								焦-2							
黄河干流	0	0	0	0	0	0	0	0	0	0	0	29 839	3 661	0	33 500	0
南水北调	4 508	0	0	3 640	2 332	0	10 480	0	5 720	0	0	0	0	0	5 720	0
大型水库	0	0	0	0	0	0	0	0	0	0	0	9 280	0	0	9 280	0
地表水	0	0	2 434	0	0	0	2 434	0	0	0	15 717	0	0	0	15 717	0
地下水	0	279	576	10 783	0	0	16 600	7 062	2 185	3 253	49 462	0	0	0	54 900	0
中水	0	0	0	1 049	0	3 477	4 527	1	0	0	0	11 371	0	1 380	12 751	0
雨水	0	0	0	0	0	23	23	0	0	0	0	0	0	120	120	0
需水	4 509	279	3 011	15 472	2 332	3 500			7 905	3 254	70 547	60 736	3 661	1 500		
缺水率(%)	0.0	0.2	0.0	0.0	0.0	0.0			0.0	0.0	7.6	16.9	0.0	0.0		

续附表 20-24

项目	城镇生活	农村生活	一产	二产	三产	生态环境	可供	余水	城镇生活	农村生活	一产	二产	三产	生态环境	可供	余水
分区	许－1								许－2							
黄河干流	0	0	0	0	0	0	0	0	0	0	980	0	4 020	0	5 000	0
南水北调	4 224	0	0	0	776	0	5 000	0	9 927	0	0	12 673	0	0	22 600	0
大型水库	0	0	0	0	0	0	0	0	0	0	0	15 700	0	0	15 700	0
地表水	0	0	1 577	9 368	0	0	10 945	0	0	0	6 169	0	0	0	6 169	0
地下水	0	178	0	2 279	0	0	4 844	3 887	0	5 437	40 998	0	0	0	46 435	0
中水	0	0	0	1 315	189	2 400	3 905	1	0	0	0	12 251	0	1 400	13 652	1
雨水	0	0	0	0	0	100	100	0	0	0	0	0	0	100	100	0
需水	4 224	179	1 577	12 962	965	2 500			9 927	5 437	67 971	63 342	4 020	1 500		
缺水率(%)	0.0	0.4	0.0	0.0	0.0	0.0			0.0	0.0	29.2	35.9	0.0	0.0		
分区	漯－1								漯－2							
黄河干流	0	0	0	0	0	0	0	0	0	0	0	0	0	0	0	0
南水北调	5 631	0	387	6 290	2 362	0	14 670	0	3 922	0	1 664	2 531	813	0	8 930	0
大型水库	0	0	0	5 356	0	0	5 356	0	0	0	0	7 516	0	0	7 516	0
地表水	0	0	1 657	0	0	0	1 657	0	0	0	3 081	0	0	0	3 082	1
地下水	0	913	9 871	0	0	0	10 784	0	0	1 580	9 459	0	0	0	11 040	1
中水	0	0	0	5 307	0	1 236	6 543	0	0	0	0	3 065	0	1 179	4 244	0
雨水	0	0	0	0	0	300	300	0	0	0	0	0	0	300	300	0
需水	5 632	913	23 830	23 384	2 362	1 537			3 922	1 580	23 673	18 732	813	1 479		
缺水率(%)	0.0	0.0	50.0	27.5	0.0	0.0			0.0	0.0	40.0	30.0	0.0	0.0		
分区	济源								城市群							
黄河干流	0	0	0	2 386	1 614	0	4 000	0	0	0	58 295	161 923	50 560	3 436	274 426	2
南水北调	0	0	0	0	0	0	0	0	104 403	0	2 051	54 741	16 917	0	178 260	0
大型水库	0	0	0	6 460	0	0	6 461	1	0	0	1 423	141 241	0	0	142 665	1
地表水	0	0	18 991	6 472	0	0	26 846	1 383	0	0	196 353	18 464	0	0	216 202	1 385
地下水	2 722	559	0	0	0	0	8 203	4 922	49 853	46 748	278 364	69 959	0	0	473 636	50 226
中水	0	0	0	4 753	0	331	5 084	0	0	0	0	76 519	2 437	100 752	179 716	8
雨水	0	0	0	0	0	197	197	0	0	0	0	0	0	8 831	8 833	2
需水	2 723	560	18 992	20 071	1 614	528			154 264	46 756	613 854	603 263	69 914	113 230		
缺水率(%)	0.0	0.1	0.0	0.0	0.0	0.0			0.0	0.0	0.1	0.1	0.0	0.0		

参考文献

[1] 水利部.全国水资源综合规划技术大纲[S].2002.
[2] 水利部.全国水资源综合规划技术细则[S].2002.
[3] 河南省水文水资源局.河南省水资源调查评价[R].2005.
[4] 河南省水利勘测设计研究有限公司.河南省水资源综合规划[R].2008.
[5] 河南省水资源编纂委员会.河南省水资源[M].郑州:黄河水利出版社,2007.
[6] 河南省水利勘测设计研究有限公司.河南省水资源开发利用调查评价[R].2004.
[7] 河南省水利科学研究院.河南省节约用水规划[R].2008.
[8] 河南省水利勘测设计研究有限公司.河南省水资源配置[R].2008.
[9] 河南省水文水资源局.河南省地下水利用与保护规划[R].2009.
[10] 河南省水文水资源局.河南省地表水利用与保护规划[R].2008.
[11] 河南发展和改革委员会.中原城市群总体发展规划纲要[R]. 2006.
[12] 郑州市水利局,郑州大学,中国科学院地理科学与资源研究所.郑州市水资源综合规划[R].2007.
[13] 洛阳市人民政府.洛阳市节水型社会建设规划[R].2009.
[14] 洛阳市水利局,洛阳水文水资源勘测局.洛阳市水资源开发利用调查评价[R].2004.
[15] 洛阳市水利局,河海大学.洛阳市水资源评价[R].2005.
[16] 平顶山市人民政府.平顶山市节水型社会建设规划[R].2011.
[17] 平顶山市发展和改革委员会,河南省发展改革产业研究所.平顶山市循环经济试点实施方案[R].2010.
[18] 吴泽宁,索丽生.水资源优化配置研究进展[J].灌溉排水学报,2004(2):1-5.
[19] 吴泽宁,张超,赵仁荣,等.工程项目系统评价[M].郑州:黄河水利出版社,2002.
[20] 吴泽宁,丁大发,蒋水心.跨流域水资源系统自优化模拟规划模型[J].系统工程理论与实践,1997(2):78-83.
[21] 高建磊,吴泽宁,左其亭,等.水资源保护规划理论方法与实践[M].郑州:黄河水利出版社,2002.
[22] 胡彩虹,吴泽宁,管新建,等. 新郑市水资源供需发展趋势研究[J].中国农村水利水电,2011(2):34-38.
[23] 左其亭.城市水资源承载能力——理论·方法·应用[M].北京:北京工业出版社,2005.
[24] 牟海省,刘昌明.我国城市设置与区域水资源承载力协调研究刍议[J].地理学报,1994(4):338-342.
[25] 徐中民,程国栋.运用多目标分析技术分析黑河流域中游水资源承载力[J].兰州大学学报:自然科学版,2000,36(2):122-132.
[26] 王召东,樊俊锋.中外城市群发展及其对中原城市群的启示[J] .重庆大学学报:社会科学版,2007(3):11-16.
[27] 赵学敏.基于供需协调的区域水资源优化配置研究[D].郑州:郑州大学,2007.
[28] 吴沛.城市水环境承载力指标体系及评价方法研究[D].郑州:郑州大学,2008.
[29] 王茹雪.水资源可持续利用指标体系及评价方法研究——以东江流域中下游为例[D].广州:中山大学,2008.

[30] 魏斌,张霞. 城市水资源合理利用分析与水资源承载力研究——以本溪市为例[J]. 城市环境与城市生态,1995(4):19-24.

[31] 贾嵘,薛惠峰,解建仓,等. 区域水资源承载力研究[J]. 西安理工大学学报,1998(4):382-387.

[32] 阮本青,沈晋. 区域水资源适度承载能力计算模型研究[J]. 土壤侵蚀与水土保持学报,1998(3):57-61.

[33] 姚治君,王建华,江东,等. 区域水资源承载力的研究进展及其理论探析[J]. 水科学进展,2002(1):111-115.

[34] 冯耀龙,韩文秀,王宏江,等. 区域水资源承载力研究[J]. 水科学进展,2003(1):109-113.

[35] 朱一中,夏军,谈戈. 西北地区水资源承载力分析预测与分析[J]. 资源科学,2003(4):43-48.

[36] 龙腾锐,姜文超,何强. 水资源承载力内涵的新认识[J]. 水利学报,2004(1):38-44.

[37] 闵庆文,余卫东,张建新. 区域水资源承载力的模糊综合评价分析方法及应用[J]. 水土保持研究,2004(3):14-16.

[38] 刑端生,吴泽宁,等. 基于多维调控方案的黄河流域水资源可承载程度评价[J]. 干旱区地理,2005,28(2):229-233.

[39] Xiaomeng Song, Fanzhe Kong, Chesheng Zhan. Assessment of water resources carrying capacity in Tianjin City of China[J]. Water Resources Manage, 2011, 25:857-873.

[40] 胡珊. 基于均衡承载的城市群水资源优化配置研究[D]. 郑州:郑州大学,2012.

[41] Yingxuan Zhang, Min Chen, Wenhua Zhou, et al. Evaluating Beijing' s human carrying capacity from the perspective of water resource constraints[J]. Journal of Environmental Sciences, 2010, 22(8): 1297-1304.

[42] 许有鹏. 干旱区水资源承载能力综合评价研究——以新疆和田河流域为例[J]. 自然资源学报,1993,8(3):229-237.

[43] 王浩. 我国水资源合理配置的现状和未来[J]. 水利水电技术,2006,37(2):7-14.

[44] 段春青,刘昌明,陈晓楠,等. 区域水资源承载力概念及研究方法的探讨[J]. 地理学报,2010(1):82-90.

[45] Falkemark M, Iundqvist J. Towards water security: political determination and human adaptation crueial [J]. Natural Resources, 1998, 21(1):37-51.

[46] Joeres E F, Seus J, Engelman H M. The liner decision rule reservoir problem with correlated inflow 1: model development[J]. Water Resources Research, 1981, 17:18-24.

[47] National Research Council. A review of the Florida keys carrying capacity study [M]. Washington D C: National Academy Press, 2002.

[48] Kuylenstirna J L, Bjrklund G, Najlis P. Sustainable water future with global implications: everyone' s responsibility[J]. Natural Resources Forum, 1997, 21(3):181-190.

[49] Souro D Joardar. Carrying capacities and standards as bases towards urban infrastructure planning in India: a case of urban Water Supply and Sanitation[J]. Urban Infrastructure Planning in India, 1998, 22 (3): 327-337.

[50] Munther J Haddadin. Water issue in Hashemite Jordan Arab study quarterly [J]. Belmout, 2000, 22(5): 54-67.

[51] Olli Varis, Pertti Vakkilainen. China' s 8 challenges to water resources management in the first quarter of the 21st Century[J]. Geomorphology, 2001(4):93-104.

[52] Falkenmark M, Rockström J, Karlberg L. Present and future water requirements for feeding humanity[J]. Food Sec, 2009(1):59-69.

[53] 窦明,胡瑞,张永勇,等.淮河流域水资源承载能力计算及调控方案优选[J].水力发电学报,2010,29(6):28-33.

[54] Hyde K M,Maier H R ,Colby C B. A distance-based uncertainty analysis approach to multi-criteria decision analysis for water resource decision making[J]. Journal of Environmental Management,2005,77:278-290.

[55] Zhao Xiaoqing, Rao Hui, Yi Qi, et al. Scenarios simulation on carrying capacity of water resources in Kunming City[J]. Procedia Earth and Planetary Science, 2012(5):107-112.

[56] 姚世谋,朱英明,陈振光,等.中国城市群[M].合肥:中国科学技术大学出版社,2001.

[57] 吴文化,单连龙,刘斌,等.城市群客运交通发展的基本特征及系统框架研究[J].宏观经济研究,2010(4):3-22.

[58] 施雅风,曲耀光. 乌鲁木齐河流域水资源承载力及其合理利用[M]. 北京: 科学出版社,1992.

[59] 刘佳骏,董锁成,李泽红.中国水资源承载力综合评价研究[J].自然资源学报,2011(2):258-267.

[60] 潘灶新,陈晓宏,刘德地.影响水资源承载能力增强因子的结构分析[J].水文,2009,29(3):81-85.

[61] 贾嵘,薛小杰,蒋晓辉,等.区域水资源开发利用程度综合评价[J].中国农村水利水电,1999(11):22-46.

[62] 陈守煜,胡吉敏.可变模糊评价法及在水资源承载能力评价中的应用[J].水利学报,2006,37(3):264-271.

[63] 傅湘,纪昌明.区域水资源承载能力综合评价——主成分分析法的应用[J].长江流域资源与环境,1999,8(2):168-172.

[64] 黎锁平.水土保持综合治理效益的灰色系统评价[J].水土保持通报,1994,14(5):13-17.

[65] 胡铁松,袁鹏,丁晶.人工神经网络在水文水资源中的应用[J].水科学进展,1995,6(1):76-81.

[66] 王顺久,张欣莉等.水资源优化配置原理及方法[M].北京:中国水利水电出版社,2007.

[67] 朱玉仙, 黄义星, 王丽杰. 水资源可持续开发利用综合评价方法[J]. 吉林大学学报:地球科学版,2002,32(1):55-57.

[68] 郭文献.河北省南水北调供水区水资源可持续利用评价及其合理配置研究[D].郑州:华北水利水电学院,2006.

[69] 夏军,王中根,等.生态环境承载力的一种量化方法研究——以海河流域为例[J].自然资源学报,2004(11):786-794.

[70] 魏亚蕊.中原城市群水资源承载力分析与对策研究[D].开封:河南大学,2009.

[71] 孙京姐,吕建树,于泉洲.基于极大熵的山东半岛城市群水资源承载力评价[J].水资源与水工程学报,2010,21(1):120-123.

[72] 张瑞.湘江干流长株潭城市群水资源安全配置模型优化与管理研究[D].长沙:中南大学,2010.

[73] 王浩,秦大庸等.黄淮海流域水资源合理配置[M].北京:科学出版社,2003.

[74] 戴宾.城市群及其相关概念辨析[J].财经科学,2004(6):101-103.

[75] 唐恢一.城市学[M].哈尔滨:哈尔滨工业大学出版社,2008.

[76] 刘通.城市群的规划与发展[N].经济日报,2005-09-06(3).

[77] 孙富行,郑垂勇,王志红.水资源承载力综合分析评价[J].人民黄河,2006,28(1):37-38.

[78] 李玉江,陈培安,吴玉麟.城市群形成动力机制及综合竞争力提升研究——以山东半岛城市群为例[M].北京:科学出版社,2009.

[79] 王发曾,刘静玉.中原城市群整合研究[M].北京:科学出版社,2007.

[80] 冯尚友. 水资源系统管理[M]. 武汉: 湖北科学技术出版社,1991.

[81] 陈鸿起. 水安全保障系统的研究与实现[M]. 南宁: 广西人民出版社,2007.

[82] 和刚. 多水源多水厂的城市水资源优化配置研究[D]. 郑州:郑州大学,2009.
[83] 孙富行. 水资源承载力分析与应用[D]. 南京:河海大学,2006.
[84] 景林艳. 区域水资源承载能力的量化计算和综合评价研究[D]. 合肥:合肥工业大学,2007.
[85] 龙腾锐,姜文超,何强. 水资源承载力内涵的新认识[J]. 水利学报,2004(1):38-45.
[86] Kumar Arun Minocha, Vijay K. Fuzzy optimization model for water quality management of a river system [J]. Journal of Water Resources Planning and Management,1999,125(3):179-180.
[87] Afzal Javaid,Noble David H. Optimization model for alternative use of different quality irrigation waters [J]. Journal of Irrigation and Drainage Engineering,1992,118(2):218-228.
[88] Wong Hugh S,Sun Nezheng. Optimization of conjunctive use of surface water and groundwater with water quality constraints[A]//Proceedings of the Annual Water Resources Planning and Management Conference[C]. ASCE,1997.
[89] David Watkins,Kinney J M,Dance C Robust. Optimization for incorporating risk and uncertainty in a sustainable water resources planning[J]. International Association of Hydrological Sciences,1995,231(13): 225-232.
[90] Lizhong Wang,Liping Fang,Keith W Hipel. Basin-wide cooperative water resources allocation[J]. European Journal of Operational Reaeach,2008,190:798-817.
[91] Biju George,Hector Maiano,Brian Davidson. An integrated hydro-economic modeling framework to evaluate water allocation strategies 1:model development[J]. Agricultural Water Management,2011,98(5): 733-746.
[92] 王煜,杨立彬,张海新,等. 西北地区水资源可利用量及承载能力分析[J]. 人民黄河,2002,24(6): 10-12.
[93] 王友贞,施国庆,王德胜. 区域水资源承载力评价评价指标体系的研究[J]. 自然资源学报,2005(4):597-604.
[94] 孟庆松,韩文秀. 复合系统整体协调度模型研究[J]. 河北师范大学学报:自然科学版,1999(2): 177-179.
[95] 程国栋. 承载力概念的演变及西北水资源承载力的应用框架[J]. 冰川冻土,2002,24(4):361-367.
[96] 姚治君,王建华,江东,等. 区域水资源承载力的研究进展及其理论探析[J]. 水科学进展,2002(6): 111-115.
[97] 鲍超,方创琳. 水资源约束力的内涵、研究意义及战略框架[J]. 自然资源学报,2006,21(5):844-852.
[98] 赵翔,陈吉江,毛洪翔. 水资源与社会经济生态环境协调发展评价研究[J]. 中国农村水利水电, 2009(9):58-62.
[99] 徐中民. 情景基础的水资源承载力多目标分析理论及应用[J]. 冰川冻土,1999,21(2):99-106.
[100] 惠泱河,蒋晓辉,黄强,等. 水资源承载力评价指标体系研究[J]. 水土保持通报,2001,21(1):30-34.
[101] 施雅风,曲耀光. 乌鲁木齐河流域水资源承载力及其合理利用[M]. 北京:科学出版社,1992.
[102] 刘昌明,何希吾,等. 中国21世纪水问题方略[M]. 北京:科学出版社,1998.
[103] 许有鹏. 干旱区水资源承载能力综合评价研究[J]. 自然资源学报,1993(7):230-237.
[104] 李丽娟,郭怀成,等. 柴达木盆地水资源承载能力研究[J]. 环境科学,2000(3):20-23.
[105] 许新宜,王浩,甘泓,等. 华北地区宏观经济水资源规划理论与方法[M]. 郑州:黄河水利出版社, 1997.
[106] 袁宏源,邵东国,郭宗楼. 水资源系统分析理论与应用[M]. 武汉:武汉水利电力大学出版社,

2000.

[107] 李世明,吕光圻,李元红,等.河西走廊可持续发展与水资源合利用[M].北京:中国环境科学出版社,2000.

[108] 李令跃,甘泓.试论水资源合理配置和承载能力概念与可持续发展之间的关系[J].水科学进展,2000(11):307-313.

[109] 陈正虎,唐德善.新疆水资源可持续利用水平模糊综合分析[J].水资源研究,2005,26(2):17-20.

[110] 王好芳,董增川.区域水资源可持续开发评价的层次分析法[J].水力发电,2002(7):12-14.

[111] 鹿坤.喀斯特地区水资源承载力模型研究[R].贵州省水文水资源局,2006.

[112] 陈洋波,李长兴,等.深圳市水资源承载能力模糊综合评价[J].水力发电,2004,30(3):10-14.

[113] 肖满意,董翊立.山西省水资源承载能力评估[J].陕西水利科技,1998,123(4):5-11.

[114] 刘普寅,吴孟达.模糊理论及其应用[M].长沙:国防科技大学出版社,1998.

[115] 马军霞.城市水资源承载能力的调控原理及途径[J].水资源与水工程学报,2006,17(3):15-16.

[116] 曹建成.中原城市群水资源承载能力调控效果评价研究[D].郑州:郑州大学,2013.